普通高等教育"十一五"国家级规划教材

过程设备设计与选型基础

（第三版）

陈志平　　陈冰冰　　刘宝庆　　潘浓芬　编著

ZHEJIANG UNIVERSITY PRESS
浙江大学出版社

图书在版编目（CIP）数据

过程设备设计与选型基础／陈志平等编著. —3 版.
—杭州：浙江大学出版社，2016.10（2021.7 重印）
　　ISBN 978-7-308-16120-6

　　Ⅰ. ①过… Ⅱ. ①陈… Ⅲ. ①化工过程－化工设备－
设计②化工过程－化工设备－选型 Ⅳ. ①TQ051

　　中国版本图书馆 CIP 数据核字（2016）第 202206 号

内容简介

　　本教材是依据面向 21 世纪对生物与化工类专门人才的培养目标，以及贯彻"加强基础，拓宽专业知识，联系实际，提高能力，便于自学"原则而编写的，是面向化学工程、生物化工以及制药工程等专业的本科生教材。

　　全书共分 8 章。主要介绍过程设备的选型与设计知识，包括工程力学基础、工程材料、压力容器设计基础、机械传动基础以及典型过程设备选型等方面的内容。在保留传统教材经典内容的同时，注重介绍过程设备的功能与选型，突出实用性。书中附有大量习题，书后附有附录。

　　本书除作为高等院校化工工艺类专业及相关专业（石油化工、制药、生物化工、冶金、环保、能源等）的教材外，也可作为有关科研、设计和生产单位的工程技术人员的参考书。

过程设备设计与选型基础（第三版）

陈志平　陈冰冰　刘宝庆　潘浓芬　编著

责任编辑	杜希武
责任校对	余梦洁　丁佳雯
封面设计	刘依群
出版发行	浙江大学出版社
	（杭州市天目山路 148 号　邮政编码 310007）
	（网址：http://www.zjupress.com）
排　　版	杭州好友排版工作室
印　　刷	杭州杭新印务有限公司
开　　本	787mm×1092mm　1/16
印　　张	21.25
字　　数	532 千
版 印 次	2016 年 10 月第 3 版　2021 年 7 月第 3 次印刷
书　　号	ISBN 978-7-308-16120-6
定　　价	59.00 元

第三版前言

自 2007 年本书第二版出版以来,国内颁布了一批压力容器的新法规和新标准。例如,2011 年 11 月发布了 GB 150.1～GB 150.4—2011《压力容器》,2013 年 6 月颁布了《中华人民共和国特种设备安全法》,2016 年 2 月颁布了 TSG 21—2016《固定式压力容器安全技术监察规程》(又称"大容规")。因此,有必要对本教材内容进行修订。

修订时保持了教材整体编排结构的相对稳定性。与上一版相比,第 1 章增加了"1.8 疲劳概述";第 2 章按材料标准要求修订了 20R、16MnR 等材料牌号;第 3 章按 TSG 21 规定修改了压力容器的按安全技术管理分类方法,更新了相关的压力容器法规、标准,并按 GB 150.1～GB 150.4—2011 修订了压力容器的相关设计方法;第 6 章增加了"6.8 机械搅拌设备的设计简介";第 8 章增加了"8.5.3 塔设备设计标准的简介";书末增加了"附录 3　典型管壳式换热器主要参数"。同时,全书统一了屈服强度、抗拉强度、断后伸长率等材料力学性能的术语及符号。

本书由浙江大学陈志平教授主持修订和统稿工作。参加修改工作的有浙江大学陈志平教授(绪论、第 2 章、第 5 章、附录 1、参考文献)、浙江工业大学陈冰冰副教授(第 3 章、第 7 章、第 8 章、附录 2、附录 3)、浙江大学刘宝庆副教授(第 1 章、第 6 章)、浙江工业大学潘浓芬副教授(第 4 章)。

在本书的教学使用过程中,浙江大学林兴华教授和郑传祥教授、浙江工业大学高振梁教授和卢志明教授等先后提出过许多有益的建议和修改意见,在此表示衷心感谢。借此机会,向参加过本书第一版和第二版编写工作的曹志锡教授和李晓红副教授深表谢意。浙江大学焦鹏博士在本书制图、校对方面付出了辛勤的劳动,特此致谢。

限于编者水平,虽经努力,修改后的教材恐仍有不妥甚至错误之处,敬请读者批评指正。

编者

2016 年 6 月

前　言

本教材是在原高等工科院校化工工艺专业"化工设备机械基础"课程教材基础上，根据面向 21 世纪生物与化工类专业的教学要求，以减少学时、加强基础、拓宽知识面、增强实用性为目标而编写的。与原有的一些教材相比，本书在以下几个方面进行了探索和尝试：

1. 拓宽适用范围，兼顾各专业需求。为了适应专业调整与学科发展的要求，将教材的使用对象由单一的化工专业扩大到所有加工制造流程性产品的过程工业类专业（如化工、制药、生化、石油化工等等），其涵盖的设备为广义的"过程设备"。

2. 编排体系和内容表达上有所创新。以介绍机械工程和过程设备方面的基础知识和基本理论为宗旨，保留了工程力学、机械传动与压力容器设计等方面的基础内容，精简了传统教材中较复杂的力学问题（如组合变形）和压力容器复杂受压元件强度计算方面的课时内容，以减少前面几个章节的教学学时数；将节省下来的篇幅介绍典型过程设备的选型知识。

3. 注重介绍设备的功能和选型，突出实用性。考虑到我国工艺类专业人员的主要任务是进行工艺设计研究及设备结构型式的选择，较少单独设计一台完整的设备。因而，在介绍传统化工过程中的四大典型设备——储存设备、搅拌设备、换热设备和塔设备时，着重介绍其性能、结构类型与特点、应用场合和选用方法等基本知识，不再赘述各种载荷作用下的强度计算问题。

4. 力求体现最新的科研成果，展示过程设备的最新研究进展。教材有选择地增加了一些代表过程设备发展方向的新内容，并尽量引用最新的国家标准或规范中的数据。

5. 重视学生在学习活动中的主体地位。不将学生单纯视为传授知识的对象，注重他们的自主学习精神，给他们留下思维的空间。一方面，提供了相当数量的思考题和习题，列出了经过精选的参考文献；另一方面，在有些内容的表达上，不求面面俱到，而是突出重点，点到为止，并给出相关的参考文献，供读者需要时查阅。

本书除作为高等院校化工工艺类专业及相关专业（石油化工、制药、生物化工、冶金、环保、能源等）的教材外，也作为有关科研、设计和生产单位的工程技术人员的参考书。

本书由陈志平主编。参加编写的有陈志平（绪论、第 2 章、第 3 章、第 5 章、第 6 章、第 8 章和附录 2），曹志锡（第 1 章和附录 1），潘浓芬（第 4 章），李晓红（第 7 章）。

十分感谢浙江大学李伯耿教授在百忙之中为本书撰写序，使本书增色不少，感谢浙江大学蒋家羚教授、林兴华教授，合肥通用机械研究院陈学东研究员，以及浙江工业大学高振梁教授在编写工作中所给予的大力支持和帮助。

由于水平有限，虽经努力，书中不妥甚至错误之处在所难免，敬请读者指正，不胜感激。

作者
2007 年 6 月

作为一门工程学科,化学工程学科的发展是与工业和社会经济发展密切相关的。自19世纪末 G. E. 戴维斯提出 Chemical Engineering 的概念以来,化学工程经历了一个多世纪的发展,化学工业的规模以几何级数增长,化学工业在我国国民经济中所占的比重也与日俱增。

1888年美国 MIT 首先推出了化学工程课程体系并于1920年建立了化学工程系。1915年 A. D. 利特尔提出单元操作的概念,指出"任何化工生产过程不论规模如何,皆可分解为一系列可称为单元操作的过程,例如粉碎、混合、加热、……、吸收、冷凝、浸取、沉降、结晶、过滤、……",初步奠定了化学工程的科学基础。"单元操作"概念的提出被公认为是化学工程学科发展中第一阶段的标志。1957年化学反应工程学科的诞生、1960年 R. B. 博德等编著的《传递现象》一书的问世,以及化工热力学、化工系统工程等分支学科的形成,使化学工程学科的发展步入第二个阶段,"三传一反"成为化学工程学科的新标志。与此同时,化工工艺、化工装备、化工仪表与化工自动化的学科内涵不断丰富,它们的工程化设计技术也日趋完善,共同构成了以现代化学工业为核心的过程工业的学科基础。

进入21世纪,生命科学、信息技术、材料科学与环境科学迅速发展,并由此产生了一大批高新技术产业。化学工程为这些学科科技成果的产业化提供了重要的技术平台,高新技术也为化学工程学科的新发展提供了新的机遇和手段。化学工程学科正呈现出一些新的发展趋势:(1)过程强化的理念再掀高潮,以非常规条件、微环境、微装置等为代表的"过程工程"新技术不断出现;(2)产生了化学"产品工程"的新概念,以产品结构为主线的化学工程研究新方法正在发展,化学工程的研究目标正从过程效能的最大化向过程产品的高性能化方向拓展;(3)研究对象从传统的资源加工、原材料制造、微观与宏观环境处理向生命体的仿真与仿制、信息与能量的储存与转换等方向拓展;(4)资源循环与集约利用、过程环境友好、产品无毒无害等理念与方法正在向"工业生态学"这一新兴学科发展。

在化学工程一个多世纪的发展过程中,化工机械工程一直与之相伴,两者密不可分。化学工程的基本任务是进行化学过程(包括生化过程)与物理过程的开发,以对原料或化学半成品的组成、结构与性质进行规模化的改造,使之成为具有特定性能或功能的化学产品。化工机械工程的基本任务则是进行这些过程装备的开发,为这些化学与物理过程提供安全、可靠、低耗、高效能、甚至智能化的装备,使过程效能最大化、产品高性能化的目标得以实现。因此,化学工程师在掌握众多的化学和物理过程内在规律的同时,必须熟知这些过程装备,以全面掌握从实验室走向工业生产所必须的过程及其装置的设计、放大与优化操作的技能。

过程装备的内涵十分宽广,一般可分为五大类:(1)以遵循流体力学与热力学规律为主的热力流体过程装备,如泵、压缩机、冷冻机、离心机、搅拌设备等;(2)以遵循固体和粉体力学规律为主的机械过程装备,如粉碎、过筛、造粒、输送装备等;(3)以遵循燃烧与传热规律为主的传热过程装备,如工业炉、换热器、蒸发器等;(4)以遵循传质分离规律为主的传质过程装备,如蒸馏塔、吸收塔、萃取塔、干燥器、结晶器等;(5)以遵循化学反应规律为主的化学反应过程装备,如固定床、移动床和流化床反应器、搅拌反应釜等。热力流体过程装备和机械过程装备一般多属于通用机械,可统称为过程机器;传热过程装备和传质过程装备、化学过程装备需针对不同生产工艺进行独立的设计与研发,可统称为过程设备;又因其外壳有鲜明的学科共性,可单独称为压力容器。随着现代流程工业朝着大型集成化方向发展,过程装备也随之向大型化、高参数与长寿命周期方向发展,更多地按生产工艺参数采用专用设计、个性化设计和制造,使之在最佳工况下运行。

本教材依据面向 21 世纪对化工与生物技术类专门人才的培养目标,顺应高等学校专业课程改革与学科发展的需要,对化工工艺类机械基础教材内容作了较大幅度的调整与创新。新编教材精简了传统教材中较复杂的力学问题和压力容器复杂结构强度计算方面的课时内容,转而注重介绍典型过程设备的功能和选型方法,突出实用性;并力求体现最新的科研成果,展示过程设备的最新研究进展。

高质量的优秀教材是培养高素质人才的重要基础,也是学科建设的重要内容。希望本教材的推广使用有助于化工与生物技术类学生提高学习过程装备基础课程的兴趣,有益于提高学生的机械与装备技术知识水平。同时也希望教材编写者们与时俱进,不断通过教学和教改实践,丰富和完善教材内容,使之成为一本精品教材。

长江学者、浙江大学教授

2007 年 6 月 28 日于求是园

从原材料到产品,要经过一系列物理的、化学的或者生物的加工处理步骤,这一系列加工处理步骤称为过程。过程需要由设备来完成物料的粉碎、混合、储存、分离、传热、反应等操作。例如,流体输送过程需要有泵、压缩机、管道、储罐等设备。习惯上,将有运动部件的装置称为过程机器,静止的装置称为过程设备,两者合起来统称为过程装备。

(1)过程设备的作用

过程设备在工业生产领域中的应用十分广泛,是石油化工、煤化工、能源、食品、冶金、纺织、城建等传统行业所必需的关键设备。例如,加氢反应器是有机化学实验室和实际生产过程中一种非常重要的设备,不仅可以用作加氢反应的容器,而且也可用于液体和气体需要充分混合的场合;同时在化学制药方面有着广泛的用途,可作为产品开发、有机化学制品和医药品研究的基础设备,还可用于定量分析工业过程中催化剂的活性。其中,热壁加氢反应器是炼油与煤液化工程的关键设备,在 $400\sim480℃$ 高温、$10\sim25MPa$ 高压和临氢及硫化氢环境下长期运行,其参数不断大型化。一些大型装置的单台热壁加氢反应器的重量达到千吨级以上,已成为当今世界衡量一个国家机械制造水平的重要标志。

此外,在一些高新技术领域,如核工业、海洋技术和资源环境技术领域、国防工业、宇航工程等也离不开过程设备。核电站中的压水堆就是一个承受 $12.2\sim16.2MPa$ 的高压容器;潜艇的外壳实则是一个承受外压作用的壳体。

事实上,在一个现代化程度很高的大型工厂中,过程设备的投资费用一般占总投资额相当高的比例,且过程设备的质量优劣将直接影响企业的正常运行和产品质量。如年产 30 万吨的乙烯生产装置是以石油及其某些产品为原料,经过各种化学、物理变化,生产出状态、结构、性质完全不同的聚乙烯、聚丙烯、乙二醇等产品。其主要机器、设备有压缩机、泵、换热器、反应釜、分离塔、储罐等,其中以换热设备、反应设备、塔设备和储存设备为主的过程设备购置费用几乎占到总投资的一半以上。

(2)过程设备的分类与特点

过程设备按其所能实现的单元操作能力可归纳为几大类通用设备,即化学反应设备、物料输送设备、分离设备、传热设备(包括蒸发设备、结晶设备和干燥设备)、粉碎设备以及储存设备等。其中以储存设备、搅拌(反应)设备、换热设备和塔(分离)设备最为典型。

近年来,随着科学技术的发展,过程设备向多功能、大型化、成套化和专业化方向发展,呈现出以下特点:

a. 功能原理多种多样　过程设备的用途、介质特性、操作条件、安装位置和生产能力千差万别,往往要根据功能、使用寿命、质量、环境保护等要求,采用不同的工作原理、材料、结构和制造工艺单独设计,因而过程设备的功能原理多种多样,是典型的非标设备。

b. 机电一体化　新设备是新工艺的摇篮。为使过程设备高效、安全地运行,不仅需要控制物料的流量、温度、压力、停留时间等参数,还须同时检测设备的安全状况。

c. 外壳一般为压力容器　过程设备通常是在一定温度和压力下工作的,虽然形式繁多,但一般都由限制其工作空间且能承受一定压力的外壳和各种各样的内件组成。这种能承受压力的外壳就是压力容器。

（3）过程设备的基本要求

过程设备最基本的要求是满足安全性与经济性,安全是核心,在充分保证安全的前提下尽可能做到经济。经济性包括经济的制造过程,经济的安装、使用与维护,设备的长期安全运行本身就是最大的经济。对一个连续生产的过程装置,停产一天所造成的经济损失就可能大大超过单台设备的成本。

在满足工艺要求的前提下,为了确保安全与经济,过程设备应满足以下基本要求。

a. 结构合理,安全可靠　过程设备上所有部件都必须有足够的强度、刚度和稳定性,可靠的密封性和一定的耐久性。耐久性取决于使用年限,过程设备的使用年限一般决定于介质的腐蚀情况,在反复载荷、高温操作或流体振动的情况下,其寿命还取决于设备的疲劳、蠕变及振动磨损等因素。通常,过程设备的设计寿命为 10～30 年。

b. 先进的技术经济指标　技术经济指标是衡量过程设备优劣的重要参数。如果技术经济指标过低,过程设备就缺乏市场竞争力,将被淘汰。技术经济指标主要包括设备制造、运输与安装成本,生产效率,原料及能量消耗系数等。

c. 运转性能好　要求操作简单,运转方便;噪声低,振动小;能连续运行、自动化程度高;易于清洗、装拆和检修;便于控制,能检测或自动检测流量、温度、压力、浓度、液位等状态参数。

d. 优良的环境性能　随着社会的进步,人类的环保意识日益加强,产品的竞争趋向国际化,过程设备失效的外延也在不断扩大,它不仅仅是指爆炸、泄漏、生产效率降低等功能失效,还应包括环境失效。如有害物质泄漏至环境中,噪声,设备服役期满后无法清除有害物质、无法翻新或循环利用等也应作为设计选用考虑的因素。

上述要求很难全部满足,设计选用时应针对具体问题具体分析,满足主要要求,兼顾次要要求。

（4）正确理解过程设备所应掌握的基础知识

随着过程工业的迅速发展,过程设备正朝着系列化、大型化方向发展,且工作条件愈来愈苛刻,操作压力从高真空到数千大气压,工作温度为 −269～2000℃,工作介质有强烈的腐蚀性、毒性或易燃易爆性,甚至有的还带中子辐射。基于此,对于从事过程工艺研究、设计和生产的工艺技术人员来说,除了应该精通过程工艺技术外,还必须掌握一定的机械基础知识,才能保证新研制的工艺成为现实,才能保证为工艺服务的各过程设备结构合理、安全可靠。

本书主要介绍过程设备的选型与设计知识,包括工程力学基础、工程材料、压力容器设计基础、机械传动基础,以及典型过程设备选型等方面的内容。

a. 工程力学基础　所谓机械就是由力学原理构成的装置,换言之,构成机械的基础是力学。力学作为一门学科,所涉及的内容相当广泛,但就工程力学而言,其任务是研究构件在外力作用下变形和破坏的规律,为设计构件选择适当的材料和尺寸,解决构件的强度、刚度和稳定性问题。

任何设备在工作时,都要受到各种各样的外力作用,都要产生一定程度的变形。如果设备设计得不合理,则无法承受外力的作用,也无法保证安全生产。因此,为使设备能安全而正常地工作,在设计时必须使构件满足以下力学条件:①强度条件。强度是指构件抵抗破坏的能力;构件在外力的作用下发生断裂或显著不可恢复的变形均属于强度失效;构件应具有足够的强度。②刚度条件。刚度是指构件抵抗变形的能力;法兰等密封件对变形有一定要求,在这些构件上若存在较大变形会造成刚度失效;构件要有必要的刚度。③稳定性条件。稳定性是指构件保持原有平衡状态的能力。如细长直杆、薄壁外压容器等构件,在所受压缩外力过大时会突然压弯而失去原有的平衡状态;构件应具有足够的稳定性。

本书第 1 章包含工程力学两个基础部分的内容:静力学和材料力学。其中静力学主要研究力的外效应中的平衡规律;材料力学以杆件为研究对象,讨论在拉伸(压缩)、剪切、扭转和弯曲四种基本变形下,杆件的强度、刚度和稳定性问题。

b. 工程材料 过程设备往往运行在复杂而苛刻的工艺条件下,不同的生产工艺对设备材料有不同的要求。有的要求材料具有良好的力学性能和加工工艺性能;有的要求材料耐高温或低温;有的要求材料具有优良的物理性能;有的则要求材料具有良好的耐腐蚀性等。因此,在设计制造过程设备时,必须针对具体操作条件,正确合理地选择材料,才能保证设备的正常安全运行。第 2 章主要介绍了材料的分类和力学性能,以及常用材料的品种规格、性能特点和应用范围等,并提出了过程设备用材的基本要求与选用原则。

c. 压力容器设计基础 过程设备的外壳一般为压力容器。压力容器是涉及国家财产和人民生命安全的特种设备,一旦出现事故,所造成的损失将是十分巨大的。国内外每年都有压力容器爆炸和泄漏事故发生,造成人员伤亡、企业停产、财产损坏和环境污染。对连续生产的现代化大型企业,容器失效会导致全线停产,损失就更大了。

为确保压力容器的安全运行,许多国家都结合本国的国情制定了强制性或推荐性的压力容器规范标准,如中国的 GB 150.1~GB 150.4《压力容器》、JB4732《钢制压力容器——分析设计标准》、NB/T47003.1《钢制焊接常压容器》和技术法规 TSG 21《固定式压力容器安全技术监察规程》等对压力容器的材料、设计、制造、安装、使用、检验和修理改造等环节提出了相应的要求。

所以,在设计选用具有各种功能的过程设备前,首先必须了解压力容器的基本结构和分类、主要受压元件的受力特点和设计计算方法,以及各种零部件的结构及其选用等问题,同时还应熟悉涉及压力容器设计、制造、材料使用和监察管理的有关标准法规等内容。

d. 机械传动基础 过程设备在工作的时候往往还需要运动和动力,这一工作的实现就是依靠机械传动装置,如带机械搅拌装置的反应设备。掌握一些机械传动方面的基本知识有助于对带传动装置的过程设备的理解。本书第 4 章主要叙述了几种典型的常用传动装置的工作原理、失效形式及选用计算方法;同时介绍了轴承、联轴器、减速器等机械通用零部件的结构、设计方法和标准选用等知识。

e. 典型过程设备选型 储存设备、搅拌设备、换热设备和塔(分离)设备是目前应用最多的几种过程设备,亦是《过程原理》(或《化工原理》)课程中传热、传质、液体的搅拌与精馏等主要单元操作的实施载体,同时也是组成石化、化工、制药等生产装置的核心设备。

本书第 5 章至第 8 章主要介绍了四大典型设备的分类、基本结构、特点、应用范围和选用原则等。通过这些内容的学习,有助于化学工程师们对各种设备的性能有初步的了解,并在工艺设计时,正确选择设备的结构形式,提出合适的技术参数,从而使设备能最大限度地满足工艺要求。

大量事实证明,对于从事过程工艺研究、设计和生产的化学工程师们来说,倘若既精通工艺又懂机械,必将得心应手、游刃有余。

第1章

工程力学基础

工程力学作为过程设备设计的基础知识,其任务是研究构件在外力作用下变形和破坏的规律,为设计构件选择适当的材料和尺寸,解决构件的强度、刚度和稳定性问题。

由于化工、制药、炼油等工业生产中,多数设备都是静置的,因而本章的受力分析仅为静力分析。静力分析的一个重要内容就是研究物体在力系作用下的平衡规律,它是静力学的基础内容;本章的另一部分内容为材料力学,它是研究材料的力学性能和构件的受力变形与破坏规律,进行构件强度、刚度和稳定性计算。

工程上,构件的几何形状是多种多样的。但就其几何特征来看,可将其归纳为杆、板、块三种。其中杆的力学分析较为简单,同时也是分析其他类型构件的基础。本章仅讨论等截面直杆在基本变形和组合变形下的应力分析、强度与变形计算。

1.1 物体的受力分析及其平衡条件

1.1.1 力的概念和基本性质

力是物体间相互的作用,其结果使物体的运动状态发生变化,同时亦使物体变形。前者称为力对物体的外效应,后者称为力对物体的内效应。

正常情况下,工程构件在力作用下的变形都很小,这种变形在静力分析时对结构的影响可以忽略。因而静力学中研究的对象都可认为是刚体,在本节的阐述中,物体都假设为刚体。

讨论力作用的结果,无论外效应还是内效应,都离不开力的三要素:①力的大小;②力的方向;③力的作用点。缺少其中任何一个要素,则力的结果就表达不清楚。

由于力具有三要素,所以力是矢量。表达时常将力符号的字母用黑体字或字母上加一箭头表示,例如 $\boldsymbol{F}$ 或 $\vec{F}$;在图中常用带箭头的线段来表示力,如图 1-1 所示,$\boldsymbol{P}$ 为小车重力,$\boldsymbol{T}$ 为拉力。

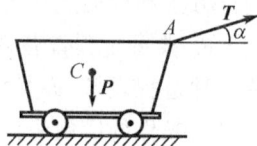

图 1-1 小车受力图

力又分为集中力和分布力,国际单位制中,集中力的单位用"牛顿"(N)、"千牛顿"(kN)表示;分布力的单位用"牛顿/米²"(N/m^2,简写为 Pa)和"牛顿/米"(N/m)表示。一个物体受多个力作用时称为力系;等效取代原力系的另一力称为合力或等效力;使物体处于平衡状态的力系称为平衡力系。

力具有一些简单而明显的基本性质——静力学公理,它们是静力学的基础。

(1)公理一——两力平衡定理　刚体在两力作用下处于平衡状态的条件是:两力大小相等、方向相反并作用在同一直线上。如图 1-2 所示,重物在空中静止时,绳子向上的拉力 T 与重物向下的重力 P 是一对等值、反向、共线的平衡力。二力平衡公理描述的是最简单的平衡力系。

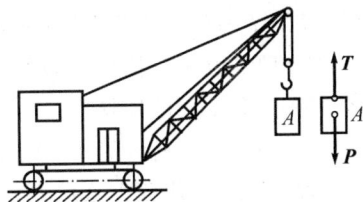

图 1-2　起吊重物受力图

(2)公理二——加减平衡力系公理　受力刚体中加上或者减去一个平衡力系,并不改变原力系对刚体的运动效应。

由这一公理可得出力的可传性推论。即刚体上的力,可沿着它的作用线移到刚体的任一点,并不改变力对刚体的作用。如图 1-3 所示,原作用于 A 点的 F 力,通过对作用线上的 B 点加上一对模等于 $|F|$ 的平衡力 F_1、F_2 等效变换后,变成作用在 B 点的 F_1 力,即力实际上是滑移矢量。

显然对具体变形体,力移动后对物体产生的变形就会不同。所以,工程实际分析中,一般力不作移动。

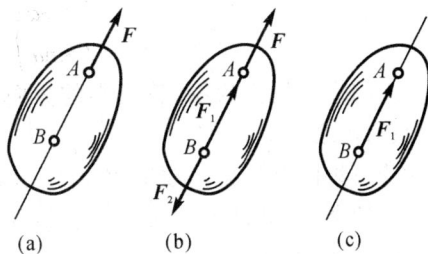

(a)　　　　(b)　　　　(c)

图 1-3　力的可传性

(3)公理三——力的平行四边形法则　作用于物体上同一点的两个力,可以合成一个合力。合力的作用点仍在原作用点,合力的大小和方向,由这两个力矢为邻边所构成的平行四边形的对角线所确定,如图 1-4 所示。

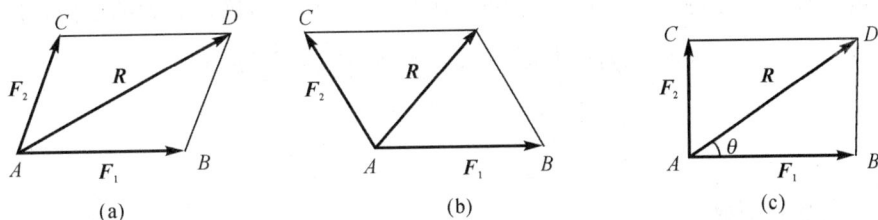

(a)　　　　　　　　(b)　　　　　　　　(c)

图 1-4　力的平行四边形法则

用公式表示为

$$R = F_1 + F_2 \tag{1-1}$$

此公理提供了最简单力系的简化法则,也是复杂力系简化的基础。

由该公理得到另一推论——三力平衡汇交定理。即刚体平面内作用的三个不平行力,若使刚体平衡,则该三力必汇交于一点。

证明如下:如图 1-5 所示,设刚体分别在 A、B、C 三点上作用三个力 F_1、F_2 和 F_3,使刚体处于平衡状态中。把 F_1 和 F_2 沿作用线移到交点 O,由公理三得 F_1 和 F_2 的合力 R。由于刚体处于平衡状态,根据公理一知,力 R 必与力 F_3 等值、反向、共线,即 F_3 的作用线必过 O 点,F_1、F_2、F_3 交于一点。

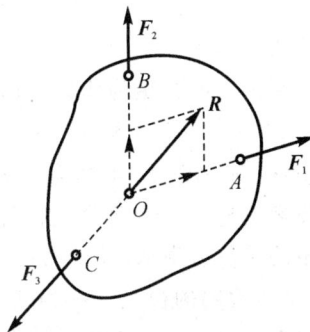

图 1-5　三力汇交

(4)公理四——作用与反作用定律 两个物体间作用力与反作用力总是同时存在、同时消失的;且两个力的大小相等、方向相反、作用线重合,分别作用在两个物体上。

该公理是分析各构件受力的重要依据。但作用力与反作用力不能理解为平衡力,因为它是作用在两个不同的物体上。

在力的实际分析计算中,多用解析法处理。解析法的实质是把力矢量分解成在直角坐标轴上的投影量,用代数方法运算。

如图 1-6 所示,物体上 A 点的 $\boldsymbol{F}$ 力(与 xOy 直角坐标系的 x 轴正向夹角为 α),其在 x 轴、y 轴上的投影分别为

$$\left.\begin{array}{l} F_x = F\cos\alpha \\ F_y = F\sin\alpha \end{array}\right\} \qquad (1-2)$$

力的投影是代数量,若投影的方向与坐标轴正向一致,则投影为正;反之为负。

若一物体上某点 A 受到多个 $\boldsymbol{F}_1$、$\boldsymbol{F}_2$、$\boldsymbol{F}_3$、$\cdots$、$\boldsymbol{F}_n$ 力作用,为了求它们的合力,可以先分别求出它们在某一坐标轴上的投影,然后代数相加,得到的即是合力在坐标轴上的投影。

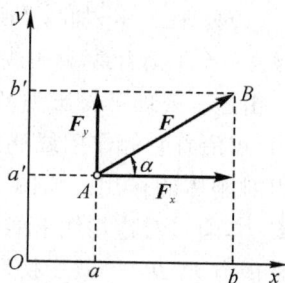

图 1-6 力的投影

$$\left.\begin{array}{l} R_x = \sum_{i=1}^{n} F_x = F_{1x} + F_{2x} + \cdots + F_{nx} \\ R_y = \sum_{i=1}^{n} F_y = F_{1y} + F_{2y} + \cdots + F_{ny} \end{array}\right\} \qquad (1-3)$$

上述表达式即为合力投影定理:合力在某一轴上的投影等于各分力在同一坐标轴上投影的代数和。有了合力在坐标轴上的投影,就可以求出合力的大小,确定合力的方向,有

$$\left.\begin{array}{l} |R| = \sqrt{R_x^2 + R_y^2} = \sqrt{\left(\sum F_x\right)^2 + \left(\sum F_y\right)^2} \\ \tan\alpha = \dfrac{R_y}{R_x} = \dfrac{\sum F_y}{\sum F_x} \end{array}\right\} \qquad (1-4)$$

1.1.2 力矩与力偶

(1)力矩的概念 扳手拧动螺帽,齿轮的转动及工程实际中各种省力的杠杆、滑轮等,都利用了力矩。经验告诉我们,力矩使物体转动的效果不仅取决于力的大小,而且与力的作用线到转动中心 O 点的距离 h 有关,如图 1-7 所示。

平面上的力矩为代数量,表达式为

$$M_O(\boldsymbol{F}) = \pm F \cdot h \qquad (1-5)$$

式中,O 称为矩心,h 称为力臂,正负号由转动方向决定。一般规定逆时针转动的力矩取正,顺时针转动的力矩取负。力矩的单位为牛米($N \cdot m$)或千牛米($kN \cdot m$)。

(2)力偶的概念 一对大小相等、方向相反、作用线平行但不重合的两个力组成的力系称为力偶。如丝锥攻螺纹(图 1-8)及电机转子的转动、搅拌设备中的搅拌轴等,都是

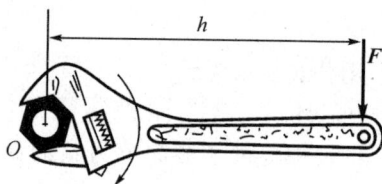

图 1-7 拧动螺帽的力矩

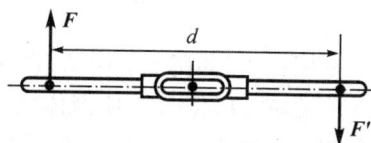

图 1-8 铰杠所受的力矩

受到力偶的作用。

力偶记为(F,F')，也多用 M 表示。力偶对物体的转动效应用力偶矩来度量，如图 1-8 所示的丝锥铰杠所受的力偶矩为

$$M = \pm Fd \tag{1-6}$$

式中，d 称为力偶臂，是力偶中二力的垂直距离。一个平面中的力偶只可能产生正转或反转，是代数量。一般规定逆时针转动为正，反之取负。

力偶具有以下主要性质：

a. 力偶与矩心无关，可以在作用面内任意移动，而不改变它对刚体的作用效应。

b. 力偶无合力，它不能与一个力等效，也不能与一个力平衡（因 $F+F'=0$，而在 F、F' 力偶作用下的物体又处于非平衡状态），只能用力偶取代或用力偶平衡，故力偶是一个基本的力学量。

c. 力偶的要素是力偶矩的大小及转向。在保持力偶矩大小和转向不变的情况下，可以任意改变力和力偶臂的大小，而不会改变力偶对刚体的作用效果，这也是力偶的等效条件。因此，力偶 M 在图中多用带箭头（表示转向）的圆括弧来表示，M 值为力偶矩的大小。

d. 作用于刚体同一平面内的多个力偶所构成的力偶系，可以用一个合力偶来等效代替。合力偶的力偶矩等于各分力偶矩的代数和，即

$$M = \sum m$$

平衡时

$$\sum m = 0$$

1.1.3 约束反力

(1)约束和约束反力　为说明约束，先了解自由体、非自由体概念。在空间运动中的位移不受限制的物体称为自由体，如漂浮的气球、人造卫星等。位移受到某些条件限制的物体称非自由体，限制非自由体运动的物体称约束。

工程中的机械结构，总是将零件按照一定的方式连接组成的，零件的运动互相受到牵制，所以，零件都为非自由体。例如，轴只能在轴承孔内转动，轴承是非自由体轴的约束；起吊的重物不落下来，因重物受到绳子的约束，等等。

非自由体的运动受到约束时，实际上它受到了约束物体的约束反力。而约束反力的方向总是与被限制的非自由体的位移方向相反。而约束反力的大小可由平衡条件求出。

下面介绍工程中几种常见的约束，并分析各自约束反力的特点。

a. 柔性约束　工程中的绳索、链条、皮带、钢丝绳等都称柔性约束。这类约束只能受拉，不能受压，即约束反力只能是拉力，背离作用点，沿轴线或轴线的切线方向作用。如图 1-9 所示。

b. 光滑接触面约束　这类约束是由光滑支撑面如滑槽、导轨、齿轮、凸轮等所构成。略去支撑面与被约束物体之间的摩擦力，这种约束的约束反力方向是沿着接触面的公法线方向，指向被约束的物体，即约束反力只能是压力。例如，

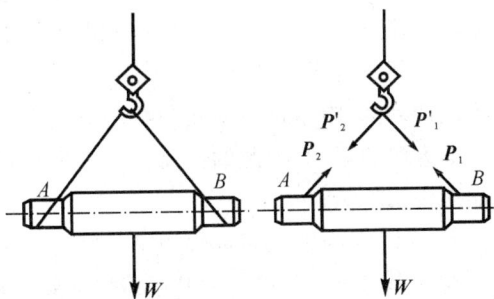

图 1-9　柔性约束

图 1-10 中对滚筒的约束反力 N_A、N_B，及图 1-11 中滑块所受的滑槽的约束反力 N，均为光滑接触面约束反力。

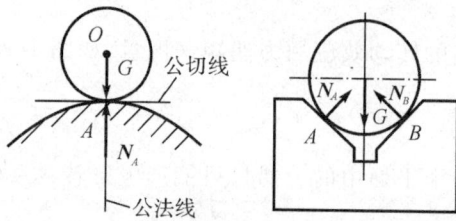

图 1-10 光滑接触面约束

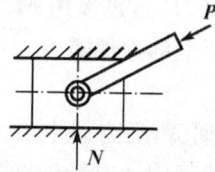

图 1-11 光滑接触面约束实例

c. 铰链约束 圆柱形铰链约束是由两个端部带有圆孔的构件用一销钉连接而成的,如图 1-12 所示。它可分为固定铰链支座约束和滑动铰链支座约束。

图 1-13(a)为固定铰链支座约束。由固定支座、杆和销钉连接而成。它的特点是被约束物体只能绕销钉的轴线转动,而不能上下左右移动。约束反力的方向随着主动力的变化而变化,通过铰链中心,可以用它的两个分力 F_{Ox} 与 F_{Oy} 表示,如图 1-13(b)所示。

在机械传动中,轴承对轴的约束作用,即可以简化为固定铰链约束。如图 1-14(a)为滑动轴承简图,轴在轴承中可以转动,摩擦力不计,轴承对轴的约束反力 N,应通过转轴中心,但方向不定,用它的两个分力 N_x 与 N_y 表示,如图 1-14(b)所示。

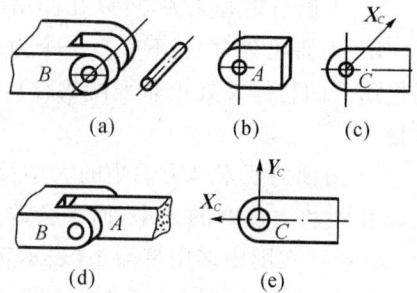

图 1-12 光滑圆柱铰链约束

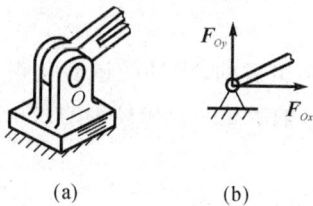

图 1-13 固定铰链约束

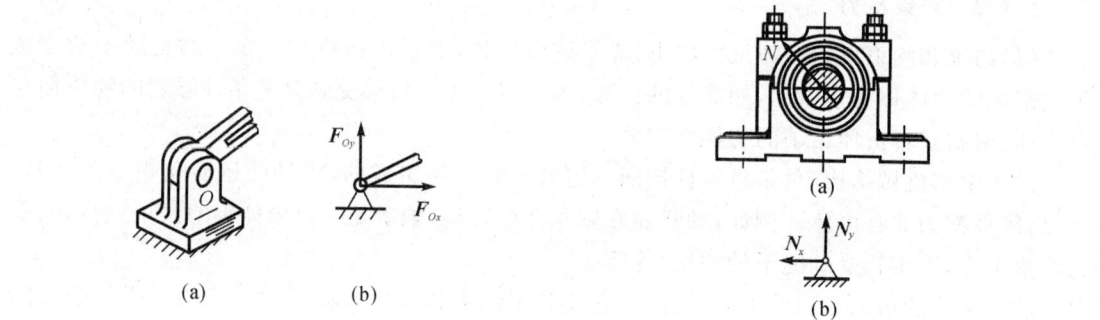

图 1-14 滑动轴承简图

图 1-15(a)为滑动铰链支座约束。这种支座的下面有几个圆柱形滚子,支座可以沿支撑面滚动。桥梁、屋架上经常采用这种滑动铰链支座,当温度变化引起桥梁伸长或缩短时,允许两支座的间距有微小的变化。如图 1-15(b)所示,卧式容器的鞍式支座,左端是固定的,右端是可以滑动的,右端可以简化为滑动铰链支座。这类支座的特点是只限制被约束物体沿垂直支撑面方向的运动,因此约束反力的方向必垂直于支撑面,并通过铰链中心。滑动铰链支座简图如图 1-15(c)所示。

d. 固定端约束 固定端约束的特点是限制被约束物体既不能移动,又不能转动,被约束的一端完全固定。如塔器的基础对塔底座是固定端约束。其约束反力除有 N_x 与 N_y 之外,还应有阻止塔体倾倒的力偶矩 m,如图 1-16 所示。悬臂式管道托架,一端插入墙内,另一端为自由端,墙对托架也起到固定端约束的作用,如图 1-17 所示。固定端约束反力由力与力偶组成,前者阻止被约束物体移动,后者阻止转动。

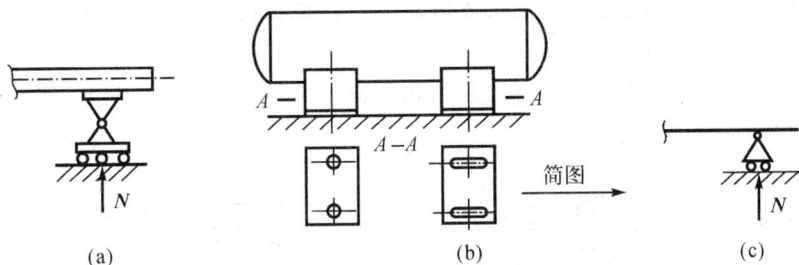

图 1-15　滑动铰链支座约束示意图

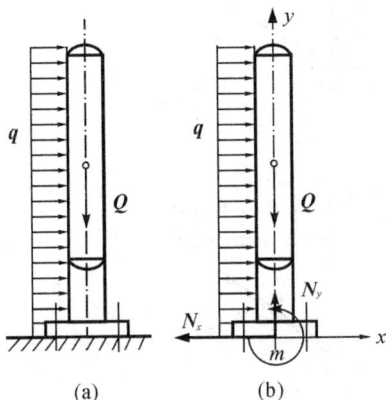

图 1-16　塔底座的固定端约束

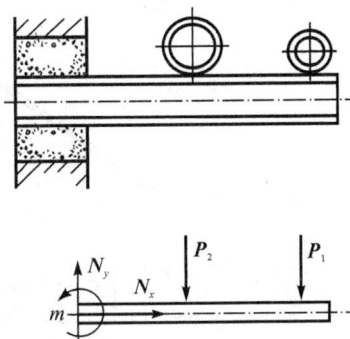

图 1-17　固定端约束的托架

1.1.4　受力图

为了清晰地分析构件的受力情况,需要将被研究的构件(即研究对象)从与它发生联系的周围物体分离出来,该分离出来的构件称之为分离体。然后把作用于其上的全部外力(包括已知的主动力和未知的约束反力)画在分离体上。这样做成的表示分离体及其受力情况的简图称为受力图。

正确地画出受力图,是进行静力学计算的重要步骤。下面通过一些实例来说明画受力图的方法。

例 1-1　某化工厂的卧式容器如图 1-18(a)所示,容器总重量(包括物料、保温层等)为 Q,全长为 L,支座 B 采用固定式鞍座,支座 C 采用滑动式鞍座。试画出容器的受力图。

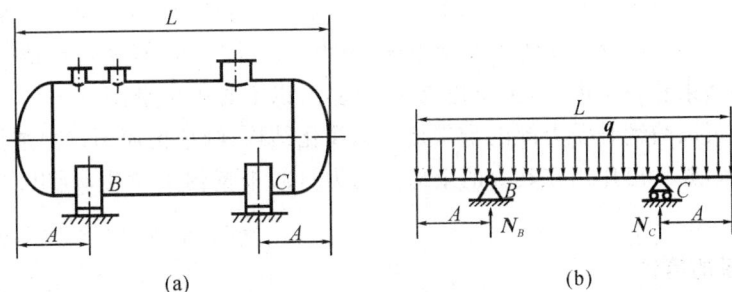

图 1-18　卧式容器受力图

【解】　首先将容器简化成一外伸梁,同时根据鞍座的结构特点,B 端简化为固定铰链支座,C 端为滑动铰链支座;再以整个容器为研究对象,将已知的主动力总重量 Q 沿梁的全长均匀分布,即梁上受均布载荷 $q(q=Q/L)$;最后,按照约束的特性,画出支座反力 N_B 与 N_C。图 1-18(b)就是该容器的受力图。

例1-2 图1-19(a)为焊接在钢柱上的三角形钢结构管道架,上面铺设三根管道。试画出结构整体及各构件的受力图。

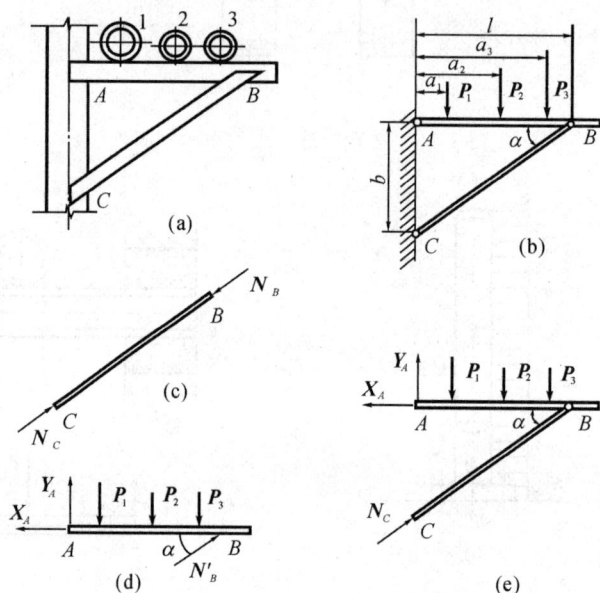

图1-19 三角形钢结构管道支架受力图

【解】 首先对三角形管道支架的结构进行简化。由于连接处的焊缝相对于构件长度很短,因而受载后,其连接处有一定的变形,可以近似地看成铰链连接,而不看成是固定端约束。简化后的结构如图1-19(b)所示。

取 BC 杆为研究对象,其自重相对管道重量很小,可忽略不计。BC 杆只在 B、C 两端受两个力的作用而处于平衡,这种杆件称作"二力杆"。根据二力平衡条件,N_B 与 N_C 大小相等、方向相反、作用线沿 BC 杆,它的受力图如图1-19(c)所示。

取 AB 杆为研究对象。主动力有 P_1、P_2、P_3,铰链 A 的约束力用 X_A 与 Y_A 两个分力表示;BC 杆对 AB 杆的约束反力 N'_B 与 N_B 是作用力与反作用力的关系,因此 N'_B 的方向与 N_B 相反、大小与 N_B 相等。AB 杆的受力图如图1-19(d)所示。若以整体为研究对象,其受力图如图1-19(e)所示。图中 B 铰链处的力没画出来,因为 AB 杆与 BC 杆通过铰链 B 连接,它们相互作用的力从整体来看属于内力,由于是成对出现,所以不必画出来。

由以上两例可以归纳画受力图的步骤是:(1)简化结构,画结构简图;(2)选择研究对象,解除约束,取分离体,并画出作用在其上的全部主动力;(3)根据约束性质,画出作用于研究对象上的约束反力。

1.1.5 力系的简化

(1)力的平移定理 作用在刚体平面上某点的力 F,可平行移动到刚体上的另一点而保持外效应不变,只需在平移后附加一个力偶,该附加力偶的力偶矩等于原力对平移点的矩,这就是力的平移定理,其证明由图1-20可得。

原物体在 A 点作用力 F 见图1-20(a)。欲将 F 平移到 B 点,可先在 B 点加上一对平衡力

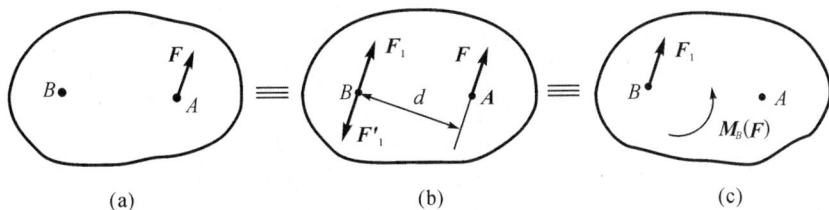

图 1-20 力的平移

F_1'、F_1，且使 $\mid F \mid = \mid F_1' \mid = \mid F_1 \mid$，见图 1-20(b)。
又因为 F、F_1' 是一对力偶，力偶矩 $M = F \cdot d$，得图 1-20
(c)。力偶 M 和作用在 B 点的 F_1 力对刚体的效应与平
移前作用在 A 点的 F 力等效。

力的平移定理是简化复杂力系的重要依据，它可以
把一个力分解为与其平行且等值的一个力和一个附加
力偶，反之亦可把一个力和力偶合成为一个力。如
图 1-21 所示，一蒸馏塔侧面附有挂件重 Q，与主塔中心
线的偏心距为 e。则挂件对主塔的作用除了 Q 重量外，
还附加 $M = Q \cdot e$ 的力偶矩作用。

(2)平面一般力系向一点的简化。所谓平面汇交力
系，是指各力的作用线都在同一平面内且汇交于一点的
力系；所谓平面一般力系，是指各力的作用线在同一平

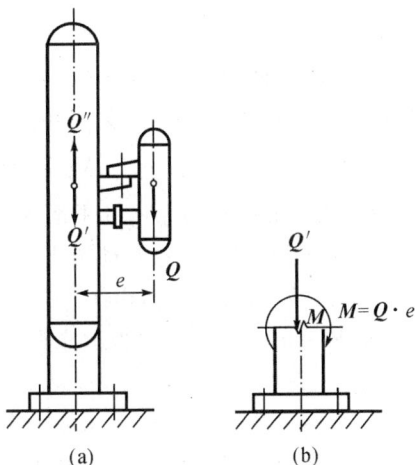

图 1-21 力平移的实例

面内任意分布的力系。平面汇交力系是平面一般力系的特殊情况。工程中有很多结构的受力
情况可以简化为平面一般力系。例如，图 1-22 所示的屋架所受各力可视为一平面一般力系。
下面应用力的平移定理来研究平面一般力系向一点简化的问题。

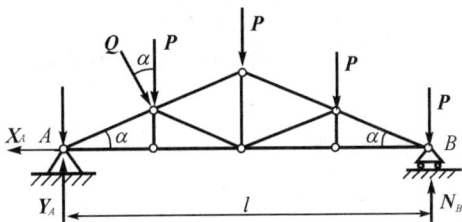

图 1-22 屋架受力图

设刚体上作用有由 n 个力组成的平面一般力系 F_1、F_2、$\cdots$、F_n[图 1-23(a)]，为了简化该力
系，根据力的平移定理，将所有 n 个力都平移到同一平面内的任意点 O，O 点称为简化中心，于
是得到作用于 O 点的平面汇交力系 F_1'、F_2'、$\cdots$、F_n' 和一附加平面力偶系 m_1、m_2、$\cdots$、m_n，即平
面一般力系被简化为一平面汇交力系和一平面力偶系，如图 1-23(b)所示。显然原力系与汇
交力系和力偶系等效，现在对该汇交力系和力偶系简化。

平面汇交力系 F_1'、F_2'、$\cdots$、F_n'，按几何法或解析法合成为一个合力 R'，称为主矢，作用于
O 点，为

$$R' = F_1' + F_2' + \cdots + F_n' = F_1 + F_2 + \cdots + F_n = \sum F \qquad (1-7)$$

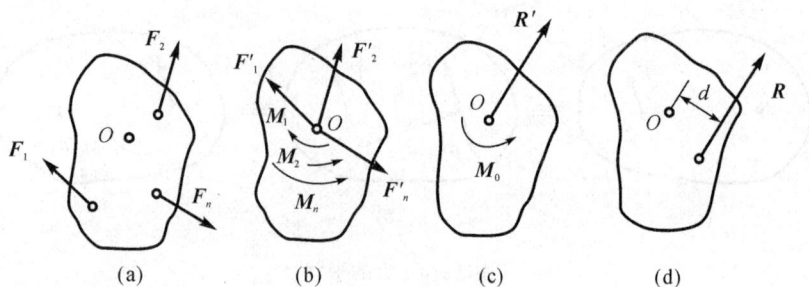

图 1-23　平面力系向一点简化

附加的平面力偶系 m_1、m_2、$\cdots$、m_n 可以合成为一个合力偶,其合力偶矩 M_O 等于原力系各力对 O 点的矩的代数和,称为主矩,如图 1-23(c),即

$$M_O = m_1 + m_2 + \cdots + m_n = \sum m \tag{1-8}$$

结论:平面一般力系向其平面内任一点简化时,得到一个主矢和一个主矩,这个主矢等于力系矢量和,主矩等于各力对简化中心取矩的代数和。

平面一般力系向平面内任一点简化后的结果有四种可能。

a. $R' = 0$,$M_O = 0$。这表示原力系是平衡力系,将在后面平面一般力系平衡条件分析时进一步讨论。

b. $R' \neq 0$,$M_O = 0$。这表示原力系简化为一个合力 R',该合力即为作用在简化中心的主矢量。当简化中心刚好经过原力系合力作用线时出现这种情况。

c. $R' = 0$,$M_O \neq 0$。这表示原力系简化为一个力偶,其力偶矩等于主矩,与简化中心位置无关,意味着原力系仅对物体产生作用面内的转动效应。

d. $R' \neq 0$,$M_O \neq 0$。根据力的平移定理,此种情况还可以进一步简化为一个力 R,这个力就是原力系 F_1、F_2、$\cdots$、Fn 的合力,如图 1 23(d)所示。合力 R 的作用线位置由下式确定

$$d = \frac{M_O}{|R|} \tag{1-9}$$

对于空间一般力系向某一点 O 的简化,最后也可以得到表示成通过 O 点的主矢和对点 O 的主矩两个量。

1.1.6　平面一般力系的平衡方程式

平面一般力系简化后得到一个主矢 R' 和一个主矩 M_O。要使物体平衡,必须满足 $R' = 0$,$M_O = 0$。因此,平面一般力系平衡的充要条件是:力的主矢和对任一点的主矩都为零,即

$$R' = \sqrt{\left(\sum F_x\right)^2 + \left(\sum F_y\right)^2} = 0$$

$$M_O = \sum M_O(F) = 0$$

相当于

$$\left. \begin{array}{l} \sum F_x = 0 \\ \sum F_y = 0 \\ \sum M_O(F) = 0 \end{array} \right\} \tag{1-10}$$

这组方程的前两个,称为力的投影方程,它表示力系中所有力对任选的直角坐标系两轴投影的代数和等于零。第三个方程称为力矩方程,它表示力系中所有的力对任一点的矩的代数和

等于零。

平面一般力系的平衡方程还可以写成其他形式,如二矩式

$$\left.\begin{array}{c} \sum M_A = 0 \\ \sum M_B = 0 \\ \sum F_x = 0 \end{array}\right\} \tag{1-11}$$

式中,A 和 B 是平面内任意的两个点,且 AB 连线不能垂直于 x 轴。

此外,平面一般力系的平衡方程还可表达成三矩式,即

$$\left.\begin{array}{c} \sum M_A = 0 \\ \sum M_B = 0 \\ \sum M_C = 0 \end{array}\right\} \tag{1-12}$$

式中,A,B,C 是平面内不能共线的三个任意点。

三种不同形式的平衡方程都由三个独立方程组成。不论用哪种平衡方程,最多只能求解三个未知数。

平面汇交力系、平面力偶系、平面平行力系均可看作平面一般力系的特殊情况。下面具体分析这三种特殊力系的平衡方程。

(1)平面汇交力系

平面汇交力系中各力的作用线分布在同一平面且汇交于一点。如果取汇交点 O 为力矩中心,则力系中所有力对 O 点之矩都等于零。因此,力矩方程式 $\sum M_O(\boldsymbol{F}) = 0$ 一定能够满足。于是平面汇交力系的平衡方程式只有两个方程

$$\left.\begin{array}{c} \sum F_x = 0 \\ \sum F_y = 0 \end{array}\right\} \tag{1-13}$$

满足以上两个方程式,就表示汇交力系的合力 $\boldsymbol{R}$ 等于零,物体在任何方向都不会移动。

(2)平面平行力系

平面平行力系中各力的作用线分布在同一平面且互相平行。如果选投影坐标轴 x 与力垂直,则所有力在 x 轴上的投影的代数和必然等于零。于是平面平行力系的平衡方程式只有如下两个方程

$$\left.\begin{array}{c} \sum F_y = 0 \\ \sum M_O(\boldsymbol{F}) = 0 \end{array}\right\} \tag{1-14}$$

满足以上两个方程,物体在任何方向都不会移动,也不会转动。

(3)平面力偶系

由于平面力偶系可以简化为一个合力偶,而合力恒为零,两个力的投影方程自然满足,因此其平衡方程只剩下一个独立方程,即

$$\sum M_O(\boldsymbol{F}) = 0 \tag{1-15}$$

满足上述方程,物体在任何方向都不会转动。

以下举例说明平面一般力系平衡方程式的应用。

例 1-3 加料小车用卷扬机 B 拉着沿斜坡道匀速上升,设小车与物料共重 P 吨,斜坡与

水平面成 α 角,其他尺寸如图所示。不计轨道与车轮之间的摩擦,试求钢丝绳的拉力与小车对轨道的压力。

【解】 (1)了解题意,简化结构 画出结构简图,如图 1-24(a)所示。

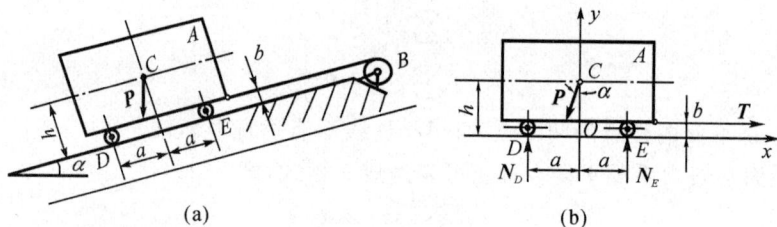

图 1-24 小车受力图

(2)选取研究对象画分离体图 以小车 A 为对象,如图 1-24(b)所示。

(3)画受力图 先画出主动力 P ,再根据约束的性质,画出约束反力。钢丝绳为柔性约束,约束反力沿绳长方向离开小车,用 T 表示;轨道对车轮为光滑支撑面,约束反力垂直于支撑面并指向小轮中心,用 N_D、N_E 表示。受力图如图 1-24(b)所示。小车对轨道的压力与 N_D、N_E 是作用与反作用关系,大小与它们相等。

(4)选择适当的坐标轴 以列出的平衡方程式运算是否简单为原则。本题选择的坐标轴如图 1-24(b)所示。

(5)列平衡方程式,验算 平衡方程分别为

$$\sum F_x = 0, \quad T - P\sin\alpha = 0$$

$$T = P\sin\alpha$$

$$\sum m_D(\boldsymbol{F}) = 0, \quad N_E \cdot 2a - T \cdot b + P\sin\alpha \cdot h - P\cos\alpha \cdot a = 0$$

$$N_E = \frac{P\cos\alpha \cdot a - P\sin\alpha \cdot h + T \cdot b}{2a}$$

$$\sum F_y = 0, \quad N_D + N_E - P\cos\alpha = 0$$

$$N_D = P\cos\alpha - N_E$$

$$= P\cos\alpha - \frac{P\cos\alpha \cdot a - P\sin\alpha \cdot h + T \cdot b}{2a}$$

$$= \frac{P\cos\alpha \cdot a + P\sin\alpha \cdot h - T \cdot b}{2a}$$

对上面结果进行验算,选 E 点为力矩中心,写力矩方程式

$$\sum M_E(\boldsymbol{F}) = 0, \quad P\cos\alpha \cdot a + P\sin\alpha \cdot h - T \cdot b - N_D \cdot 2a = 0$$

$$N_D = \frac{P\cos\alpha \cdot a + P\sin\alpha \cdot h - T \cdot b}{2a}$$

结果一致。

从上例求解中总结得:

a. 投影坐标轴的选择宜与多数未知力平行或垂直,可使问题简化。

b. 力矩方程式的矩心宜取未知力相交较多的点,可使求解方便。

c. P 力对 D 点或 E 点的力矩求解中,分别用 P_x、P_y 两个分力对 D 或 E 点的分力矩求得。其实际应用了合力矩定理:合力对某一点的力矩等于它的各分力对同一点之矩的代数和。

d. 平面一般力系只有三个独立方程,最多可求解三个未知量。

例 1-4 有一塔设备(见图 1-25),塔体自重 $Q=300$kN,塔高 $h=20$m,塔体因受风压力而简化为线均布载荷 $q=400$N/m。求塔设备在支座处所受到的约束力。

【解】 (1)简化结构 由于塔身与基础用螺栓牢固连接,可把塔设备简化为具有固定端约束的悬臂梁。

(2)画受力图 以塔体为研究对象,主动力有自重 Q 和风载荷 q;在计算支座反力时,分布力 q 可用其合力表示,合力的大小为 hq,h 为塔高。合力的方向与均布的风力方向一致,合力的作用线在塔中间 $h/2$ 处。约束反力由固定端约束的特点,分为 N_x、N_y、m 三部分,它们的指向与转向可先假设。

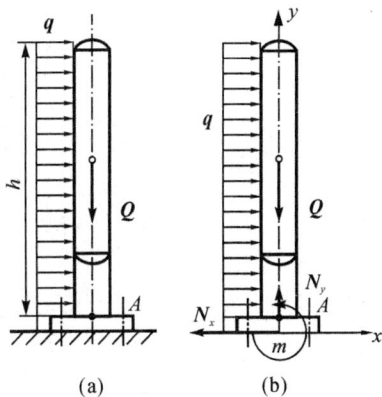

图 1-25 塔及其受力分析图

(3)建立平衡方程 首先建立适当的平面坐标系,其平衡方程为

$$\sum F_x = 0, \ -N_x + qh = 0$$

得

$$N_x = q \cdot h = 400 \times 20 = 8000 = 8(\text{kN})$$

$$\sum F_y = 0, \ N_y - Q = 0$$

得

$$N_y = Q = 300\text{kN}$$

$$\sum M_A(\boldsymbol{F}) = 0, \ m - qh \cdot \frac{h}{2} = 0$$

得

$$m = q \cdot \frac{h^2}{2} = \frac{1}{2} \times 400 \times 20^2 = 80(\text{kN} \cdot \text{m})$$

例 1-5 如图 1-26 所示,锅炉半径 $R=1$m,重 $Q=40$kN,两砖座间距离 $l=1.6$m(略去摩擦力),试求锅炉在 A、B 两处对砖座的压力。

【解】 以锅炉为研究对象,画受力图。主动力有自重 Q,根据作用与反作用的关系,只要求出 A、B 两支座处的约束反力 N_A 与 N_B,问题就解决了。

选坐标轴,如图 1-26 所示,列平衡方程式如下:

$$\sum F_x = 0, \ N_A\cos\alpha - N_B\cos\alpha = 0 \qquad (\text{a})$$

$$\sum F_y = 0, \ N_A\sin\alpha + N_B\sin\alpha - Q = 0 \qquad (\text{b})$$

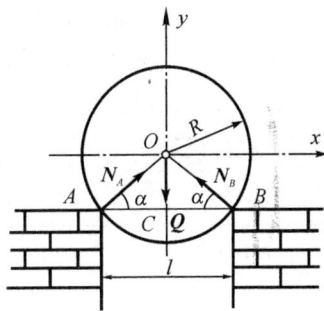

图 1-26 锅炉受力图

由式(a)$N_A = N_B$,代入式(b)求得

$$N_A = N_B = \frac{Q}{2\sin\alpha} (\text{其中 } \sin\alpha = \frac{OC}{OB} = \frac{0.6}{1} = 0.6)$$

$$N_A = N_B = \frac{40}{2 \times 0.6} = 33.3(\text{kN})$$

例 1-6 如图 1-27 所示,桥式起重机梁的 $G=60$kN,重物 $Q=40$kN,跨度为 $l=12$m。当起吊重物 Q 离左端轮子距离 $a=4$m 时,求轨道 A、B 对起重机的反力。

【解】 吊车所受的轨道反力垂直向上,与载荷组成平面平行力系。由平衡方程求两个未知力,即

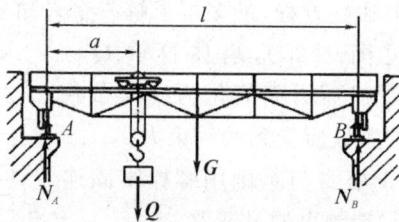

图 1-27　桥式起重机梁受力图

$$\sum M_A(F_y) = 0, \quad N_B \cdot l - G \cdot \frac{l}{2} - Q \cdot a = 0$$

$$N_B = \frac{1}{l}\left(G \cdot \frac{l}{2} + Q \cdot a\right) = \frac{1}{12}\left(60 \times \frac{12}{2} + 40 \times 4\right) = 43.3(\text{kN})$$

$$\sum F_y = 0, \quad N_A + N_B - G - Q = 0$$

$$N_A = G + Q - N_B = 60 + 40 - 43.3 = 56.7(\text{kN})$$

1.2　直杆的拉伸和压缩

　　静力学以刚体为研究对象,而材料力学则以变形体为研究对象。变形体在外载作用下会发生变形,其中外载卸除后能完全或部分恢复的变形称为弹性变形,而不能恢复的变形称为塑性变形或残余变形。在材料力学中,主要研究杆件的弹性变形。

　　工程中,长度远比横截面尺寸大的构件,称杆件。若杆件轴线是直线、各横截面尺寸都相等,称等截面杆;若构件的厚度尺寸远比长和宽的尺寸小,这样的构件称薄板或壳(如球罐、圆筒体和法兰等);若构件的三维尺寸都较接近,则该构件称块。

　　对于杆件,在外力作用下出现的变形主要有拉伸或压缩、剪切、扭转和平面弯曲等,现列于表 1-1 进行说明。

表 1-1　杆件的基本受力与变形形式

基本变形形式	变形简图	应用实例
拉伸、压缩		连接容器法兰用的螺栓、容器的立式支腿
剪切		悬挂式支座与筒体间的焊缝、键、销等
扭转		搅拌器的轴
弯曲		车轴、受水平风载的塔体、桥梁、卧式容器等

复杂的变形可以看成是以上几种基本变形的组合。以下几节讨论杆件基本变形的强度、刚度和稳定问题,也就是通常材料力学所要解决的问题。下面首先介绍直杆的拉伸与压缩。

1.2.1 工程实例

工程中直杆拉伸和压缩的实例是很多的。例如,起吊设备时的绳索和连接容器法兰用的螺栓[如图 1-28(b)所示],它们所受的都是拉力;容器的立式支腿[如图 1-29(b)所示]和千斤顶的螺杆,则受的是压力;连杆、平面静定桁架各杆等,都是拉伸和压缩的实例。

拉伸和压缩时的受力特点是:沿着杆件的轴线方向作用一对大小相等、方向相反的外力。当外力背离杆件时称为轴向拉伸,外力指向杆件时称为轴向压缩。

拉伸和压缩时的变形特点是:拉伸时杆件沿轴向伸长,横向尺寸缩小;压缩时杆件沿轴向缩短,横向尺寸增大。

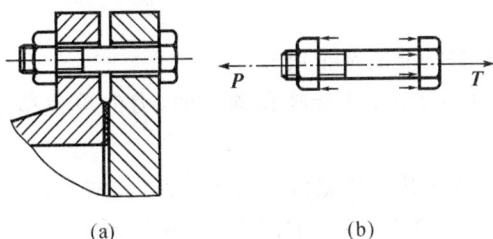

图 1-28 法兰螺栓受力

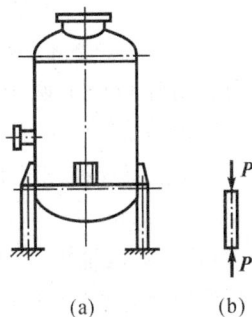

图 1-29 容器支腿受力

1.2.2 拉伸和压缩时横截面上的内力

物体在未受外力作用时,组成物体的分子之间本来就存在相互作用的力,受外力作用后物体内部的相互作用力要发生变化,同时物体会产生变形,这种由外力引起的物体内部相互作用力的变化量称为附加内力,简称内力。物体的变形及破坏情况与内力有着密切的联系,因而在分析构件的强度与刚度问题时,先要从分析内力入手。

要求得内力就需在所求位置假想地把杆子截开,暴露内力,然后用平衡条件求出内力,这一方法称截面法。

如图 1-30(a)所示的杆件 AB,假想地将它在垂直于杆件轴线的 m-n 平面上截开,分成 C、D 两部分。以任一部分为研究对象(例如以 D 为研究对象),进行受力分析。由于 AB 杆是平衡的,因而 D 部分也必然是平衡的。在 D 部分上除了外力 P 以外,横截面 m-n 上还有 C 部分对 D 部分的作用力 N。这就是横截面 m-n 上的内力,如图 1-30(b)所示。根据平衡条件,可求出内力 N 的大小

$$\sum F_y = 0, \quad N - P = 0$$

则

$$N = P$$

拉伸压缩杆的内力称轴力,规定离开横截面的轴力(拉力)为正,指向横截面的轴力(压力)为负。

若沿杆轴线多处作用外力,则杆各横截面上的轴力将不同。为形象地表示轴力沿杆长的变化情况,可用图线表示:在轴线不同位置处的轴力,用垂直于轴线的图线表示,这种图形称轴力图。

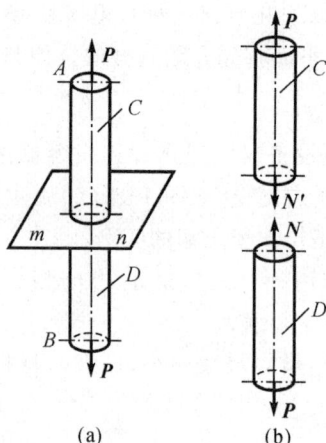

图 1-30　杆受力分析

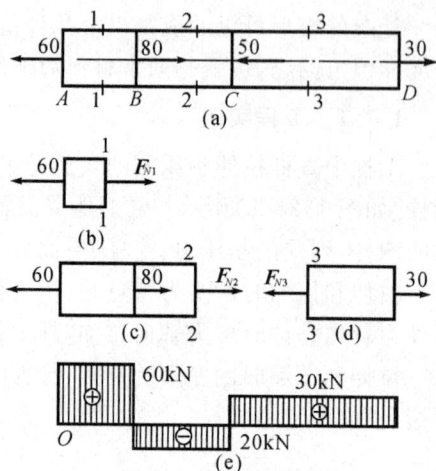

图 1-31　例 1-7 图

作轴力图时需注意以下两个问题：(1)轴力图与受力物体的轴向应对齐；(2)图中应标注受力的特征值及正负号。

例 1-7　一等截面直杆，受力情况如图 1-31(a)所示，试绘制其轴力图（力的单位符号为 kN）。

【解】　(1)计算各段轴力　对于 AB 段，假想地在其中任意位置 1-1 处截开，取左段分析，右段对左段的作用力，用 F_{N1} 表示，先假设力 F_{N1} 方向为拉（正），如图 1-31(b)所示。

$$\sum F_x = 0, \ F_{N1} - 60 = 0$$

得 $F_{N1} = 60\text{kN}$，为拉力。

同理，对 BC 段，假想地在 2-2 处截开，取左段分析，右段对左段的作用力用 F_{N2} 表示，同样先假设为拉，如图 1-31(c)所示，则

$$\sum F_x = 0, \ F_{N2} + 80 - 60 = 0$$

得 $F_{N2} = -20\text{kN}$，为压力。

对于 CD 段，假想地在 3-3 处截开取右段分析，左段对右段的作用力用 F_{N3} 表示（先假设为拉），如图 1-31(d)所示，则

$$\sum F_x = 0, \ 30 - F_{N3} = 0$$

得 $F_{N3} = 30\text{kN}$，为拉力。

(2)作轴力图　如图 1-31(e)所示，最大轴力在 AB 段，受拉。

1.2.3　拉伸和压缩时杆件的应力

用截面法只能求出杆件截面上内力的总和，而根据内力的大小还不能直接判断杆件是否会发生破坏。例如用相同材料制成的粗细不同的杆件，在相同的拉力作用下，内力相同，但细杆显然比粗杆易断。因此，杆件的变形及破坏仅用内力分析还不够，还需知道承受内力的杆件横截面大小及内力在截面上的分布情况。

杆件横截面上单位面积上所承受的内力数值称为应力，应力决定杆件的强度及变形。应力的单位是牛顿每平方米（N/m²），称为帕（Pa），因为 Pa 单位量值太小，工程实际中往往取 10^6Pa，即 MPa 作为应力单位。

(1)横截面上的应力　取一等直径的直杆，在其外圆柱表面画出两条横向圆周线，表示杆

的两个横截面(离开力作用端点一定距离),如图
1-32(a)所示。在两条圆周线之间,画出数条与
轴线平行的纵向线 1-1、2-2 等。然后在杆的两
端沿轴线作用一对拉力 **P**,于是可以看到,变形
前的圆周线 n-n 与 m-m,变形后仍是圆周线。变
形前的纵向平行直线 1-1、2-2 变形后仍为纵向
平行直线,它们的伸长量相等,如图 1-32(b)所
示。因此假定,杆在发生伸长变形时,其横截面
原来是与轴线垂直的平面,变形后仍为平面(平
面假定)。两个相邻的横截面之间只发生了沿轴
线方向的移动(间距增大)。

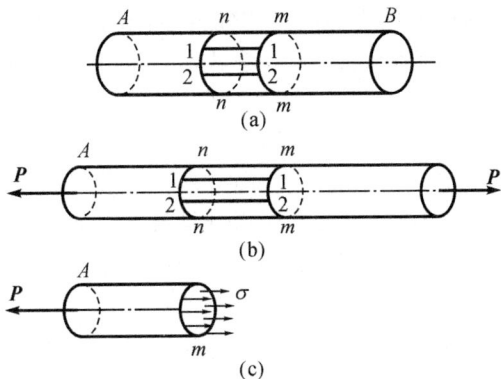

图 1-32　变形分析和应力分析

由这种变形的均匀一致性可以推断:杆件受拉伸的内力在横截面上是均匀分布的,它的方
向与横截面垂直,如图 1-32(c)所示。这些均匀分布的内力的合力为 **N**。如横截面面积为 A,
则作用在单位横截面面积上的应力的大小为

$$\sigma = \frac{N}{A} \tag{1-16}$$

式中,σ——截面上的正应力,方向垂直横截面,MPa。

式(1-16)是根据杆件受拉伸时导出的,但在杆件受压缩时也能适用。杆件受拉时的正应
力称为拉应力,为正值;受压时的正应力称为压应力,为负值。

附带指出,当横截面尺寸有急剧改变时,则在截面突变附近局部范围内,应力数值也急剧
增大,离开这个区域稍远,应力即大为降低并趋于均匀,如图 1-33 所示。这种在横截面突变处
应力局部增大的现象称为应力集中。应力集中的程度可用应力集中系数表示,即应力集中系
数等于最大应力与平均应力之比值。零件容易从最大应力处开始发生破坏,在设计时必须采
取某些补救措施,以减少应力集中。例如容器开孔以后,要采取开孔补强的措施;不允许开带尖
角的孔等。

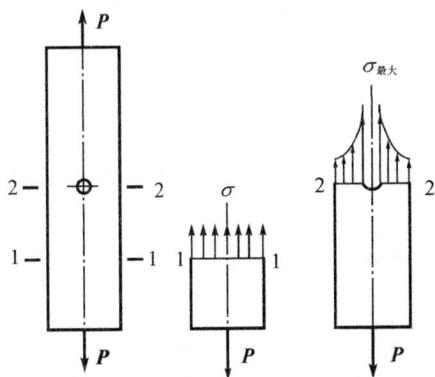

图 1-33　横截面突变处应力局部增大

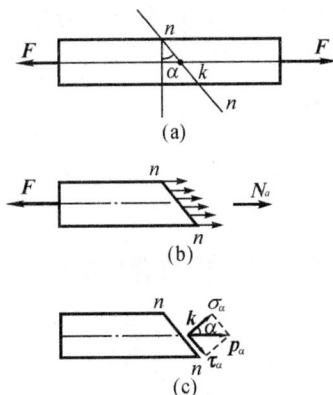

图 1-34　分析斜截面上的应力

(2)斜截面上的应力　轴向拉伸或压缩时,直杆横截面上的正应力是后面强度计算的依
据。但不同材料的实验表明,拉(压)杆的破坏并不是都沿着横截面发生的,有时却是沿斜截面
发生的,为此,应进一步研究斜截面上的应力。

对于轴向拉伸杆件,在如图 1-34(a)所示倾斜角为 α 的 n-n 斜截面上,由平面假设可知,各

点轴向的内力仍应均匀分布,如图 1-34(b)所示。根据平衡条件可得斜截面上的内力 $N_a = F$,且斜截面的面积 $A_a = A/\cos\alpha$,于是在斜截面上各点的应力

$$p_a = \frac{N_a}{A_a} = \frac{F}{A}\cos\alpha = \sigma\cos\alpha \qquad (1-17)$$

将斜截面上任一点的应力 p_a 分解为沿斜截面法线方向和切线方向的两个应力分量,如图 1-34(c)所示。法向应力分量就是斜截面上各点的正应力,以 σ_a 表示;切向应力分量与斜截面重合,称为斜截面上各点的剪应力,以 τ_a 表示,则有

$$\left.\begin{array}{l} \sigma_a = p_a\cos\alpha = \sigma\cos^2\alpha \\[2mm] \tau_a = p_a\sin\alpha = \sigma\cos\alpha \cdot \sin\alpha = \dfrac{\sigma}{2}\sin2\alpha \end{array}\right\} \qquad (1-18)$$

从式(1-18)可以看出 σ_a 和 τ_a 都是 α 的函数,所以斜截面的方位不同,斜面上的应力也就不同。

当 $\alpha = 0$ 时,$\sigma_a = \sigma_{\max} = \sigma$

当 $\alpha = 45°$时,$\tau_a = \tau_{\max} = \dfrac{\sigma}{2}$

由此可见:轴向拉(压)时,在杆横截面上有最大正应力;在与杆轴线成 45° 的斜截面上有最大剪应力,且其数值等于最大正应力的一半。

1.2.4 轴向拉压时的变形及胡克定律

如图 1-35 所示,当等直杆受轴向载荷作用时,杆的纵向长度和横向尺寸都将发生改变。设原杆长为 l,宽度为 b,受力后杆长度为 l_1,宽度变为 b_1,则杆的纵向绝对变形为

$$\Delta l = l_1 - l$$

横向绝对变形为

$$\Delta b = b_1 - b$$

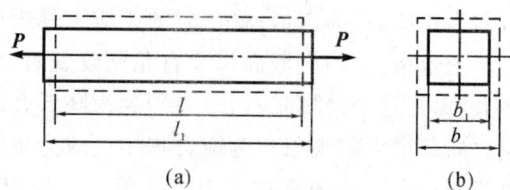

图 1-35 轴向拉伸变形

由于 Δl 和 Δb 的值与杆的原始尺寸有关,还不能反映它的变形大小。因此引入绝对变形与原始尺寸的比值,即线应变,以此来衡量杆的变形程度。

纵向线应变 $\qquad\qquad\qquad\qquad \varepsilon = \Delta L/L \qquad\qquad\qquad\qquad (1-19)$

横向线应变 $\qquad\qquad\qquad\qquad \varepsilon' = \Delta b/b \qquad\qquad\qquad\qquad (1-20)$

ε 和 ε' 都是没有量纲的数值。当杆受拉伸时,ΔL 和 ε 是正值,而 Δb 和 ε' 是负值;当杆受压缩时,其符号相反。

对同一种材料,在弹性范围内,横向线应变和纵向线应变之间比值的绝对值是一常数,即

$$\mu = \left| \frac{\varepsilon'}{\varepsilon} \right| \qquad (1-21)$$

即 $\qquad\qquad\qquad\qquad\qquad \varepsilon' = -\mu\varepsilon \qquad\qquad\qquad\qquad (1-22)$

式中,μ——泊松比。

试验研究表明,受轴向拉(压)的等直杆,其应力和应变之间也存在一定的关系,即当应力不超过材料的某一限度时,横截面上的正应力与纵向线应变 ε 成正比,即 $\sigma \propto \varepsilon$,引进比例系数 E,得

$$\sigma = E\varepsilon \qquad (1-23)$$

式(1-23)称为胡克定律。比例系数 E 称材料的弹性模量,它表示在拉(压)时,材料抵抗变形的能力。因为应变 ε 没有量纲,故 E 的量纲与 σ 相同,常用单位是吉帕(GPa),$1\text{GPa}=10^9\text{Pa}$。

弹性模量 E 的值随材料而不同,通常由材料力学实验方法测定(见 1.2.5 阐述)。几种常用材料的 E 值已列入表 1-2 中。

表 1-2　常用材料的弹性模量 E、剪切弹性模量 G 及泊松比 μ

材料	E/GPa	μ	G/GPa
碳钢	196～206	0.24～0.28	78.4～79.4
合金钢	186～216	0.24～0.33	79.4
铸铁	113～157	0.23～0.27	44.1
球墨铸铁	157	0.25～0.29	60.8～62.7
铝及铝合金	71	0.33	25.5～26.5
铜及其合金	73～157	0.31～0.42	39.2～45.1
混凝土	14～35	0.16～0.18	
木材(顺纹)	9.8～11.8		0.539

将式(1-16)和式(1-19)代入式(1-23),整理后得

$$\Delta L = \frac{NL}{EA} \tag{1-24}$$

这是胡克定律的另一种形式。

利用胡克定律,可以通过测定杆件的变形,获知受力构件的实际应力;或根据杆件的受力大小来计算它的变形。

例 1-8　列车通过桥梁时,用精密仪器测出桥梁桁架某钢杆上两点间的距离增加了 0.002cm,如图 1-36 所示。该两点原来的距离为 10cm,钢杆材料为 16Mn,试求列车通过时,钢杆的应力。

图 1-36　例 1-8 图

【解】　由题意知,$\Delta L = 0.002\text{cm}$,$L = 10\text{cm}$。于是该杆的纵向线应变 $\varepsilon = \Delta L/L = \dfrac{0.002}{10} = 0.02\%$。

由表 1-2 查得,16Mn 为合金钢,其弹性模量 $E = 200\text{GPa} = 2.0 \times 10^{11}\text{Pa}$。

因此,杆内的应力为

$$\sigma = E\varepsilon = 2.0 \times 10^{11} \times 0.02\% = 40(\text{MPa})$$

工程上,该方法常用于压力容器、工程桥梁等构件的应力测试。

1.2.5　拉伸和压缩时材料的力学性能

材料的力学性能是指材料在外力作用下所表现出来的性能指标。它是正确设计及安全使用设备的重要依据。材料的力学性能指标主要靠试验来测定。各种力学试验中,由拉伸与压缩所获得的性能指标应用最广,试验亦相对简单。下面介绍室温、静载(缓慢加载)下材料的拉伸和压缩试验。

(1)低碳钢拉伸时的力学性能　取低碳钢材料(如 Q235)按 GB/T 228—2010 要求,加工成标准圆截面试件,如图 1-37 所示。杆标距长 $L_0 = 10d$(长试件)或 $L_0 = 5d$(短试件),$d = 10\text{mm}$。将试件装在试验机上缓慢增加拉力,对应着每一个拉力 P,试件的标距 L_0 有一个伸长

量 ΔL。记录 P 和 ΔL 关系的曲线称为拉伸图或 $P\text{-}\Delta L$ 曲线,如图 1-38 所示。试件尺寸的不同,会引起拉伸图数据不同,为了消除试件尺寸的影响,把拉力 P 除以试件横截面原始面积 A_0,得 $\sigma = P/A_0$,即纵坐标改为横截面上的正应力;同时把伸长量除

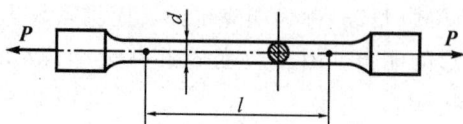

图 1-37 拉伸标准试件

以标距原始长 L_0,得 $\varepsilon = \Delta L/L_0$,即横坐标改为线应变 ε,从而得 $\sigma\text{-}\varepsilon$ 曲线,如图 1-39 所示。此曲线称为应力-应变曲线。

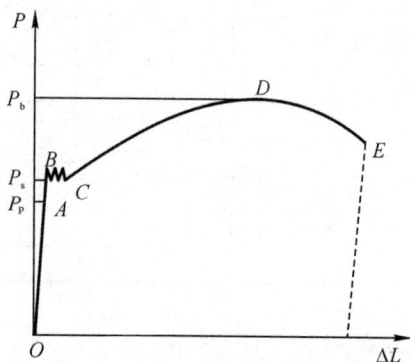

图 1-38 拉伸试验 $P\text{-}\Delta L$ 曲线

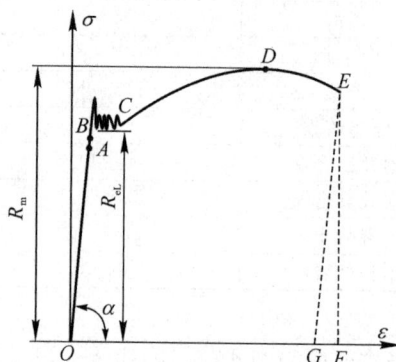

图 1-39 拉伸应力-应变曲线

根据试验结果,低碳钢在整个拉伸过程中可分为四个阶段。

a. 弹性阶段　图 1-38 和图 1-39 中的 OA 阶段。如果试件上所加的力不超过对应的 A 点,则力与变形完全呈线弹性关系,即服从胡克定律。直线部分 A 点所对应的应力(图 1-39)称为比例极限,该极限是材料的应力与应变成正比的应力最高限。Q235 钢的比例极限为 200MPa。显然在比例极限范围内,存在关系式 $\sigma = E\varepsilon$。E 越大,表示该材料在一定的应力作用下越不易产生弹性应变。由图 1-39 可见

$$\tan\alpha = \frac{\sigma}{\varepsilon} = E \qquad (1\text{-}25)$$

即 $\sigma\text{-}\varepsilon$ 曲线中直线部分 OA 的斜率等于材料的弹性模量。

超过比例极限 A 点后,到弹性极限 B 总仍有一小段区间,即在该区间卸去载荷后,变形仍可完全消失,但该区间的 σ 与 ε 之间不再是直线关系。由于弹性极限 σ_e 与比例极限 σ_p 两者的数值很接近,工程中常认为两者数值相等,有时甚至将这两个名词通用。

b. 屈服阶段　当应力大于弹性极限后,$\sigma\text{-}\varepsilon$ 曲线接近为一条水平线,正应力 σ 仅作微小波动,而线应变急剧增加,这说明材料暂时丧失了抵抗变形的能力,这种现象称作屈服,这一阶段称屈服阶段。该阶段最低的应力值称材料的屈服强度,用 R_{eL} 表示。Q235 钢的 $R_{eL} \approx 235$MPa。

磨光试件在屈服时,表面会出现与轴线大致成 45°角的斜线,称为滑移线。这说明在与轴成 45°的斜截面上的最大剪应力,使材料内部晶格产生了沿该力作用方向的滑移。

在屈服阶段,材料发生显著的变形,这时若去掉外力,则一部分变形不能恢复,这种不能恢复的变形称为塑性变形(或永久变形)。材料产生塑性变形将导致零件不能正常工作而失效,因此,屈服强度 R_{eL} 是衡量材料力学性能的一个重要指标。

c. 强化阶段　过屈服点后,材料恢复了抵抗变形的能力。因而要使试件继续变形,必须增大应力,直至到曲线的最高点 D。这种现象称为强化。在图 1-39 中,强化阶段最高点 D 所

对应的应力 R_m 是材料所能承受的最大应力,称为材料的强度极限或抗拉强度。对 Q235 钢,$R_m = (375 \sim 460) \text{MPa}$。

材料经历强化阶段后,其比例极限有所提高,但塑性有所降低,这种现象称为冷作硬化。冷作硬化在工程中有其有利的一面,也有不利的一面。如起重用的钢索和建筑用的钢筋,常用冷拔工艺以提高强度。但冷作硬化也会使一些材料变硬、变脆,需经适当处理,以消除影响。

当材料的工作应力达到 R_m 时,不仅产生很大的塑性变形,而且面临断裂,所以 R_m 是衡量材料力学性能的又一重要指标。

d. 局部颈缩阶段 当应力达到强度极限后,试件薄弱处出现局部横向尺寸的收缩变小现象,称为颈缩(见图 1-40)。

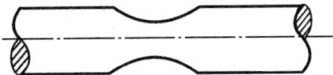

图 1-40 颈缩现象

由于在颈缩处横截面面积迅速减小,使试件继续伸长所需要的拉力也相应减少,在 $\sigma\varepsilon$ 曲线中,用横截面原始面积 A_0 算出的名义应力 $\sigma = P/A_0$ 随之下降,到 E 点时,试件断裂。试件断裂后,变形中的弹性部分消失,但塑性部分仍然保留,试件的标距由原长 L_0 变为 L_1,断口处横截面面积由原来的 A_0 缩减为 A_1。材料的塑性由残余变形量的相对值来表示,其中

$$A = \frac{L_1 - L_0}{L_0} \times 100\% \tag{1-26}$$

式中,A——断后伸长率。

$$Z = \frac{A_0 - A_1}{A_0} \times 100\% \tag{1-27}$$

式中,Z——断面收缩率。

A 和 Z 都表示了材料直到拉断时其塑性变形所能达到的最大限度。对于 Q235 钢,$A \approx 26\%$,$Z \approx 60\%$。A 和 Z 愈大,说明材料的塑性就愈好。工程中常将 $A \geqslant 5\%$ 的材料称为塑性材料,如常温静载的低碳钢、铝、铜等;而把 $A < 5\%$ 的材料称为脆性材料,如常温静载下的铸铁、玻璃、陶瓷等。应该指出,材料的塑性和脆性的分类是相对的。

(2)其他塑性材料拉伸时的力学性能 对于 16Mn、18-8 铬镍奥氏体不锈钢、铝、紫铜等塑性金属材料,其拉伸的应力-应变曲线如图 1-41 所示。与低碳钢相比,这类材料的共同特点是具有良好的塑性;不同点是这些材料没有明显的屈服阶段。为此,工程上规定:对这类塑性材料可将试件卸载后产生 0.2% 的塑性应变时的应力值,作为材料的名义屈服强度,记 $R_{p0.2}$,其意义相当于 R_{eL}。

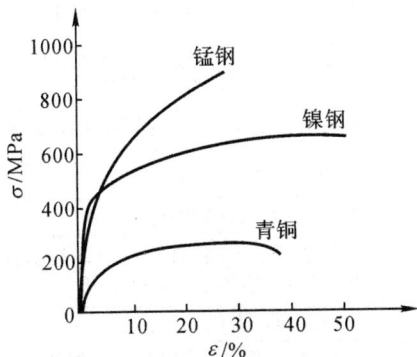

图 1-41 无明显屈服阶段的塑性材料拉伸 $\sigma\varepsilon$ 曲线

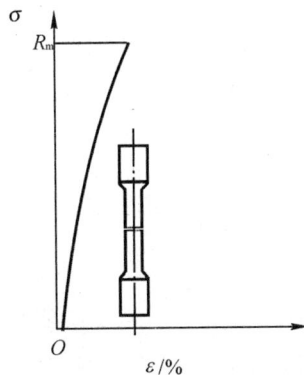

图 1-42 铸铁拉伸 $\sigma\varepsilon$ 曲线

(3)铸铁拉伸时的力学性能 铸铁的拉伸曲线如图1-42所示。其特点是:断口平直,与轴线垂直;σ-ε曲线中没有明显的直线部分;没有屈服和颈缩现象,拉断前的应变很小,断后伸长率也很小。抗拉强度是唯一的强度指标。在低应力下铸铁可看作近似服从胡克定律。通常取σ-ε曲线的割线代替这段曲线,并以割线的斜率作为弹性模量,称为割线弹性模量。

(4)低碳钢和铸铁压缩时的应力-应变曲线及其分析

a. 低碳钢压缩曲线 由图1-43可知,在屈服以前,性质与拉伸时相似,曲线重合,且R_{eL}值大致相同。当过了屈服强度,试件因压缩变形呈鼓形,横截面积增大,使承载力上升,直至压成饼形,即低碳钢压缩时得不到抗拉强度。所以,低碳钢的力学性能一般由拉伸试验确定,通常不进行压缩试验。

b. 铸铁压缩曲线 图1-44是灰口铸铁压缩曲线,图中虚线是铸铁拉伸曲线。由图可见,铸铁的抗压强度数倍于抗拉强度。铸铁压缩时断口的截面与轴线大约成45°角。该现象说明,铸铁压缩断裂破坏是由最大剪应力作用的结果。

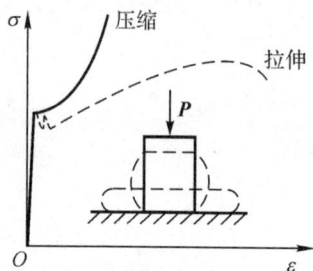

图1-43 低碳钢压缩σ-ε曲线

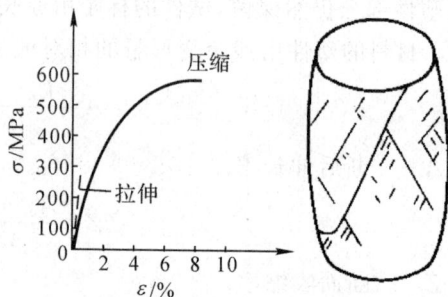

图1-44 灰口铸铁压缩σ-ε曲线

表1-3列出了几种常用金属材料在常温静态下的R_{eL}、R_m和A值。

表1-3 几种常用材料的R_{eL}、R_m、A值

材料名称		屈服强度 R_{eL}/MPa	抗拉强度 R_m/MPa	断后伸长率 A/%	用途举例
普通碳素钢	Q235A(B、C)	220-240	375-500	25-27	用于螺栓、螺母、低压储槽、容器、热交换器外壳及底等
优质碳素钢	20	240	410	25	低压设备法兰,换热器管板及减速机轴、蜗杆等
	45	335	570	19	各种运动设备的轴、大齿轮及重要的紧固零件等
低合金钢	16Mn	325	470-620	21	各种压力容器、大型储油罐等
	15MnV	355	490-640	18	制造高压锅炉、高压容器及大型储罐等
不锈耐酸钢	1Cr13	345	540	25	轴、壳体、活塞、活塞杆等
	0Cr18Ni9	205	520	40	阀体、容器及其他零件
灰口铸铁	HT150		120		对强度要求不高,且具有较好耐腐蚀能力的泵壳、容器、塔器、法兰等
	HT250		205		泵壳、容器、齿轮、气缸等
球墨铸铁	QT500-7	320	500	7	用于轴承、蜗轮、受力较大的阀体等
	QT450-10	310	450	10	用于铸造管路附件及阀体等

1.2.6　拉伸和压缩的强度条件

(1)许用应力和安全系数　由前面分析知,简单拉伸或压缩时直杆横截面上的最大正应力为

$$\sigma_{max} = \frac{N_{max}}{A}$$

若正应力达到材料的屈服强度 R_{eL}(或 $R_{p0.2}$)或抗拉强度 R_m,材料就会产生较大的塑性变形或发生断裂破坏,这两种情况在工程上是允许的。因此,称 R_{eL} 和 R_m 为材料的极限应力,记作 σ°。对于塑性材料, $\sigma^\circ = R_{eL}$,对于脆性材料, $\sigma^\circ = R_m$。为了保证杆件的正常工作,必须把杆件的最大工作应力 σ_{max} 限制在杆件材料的极限应力 σ° 以下的某个数值 $[\sigma]$,即

$$\sigma_{max} \leqslant [\sigma] < \sigma^\circ$$

式中, $[\sigma]$ 称为材料的许用应力。许用应力与极限应力之间的关系为

$$[\sigma] = \frac{\sigma^\circ}{n} \tag{1-28}$$

式中, n——安全系数,其值大于或等于 1。

　　安全系数的大小主要取决于可能存在的缺陷、载荷估计的准确性、计算公式的精度、加工制造的误差,以及构件的重要性等各种因素;换言之,安全系数是在设计中给材料足够的强度储备。一般机械设计中的 n 的选取范围大致为

$$n = \begin{cases} 1.5 \sim 2 & \text{对塑性材料} \\ 2 \sim 5 & \text{对脆性材料} \end{cases}$$

　　脆性材料的安全系数一般比塑性材料要取得大一些。这是由于脆性材料的失效表现为脆性断裂,而塑性材料的失效表现为塑性屈服,显然前者的危险性要高于后者。因此,脆性材料有必要多一些强度储备。

　　多数塑性材料拉伸和压缩时的 R_{eL} 相同,因此许用应力 $[\sigma]$ 对拉伸和压缩可以不加区别。但脆性材料拉伸和压缩的 R_m 相差较多,因此许用应力亦不相同。

　　(2)拉伸和压缩时的强度条件　综上所述,为保证轴向拉伸和压缩时杆件的正常工作,必须使杆件的最大工作应力不超过材料的许用应力,即

$$\sigma_{max} = \frac{N_{max}}{A} \leqslant [\sigma] \tag{1-29}$$

这就是拉压杆件的强度条件。根据式(1-29),强度条件表达式可以解决校核、截面设计、确定许用载荷三类工程实际问题。

　　例 1-9　一个总重为 700N 的电动机,采用 M8 吊环螺钉,螺纹根部的直径为 6.4mm,如图 1-45 所示。其材料的许用应力为 $[\sigma] = 40MPa$。试问起吊电动机时,吊环螺钉是否安全(设圆环部分有足够的强度)。

　　【解】　螺纹根部横截面上的轴力 $N = G = 700N$,则正应力

$$\sigma = \frac{N}{A} = \frac{700}{\frac{\pi}{4} \times (6.4)^2 \times 10^{-6}} = 21.76(MPa)$$

由强度条件

$$\sigma = 21.76MPa < [\sigma]$$

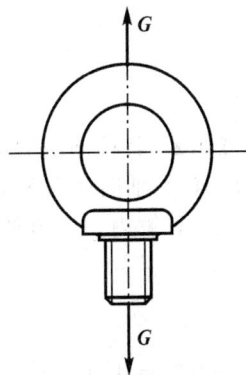

图 1-45　例 1-9 图

可见吊环螺钉是安全的。

例 1-10 图 1-46 所示的气缸内径 $D=140\text{mm}$,缸内气压 $p=0.6\text{MPa}$。活塞杆材料的许用应力 $[\sigma]=80\text{MPa}$。试设计活塞杆直径 d。

【解】 活塞杆左端受的拉力来自作用在活塞上的气体压力,右端受外加拉力作用,该杆的变形为轴向拉伸,如图 1-46(b)所示。活塞杆横截面积远小于活塞端面积,故计算气体压力时可略去。根据平衡条件可以求得

图 1-46　例 1-10 图

$$N=F=P\times\frac{\pi}{4}D^2=0.6\times10^6\times\frac{\pi}{4}(140\times10^{-3})^2=9236(\text{N})$$

由强度条件式(1-28),得活塞杆横截面面积为

$$A=\frac{\pi}{4}d^2\geqslant\frac{N}{[\sigma]}=\frac{9236}{80\times10^6}=1.15\times10^{-4}(\text{m}^2)$$

取等号计算,求得活塞杆的最小直径为

$$d=\sqrt{\frac{4\times1.15\times10^{-4}}{\pi}}=0.012\text{m}=12\text{mm}$$

例 1-11 图 1-47 为简易可旋转的悬臂式吊车,由三角架构成。斜杆由两根 5 号等边角钢组成,每根角钢的横截面面积为 $A_1=4.8\text{cm}^2$;水平横杆由两根 10 号槽钢组成,每根槽钢的横截面面积 $A_2=12.74\text{cm}^2$。材料均为 Q235A,许用应力 $[\sigma]=120\text{MPa}$。整个三角架可绕 O_1-O_2 轴转动,电动葫芦能沿水平横杆移动,求允许起吊的最大重量(为了简化计算,设备自重不计)。

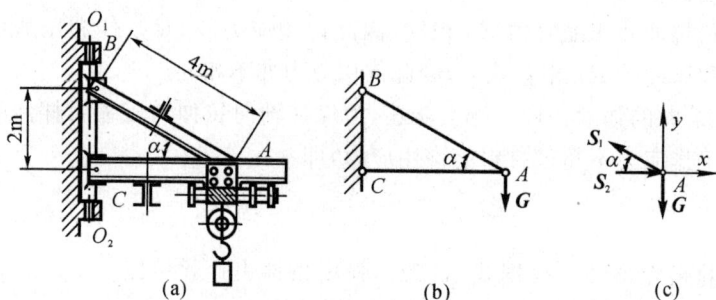

图 1-47　例 1-11 图

【解】 各杆两端均认为是圆柱铰链约束,取节点 A 为分离体,设斜杆 AB 受轴向拉力 S_1,横杆 AC 受轴向压力 S_2,G 为垂直向下的起吊物重量。其受力图如图 1-47(c)所示。

(1)计算内力　由平衡方程

$$\sum F_X=0,\ S_2-S_1\cos a=0 \tag{a}$$

$$\sum F_Y=0,\ S_1\sin a-G=0 \tag{b}$$

因 $\alpha=30°$,由式(b)得

$$S_1=\frac{G}{\sin30°}=\frac{G}{1/2}=2G \tag{c}$$

代入式(a)

$$S_2=S_1\cos30°=\sqrt{3}G \tag{d}$$

（2）求允许起吊的最大重量　根据强度条件式(1-29)，AB 杆有

$$\sigma = \frac{S_1}{2A_1} \leqslant [\sigma]$$

则
$$S_1 \leqslant 2[\sigma]A_1 = 2 \times 120 \times 10^6 \times 4.8 \times 10^{-4} = 115(\text{kN})$$

AC 杆的强度为

$$S_2 \leqslant 2[\sigma]A_2 = 2 \times 120 \times 10^6 \times 12.74 \times 10^{-4} = 306(\text{kN})$$

将 S_1 和 S_2 分别代入式(c)和式(d)，得

$$S_1 = 2G \leqslant 115\text{kN} \tag{e}$$

$$S_2 = \sqrt{3}G \leqslant 306\text{kN} \tag{f}$$

由式(e)得
$$G \leqslant \frac{115}{2} = 57.5\text{kN}$$

由式(f)得
$$G \leqslant \frac{306}{\sqrt{3}} = 177\text{kN}$$

比较上两式，知该吊车允许的最大起重量为 57.5kN。

1.3　剪切与挤压

1.3.1　剪切的概念

工程中受拉(压)的零件与其他零件之间的连接，常用销钉、铆钉、键、螺栓或焊缝连接。这些连接件或结构，主要受剪切与挤压作用。由于剪切和挤压的受力变形比较复杂，工程上均采用近似的实用计算方法。

如图 1-48(a)所示，两块钢板用螺栓连接，当钢板上受到 p 力作用后，螺栓两侧分别受到合力为 p 的分布压力作用，且这两个合力的大小相等、方向相反，作用线相距很近，从而引起螺栓 m-n 两力线之间的材料发生相对错动，如图 1-48(c)所示。如 p 力足够大，则螺栓可能沿 m-n 截面被剪断。这种变形称剪切变形，m-n 间的截面称剪切面。

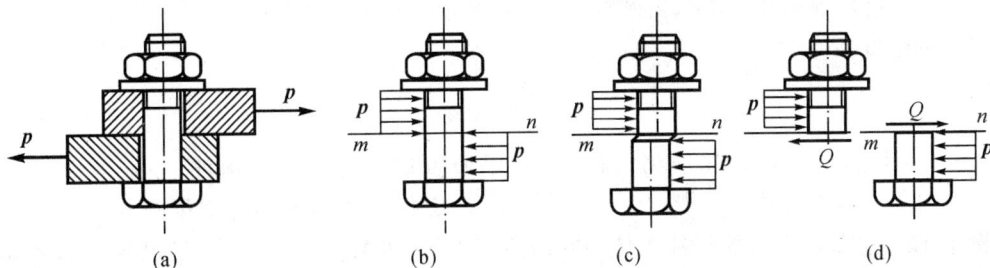

图 1-48　螺栓受力分析图

计算构件的剪切强度时，也首先分析其内力，剪切面上的内力称剪力，用截面法假想地从 m-n 面将螺栓切开，分别考虑上半部分或下半部分的平衡，如图 1-48(d)所示，得 $Q = P$，Q 为剪切内力，平行于横截面，称为剪力。

1.3.2　剪切与挤压的实用计算

（1）剪应力和剪切强度条件　忽略其他变形的影响，认为剪切面上主要分布着均匀的剪应力 τ，则

$$\tau = \frac{Q}{A}$$

式中，τ——剪应力，MPa；

　　A——受剪切的面积，mm^2；

　　Q——受剪面上的剪力，N。

为了使受剪切构件能安全可靠地工作，必须保证剪应力不超过材料的许用剪应力，其强度条件为

$$\tau = \frac{Q}{A} \leqslant [\tau] \tag{1-30}$$

式中，$[\tau]$——材料的许用剪应力，MPa。

实验表明，对于一般钢材，材料的许用剪应力$[\tau]$与许用拉应力$[\sigma]$有如下关系：塑性材料$[\tau] = (0.6 \sim 0.8)[\sigma]$；脆性材料$[\tau] = (0.8 \sim 1.0)[\sigma]$。

利用剪切强度条件，同样可以解决剪切变形的强度校核、截面设计和许可载荷确定三类问题。

（2）挤压应力和挤压强度条件　剪切构件除了受剪切破坏外，还可能产生由局部表面挤压而发生的破坏。如图1-49(a)所示键的受力，齿轮或带轮通过键把力传递到轴上，剪切的受力面称挤压面，如图1-49(c)所示。挤压面上的力称挤压力。假设挤压应力在挤压面上均匀分布，则挤压应力为

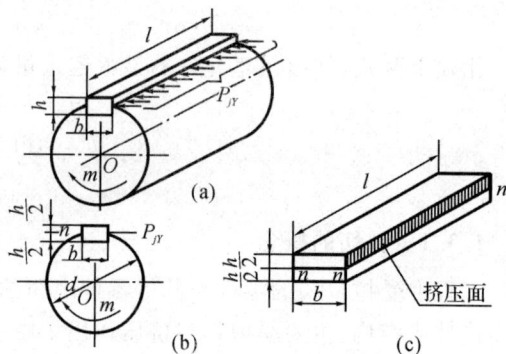

图1-49　键的挤压力分析图

$$\sigma_{jY} = \frac{P_{jY}}{A_{jY}}$$

式中，σ_{jY}——挤压应力，MPa；

　　P_{jY}——挤压力，N；

　　A_{jY}——挤压面面积，mm^2，对圆柱面，按挤压力在正投影面的面积计。

挤压的强度条件

$$\sigma_{jY} = \frac{P_{jY}}{A_{jY}} \leqslant [\sigma_{jY}] \tag{1-31}$$

式中，$[\sigma_{jY}]$为材料的许用挤压应力，可从有关手册查取。对于钢制构件，一般可取$[\sigma_{jY}] = (1.7 \sim 2.0)[\sigma]$；对于铸铁，$[\sigma_{jY}] = (2.0 \sim 2.5)[\sigma]$。其中$[\sigma]$为材料的许用拉应力。

例 1-12　电瓶车牵引板与拖车挂钩间用插销连接，如图1-50(a)所示。已知$b = 8mm$，插销材料的许用应力$[\tau] = 30MPa$，$[\sigma_{jY}] = 100MPa$，牵引力$P = 15kN$。试确定插销直径。

【解】　插销受力情况如图1-50(b)所示。由平衡条件可得

$$Q = \frac{P}{2} = 7.5kN$$

先按剪切强度条件设计插销直径：

$$A \geqslant \frac{P/2}{[\tau]} = \frac{7500}{30 \times 10^6} = 250(mm^2)$$

即

$$\frac{\pi d^2}{4} \geqslant 250 mm^2$$

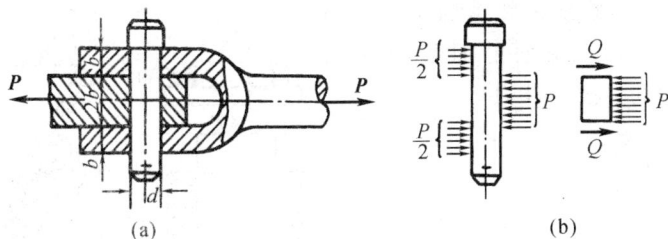

图 1-50 例 1-12 图

故 $d \geq 17.8\text{mm}$。

再按挤压强度条件进行校核

$$\sigma_{jY} = \frac{P_{jY}}{A_{jY}} = \frac{P}{2b \cdot d} = \frac{15000}{2 \times 8 \times 17.8 \times 10^{-6}} = 52.7(\text{MPa}) < [\sigma_{jY}]$$

故挤压强度足够。查机械设计手册,选取 $d = 20\text{mm}$ 的标准圆柱销。

例 1-13 图 1-51(a)表示轴与齿轮的平键连接。已知轴直径 $d = 70\text{mm}$,键的尺寸为 $b \times h \times l = 20\text{mm} \times 12\text{mm} \times 100\text{mm}$,传递的扭转力偶矩 $m = 2\text{kN} \cdot \text{m}$,键的许用应力 $[\tau] = 60\text{MPa}$,$[\sigma_{jY}] = 100\text{MPa}$。试校核键的强度。

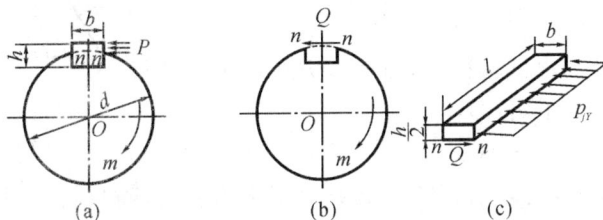

图 1-51 例 1-13 图

【解】 先校核键的剪切强度。将平键沿 $n\text{-}n$ 截面分成两部分,并把 $n\text{-}n$ 以下半部分和轴作为一个整体来考虑,如图 1-51(b)所示。对轴心 O 取矩,由平衡方程 $\sum M_o = 0$,得

$$Q \cdot \frac{d}{2} = m, \quad Q = \frac{2m}{d} = 57.14(\text{kN})$$

剪切面面积为 $A = b \cdot l = 20 \times 100 = 2000(\text{mm}^2)$,有

$$\tau = \frac{Q}{A} = \frac{57.14 \times 10^3}{2000 \times 10^{-6}} = 28.6(\text{MPa}) < [\tau]$$

可见,平键满足剪切强度条件。

再校核键的挤压强度。考虑键在 $n\text{-}n$ 截面上半部分的平衡,如图 1-51(c)所示。则挤压力 $P_{jY} = Q = 57.14\text{kN}$,挤压面面积 $A_{jY} = hl/2$,有

$$\sigma_{jY} = \frac{P_{jY}}{A_{jY}} = \frac{57.14 \times 10^3}{6 \times 100 \times 10^{-6}} = 95.3(\text{MPa}) < [\sigma_{jY}]$$

故平键也满足挤压强度条件。

例 1-14 图 1-52(a)所示为两块钢板用两条边焊缝搭接连接在一起。钢板的厚度分别为 $t = 10\text{mm}$,$t_1 = 8\text{mm}$,设拉力 $P = 150\text{kN}$,焊缝许用应力 $[\tau_{焊}] = 110\text{MPa}$。试计算焊缝的长度 L。

【解】 实践证明,搭接边焊缝一般是沿着最弱的 $45°$ 斜面剪切破坏的,如图 1-52(a)、(b)

中的 AB 面所示。认为焊缝的横截面是一个等腰直角三角形，故 45°剪切面的面积为 $A=2tl\sin45°$，则边焊缝的强度条件为

$$\tau=\frac{P}{2tl\sin45°}\leqslant[\tau_{焊}]$$

于是有

$$l\geqslant\frac{P}{2t[\tau_{焊}]\sin45°}$$
$$=\frac{150\times10^3}{2\times10\times10^{-3}\times110\times10^6\times0.707}$$
$$=0.096\approx0.1(\text{m})$$

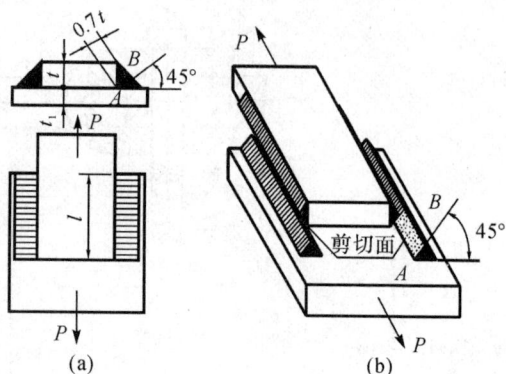

图 1-52　例 1-14 图

因焊缝起点及终点强度较差，所以实际长度须在计算长度的基础上加上 10mm，所以取焊缝实际长度 $L=110\text{mm}$。

1.3.3　剪切变形和剪切胡克定律

（1）剪切变形与剪应变　构件受剪切时，两力之间的小矩形 $abcd$ 变成平行四边形 $abc'd'$，如图 1-53 所示，直角 $\angle dab$ 变成锐角 $\angle d'ab$，而直角所改变的角度 γ 称为剪应变，用以衡量剪切变形之大小。

（2）剪切胡克定律　由试验得知，当剪应力在小于弹性极限时，剪应力与剪应变成正比，即

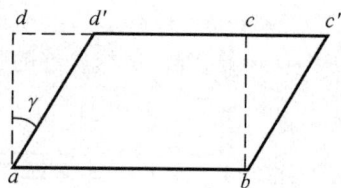

图 1-53　剪切变形

$$\tau=G\gamma \tag{1-32}$$

式中，G 为剪切弹性模量，它表示材料抵抗剪切变形的能力，随材料不同而异，可通过实验测得，常用金属材料的剪切弹性模量见表 1-2。式(1-32)称为剪切胡克定律。

前面已讨论过三个材料弹性常数，即弹性模量 E、泊松比 μ 和剪切弹性模量 G，对于各向同性材料，它们之间存在着如下关系：

$$G=\frac{E}{2(1+\mu)} \tag{1-33}$$

1.4　圆轴的扭转

1.4.1　圆轴扭转的实例和概念

受扭转作用的轴类零件很多，例如，图 1-54 中汽车中的传动轴(AB)、图 1-55 中的方向盘操纵杆，以及电机的转轴、搅拌轴、钻杆等，都受到扭转作用。

从实例中可知，扭转杆件的受力特点是：在垂直杆件轴线的截面上作用着力偶；在该力偶矩作用下，圆杆件表面的纵向线变成螺旋线，产生 γ 的剪切角；两横截面间相对扭转，产生扭转角 φ，如图 1-56 中 B 截面相对于 A 截面产生的 φ 角。

工程中，将以扭转为主要变形的构件称为轴。下面讨论等截面圆轴的扭转问题。

1.4.2　外力偶矩和扭矩的计算

（1）外力偶矩　齿轮、皮带、链传动，若知道轮上的圆周力 P 及轮子的半径，则外力偶矩

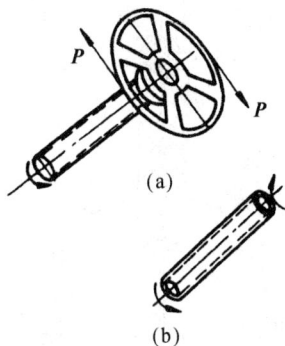

图 1-55　受扭转的转向轴

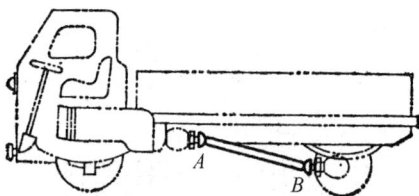

图 1-54　汽车传动轴

$$m = PR \qquad (1-34)$$

式中，P——圆周力，N；

　　　R——轮子的半径，mm。

但工程上许多传动轴一般给出的是功率 N 和转速 n，而不直接给出外力偶矩。则由功及功率的概念可导得外力偶矩 m 为

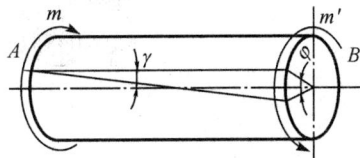

图 1-56　扭转变形的特点

$$m = 9550\frac{N}{n} \qquad (1-35)$$

式中，m——外力偶矩，N·m；

　　　N——功率，kW；

　　　n——转速，r/min。

（2）内力扭矩和扭矩图　知道作用在轴上的外力矩 m 后，可用截面法求出截面上的内力——扭矩 T。

图 1-57(a)为一搅拌反应釜，搅拌轴见图 1-57(b)，其受力情况如图 1-57(c)所示；轴的上端作用主动力偶矩 m_C、m_A 和 m_B 是物料对桨产生的阻力偶矩，匀速时主动力偶矩与阻力偶矩相等，即

$$m_C - m_A - m_B = 0$$

用截面法求内力：若求 1-1 截面内力，假想在 1-1 处把轴截成上、下两段。取上半段研究，如图 1-57(d)所示。设截面上扭矩为 T_1，由平衡条件

$$\sum m = 0, \quad m_C - T_1 = 0$$

得内力偶矩——扭矩为

$$T_1 = m_C$$

对于 AB 段中的内力偶矩，在其内任一位置 2-2 处假想把轴截成两段，取其中任意一段，如图 1-57(e)所示的上半段分析，则截面内的内力偶矩 T_2 由平衡条件

$$\sum m = 0, \quad m_C - m_A - T_2 = 0$$

得

$$T_2 = m_C - m_A$$

为了使从两部分求得的同截面上的扭矩正负号相同，规定扭矩 T 的符号采用右手螺旋法则确定：以右手四指表示扭矩的转向，如果拇指的指向与该扭矩所作用的截面的外法线方向一致，则扭矩为正，反之为负。

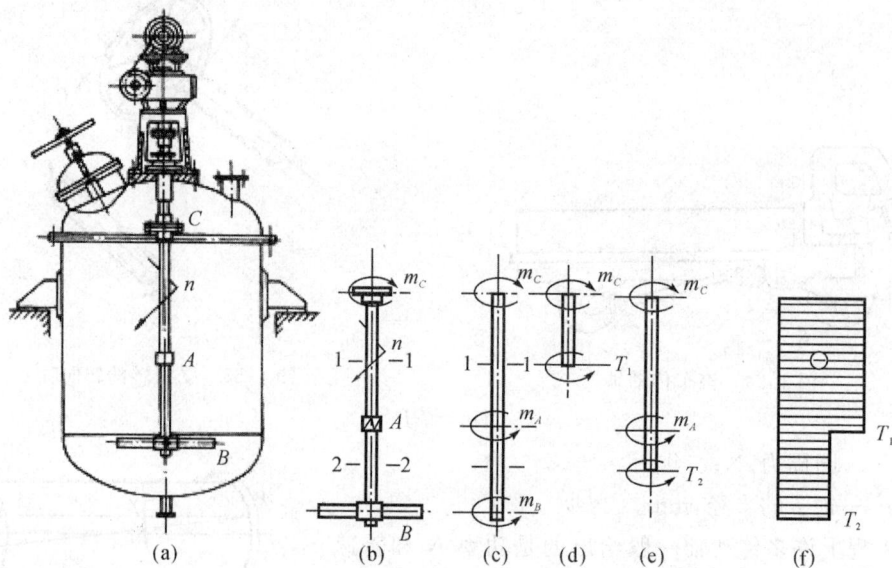

图 1-57　反应釜的搅拌轴

扭矩图为扭矩沿轴线变化的线图。搅拌轴的扭矩图如图 1-57(f)所示。

由上面的分析可知:任意截面 K 上的扭矩 T_K,等于截面一侧所有外力偶的代数和,即

$$T_K = m_1 + m_2 + \cdots + m_n \tag{1-36}$$

式中,m_1、m_2、$\cdots$、m_n 为截面一侧的外力偶矩。其代数符号规定为:面向切面,顺时针转向的外力偶矩取正值,反之取负值。

例 1-15　一传动轴如图 1-58(a)所示,已知转速 $n=300\text{r/min}$,主动轮 A 输入功率 $N_A=120\text{kW}$,从动轮 B、C、D 分别输出功率 $N_B=30\text{kW}$,$N_C=40\text{kW}$,$N_D=50\text{kW}$。计算各段扭矩,并画扭矩图。

(a)

图 1-58　例 1-15 图

【解】　(1)计算外力偶矩

$$m_A = 9550\frac{120}{300} = 3820(\text{N} \cdot \text{m}) = 3.82(\text{kN} \cdot \text{m})$$

$$m_B = 9550\frac{30}{300} = 955(\text{N} \cdot \text{m}) = 0.955(\text{kN} \cdot \text{m})$$

$$m_C = 9550\frac{40}{300} = 1273(\text{N} \cdot \text{m}) = 1.273(\text{kN} \cdot \text{m})$$

$$m_D = 9550\frac{50}{300} = 1592(\text{N} \cdot \text{m}) = 1.592(\text{kN} \cdot \text{m})$$

(2)计算各段扭矩　BA 段,取 2-1 截面

$$T_1 = -m_B = -0.955(\text{kN} \cdot \text{m})$$

AC 段,取 2-2 截面

$$T_2 = m_A - m_B = 3.82 - 0.955 = 2.89(\text{kN} \cdot \text{m})$$

CD 段,取 3-3 截面

$$T_3 = m_D = 1.592(\text{kN} \cdot \text{m})$$

(3)**画扭矩图**　如图 1-58(b)所示,最大扭矩在 AC 段,其值为 $2.89(\text{kN} \cdot \text{m})$。

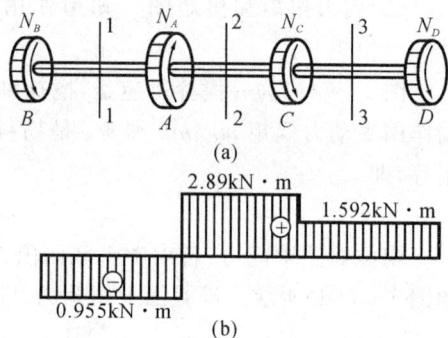

实际上,扭矩的正负不影响轴的强度,影响强度的仅是扭矩的绝对值的最大值。因此,当轴上有多个轮子时,合理地布置轮子的排序,能使$|T_{max}|$下降,从而使轴的强度相对得以提高。如例 1-15 中,若将轮子按 A、B、C、D 次序排列,则$|T_{max}| = 3.82\text{kN} \cdot \text{m}$,其值大于图 1-58 的排列,显得不合理;若按 B、C、A、D 次序排列,则得$|T_{max}| = 2.23\text{kN} \cdot \text{m}$,低于图 1-58 的排列,因而显得更为合理。

1.4.3 圆轴扭转时的应力

1.4.3.1 应力分析

首先观察一圆轴的扭转实验,如图 1-59(a)所示的圆轴,在加载前先在其外表面画出纵向线及圆周线,形成许多小矩形。在加了 m_A 和 m_B 力偶后,圆轴变成如图 1-59(b)所示的形状,从中可以观察到以下现象:

(1)各圆周线的形状、大小、间距均未改变,但绕轴线发生了相对转动(扭转角 φ)。

(2)纵向线变成斜直线,倾斜了 γ 角,矩形变为平行四边形。

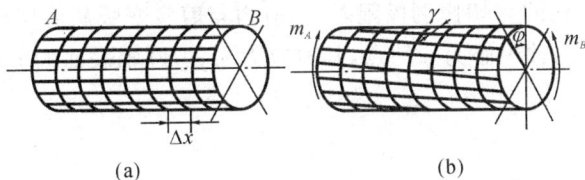

图 1-59 圆轴的扭转变形

根据上面观察到的现象,可做以下推理判断:

(1)圆轴扭转时横截面上仅有剪应力,无正应力。这是因为剪应力产生剪切变形,使矩形变为平行四边形;而各圆周线的间距不变,说明纵向没有拉压变形,横截面上没有正应力存在。

(2)剪应力的方向与所在半径垂直,与扭矩 T 的转向一致。

1.4.3.2 扭转剪应力计算

取受扭转圆轴中的微段 $\text{d}x$ 来分析,如图 1-60(b)所示。假设 O_2DC 截面像刚性平面一样地绕轴线转动 $\text{d}\varphi$,圆轴表面的小方格 $ABCD$ 歪斜成平行四边形 $ABC'D'$,轴表面 A 点的剪应变就是纵线歪斜的角 γ,而半径 O_2D 上任意点 H 的纵向线 EH 在轴变形后倾斜了一个角度 γ_ρ,它也就是横截面上任一点 E 处的剪应变。设 H 点到轴线的距离为 ρ,由于构件变形通常很小,则有

$$\gamma \approx \tan\gamma = \frac{\overline{DD'}}{\overline{AD}} = \frac{\overline{DD'}}{\text{d}x}$$

$$\gamma_\rho \approx \tan\gamma_\rho = \frac{\overline{HH'}}{\overline{EH}} = \frac{\overline{HH'}}{\text{d}x}$$

所以

$$\frac{\gamma_\rho}{\gamma} = \frac{\overline{HH'}}{\overline{DD'}} \tag{1-37a}$$

由于截面 O_2DC 像刚性平面一样地绕轴线转动,因而图上 $\triangle O_2HH'$ 与 $\triangle O_2DD'$ 相似,得

$$\frac{\overline{HH'}}{\overline{DD'}} = \frac{\rho}{R} \tag{1-37b}$$

将式(1-37b)代入式(1-37a),得

$$\frac{\gamma_\rho}{\gamma} = \frac{\rho}{R} \tag{1-38}$$

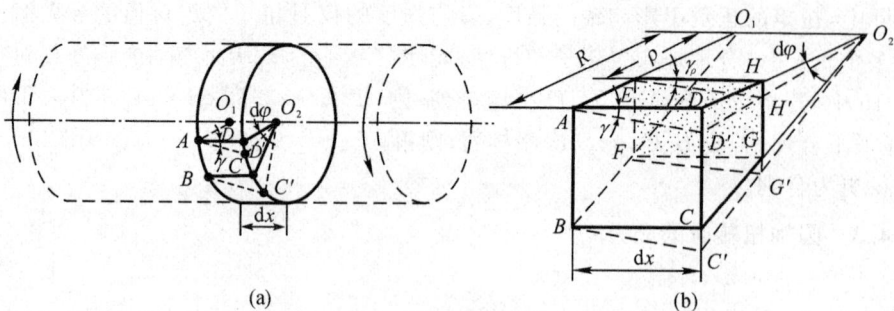

图 1-60　圆轴扭转变形分析

式(1-38)表明,圆轴扭转时,横截面上靠近轴中心的点剪应变较小,离轴中心越远的点剪应变越大,即各点的剪应变 γ_ρ 与离轴中心的距离 ρ 成正比。由此可知,轴外表面各点的剪应变最大。

当剪应力不超过材料的剪切比例极限时,剪应力与剪应变服从剪切胡克定律(物理关系),即 $\tau = G \cdot \gamma$。横截面上离轴中心为 ρ 的点,其剪应力为 τ_ρ,圆轴表面的剪应力为 τ,因此有

$$\tau_\rho = G \cdot \gamma_\rho, \ \tau = G \cdot \gamma$$

代入式(1-38),得

$$\frac{\tau_\rho}{\tau} = \frac{\rho}{R} \tag{1-39}$$

式(1-39)说明圆轴扭转时横截面上各点的剪应力与它们离中心的距离成正比。圆心处剪应力为零,轴表面的剪应力 τ 最大。分布情况如图 1-61 所示。

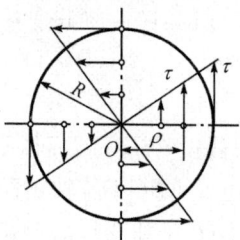

图 1-61　扭转剪应力分布图

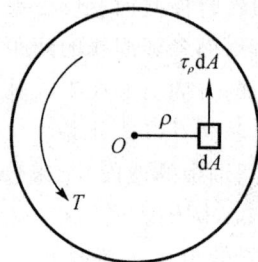

图 1-62　扭转剪应力的静力学关系

而由式(1-39),可得

$$\tau_\rho = \tau \frac{\rho}{R} \tag{1-40}$$

求解上式,还要用平衡方程。在截面上任取一距中心为 ρ 的微面积 $\mathrm{d}A$,作用在微面积上的力的总和为 $\tau_\rho \cdot \mathrm{d}A$,如图 1-62 所示。该力对中心 O 的力偶矩等于 $\tau_\rho \cdot \mathrm{d}A \cdot \rho$。显然存在

$$T = \int_A \tau_\rho \cdot \mathrm{d}A \cdot \rho$$

将式(1-40)代入上式,得

$$T = \frac{\tau}{R} \int_A \rho^2 \, \mathrm{d}A$$

令 $I_\mathrm{p} = \displaystyle\int_A \rho^2 \, \mathrm{d}A$,称为截面的极惯性矩,则轴表面的最大剪应力为

$$\tau = \frac{T \cdot R}{I_p} \tag{1-41}$$

再令 $W_p = I_p/R$，称为抗扭截面模量，则

$$\tau = \frac{T}{W_p}$$

将式(1-41)代入式(1-40)，可得出横截面上任一点的剪应力计算公式

$$\tau_\rho = \frac{T \cdot \rho}{I_p} \tag{1-42}$$

1.4.3.3 极惯性矩与抗扭截面模量计算

极惯性矩 I_p 与抗扭截面模量 W_p 是与截面尺寸和形状有关的几何量，可按下述方法计算。

(1)实心圆轴 如图 1-63 所示，直径为 d、半径为 r 的实心圆，取一圆环微面积为 dA，则 $dA = 2\pi \cdot \rho \cdot d\rho$，因此

$$I_p = \int_A \rho^2 \cdot dA = 2\pi \int_0^{d/2} \rho^3 d\rho = 2\pi \cdot \frac{\rho^4}{4} \Big|_0^{d/2} = \frac{\pi d^4}{32} \tag{1-43}$$

$$W_p = \frac{I_p}{R} = \frac{I_p}{R} = \frac{2I_p}{d} = \frac{\pi d^3}{16} \tag{1-44}$$

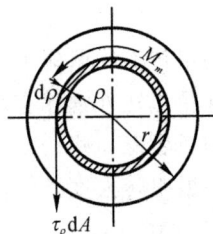

图 1-63 极惯性矩的计算

(2)空心圆轴。对于内径为 d、外径为 D 的空心圆轴，它的极惯性矩 I_p 与抗扭截面模量 W_p 分别为

$$I_p = \frac{\pi}{32}(D^4 - d^4), \quad W_p = \frac{\pi}{16D}(D^4 - d^4)$$

令 $d/D = \alpha$，则

$$I_p = \frac{\pi D^4}{32}(1 - \alpha^4) \tag{1-45}$$

$$W_p = \frac{\pi D^3}{16}(1 - \alpha^4) \tag{1-46}$$

例 1-16 一搅拌轴转速 $n = 50$ r/min，搅拌功率 $N = 2$ kW，搅拌轴的直径 $d = 40$ mm。试求轴内最大剪应力。

【解】 轴的外力偶矩 $m = 9550 \dfrac{N}{n} = 9550 \times \dfrac{2}{50} = 382$（N · m）

抗扭截面模量为

$$W_p = \frac{\pi}{16}d^3 \approx 0.2 \times 40^3 = 12.8 \times 10^3 \text{（mm}^3\text{）}$$

杆在扭转时的最大剪应力为

$$\tau_{max} = \frac{T}{W_p} = \frac{382 \times 10^3}{12.8 \times 10^3} = 29.84 \text{（N/mm}^2\text{）} = 29.84 \text{（MPa）}$$

例 1-17 有一实心轴直径 $d = 81$ mm；另一空心轴的内径 $d = 62$ mm，外径 $D = 102$ mm；且这两根轴的截面积相同，都等于 51.5 cm^2。试比较这两根轴的抗扭截面模量。

【解】 (1)实心轴 $\quad W_p = \dfrac{\pi d^3}{16} = \dfrac{\pi \cdot 81^3}{16} = 104.3 \times 10^3$（mm^3）

(2)空心轴 $\quad W_p = \dfrac{\pi}{16}D^3(1 - \alpha^4) \approx 0.2 \times 102^3 \left[1 - \left(\dfrac{62}{102}\right)^4\right] = 183.3 \times 10^3$（mm^3）

由此可见，在材料相同、横截面积相等的情况下，空心轴比实心轴的抗扭能力强，能够承受

更大的外力偶矩。在相同的外力偶矩情况下,选用空心轴要比实心轴省材料。这从圆截面的应力分布也可以看出,当实心轴圆周上的最大剪应力接近于许用剪应力时,中心附近部分的剪应力与许用剪应力还相差很远,即轴中心部分的材料没有充分发挥作用。但空心轴比实心轴加工制造困难,造价也高。因而在实际工作中,要视具体情况,合理地选择截面的形状与尺寸。

1.4.4 圆轴扭转的强度条件

根据轴的受力情况或扭矩图,由最大扭矩 T_{max} 求出轴的最大剪应力 τ_{max},并使该值不超过材料的许用扭转剪应力,则轴能安全地工作。即得圆轴扭转的强度条件

$$\tau_{max} = \frac{T_{max}}{W_p} \leqslant [\tau] \tag{1-47}$$

式中的扭转许用剪应力 $[\tau]$ 的值可查阅有关手册。一般情况下 $[\tau] = (0.5 \sim 0.6)[\sigma]$。由于一般轴除受扭转外常伴有弯曲作用,而且所受的载荷不是静载荷,故许用剪应力的取值有时比上述范围还要低一些。

根据扭转强度条件,同样可以解决强度校核、截面设计与许可载荷确定这三类问题。

例 1-18 若例 1-15 中,圆轴为等截面实心圆轴,材料的 $[\tau] = 40MPa$。试求轴的直径。

【解】 由例 1-15 知道,最大扭矩 T_{max} 为 2890N·m,应用式(1-47)可得

$$W_p \geqslant \frac{T_{max}}{[\tau]} = \frac{2890}{40 \times 10^6} = 7.225 \times 10^{-5}$$

因

$$W_p = \frac{\pi}{16} d^3$$

则

$$d \geqslant \sqrt[3]{\frac{7.225 \times 10^{-5} \times 16}{\pi}} = 71.66 \times 10^{-3}(m) \approx 72(mm)$$

根据轴的标准直径进行圆整,可取 $d = 75mm$。

例 1-19 一直径为 30mm 的钢轴,若 $[\tau] = 50MPa$,试求该轴能承受的最大扭矩;如果轴的转速为 400r/min,试求该轴能传递多大功率?

【解】 (1)求轴能承受的最大扭矩

$$T_{max} \leqslant [\tau] \cdot W_p$$

$$T_{max} \leqslant [\tau] \times \frac{\pi}{16} d^3 \approx 50 \times 10^6 \times 0.2 \times 0.03^3 = 270(N \cdot m)$$

(2)求轴能传递的功率 由于输入力偶矩 m 等于扭矩 T,由式(1-35)得

$$N = \frac{m \cdot n}{9550} = \frac{270 \times 400}{9950} = 11.3(kW)$$

1.4.5 圆轴的扭转变形与刚度条件

(1)圆轴的扭转变形 圆轴受扭转时,除了考虑强度条件外,有时还要满足刚度条件。例如机床的主轴,若扭转变形太大,就会引起强烈的振动,影响加工工件的质量。因此,还需对轴的扭转变形有所限制。

圆轴受扭转作用时所产生的变形,是用两横截面之间的相对扭转角 φ 表示的,如图 1-56 所示。由于 γ 角与 φ 角对应同一段弧长,故有

$$\varphi \cdot R = \gamma \cdot l \tag{1-48a}$$

式中,R——轴的半径;

l——圆轴长。

由剪切胡克定律 $\tau = G \cdot \gamma$，得

$$\varphi = \frac{\tau \cdot l}{G \cdot R} \qquad (1\text{-}48b)$$

将式(1-41)代入式(1-48b)，得

$$\varphi = \frac{T \cdot l}{G \cdot I_p} \qquad (1\text{-}49)$$

式(1-49)是截面 A、B 之间相对扭转角的计算公式，φ 的单位是 rad。两截面间的相对扭转角与两截面间的距离 l 成正比，为了便于比较，工程上一般都用单位轴长上的扭转角 θ 表示扭转变形的大小，则

$$\theta = \frac{\varphi}{l}$$

$$\theta = \frac{T}{G \cdot I_p} \qquad (1\text{-}50)$$

如果扭矩的单位是 N·m，G 的单位是 Pa，I_p 的单位是 m^4，则 θ 的单位为 rad/m。但工程中习惯用(°/m)作为[θ]的单位，则公式(1-50)可改写为

$$\theta = \frac{T}{G \cdot I_p} \times \frac{180°}{\pi} \qquad (1\text{-}51)$$

式中，GI_p 称为轴的抗扭刚度，取决于轴的材料与截面的形状与尺寸。轴的 GI_p 值越大，则扭转角 θ 越小，表明抗扭转变形的能力越强。

(2)扭转刚度条件 为保证轴能正常工作，轴的扭转变形用许用扭转角[θ]来加以限制，其单位为(°/m)，其数值的大小根据载荷性质、工作条件等确定。在一般的传动和搅拌轴计算中，可选取[θ]=0.5°~1.0°/m。由此得出轴的扭转刚度条件

$$\theta = \frac{T}{G \cdot I_p} \times \frac{180°}{\pi} \leqslant [\theta] \qquad (1\text{-}52)$$

圆轴设计时，一般要求既满足于强度条件式(1-47)，又要满足于刚度条件式(1-52)。

例 1-20 某搅拌反应器的搅拌轴传递的功率 $N = 5\text{kW}$，空心圆轴的材料为 45 号钢，$\alpha = \dfrac{d}{D} = 0.8$，转速 $n = 60\text{r/min}$，[τ]=40MPa，[θ]=0.5(°/m)，$G = 8.1 \times 10^4 \text{MPa}$。试计算轴的内、外径尺寸 d 与 D 各为多少？

【解】 (1)计算外力偶矩

$$m = 9550 \frac{N}{n} = 9550 \times \frac{5}{60} = 796 (\text{N} \cdot \text{m})$$

轴的横截面上的扭矩 $T = m = 796\text{N} \cdot \text{m}$。

(2)由强度条件

$$\tau_{max} = \frac{T}{W_p} \leqslant [\tau]$$

$$W_p = \frac{\pi}{16} D^3 (1 - \alpha^4) \approx 0.2 D^3 (1 - 0.8^4) = 0.118 D^3$$

得

$$D \geqslant \sqrt[3]{\frac{796}{0.118 \times 40 \times 10^6}} = 5.525 \times 10^{-2} (\text{m}) = 55.25 (\text{mm})$$

（3）由刚度条件

$$\theta = \frac{T}{G \cdot I_p} \times \frac{180}{\pi} \leqslant [\theta], \text{其中} I_p = \frac{\pi}{32} D^4(1-a^4) = 0.058D^4$$

得

$$D \geqslant \sqrt[4]{\frac{796 \times 180}{8.1 \times 10^{10} \times 0.058 \times \pi \times 0.5}} = 6.638 \times 10^{-2}(\text{m}) = 66.38(\text{mm})$$

故选取 $D=67$mm，$d=0.8D=53.6$mm。如用无缝钢管作轴，则按管径规格，可选 $D=68$mm，$d=54$mm 即选用 $\phi 68 \times 7$（外径×壁厚）的无缝钢管。

1.5 梁的平面弯曲

1.5.1 弯曲的概念和实例

弯曲是工程中最常见的一种基本变形形式。例如，工厂中常用的单梁吊车，如图 1-64(a) 所示，在自重和被吊物体的重力作用下发生弯曲变形；卧式容器受到自重和内部物料重量的作用[如图 1-65(a)所示]，塔器受到水平方向风载荷的作用[如图 1-66(a)所示]等，也都要发生弯曲变形。这些弯曲杆件的共同特点为：作用在杆件上的外力垂直于杆的轴线，使原为直线的轴线变形后成为曲线。以弯曲变形为主的杆件习惯上称为梁。

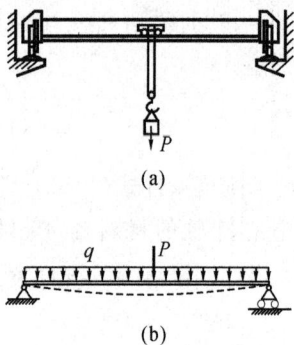

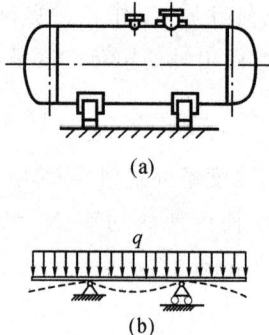

图1-64 桥式吊车　　　图1-65 卧式容器　　　图1-66 受风载荷的塔设备

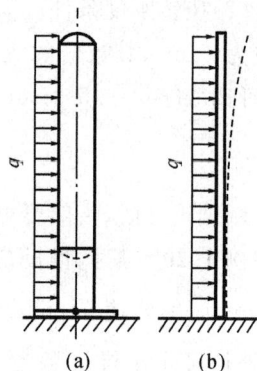

工程问题中，绝大部分受弯杆件的横截面都有一个对称轴，如图 1-67 所示。梁的轴线和横截面对称轴所确定的平面称为纵向对称面。若梁上所有外力均垂直于梁的轴线并作用在纵向对称面内，变形后梁的轴线在纵向对称面内弯曲成一条平面曲线（图 1-68），这种弯曲变形称为平面弯曲。平面弯曲是弯曲问题中最常见的情况。本节仅讨论平面弯曲的问题。在对弯曲构件进行受力分析时，可以暂不考虑其横截面的具体形状并忽略一些构造上的细节，用梁的轴线代表梁。

作用在梁上的外力可简化为集中力、集中力偶和分布载荷三种形式。

梁的约束方式一般有固定铰支座、滑动铰支座和固定端约束三种。

如果梁的支座反力仅利用静力平衡方程便可全部求出，这样的梁称为静定梁。常见的静定梁有以下三种形式：

（1）简支梁　梁的一端为固定铰支座，另一端为可动铰支座，如图 1-69(a)所示；

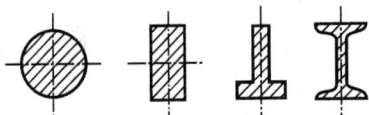

图 1-67 梁常见的截面形状

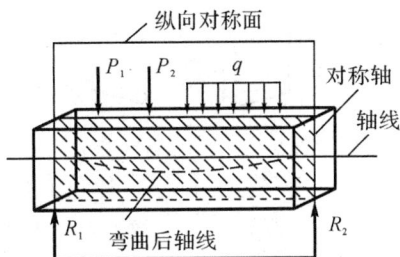

图 1-68 平面弯曲

（2）外伸梁 简支梁的一端或两端伸出支座之外，如图 1-69（b）、（c）所示；

（3）悬臂梁 梁的一端固定，另一端自由，如图 1-69（d）所示。

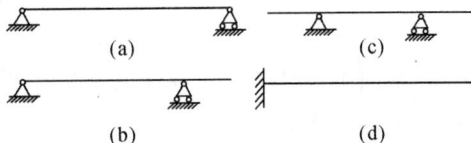

图 1-69 基本静定梁

在经过对杆件、载荷、支座的简化后，图 1-64（a）中的吊车、图 1-65（a）中的卧式容器和图 1-66（a）中的塔器便可分别用梁的受力简图 1-64（b）、1-65（b）和 1-66（b）表示。

1.5.2 梁横截面上的内力——剪力和弯矩

根据平衡方程，可以求得静定梁在载荷作用下的支座反力，于是作用于梁上的外力皆为已知量。当梁上所有外力均为已知时，可用截面法研究各横截面上的内力。

设有一简支梁 AB，受集中载荷 P_1、P_2 的作用，如图 1-70（a）所示，现求距 A 端 x 处横截面 m-m 上的内力。为此，先求出梁的支座反力 $\boldsymbol{R}_A$ 和 $\boldsymbol{R}_B$；为显示出横截面上的内力，用截面法沿截面 m-m 假想地把梁分成两部分，并取左半部分为研究对象，如图 1-70（b）所示。由于原来的梁处于平衡状态，则左段梁在外力 $\boldsymbol{R}_A$、P_1 和在横截面 m-m 上的内力 $\boldsymbol{Q}$、$\boldsymbol{M}$ 作用下仍应保持平衡，得方程

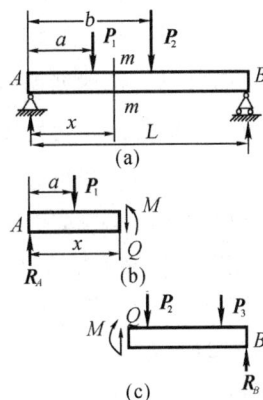

图 1-70 剪力和弯矩

$$\sum Y = 0, R_A - P_1 - Q = 0$$

$$\sum M_O = 0, -R_A x + P_1(x-a) + M = 0$$

解得

$$Q = R_A - P_1$$

$$M = R_A x - P_1(x-a)$$

可见梁弯曲时横截面上一般存在两个内力元素 Q 和 M，其中力 Q 称为剪力，力偶矩 M 称为弯矩。

在上面方程 $\sum M_O = 0$ 中，所取的矩心为横截面的形心。

如果取右段梁为研究对象，如图 1-70（c）所示，用同样的方法也可得到截面 m-m 上的剪力 Q 和弯矩 M。其值与取左段梁为研究对象时求得的 Q 和 M 相等。为使两段梁在同一横截面上剪力和弯矩的正负号一致，可根据梁的变形情况规定它们的符号。为此，在梁上截取一微段梁，规定：使该微段梁发生左侧截面向上，右侧截面向下的相对错动时，横截面上的剪力为正，如图 1-71（a）所示；反之为负，如图 1-71（b）所示；使该微段梁弯曲成凹形时的弯矩为正，如图 1-71（c）所示，弯曲成凸形时的弯矩为负，如图 1-71（d）所示。

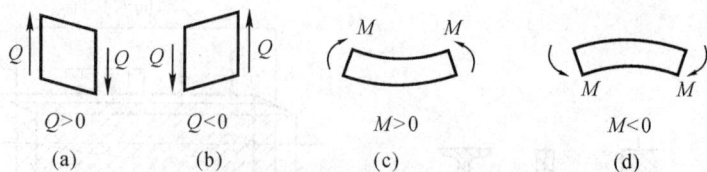

图 1-71 剪力和弯矩的正负号规定

在一般情况下，梁横截面上的剪力和弯矩随截面位置的不同而变化。若以梁的轴线为 x 轴，坐标 x 表示横截面的位置，则可将梁各横截面上的剪力和弯矩表示为坐标 x 的函数，即

$$Q = Q(x) \tag{1-53}$$

$$M = M(x) \tag{1-54}$$

以上两个函数表达式分别称为剪力方程和弯矩方程。

由前面分析知：

(1) 剪力方程（梁任意横截面上的剪力），数值上等于该截面一侧所有外力的代数和；

(2) 弯矩方程（梁任意横截面上的弯矩），数值上等于该截面一侧所有外力对该截面形心力矩的代数和。

从剪力和弯矩的符号规定可知：对水平梁的某一指定截面来说，在其左侧的向上外力，或右侧的向下外力，将产生正的剪力；反之，将产生负的剪力。在其左侧外力对截面形心的力矩为顺时针，或右侧外力对截面形心的力矩为逆时针时，将产生正的弯矩；反之将产生负的弯矩。可以将这个规则归纳为一个简单的口诀："左上右下，剪力为正；左顺右逆，弯矩为正。"

根据以上结论，在实际计算中可以不再通过截面法截取研究对象并利用平衡方程求剪力和弯矩，而可以直接根据截面左侧或右侧梁上的外力来求之。

1.5.3 剪力图和弯矩图

根据剪力方程、弯矩方程，仿照轴力图和扭矩图的做法，画出剪力和弯矩沿梁轴线变化的图线，这样的图形称作剪力图和弯矩图。

利用剪力图和弯矩图很容易确定梁的最大剪力和最大弯矩，以及梁危险截面的位置。因此，画剪力图和弯矩图是梁的强度和刚度计算中的重要环节。

例 1-21 悬臂梁 AB 如图 1-72(a) 所示，在自由端受集中力 $\boldsymbol{P}$ 的作用。试作此梁的剪力图和弯矩图。

【解】 (1) 列剪力方程和弯矩方程 取梁的左端 A 为坐标原点，根据 x 截面左侧梁上的外力，可写剪力方程和弯矩方程分别为

$$Q(x) = -P \quad (0 < x < l) \tag{a}$$

$$M(x) = -Px \quad (0 \leqslant x < l) \tag{b}$$

(2) 作剪力图和弯矩图 式(a)表明剪力 Q 不随 x 变化，为一常数，故剪力图为 x 轴下方的一条水平线，如图 1-72(b)所示。式(b)表明弯矩 M 是 x 的一次函数，故弯矩图为一斜直线，只需确定该直线上两个点便可画出。如在 $x=0$ 处，$M=0$；$x=l$ 处，$M=-Pl$。弯矩图如图 1-72(c)所示。由图可见，绝对值最大的弯矩位于固定端 B 处，$|M|_{\max}=Pl$。

例 1-22 一简支梁 AB 受集度为 $\boldsymbol{q}$ 的均布载荷作用，如图 1-73(a)所示。试作此梁的剪力图和弯矩图。

【解】 (1) 求支座反力 根据载荷及支座的对称性，可得

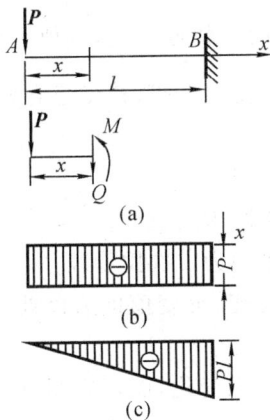

图 1-72　例 1-21 图

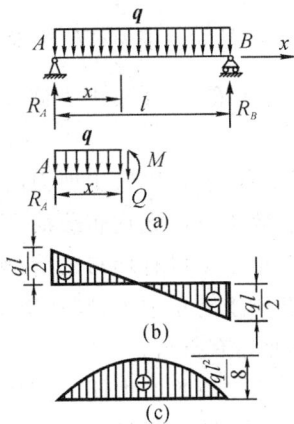

图 1-73　例 1-22 图

$$R_A = R_B = \frac{ql}{2}$$

（2）列剪力方程和弯矩方程　取梁左端 A 点为坐标原点，根据 x 截面左侧梁上的外力可写出剪力方程和弯矩方程为

$$Q(x) = R_A - qx = \frac{ql}{2} - qx \quad (0 < x < l) \qquad (a)$$

$$M(x) = R_A x - qx \cdot \frac{x}{2} = \frac{ql}{2}x - \frac{q}{2}x^2 \quad (0 \leqslant x \leqslant l) \qquad (b)$$

（3）作剪力图和弯矩图　式（a）表明剪力图为一斜直线，由两点（$x = 0$ 处，$Q = ql/2$；$x = l$ 处，$Q = -ql/2$）作出剪力图如图 1-73（b）所示；式（b）表明弯矩 M 是 x 的二次函数，故弯矩图为二次抛物线，在 $x = 0$ 和 $x = l$ 处，$M = 0$；在 $x = l/2$ 处，$M = ql^2/8$，可作出弯矩如图 1-73（c）所示。

由剪力图和弯矩图可见，在靠近两支座的横截面上剪力的绝对值最大，其值为 $|Q|_{max} = ql/2$；在梁的中间横截面上，剪力 $Q = 0$，弯矩最大，其值为 $|M|_{max} = ql^2/8$。

例 1-23　图 1-74（a）所示简支梁，在 C 截面处作用一矩为 M_O 的集中力偶。试作此梁的剪力图和弯矩图。

【解】　（1）求支反力　由梁的平衡方程求得支反力

$$R_A = \frac{M_O}{l}, \quad R_B = -\frac{M_O}{l}$$

式中，负号表示该力的方向与原假设方向相反。

（2）列剪力方程和弯矩方程　梁的剪力方程为

$$Q(x) = R_A = \frac{M_O}{l} \quad (0 < x < l) \qquad (a)$$

弯矩方程为

$$M(x) = \begin{cases} R_A x = \dfrac{M_O}{l}x & (0 \leqslant x < a) \qquad (b) \\[2mm] R_A x - M_O = \dfrac{M_O}{l}(x-l) & (a < x \leqslant l) \qquad (c) \end{cases}$$

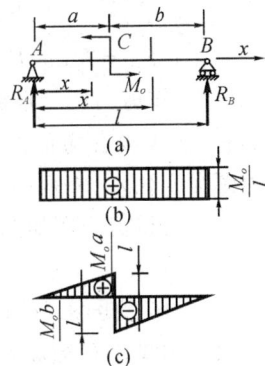

图 1-74　例 1-23 图

（3）作剪力图和弯矩图　由式（a）可知，剪力在全梁各横截面上为常数，故剪力图为一水平线，如图 1-74（b）所示。由式（b）、（c）知两段梁的弯矩均为 x 的线性函数，故弯矩图为斜直线，

如图1-74(c)所示。若 $a<b$，绝对值最大的弯矩位于 C 的右邻截面上，其值为 $|M|_{\max}=\dfrac{M_O b}{l}$。

由弯矩图还可看到，在集中力偶作用的 C 截面处，弯矩图发生突变，其突变值等于该集中力偶矩的大小。

由以上各例，可以看出剪力图和弯矩图有以下一些规律：

（1）若梁上某段无均布载荷，则剪力图为水平线，弯矩图为斜直线；

（2）若梁上某段有均布载荷，则剪力图为斜直线，弯矩图为二次抛物线；

（3）若梁上有集中力，则在集中力作用处，剪力图有突变，突变值即为该处集中力的大小，弯矩图在此处有折角；

（4）若梁上有集中力偶，则在集中力偶作用处，剪力图无变化，而弯矩图有突变，突变值即为该处集中力偶的力偶矩，且当集中力偶为逆时针转向时，弯矩图向下突变。

（5）在剪力 $Q=0$ 的地方，弯矩有极值。

利用上述规律可以检查所作的剪力图和弯矩图的形状是否正确；也可以利用这些规律，直接作梁在各种载荷作用下的剪力图和弯矩图，而不必再列出相应的内力方程。这使得剪力图和弯矩图的做法得到简化。

例1-24 一外伸梁受均布载荷和集中力偶作用，如图1-75(a)所示。试作此梁的剪力图和弯矩图。

【解】 （1）求支反力 取全梁为研究对象，由平衡方程

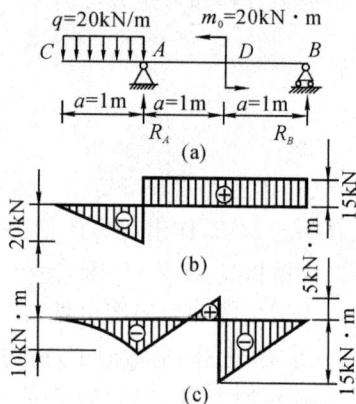

图1-75 例1-24图

$$\sum M_A(\overline{F})=0,\ \frac{qa^2}{2}+m_0+R_B\cdot 2a=0$$

$$R_B=-\frac{qa}{4}-\frac{m_0}{2a}=-\frac{20\times1}{4}-\frac{20}{2\times1}=-15(\text{kN})$$

负号表示 R_B 实际方向与假设方向相反，即向下。

$$\sum Y=0,\ R_A+R_B-qa=0$$

$$R_A=qa-R_B=20\times1-(-15)=35(\text{kN})$$

（2）作剪力图 根据外力情况，将梁分为三段，自左到右。CA 段有均布载荷，剪力图为斜直线。AD 和 DB 段为同条水平线（集中力偶作用处剪力图无变化）。A 截面左邻的剪力 $Q_{A左}=-20\text{kN}$，其右邻的剪力 $Q_{A右}=15\text{kN}$，C 截面上剪力 $Q_C=0$，可得剪力图如图1-75(b)。由图可见，在 A 截面左邻横截面上剪力的绝对值最大，$|Q|_{\max}=20\text{kN}$。

（3）作弯矩图 CA 段有向下的均布载荷，弯矩图为二次抛物线；在 C 处截面的剪力 $Q_C=0$，故抛物线在 C 截面处取极值，又因为 $M_C=0$，故抛物线在 C 处应与横坐标轴相切。AD、DB 两段为斜直线；在 A 截面处因有集中力 R_A，弯矩图有一折角；在 D 处有集中力偶，弯矩图有突变，突变值即为该处集中力偶的力偶矩。计算出 $M_A=-qa^2/2=-10\text{kN}\cdot\text{m}$，$M_{D左}=m_0+R_Ba=20-15\times1=5(\text{kN}\cdot\text{m})$，$M_{D右}=R_Ba=-15\times1=-15(\text{kN}\cdot\text{m})$，$M_B=0$。根据这些数值，可作出弯矩图如图1-75(c)所示。由图可见，在 D 截面右邻弯矩的绝对值最大，$|M|_{\max}=15\text{kN}\cdot\text{m}$。

1.5.4 纯弯曲时梁横截面上的正应力

一般情况下，梁受外力弯曲时，其横截面上有弯矩 M 和剪力 Q，弯矩由分布于横截面上的

法向内力元素 σdA 所组成；剪力 Q 则由切向内力元素 τdA 所组成。故梁横截面上将同时存在正应力 σ 和剪应力 τ。但当梁比较细长时，正应力往往是决定梁是否破坏的主要因素，剪应力则为次要因素。因此，本节着重讨论梁横截面上的正应力分布且仅限于平面弯曲梁。

设一简支梁如图 1-76(a) 所示，其上作用两个对称的集中力 P。可见在中段 CD 内的各横截面上，只有弯矩 M，而无剪力 Q，这种情况的弯曲，称为纯弯曲。取该段纯弯曲梁分析，综合考虑其几何、物理和静力学等三方面的关系。

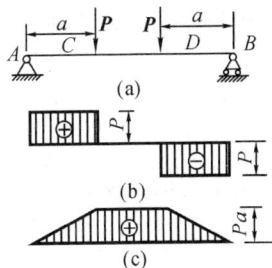

图 1-76　纯弯曲梁

(1)平面假设和变形几何关系　取图 1-76(a) 所示的梁中纯弯曲段分析。未加载荷以前，在梁的侧面分别画上与轴线相垂直的横向线 mm 和 nn，以及与梁轴线相平行的纵向线 aa 和 bb，如图 1-77(a) 所示。梁在纯弯曲变形后，可以观察到以下现象 [如图 1-77(b) 所示]：

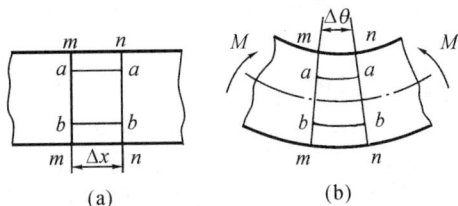

图 1-77　纯弯曲变形

a.纵向线 aa 和 bb 变为弧线 $\overset{\frown}{aa}$、$\overset{\frown}{bb}$；

b.横向线 mm、nn 仍保持为直线，且仍与变为弧线的纵向线垂直，只是相对转动了一个角度。

根据梁表面的上述变形现象，可得如下推测：横截面在梁变形后仍保持为平面，且仍然垂直于变形后的梁轴线。这一推测为弯曲变形的平面假设。

设想梁由众多纵向纤维组成，发生弯曲变形后，梁一侧的纵向纤维伸长，另一侧则缩短。由于变形的连续性，在伸长纤维和缩短纤维之间，必然存在一层既不伸长也不缩短的纤维，这层纤维称为中性层。中性层与横截面的交线称为中性轴(图 1-78)。梁在平面弯曲时，由于外力作用在纵向对称面内，故变形后的形状也应对称于此平面，因此，中性轴与横截面的对称轴垂直。

此外，根据实验观察，还可做出纵向纤维之间互不挤压的假设。

自梁中取长为 dx 的一段梁，以梁横截面的对称轴为 y 轴，且向下为正，以中性轴为 z 轴，具体位置尚待确定(图 1-79)。根据平面假设，变形前相距为 dx 的两个横截面，变形后各自绕中性轴 z 相对转过了一个角度 $d\theta$，若以 ρ 代表变形后中性层 O_1O_1 的曲率半径，则因中性层的梁弯曲变形前后的长度不变，有

$$\overline{O_1O_1}=\rho d\theta=dx$$

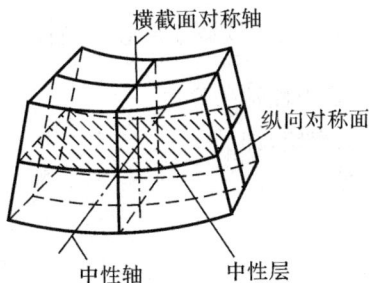

图 1-78　中性层

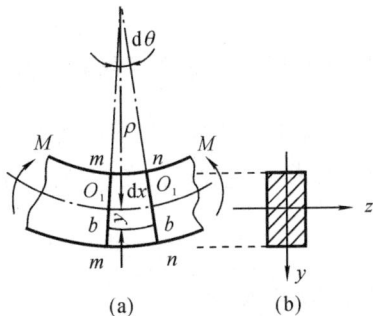

图 1-79　纯弯曲的变形几何关系

距中性层为 y 的纤维变形前的长度为

$$\overline{bb} = \mathrm{d}x = \overline{O_1 O_1} = \rho \mathrm{d}\theta$$

变形后为

$$\widehat{bb} = (\rho + y)\mathrm{d}\theta$$

根据应变的定义,纤维 bb 的线应变为

$$\varepsilon = \frac{(\rho + y)\mathrm{d}\theta - \rho\mathrm{d}\theta}{\rho\mathrm{d}\theta} = \frac{y}{\rho} \tag{1-55a}$$

可见,梁横截面上任一点处纵向纤维的线应变与该点至中性轴的距离成正比。

(2)物理关系和应力分布 根据纵向纤维互不挤压的假设,可认为每一纤维都是单向拉伸或压缩的。因此,当应力不超过材料的比例极限时胡克定律成立,即

$$\sigma = E\varepsilon$$

将式(1-55a)代入,得

$$\sigma = E\frac{y}{\rho} \tag{1-55b}$$

式(1-55b)表明横截面上任一点的正应力与该点到中性轴的距离成正比,距中性轴等距的各点上正应力相等。由于中性轴 z 的位置及中性层的曲率半径 ρ 均未确定,因此还不能利用式(1-55b)计算正应力的数值。

(3)静力学关系 从纯弯曲的梁中截开一个横截面如图1-80所示。在截面中取一微面积 $\mathrm{d}A$,作用于其上的只有法向内力元素 $\sigma\mathrm{d}A$,整个横截面上各处的法向力元素构成一个空间平行力系。

由于梁弯曲时横截面上没有轴向内力,所以这些内力元素的合力在 x 方向的分量为零,即

$$\int_A \sigma\mathrm{d}A = 0$$

将式(1-55b)代入,得

图 1-80 弯曲应力的静力学关系

$$\int_A \frac{E}{\rho}y\mathrm{d}A = \frac{E}{\rho}\int_A y\mathrm{d}A = 0$$

因为 $\dfrac{E}{\rho} \neq 0$,为满足上式,必然存在

$$\int_A y\mathrm{d}A = y_c A = 0$$

式中,积分 $\int_A y\mathrm{d}A$ 称为整个横截面面积对中性轴 z 的静矩,y_c 表示该截面形心的坐标。因 $A \neq 0$,则 $y_c = 0$,即中性轴必通过横截面的形心。这样,就确定了中性轴的位置。

内力元素 $\sigma\mathrm{d}A$ 对 z 轴之矩的总和组成了横截面上的弯矩,即

$$\int_A y\sigma\mathrm{d}A = M$$

将式(1-55b)代入,得

$$\int_A y\left(\frac{E}{\rho}y\right)\mathrm{d}A = \frac{E}{\rho}\int_A y^2\mathrm{d}A = M \tag{1-55c}$$

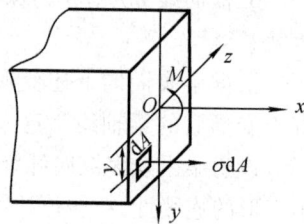

式中,积分 $\int_A y^2 dA$ 是一个仅与横截面形状和尺寸有关的几何量,称为横截面对 z 轴的惯性矩,用 I_z 表示,则式(1-55c)可写作

$$\frac{1}{\rho} = \frac{M}{EI_z} \tag{1-56}$$

式中,$1/\rho$ 为弯曲变形后梁的曲率。在指定的截面处,曲率 $1/\rho$ 与该截面上的弯矩成正比,与 EI_z 成反比。也就是说,EI_z 愈大,则曲率愈小,梁愈不易变形。因此,EI_z 称为梁的抗弯刚度。

将式(1-56)代入式(1-55b),即得纯弯曲时梁横截面上任一点处正应力计算公式为

$$\sigma = \frac{My}{I_z} \tag{1-57}$$

式中,M——横截面上的弯矩;

y——所求点到中性轴的距离;

I_z——横截面对中性轴 z 的惯性矩。

式(1-57)表明,正应力沿截面高度线性分布。在中性轴上各点的正应力为零,在中性轴两侧,一侧受拉,另一侧受压,如图1-81所示,离中性轴愈远处的正应力愈大。

应用式(1-57)时,只要将 M 和 y 的正负号代入,即可确定应力的正负。但在实际计算中,往往只用 M 和 y 的绝对值来计算正应力的数值,再根据梁的变形情况直接判断 σ 的正负。即以中性轴为界,梁变形后凸出一侧受拉应力,凹入一侧受压应力。

由式(1-57)知,在横截面的上下边缘处弯曲正应力最大,用 y_{max} 表示横截面边缘到中性轴的距离,则横截面上的最大弯曲正应力为

$$\sigma_{max} = \frac{M}{I_z} y_{max}$$

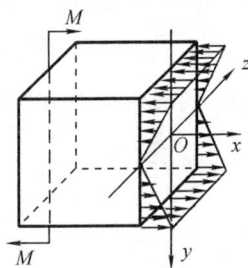

图1-81 横截面上的
正应力分布

引用记号 $W_z = \dfrac{I_z}{y_{max}}$,则

$$\sigma_{max} = \frac{M}{W_z} \tag{1-58}$$

式中,W_z 称为抗弯截面模量,m^3。

对于矩形、圆形等对称性截面,其中性轴为横截面的对称轴,截面上的最大拉应力与最大压应力的绝对值相等。对于不对称于中性轴的截面,如 T 形、槽形等截面,则必须用中性轴两侧不同的 y_{max} 值计算抗弯截面模量。

式(1-57)是由纯弯曲推导而得到的。对于一般的横力弯曲,梁的横截面上不仅有正应力而且还有剪切力。因此,平面假设与纵向纤维互不挤压假设均不再成立。但根据精确的理论分析和实验证实,当梁的跨度与横截面高度之比大于 5 时,采用纯弯曲时的正应力计算公式(1-57)计算的结果与实际应力误差很小,可以满足工程精度的要求。应当指出,只有当梁的材料服从胡克定律时,式(1-57)才能成立。

1.5.5 简单截面图形的惯性矩和抗弯截面模量

(1)矩形截面　设矩形截面高和宽分别为 h 和 b,取截面的对称轴为 y 轴和 z 轴(图1-82),求对 z 轴的惯性矩。

取一平行于 z 轴的狭长条微面积 dA，$dA = bdy$，则由惯性矩的定义，有

$$I_z = \int_A y^2 dA = \int_{-h/2}^{h/2} y^2 b dy = b \frac{y^3}{3} \Big|_{-h/2}^{h/2} = \frac{bh^3}{12}$$

$$(1-59)$$

图 1-82　矩形截面惯性矩的计算

同理，可得对 y 轴的惯性矩，$I_y = \dfrac{hb^3}{12}$。而抗弯截面模量 W_z 为

$$W_z = \frac{I_z}{y_{\max}} = \frac{\dfrac{bh^3}{12}}{\dfrac{h}{2}} = \frac{bh^2}{6}$$

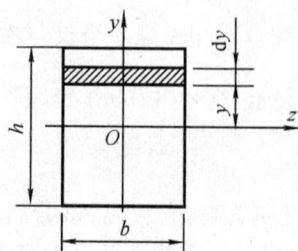

$$(1-60)$$

（2）圆形及圆环形截面　设圆形截面的直径为 D，y 轴和 z 轴通过圆心 O，如图 1-83（a）所示。取微面积 dA，其坐标为 y 和 z，至圆心距离为 ρ。在扭转分析中曾经得到，圆形截面对其圆心的极惯性矩 $I_p = \dfrac{\pi D^4}{32}$，因为 $\rho^2 = y^2 + z^2$，可得

$$I_p = \int_A \rho^2 dA = \int_A (y^2 + z^2) dA = I_z + I_y$$

又因为 y 轴和 z 轴皆为通过圆截面直径的轴，故 $I_y = I_z$，因此

$$I_p = 2I_z = 2I_y$$

图 1-83　圆截面惯性矩的计算

于是，得到圆截面对 y 轴或 z 轴的惯性矩为

$$I_z = I_y = \frac{I_p}{2} = \frac{\pi D^4}{64}$$

$$(1-61)$$

抗弯截面模量为

$$W_z = W_y = \frac{\pi D^3}{32}$$

$$(1-62)$$

对于外径为 D、内径为 d 的圆环形截面[图 1-83（b）]，用同样的方法可以得到

$$I_z = I_y = \frac{I_p}{2} = \frac{\pi}{64}(D^4 - d^4) = \frac{\pi D^4}{64}(1 - \alpha^4)$$

$$(1-63)$$

$$W_z = W_y = \frac{\pi D^3}{32}(1 - \alpha^4)$$

$$(1-64)$$

式中，$\alpha = d/D$。

组合截面的轴惯性矩根据平行移轴公式求得，这里不作介绍。对于型钢的轴惯性矩等几何量，可由型钢标准查得。

1.5.6　弯曲正应力强度条件

梁截面上的弯矩 M 是随截面位置而变化的。因此，在进行梁的强度计算时，应保证梁危险截面上——最大弯矩截面上的最大正应力不超过材料的弯曲许用应力 $[\sigma]$，即梁的弯曲强度条件为

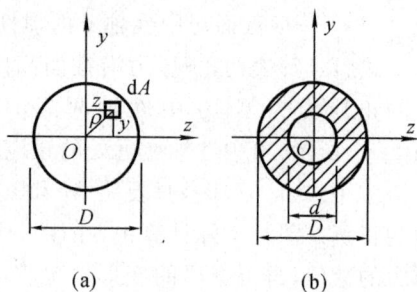

$$\sigma_{\max} = \frac{M_{\max}}{W_z} \leqslant [\sigma] \qquad (1\text{-}65)$$

材料的许用弯曲正应力$[\sigma]$，一般近似等于许用拉（压）应力，或按设计规范选取。

注意：对抗拉和抗压强度相同的材料（如碳钢）只要使全梁最大工作应力的绝对值$|\sigma|_{\max}$不超过许用应力即可。若梁的材料为脆性材料，则应分别进行抗拉、压强度计算。

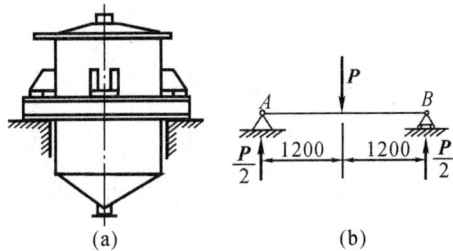

图 1-84　例 1-25 图

应用强度条件，同样可以解决梁弯曲的强度校核、截面设计和许可载荷确定这三类问题。以下举例说明它的应用。

例 1-25　图 1-84(a)所示的容器，借助四个耳座支撑在四根各长 2.4m 的工字钢梁的中点上，工字钢再由四根混凝土柱支持。容器包括物料重 110kN，工字钢为 18 号型钢，钢材弯曲许用应力$[\sigma]=120$MPa。试校核工字钢的强度。

【解】　将每根钢梁简化为简支梁，如图 1-84(b)所示，通过耳座加给每根钢梁的力为$P=\frac{110\times10^3}{4}=27.5\times10^3(\text{N})=27.5(\text{kN})$。简支梁在集中力的作用下，最大弯矩发生在集中力作用处的截面上，P力在梁的中间$L/2$处，最大弯矩值为

$$M_{\max} = \frac{1}{4}P \cdot L = \frac{1}{4}\times27.5\times10^3\times2.4 = 16500(\text{N}\cdot\text{m})$$

由型钢表查得 18 号工字钢$W_z=185\text{cm}^3$，故钢梁的最大正应力为

$$\sigma_{\max} = \frac{M_{\max}}{W_z} = \frac{16500}{185\times10^{-6}} = 89.19\times10^6\text{Pa} = 89.19(\text{MPa}) < 120\text{MPa}$$

所以此梁安全。

例 1-26　如图 1-85(a)所示，分馏塔高$H=20$m，作用在塔上的风载荷分两段计算：$q_1=420$N/m，$q_2=600$N/m；塔的内径为 1m，壁厚 6mm，塔与基础的连接方式可看成固定端。塔体材料的$[\sigma]=100$MPa。试校核风载荷引起塔体内的最大弯曲应力。

【解】　将塔看成悬臂梁受均布载荷q_1和q_2作用，画出弯矩图如图 1-85(b)所示，得

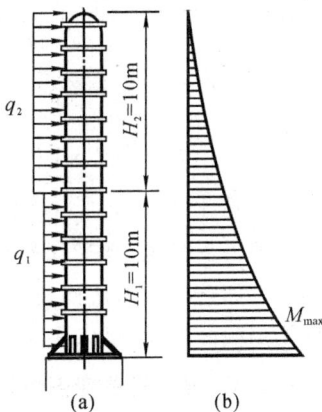

$$M_{\max} = q_1 \cdot H_1 \cdot \frac{H_1}{2} + q_2 \cdot H_2 \cdot \left(H_1 + \frac{H_2}{2}\right)$$

$$= 420\times10\times\frac{10}{2} + 600\times10\times\left(10 + \frac{10}{2}\right)$$

$$= 111\times10^3(\text{N}\cdot\text{m})$$

图 1-85　例 1-26 图

塔作为圆环截面，内径$d=1000$mm，塔体壁厚$\delta=6$mm，外径$D=1012$mm。对于薄壁圆柱形容器和管道，其横截面的抗弯截面模量可简化为

$$W_z = \frac{\pi}{32}\frac{D^4-d^4}{D} = \frac{\pi}{32}\frac{(D^2-d^2)(D^2+d^2)}{D} = \frac{\pi}{32}\frac{(D-d)(D+d)(D^2+d^2)}{D}$$

因为　　　　　　　　　　$$D-d = 2\delta, \quad D+d \approx 2d, \quad \frac{D^2+d^2}{D} \approx 2d$$

所以
$$W_z = \frac{\pi}{32} 2\delta \cdot 2d \cdot 2d = \frac{\pi}{4} \delta d^2$$

此塔体的抗弯截面模量为
$$W_z = \frac{\pi}{4} \delta d^2 = \frac{\pi}{4} \times 6 \times 1000^2 = 4.7 \times 10^6 (\text{mm}^3) = 4.7 \times 10^{-3} \text{m}^3$$

塔体因风载荷引起的最大弯曲应力为
$$\sigma_{\max} = \frac{M_{\max}}{W_z} = \frac{111 \times 10^3}{4.7 \times 10^{-3}} = 23.6 \times 10^6 (Pa) = 23.6 (\text{MPa}) < [\sigma]$$

故塔体安全。

例 1-27 有一型号为 40a 的工字钢简支梁,跨度 $l = 8$m,弯曲许用应力 $[\sigma] = 140$MPa,求梁上能承受的均布载荷 q 值大小(图 1-86)。

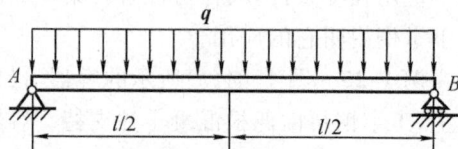

图 1-86 例 1-27 图

【解】 最大弯矩发生在梁的中点,$M_{\max} = ql^2/8$。由强度条件,有 $M_{\max} \leq [\sigma] \cdot W_z$,查附录 1 型钢参数表,40a 工字钢的 $W_z = 1090 \text{cm}^3$,代入强度条件得

$$\frac{1}{8} ql^2 = 140 \times 10^6 \times 1090 \times 10^{-6} (\text{N} \cdot \text{m})$$

$$q = \frac{140 \times 10^6 \times 1090 \times 10^{-6} \times 8}{8^2} = 19075 (\text{N/m})$$

型号 40a 工字钢的截面积为 86.1cm²。如果换成矩形截面的钢梁,若其截面高 h 与宽 b 的比 $h/b = 2$,载荷仍要求能承受 19075N/m。试计算一下矩形的截面积应为多少?

对矩形截面梁,它的抗弯截面模量为 $bh^2/6$;最大弯矩仍为 $ql^2/8$,弯曲许用应力 $[\sigma] = 140$MPa。要能承受 19075N/m 的均布载荷,矩形截面梁的 W_z 也应为 1090cm³。因此

$$\frac{bh^2}{6} = 1090 (\text{cm}^3), \text{即} \frac{2b^3}{3} = 1090 (\text{cm}^3)$$

$$b = \sqrt[3]{\frac{1090 \times 3}{2}} = 11.8 (\text{cm}), \quad h = 23.6 \text{cm}$$

$$A = b \times h = 11.8 \times 23.6 = 278.5 (\text{cm}^2)$$

对比一下可见,承受同样载荷的矩形截面梁的截面面积是 40a 工字钢梁的截面面积的 3.24 倍。如选用矩形截面梁就浪费了大量钢材。由此可见,在承受相同载荷的情况下,合理地选择梁的截面形状,可以大大地节省材料。

1.5.7 梁的弯曲变形概述

(1)梁的挠度和转角的概念 在实际工程中,许多承受弯曲的构件,除了要有足够的强度外,还应使其变形量不超过正常工作所许可的数值,以保证有足够的刚度。例如,化工厂的管道,弯曲变形如果超过允许数值,就会造成物料的淤积,影响输送;电机转子的轴变形过大,可能导致与定子相碰;车床的主轴若变形过大,不仅引起轴颈与轴承的严重磨损,还会严重地影响加工精度。因此,对梁的变形必须加以控制。

梁在载荷作用下,由于弯曲而变形,使它的轴线变成平面曲线。变形后梁的轴线称为弹性曲线或挠曲线。梁的轴线变形后,在中性层上,它的长度不变,梁的变形可以用挠曲线的形状来说明。其各处的变形状况可以用挠度和转角来表示,如图 1-87 所示。

梁的任一截面的形心 O_1 变形后移至 O'_1，位移 $O_1O'_1$ 称为该截面的挠度，由于变形很小，挠度可以用垂直位移 f 来表示，它的单位是毫米（mm），与 Y 轴正向一致的为正；反之为负。梁的横截面相对于原来位置绕中性轴转过的角度称为转角，用 θ 表示，它的单位是弧度（rad），逆时针转向为正，反之为负。

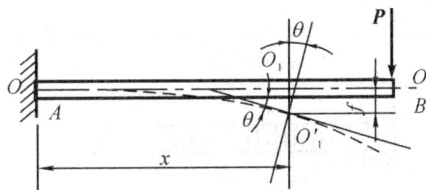

图 1-87　梁弯曲的挠度和转角

由于变形后截面仍垂直于曲线，所以截面的转角 θ 等于该截面处挠曲线的切线与梁的轴线 OO 所夹的角。在图 1-87 中，悬臂梁 AB 的自由端 B 的挠度最大，转角也最大，分别用 f_{max} 与 θ_B 表示。梁的变形与梁的材料、尺寸、受载和支承情况有关，在这些情况不变的条件下，梁的变形是位置 x 的函数，可以由计算求得。简单载荷情况下梁的最大挠度和转角的计算公式可以查表 1-4。

从表 1-4 中可以看到，梁的变形与 EI_z 成反比，EI_z 愈大，抵抗弯曲变形的能力愈大，则变形越小，所以称 EI_z 为梁的抗弯刚度。

在弹性范围内，梁的挠度和转角与载荷成正比。如果梁同时受几种载荷作用，先分别计算每种载荷单独作用下梁的变形，然后把它们叠加起来，便是几种载荷作用下梁的变形，这种方法叫作叠加法。如表 1-4 中 1、2 两种情形，悬臂梁受集中力 P 作用又要考虑梁的自重时，则 B 端的挠度为

$$f_B = -\frac{Pl^3}{3EI_z} - \frac{ql^4}{8EI_z}$$

表 1-4　简单载荷作用下梁的挠度和转角

序号	载荷简图	转角 θ	最大挠度 f
1		$\theta_B = -\dfrac{Pl^2}{2EI_z}$	$f_{max} = -\dfrac{Pl^3}{3EI_z}$
2		$\theta_B = -\dfrac{ql^3}{6EI_z}$	$f_{max} = -\dfrac{ql^4}{8EI_z}$
3		$\theta_B = -\dfrac{ml}{EI_z}$	$f_{max} = -\dfrac{ml^2}{2EI_z}$
4		$\theta_A = -\theta_B = -\dfrac{Pl^2}{16EI_z}$	$x = \dfrac{l}{2}$ 处，$f_{max} = -\dfrac{Pl^3}{48EI_z}$

续表

序号	载荷简图	转角 θ	最大挠度 f
5		$\theta_A = -\theta_B = -\dfrac{ql^3}{24EI_z}$	$x = \dfrac{l}{2}$ 处，$f_{max} = -\dfrac{5ql^4}{384EI_z}$
6		$\theta_A = -\dfrac{Pab(l+b)}{6lEI_z}$ $\theta_B = \dfrac{Pab(l+a)}{6I_zEl}$	若 $a>b$，在 $x = \sqrt{(l^2-b^2)/3}$ 处，$f_{max} = -\dfrac{\sqrt{3}Pb(l^2-b^2)^{3/2}}{27lEI_z}$ 在 $x = \dfrac{l}{2}$ 处，$f = \dfrac{Pb}{48EI_z}(3l^2-4b^2)$
7		$\theta_A = -\dfrac{ml}{6EI_z}$ $\theta_B = \dfrac{ml}{3EI_z}$	$x = \dfrac{l}{\sqrt{3}}$ 处，$f_{max} = -\dfrac{ml^2}{9\sqrt{3}EI_z}$，$x = \dfrac{l}{2}$ 处，$f = -\dfrac{ml^2}{16EI_z}$

(2)弯曲的刚度条件　梁的弯曲刚度主要用最大挠度和转角来控制。只要最大挠度不超过许用挠度$[f]$，最大转角不超过许用转角$[\theta]$，就认为梁有足够的刚度，即

$$f_{max} \leqslant [f] \text{ 或 } \frac{f_{max}}{l} \leqslant \left[\frac{f}{l}\right] \tag{1-66}$$

$$\theta \leqslant [\theta] \tag{1-67}$$

式(1-66)与式(1-67)就是梁弯曲变形时的刚度条件。在实际工程中，梁的变形的许可值常取挠度f与跨度l的比值，其中$[f]$或$[f/l]$与$[\theta]$可从有关手册中查到。例如，吊车梁挠度一般规定不得超过其跨度的$(l/250)\sim(l/750)$，架空管道的挠度应小于跨度的$l/500$。

例 1-28　如图 1-88 所示的悬臂梁，由两根 12.6 工字钢组成，$P=10\text{kN}$，$a=1.5\text{m}$，$L=2.2\text{m}$；规定最大挠度不大于$L/250$。试对壁架进行刚度校核。

【解】　按悬臂梁每根钢梁受集中载荷$P/2$作用，则最大挠度在B点，其值为$Pa^2(3L-a)/6EI_z$，根据刚度条件$Pa^2(3L-a)/6EI_z \leqslant \dfrac{L}{250}$，可以算出

$$I_z = \frac{250 \cdot P \cdot a^2(3L-a)}{6EL}$$

$$= \frac{250 \times 10000 \times 1.5^2 \times (3 \times 2.2 - 1.5)}{6 \times 2.1 \times 10^{11} \times 2.2}$$

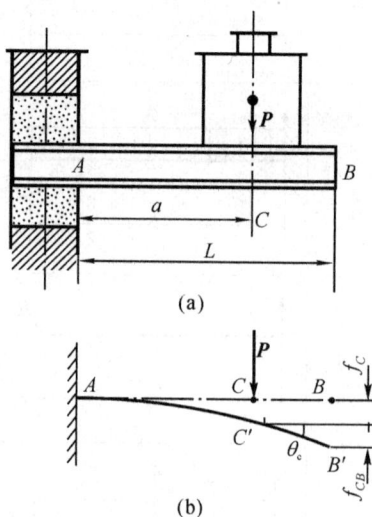

(a)

(b)

图 1-88　例 1-28 图

$$=10.35\times10^{-6}(\text{m}^4)=1035\text{cm}^4$$

由型钢表查出型号 12.6 的工字钢的 $I_z=488\text{cm}^4$。因此原设计工字钢的刚度不够。需另选择 16 号工字钢，其 $I_z=1130\text{cm}^4$。

或由叠加法

$$f_B=\frac{Pa^3}{3EI}+\theta_C(L-a),\text{同样可求得上述结果。}$$

即 B 点的挠度 f_B，等于悬壁梁 C 处的挠度 f_C（式中第一项），再加上 C 处的转角 θ_C 使直段 CB 倾斜而在 B 点的下移量 f_{CB}（式中第 2 项），见图 1-88（b），其中 $\theta_C=\dfrac{Pa^2}{2EI}$。

1.5.8 提高梁弯曲强度和刚度的措施

在一般情况下，弯曲正应力是影响梁弯曲强度的主要因素。由式（1-65）可见，要提高梁的弯曲强度，应设法降低梁内的弯矩值或增大截面的抗弯截面模量。同时，梁的变形亦与弯曲内力的分布、梁的跨长及截面的几何形状有关。因此，为了提高梁的弯曲强度和弯曲刚度，可采取如下措施。

（1）合理安排梁上的受力 弯矩是引起弯曲正应力和弯曲变形的因素之一。降低梁内最大弯矩值可提高梁的承载能力。

首先，可适当地分散载荷，例如图 1-89（a）所示的简支梁，在跨中受集中载荷 **P** 的作用，其截面上的最大弯矩为 $M_{\max}=Pl/4$，其跨中的最大挠度为 $f_{\max}=Pl^3/48EI$；如在该梁中部放置一根长为 $\dfrac{l}{2}$ 的辅梁，如图 1-89（b）所示，集中力作用于辅梁的中点，此时原简支梁的最大弯矩变为 $M_{\max}=Pl/8$，仅为前者的一半。而最大挠度为 $f_{\max}=11/16\times Pl^3/48EI$，亦减少约 30%。

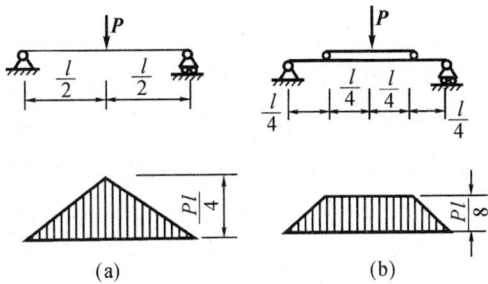

图 1-89 分配载荷

其次，可采取合理布置梁的支座的措施。如图 1-90（a）所示受均布载荷的简支梁。如果将两端铰支座各向内移 0.2l，变为外伸梁，以使跨中截面与支座截面上的弯矩值比较接近，如图 1-90（b）所示。此时，梁内的最大弯矩为 $M_{\max}=ql^2/40$，该值仅为前者的 1/5。同时，由

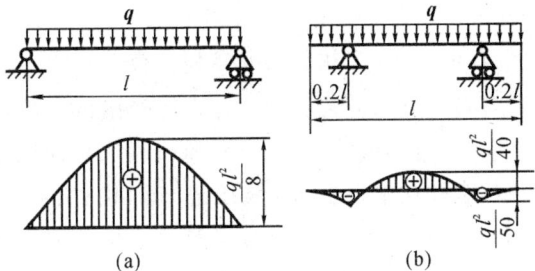

图 1-90 简支梁与外伸梁

于梁的跨长减小，且外伸部分的载荷产生反向变形，从而减小了梁的最大挠度。

（2）选择合理的截面形状 由弯曲正应力强度条件看，梁横截面的抗弯截面模量 W_z 越大，梁的强度就越高。因此，梁的合理截面应是采用较小的截面面积 A，而获取较大的抗弯截面模量 W_z 的截面，即比值 W_z/A 越大的截面就越合理。表 1-5 列出几种常用截面的 W_z/A 值。比较后可知，工字形或槽形截面最经济合理，实心圆形截面最差。原因是工字形或槽形等截面的材料布置离中性轴较远，而实心圆形截面材料相对集中在中性轴 z 轴附近，这种材料布置的合理性也可以从截面上的应力分布特点得以理解。中性层附近弯曲应力很小，所以这部分材料只承受了很少的一部分弯曲应力，材料的作用未能得到充分的发挥。

表 1-5　几种常用截面的 W_z 和 A 比值

截面形状	矩形	圆形	槽形	工字形
$\dfrac{W_z}{A}$	$0.167h$	$0.125d$	$(0.27\sim0.31)h$	$(0.27\sim0.31)h$

从弯曲刚度角度来看,影响变形的主要因素有惯性矩、弹性模量、梁的长度等。在同等截面面积条件下,工字形和槽形截面比矩形和圆形截面有更大的惯性矩,因而可提高梁的弯曲刚度。另外,对于不同 E 值的材料, E 值越大,弯曲变形越小,所以选用弹性模量大的材料对提高梁的弯曲刚度是有利的。但若采用高强度钢取代碳素钢以提高梁的弯曲刚度,则因各种钢材的弹性模量 E 相差不大、梁的弯曲刚度提高不明显,而不被认为是一种有效的办法。

1.6　应力分析和组合变形的强度计算

前面,我们分别对构件的简单拉伸(或压缩)、扭转、剪切、弯曲四种基本变形进行了讨论,导出了横截面的应力公式,并建立了相应的强度条件。但是,上述的强度条件表达式不能完全解释材料破坏的根本原因。因为同样的直杆拉伸,铸铁试件的断口与低碳钢试件的断口不一样;圆轴扭转时,低碳钢试件与铸铁试件的断口也不一样。这说明,不同的材料,引起它破坏的应力因素是不同的。为了弄清材料破坏的根本原因,我们需要了解受力构件内任意点在过该点所有截面上面的应力情况。这对于受两种或两种以上基本变形的复杂受力构件的强度分析尤为重要。因为只有通过全面分析受力构件内一点处任意截面上的应力变化,结合材料破坏的根本原因,才能建立适合各种复杂应力状态受力构件的强度条件。下面就这个问题进行讨论。

1.6.1　应力状态的概念和分类

(1)一点的应力状态　等直杆受扭转或弯曲时,在同一横截面上各点应力一般是不同的。即使在受力构件的同一点处,随所截取截面的方位不同,截面上的应力也不一样。如图 1-34 所示,直杆在单向拉伸(或压缩)时,构件内 k 点横截面及斜截面上的应力,可由公式 $\sigma_a = \sigma_0\cos^2\alpha$ 和 $\tau_a = (\sigma_0/2)\sin2\alpha$ 计算。显然, k 点的应力是斜面方位角 α 的函数。即构件内同一点 k ,随截面方位角不同,其应力大小是变化的。我们把通过受力构件上任一点的所有各个不同截面上应力的集合称为该点的应力状态。

研究一点的应力状态,通常围绕该点取出一个微小正六面体,称为单元体。由于单元体取得极小,可以认为在各个面上的应力是均匀分布的,而且认为单元体每一对互相平行的平面上的应力,其大小和性质完全相同。单元体六个面上的应力就代表通过该点互相垂直的三组截面上的应力。

在截取单元体时,尽可能选取各应力已知或可以求得的截面作为其侧面。如图 1-91 所示,三受力构件横截面上的应力可以求得,若取横截面为单元体的一对截面,则这些单元体六个面上的应力均可以求得。

(2)主应力、主平面　图 1-91 中前两个受力构件截取的 A 、B 两单元体中,三对截面上均无剪应力。单元体中,像这样剪应力为零的平面,称为主平面。主平面上的正应力称为主应

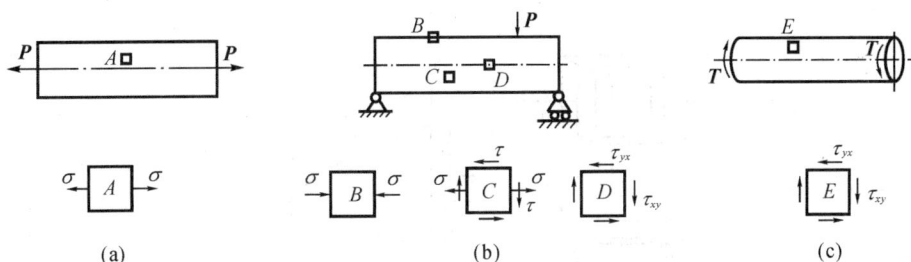

图 1-91　构件各受力点的应力状态

力。一般情况下,过受力构件上的任意点都存在三个互相垂直的主平面,即每一点都有三个主应力。通常三个主应力按其代数值的大小排列,分别称为第一主应力、第二主应力和第三主应力,记为 σ_1、σ_2 和 σ_3,存在关系式 $\sigma_1 > \sigma_2 > \sigma_3$。例如,当三个主应力分别是 +100MPa,−100MPa和+40MPa 时,则 $\sigma_1 = +100$MPa,$\sigma_2 = +40$MPa,$\sigma_3 = −100$MPa。而由主平面组成的单元体称为主应力单元体。

（3）应力状态的分类　实际上,在受力构件内所取出的主应力单元体上,可能存在主应力为零的主平面。根据主应力不为零的数目,应力状态可以分为以下三大类:

a.单向应力状态　主应力单元体上,三对主应力中只有一对主应力不等于零。如图 1-92(a)所示。直杆拉压时杆内任一点的应力状态、纯弯曲梁内任一点的应力状态等都属于单向应力状态。

b.二向应力状态　主应力单元体上,三对主应力中有两对主应力。如图 1-92(b)所示。受内压薄壁容器筒壁上的任一点应力、扭转圆轴的各点应力等都是二向应力状态。

单向应力状态和二向应力状态,各截面上的应力矢量都在同一平面内,因此亦称平面应力状态。

c.三向应力状态　主应力单元体上,三对主应力都不等于零。如图 1-92(c)所示。列车车轮与钢轨相接触处、轮齿啮合的接触处、滚珠与轴承圈的接触处及受内压的厚壁容器筒壁内的应力等都属于三向应力状态。

单向应力状态称为简单应力状态,二向、三向应力状态称为复杂应力状态。

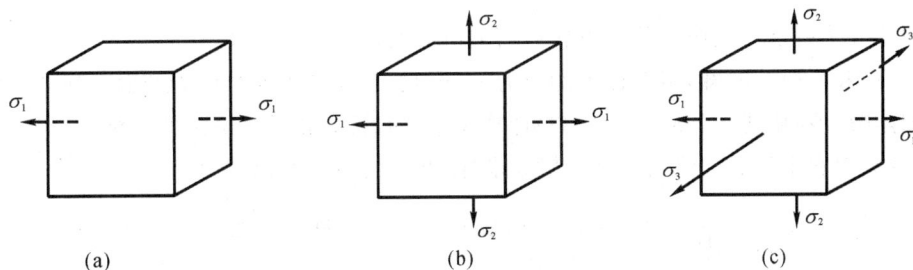

图 1-92　应力状态分类

1.6.2　平面应力状态的应力分析

实际工程中许多问题都属于二向应力状态,亦即平面应力状态。二向应力状态的应力单元体一般形式如图 1-93(a)所示。研究二向应力状态下单元体各截面应力变化规律的方法有两种,即解析法和图解法(或称莫尔圆法),此处对解析法作简要说明。有关图解法请参阅相关资料。

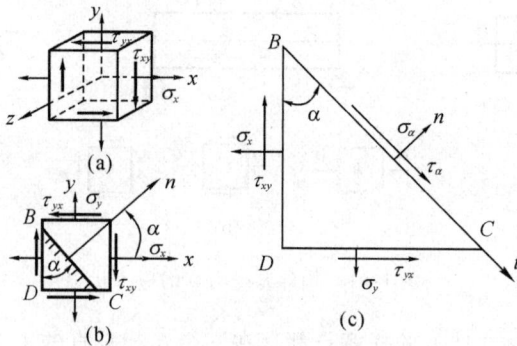

图 1-93　二向应力状态应力分析图

(1)任意斜截面上的应力　如图 1-93(a)所示，令单元体各面的外法线，分别与 x、y、z 三坐标轴重合，与之对应的各面分别称 x 面、y 面和 z 面。设 x 面和 y 面上的应力 σ_x、τ_{xy}，σ_y、τ_{yx}（$\sigma_x \geqslant \sigma_y$）均已知，且在同一个平面内（图纸平面内）。求任一斜截面（与图纸平面垂直）BC 上的应力，如图 1-93(b)所示。

设 BC 面的外法线 n 与 x 轴正向成 α 角，BC 面上的应力以 σ_α、τ_α 表示；根据前面规定，σ 以拉应力为正，τ 以截面外法线顺时针转 $90°$ 得到的箭头指向为正，方位角 α 则以 x 轴正向为起点，逆时针转角为正。据此规定，图 1-93(b)中的 σ_α、τ_α 和 α 均为正。

应用截面法，取棱柱 BC 部分为研究对象，如图 1-93(c)所示。设截面 BC 的面积为 dA，则 BD 面和 CD 面的面积分别为 $dA\cos\alpha$ 和 $dA\sin\alpha$。沿 α 面的法向和切向选取坐标轴 n 和 t。由平衡方程 $\sum F_n = 0$，$\sum F_t = 0$ 得

$$\sigma_\alpha dA + (\tau_{xy} dA\cos\alpha)\sin\alpha - (\sigma_x dA\cos\alpha)\cos\alpha + (\tau_{yx} dA\sin\alpha)\cos\alpha - (\sigma_y dA\sin\alpha)\sin\alpha = 0$$

根据剪应力互等定理可知，$\tau_{xy} = \tau_{yx}$（指向如图示），并利用公式 $\cos^2\alpha = (1+\cos2\alpha)/2$，$\sin^2\alpha = (1-\cos2\alpha)/2$ 及 $\sin2\alpha = 2\sin\alpha\cos\alpha$，以上两式可简化为

$$\sigma_\alpha = \frac{\sigma_x + \sigma_y}{2} + \frac{\sigma_x - \sigma_y}{2}\cos2\alpha - \tau_{xy}\sin2\alpha \qquad (1-68)$$

$$\tau_\alpha = \frac{\sigma_x - \sigma_y}{2}\sin2\alpha + \tau_{xy}\cos2\alpha \qquad (1-69)$$

这两个公式就是二向应力状态下斜截面上应力的计算式。

由式(1-68)、(1-69)知，斜截面上的应力 σ_α、τ_α 是以 2α 作为参数随着截面方向的不同而变化的周期函数。在用式(1-68)、式(1-69)计算 σ_α、τ_α 时，要正确代入 σ、τ 的正负号。

(2)主应力和主平面　将式(1-68)对 α 求导，并与式(1-69)比较得

$$\frac{d\sigma_\alpha}{d\alpha} = \frac{\sigma_x - \sigma_y}{2}(-2\sin2\alpha) - \tau_{xy}(2\cos2\alpha) = -2\tau_\alpha$$

当 $\dfrac{d\sigma_\alpha}{d\alpha}\big|_{\alpha=\alpha_0} = 0$ 时，必有 $\tau_\alpha\big|_{\alpha=\alpha_0} = 0$

即

$$\frac{\sigma_x - \sigma_y}{2}\sin2\alpha_0 + \tau_{xy}\cos2\alpha_0 = 0 \qquad (1-70)$$

可见，最大正应力和最小正应力所在的平面，是剪应力等于零的平面，其上的正应力就是主应力。由式(1-70)求解主平面方位角 α_0，得

$$\tan 2\alpha_0 = -\frac{2\tau_{xy}}{\sigma_x - \sigma_y} \tag{1-71}$$

由式(1-71)解得 α_0 的两个值，即 α'_0 和 $\alpha''_0 = \alpha'_0 + 90°$。这表明两个主平面是互相垂直的，亦即受力构件内任一点处，总存在着三对互相垂直的主平面，即总可以找到主应力单元体。将 α'_0、α''_0 值代入式(1-68)，得两个极值正应力

$$\left.\begin{array}{c}\sigma_{\max}\\[4pt]\sigma_{\min}\end{array}\right\} = \frac{\sigma_x + \sigma_y}{2} \pm \sqrt{\left(\frac{\sigma_x - \sigma_y}{2}\right)^2 + \tau_{xy}^2} \tag{1-72}$$

比较 $\sigma_{\max}$、$\sigma_{\min}$ 和零的大小，便可以确定 σ_1、σ_2 和 σ_3。

（3）最大剪应力及其作用面　用同样方法可以确定单元体的最大剪应力和最小剪应力及其作用面的方位角 α_1。

将式(1-68)对 α 求导，并令其等于零，设此时的 α 等于 α_1，则

$$\frac{\mathrm{d}\tau_\alpha}{\mathrm{d}\alpha}\bigg|_{\alpha=\alpha_1} = (\sigma_x - \sigma_y)\cos 2\alpha_1 - 2\tau_{xy}\sin 2\alpha_1 = 0$$

解得

$$\tan 2\alpha_1 = \frac{\sigma_x - \sigma_y}{2\tau_{xy}} \tag{1-73}$$

满足式(1-73)的 α_1 是两个互差 90°的值，即 α'_1 和 $\alpha''_1 = \alpha'_1 + 90°$。说明最大剪应力和最小剪应力所在的平面也互相垂直。由式(1-73)求得 $\sin 2\alpha_1$ 和 $\cos 2\alpha_1$，代入式(1-69)可得最大剪应力和最小剪应力为

$$\left.\begin{array}{c}\tau_{\max}\\[4pt]\tau_{\min}\end{array}\right\} = \pm\sqrt{\left(\frac{\sigma_x - \sigma_y}{2}\right)^2 + \tau_{xy}^2} \tag{1-74}$$

比较式(1-72)和式(1-74)，可知

$$\left.\begin{array}{c}\tau_{\max}\\[4pt]\tau_{\min}\end{array}\right\} = \pm\frac{\sigma_{\max} - \sigma_{\min}}{2} \tag{1-75}$$

比较式(1-71)和式(1-73)，可知

$$\tan 2\alpha_1 = -\frac{1}{\tan 2\alpha_0} = \cot 2\alpha_0 = \tan(2\alpha_0 \pm 90°)$$

由此得 $2\alpha_1 = 2\alpha_0 \pm 90°$，即

$$\alpha_1 = \alpha_0 \pm 45° \tag{1-76}$$

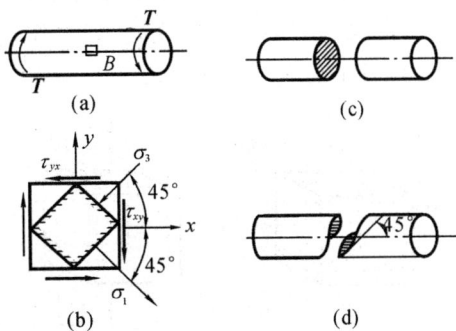

图 1-94　例 1-29 图

式(1-76)表明，最大剪应力和最小剪应力所在的平面与主平面相差 45°角。利用上面关系，可直接由主平面确定最大剪应力和最小剪应力的作用平面。

例 1-29 如图 1-94(a)所示的圆轴,受外力偶矩作用。已知轴表面上任一点 B 为纯剪切应力状态。求主应力的数值及主平面的位置;并讨论用不同材料制成的扭转轴的破坏形式。

【解】 围绕 B 点取单元体及坐标如图 1-94(b)所示。

应用截面法知轴的扭矩 $T_{max} = T$,得 B 点的剪应力为

$$\tau_{max} = T/W_P$$

在单元体的 x 面和 y 面上,$\sigma_x = \sigma_y = 0$,$\tau_{xy} = \tau_{max}$,$\tau_{yx} = -\tau_{max}$。根据式(1-71),主平面的位置为

$$\tan 2\alpha_0 = -\frac{2\tau_x}{\sigma_x - \sigma_y} = -\infty$$

所以给出 α_0 角的两个值分别为 $\alpha'_0 = -45°$,$\alpha''_0 = 45°$。

再由式(1-66),得主应力为

$$\left.\begin{array}{c}\sigma_{max}\\\sigma_{min}\end{array}\right\} = \frac{\sigma_x + \sigma_y}{2} \pm \sqrt{\left(\frac{\sigma_x - \sigma_y}{2}\right)^2 + \tau_{xy}^2} = \pm \tau_{xy} = \pm \tau_{max}$$

这时三个主应力分别为 $\sigma_1 = +\tau_{max}$、$\sigma_2 = 0$、$\sigma_3 = -\tau_{max}$。因此,可画出 B 点的主应力单元体,如图 1-94(b)所示。由此也说明,纯剪切状态也是二向应力状态。

下面分析用不同材料制成的扭转轴的破坏形式。

若圆轴由铸铁材料制造,因铸铁抗拉强度低于抗压强度和抗剪强度,因此,圆轴将沿拉应力最大的截面断裂。如图 1-94(d)所示,断口是在与 x 轴线成约 45°方向的螺旋面上。

若圆轴由低碳钢材料制造,因其抗剪强度低于抗拉强度和抗压强度,因此,破坏总是从外层并沿剪应力最大的横截面上发生,如图 1-94(c)所示。纵向截面上虽然有同样数值的剪应力,但由于扭转变形,纵向线变成螺旋线,原纵向截面并不始终处在最大剪应力方向,所以不在纵向截面上破坏。而像木材、竹子等顺纹抗剪能力远低于横纹抗剪能力的纤维材料,若纤维方向与轴向一致,则扭断发生在剪应力最大而抗剪能力弱的纵向截面上。

1.6.3 广义胡克定律

前面,我们已从简单拉伸和压缩基本变形中导出了力与变形的胡克定律,对于三向应力状态,当材料各向同性且在线弹性小变形的前提下,应力与应变的关系也可应用单向拉压时的胡克定律及叠加原理导得。

如图 1-95(a)所示为三向应力状态主单元体。在 σ_1、σ_2、σ_3 三个主应力共同作用下,在三个主应力方向有不同的线应变。这三个方向的线应变,可以看作是在 σ_1、σ_2 和 σ_3 三个主应力各自独立作用下,在三个方向各自发生的应变量的叠加。

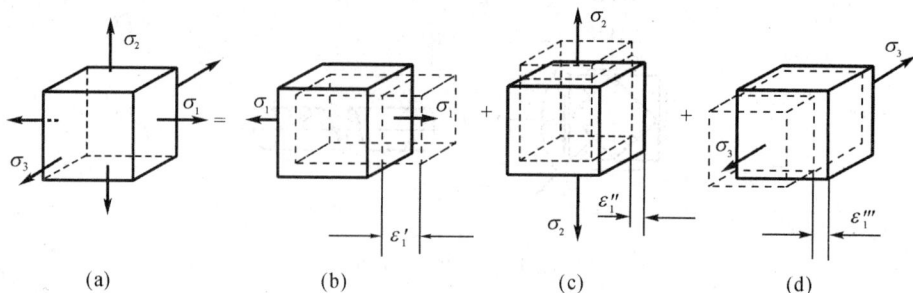

图 1-95 叠加定理

如沿 σ_1 方向的线应变 ε_1 可记作

$$\varepsilon_1 = \varepsilon'_1 + \varepsilon''_1 + \varepsilon'''_1 \tag{1-77}$$

其中，$\varepsilon'_1 = \dfrac{\sigma_1}{E}$，$\varepsilon''_1 = -\mu\dfrac{\sigma_2}{E}$，$\varepsilon'''_1 = -\mu\dfrac{\sigma_3}{E}$，为各主应力分别独自作用时在 σ_1 方向上的应变量，如图 1-95(b)～(d)所示。代入式(1-77)，得 $\varepsilon_1 = [\sigma_1 - \mu(\sigma_2 + \sigma_3)]/E$。

同理，可导得 ε_2 及 ε_3。因而有

$$\left. \begin{array}{l} \varepsilon_1 = \dfrac{1}{E}\left[\sigma_1 - \mu(\sigma_2 + \sigma_3)\right] \\[2mm] \varepsilon_2 = \dfrac{1}{E}\left[\sigma_2 - \mu(\sigma_3 + \sigma_1)\right] \\[2mm] \varepsilon_3 = \dfrac{1}{E}\left[\sigma_3 - \mu(\sigma_1 + \sigma_2)\right] \end{array} \right\} \tag{1-78}$$

式(1-78)称为广义胡克定律。ε_1、ε_2、ε_3 分别和主应力 σ_1、σ_2、σ_3 的方向一致，所以称为主应变。同样有 $\varepsilon_1 \geqslant \varepsilon_2 \geqslant \varepsilon_3$，$\varepsilon_{max} = \varepsilon_1$。

1.6.4　常用的几种强度理论及其应用

强度理论是关于材料发生破坏的决定因素的假设，目的在于建立复杂应力状态下构件的强度条件。

对于简单应力状态，我们可以直接通过实验建立相应的强度条件。例如，单向拉压和纯剪切，它们各自只决定于一个力学状态 σ 或 τ 值，因此原则上只要各自进行一种实验，即进行材料的单向拉伸(压缩)或圆轴的扭转实验等，以确定其强度失效时的 σ 或 τ 的极限值，而不必对材料失效时内部微观机制进行剖析。但对于工程上更为普遍的复杂应力状态，如三向应力状态等，要完全依靠实验确定相应的强度条件几乎是不可能的。因为三向应力的各个分量可以是无数种类的组合，对应每一种组合进行一次实验，显然是很难做到的。这就迫使人们在长期的实践中，去综合分析材料的各种破坏现象，进行推理判断，提出产生材料破坏原因的各种假说。以此为依据，再利用简单拉伸试验的结果，去建立材料在复杂应力状态下的强度条件。这样的假说称为强度理论。

实践表明，尽管材料破坏的现象比较复杂，但破坏的形式主要有两种类型：①脆性断裂——材料在断裂前无显著塑性变形；②塑性屈服——因明显的不可恢复的塑性变形而使构件丧失正常的工作能力。通常，脆性材料呈脆性断裂破坏，塑性材料呈塑性屈服破坏。但并非完全如此，当应力状态或别的因素变化后，有时破坏的形式与材料的性能没有直接关系。如三向应力状态下，脆性材料在压应力下可能表现出塑性破坏，塑性材料在拉应力下可能表现出脆性破坏，等等。对于种种破坏现象，人们先后提出了一系列假说，认为导致材料脆性断裂或塑性屈服的原因是由于危险点的拉应力、拉应变、剪应力、变形比能等因素中的某个量达到了极限值，无论是单向应力状态还是复杂应力状态，都是如此。由此提出了一些强度理论。

应该指出，强度理论是建立在实践经验和资料积累基础上，通过分析、判断、推理提出理论假设的，并又经过实践的检验和验证。

下面简单介绍常温、静载下的四种强度理论。

(1)最大拉应力理论(第一强度理论)　这一理论认为，引起材料发生脆性断裂破坏的主要因素是最大拉应力。不管危险点处于何种应力状态，只要最大拉应力超过单向应力状态的某一极限值，材料就会发生脆性断裂。而由应力状态理论可知，一点的最大拉应力是正应力 σ_1，所以该强度理论的破坏条件为

$$\sigma_1 = \sigma^\circ \tag{1-79}$$

材料最大拉应力的极限值 σ° 可由简单拉伸实验测得,再考虑工程设计中必需的强度储备,将 σ° 除以安全系数 n,就得到了材料的许用应力 $[\sigma]$。于是,最大拉应力理论的强度条件为

$$\sigma_1 \leqslant [\sigma] \tag{1-80}$$

这一理论是根据早期使用的脆性材料易被拉断提出来的,与实践较为吻合。铸铁的单向拉伸、扭转试验中脆断都发生在 σ_1 作用面;砖、石等材料的脆性断裂等都与该理论较符合。但是,最大拉应力理论没有考虑另外两个主应力对破坏的影响。而且,当三个主应力中的压应力绝对值大于拉应力时,该理论误差较大,特别是当三个主应力中无拉应力时(单向压缩、三向压缩),该理论不适用。

(2)最大拉应变理论(第二强度理论) 该理论认为,引起材料发生脆性断裂的主要因素是最大拉应变 ε_1。不管危险点处于何种应力状态,只要其危险点的最大拉应变达到极限值 ε°,材料就会发生断裂。即破坏条件为

$$\varepsilon_1 = \varepsilon^\circ \tag{1-81}$$

由广义胡克定律可推导得该理论的强度条件为

$$\sigma_1 - \mu(\sigma_2 + \sigma_3) \leqslant [\sigma] \tag{1-82}$$

这一理论较好地解释了石、砖、混凝土等脆性材料端面无摩擦轴向压缩时,沿压力垂直方向断裂的现象。

(3)最大剪应力理论(第三强度理论) 这一理论认为,引起材料发生塑性屈服破坏的主要因素是最大剪应力 τ_{max}。不管危险点处于何种应力状态,只要其最大剪应力达到某一极限值 τ°,材料就发生屈服,沿最大剪应力方向开始滑移。该理论的破坏条件为

$$\tau_{max} = \tau^\circ \tag{1-83}$$

根据前面的应力分析计算式,可得到按最大剪应力理论而建立的强度条件为

$$\sigma_1 - \sigma_3 \leqslant [\sigma] \tag{1-84}$$

第三强度理论能较好地解释对于拉伸屈服极限与压缩屈服强度相同的塑性材料出现的塑性变形现象,对各种应力状态一般都适用,而且形式简单。因此在机械工程中得到广泛应用。

但从式(1-84)中可见,该理论忽略了主应力 σ_2 的影响,使得理论值比实际结果稍偏于安全。

(4)形状改变比能理论(第四强度理论) 弹性体在变形时,物体内部积蓄弹性变形能,单位体积的弹性变形能称变形比能。因为物体的变形包括体积变形和形状改变变形,所以物体内所积蓄的变形比能也分成形状改变比能和体积改变比能两部分。

第四强度理论认为,形状改变比能是引起材料流动屈服的主要原因。无论是什么样的应力状态,只要危险点处积蓄的形状改变比能达到极限值 u°_x,材料就发生屈服破坏。即破坏条件为

$$u_x = u^\circ_x \tag{d}$$

根据低碳钢拉伸屈服时的 u°_x 及复杂应力状态下危险点的 u_x 表达式,经整理后得第四强度理论的强度条件为

$$\sqrt{\frac{1}{2}\left[(\sigma_1 - \sigma_2)^2 + (\sigma_2 - \sigma_3)^2 + (\sigma_3 - \sigma_1)^2\right]} \leqslant [\sigma] \tag{1-85}$$

从式(1-85)中可见,形状改变比能理论综合考虑了三个主应力 σ_1、σ_2、σ_3 对材料破坏的共同影响。对于钢、铜、铝等塑料材料,试验结果表明,第四强度理论比第三强度理论更接近实际。

综合式(1-80)~式(1-85),按四个强度理论所建立的强度条件,可以写成统一的形式

$$\sigma_r \leqslant [\sigma] \tag{1-86}$$

式中,σ_r 是根据不同的强度理论所得到的危险点复杂应力状态下几个主应力的综合值。这种主应力的综合值和以它作为轴向拉伸时的拉应力在安全程度上是相当的,称 σ_r 为相当应力。即将一个复杂应力状态的强度问题,转化为形式上同单向拉伸应力状态一致的强度条件。

通常,在常温静载条件下,对于铸铁、石料、混凝土、玻璃等脆性材料,宜采用第一和第二强度理论(铸铁更多用第一强度理论);而对于碳钢、铜、铅等塑性材料,宜采用第三或第四强度理论;无论是塑性材料还是脆性材料,在三向拉应力状态下,都应该用最大拉应力理论,而在三向压力状态下,宜采用最大剪应力理论或形状改变比能理论。

1.6.5　组合变形的强度计算

外力作用下,构件同时产生两种以上的基本变形,称为组合变形。例如,室外直立的高塔(见图 1-96),由于自重作用将产生轴向压缩变形,而在风载荷作用下将引起弯曲变形;如图 1-97(a)所示钻床工作时立柱部分受到拉伸与弯曲变形,以及图 1-97(b)所示的厂房立柱受到压缩与弯曲变形等,都是组合变形。

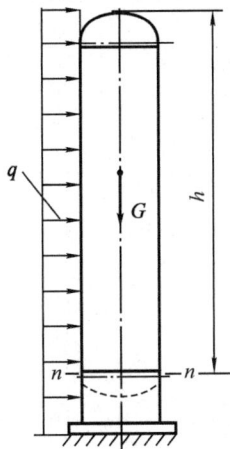

图 1-96　塔器组合变形

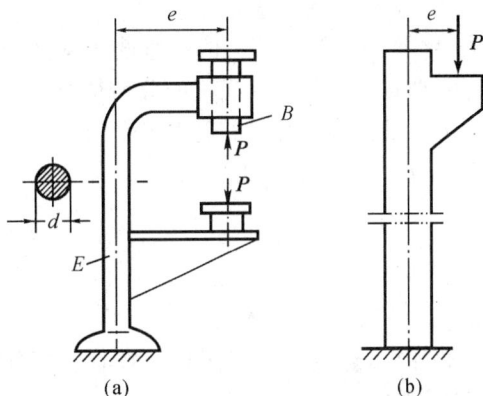

(a)　　　　　　(b)

图 1-97　钻床、立柱的组合变形

计算组合变形构件某截面上的应力时,只要材料服从胡克定律和小变形条件,可认为每一种基本变形都是各自独立、互不影响的,因此可采用叠加原理。即将构件上的载荷分解为引起基本变形的相当载荷,分别计算在各个基本变形下所产生的应力,然后进行代数相加,就得到了原载荷在构件该截面上的应力。由此,再进一步确定构件危险点的应力,并且进行强度计算。

(1)弯曲与拉伸或压缩的组合　如图 1-98(a)所示,长为 l 的矩形截面悬臂梁,轴线 AB 在纵向对称平面内,过 A 点在纵向平面内作用有集中力 P,与梁轴线成 α 角。试对梁进行强度计算。

a.梁的外力分析　由于力 $\boldsymbol{P}$ 的作用线既不与梁轴线重合,又不与梁轴线垂直,故不符合引起基本变形的载荷特点。若将力 $\boldsymbol{P}$ 沿图示 x、y 轴坐标分解,可得

$$P_x = P\cos\alpha, \quad P_y = P\sin\alpha$$

于是,$\boldsymbol{P}_x$ 使梁产生轴向拉伸,$\boldsymbol{P}_y$ 使梁产生平面弯曲。

b.梁的内力分析　在力 P 作用下,梁的变形是弯曲与拉伸的组合变形。梁的轴力图如图

1-98(b)所示。可见梁的最大轴力为

$$N = P_x = P\cos\alpha$$

梁的弯矩图如图 1-98(c)所示,最大弯矩在固定端,大小为

$$|M_{max}| = P_y l = Pl\sin\alpha$$

因而固定端截面是危险截面。

c. 梁的应力分析　在分力 $\boldsymbol{P}_x$ 单独作用下,梁上各横截面的拉应力为

$$\sigma' = \frac{N}{A} = \frac{P\cos\alpha}{A}$$

式中,A——梁横截面面积,m^2。

拉应力沿截面高度的分布情况如图 1-98(d)所示。

在分力 $\boldsymbol{P}_y$ 单独作用下,梁固定端截面上的最大弯曲正应力为

$$\sigma'' = \pm\frac{M_{max}}{W_z} = \pm\frac{Pl\sin\alpha}{W_z}$$

式中,W_z——矩形截面梁的抗弯截面模量,m^3。

弯曲正应力沿截面高度的分布情况如图 1-98(e)所示。

d. 梁的强度计算　将危险截面上的弯曲正应力与拉伸正应力按代数值叠加,可得截面上、下边缘各点的总应力

$$\sigma_{max} = \sigma' + \sigma'' = \frac{N}{A} + \frac{M_{max}}{W_z}$$

$$\sigma_{min} = \sigma' - \sigma'' = \frac{N}{A} - \frac{M_{max}}{W_z}$$

叠加后,正应力沿截面高度按直线规律分布的情况是:若 $\sigma_{min} > 0$,如图 1-98(f)所示;若 $\sigma_{min} < 0$,则如图 1-98(g)所示。

对塑性材料,可建立强度条件为

$$\sigma_{max} = \frac{N}{A} + \frac{M_{max}}{W_z} < [\sigma] \tag{1-87}$$

对脆性材料,若 $\sigma_{min} < 0$,则应分别建立材料的拉应力强度条件和压应力强度条件,即

$$\left.\begin{array}{l} \sigma_{max} = \dfrac{N}{A} + \dfrac{M_{max}}{W_z} \leqslant [\sigma_t] \\[3mm] |\sigma_{min}| = \left|\dfrac{N}{A} - \dfrac{M_{max}}{W_z}\right| \leqslant [\sigma_c] \end{array}\right\} \tag{1-88}$$

如果外力 P 沿梁轴 x 的分力是 P_x 压力,这时梁的变形是弯曲与压缩的组合变形。于是对塑性材料梁的强度条件改为

$$|\sigma_{min}| = \left|-\frac{N}{A} - \frac{M_{max}}{W_z}\right| \leqslant [\sigma] \tag{1-89}$$

对于脆性材料梁,强度条件仍为式(1-88)。

例 1-30　试校核图 1-96 所示塔器在非操作态下 $n\text{-}n$ 截面的强度。已知塔内径 $D_i = 1000mm$,塔壁厚 $\delta_n = 10mm$,风载荷 $q = 500N/m^2$,$n\text{-}n$ 截面上塔重 $G = 100kN$,$n\text{-}n$ 截面至塔顶

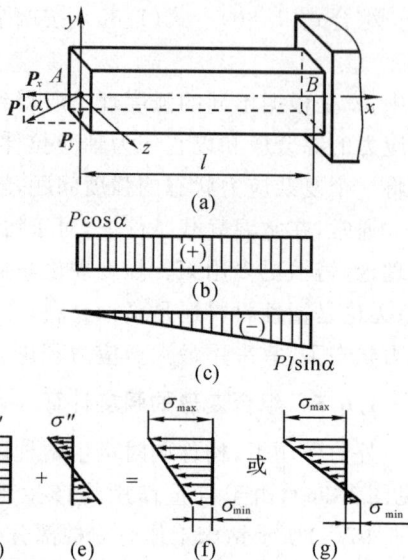
图 1-98　拉弯组合变形

距离 $h=8$m,塔体材料的许用应力 $[\sigma]=120$MPa。

【解】 $n\text{-}n$ 截面是塔体与下封头的焊接面,是塔体设计计算中的危险截面之一。

非操作时内压为零(指表压),故塔体的变形是弯曲与压缩的组合变形。

(1) $n\text{-}n$ 截面的应力计算 塔体外径为

$$D_o = D_i + 2\delta_n = 1000 + 2 \times 10 = 1020(\text{mm}) = 1.02\text{m}$$

塔重 G 在 $n\text{-}n$ 截面上的产生的轴向压应力为

$$\sigma' = -\frac{G}{\frac{\pi}{4}(D_o^2 - D_i^2)} = -\frac{100 \times 10^3}{\frac{\pi}{4}(1.02^2 - 1^2)} \times 10^{-6} = -3.15(\text{MPa})$$

风载荷在 $n\text{-}n$ 截面上产生的弯矩为

$$|M| = \frac{qD_o h^2}{2}$$

弯矩 M 在 $n\text{-}n$ 截面上产生的弯曲正应力为

$$\sigma'' = \pm\frac{M}{W} = \pm\frac{qD_o h^2/2}{\frac{\pi}{32D_o}(D_o^4 - D_i^4)} = \pm\frac{16qD_o^2 h^2}{\pi(D_o^4 - D_i^4)}$$

$$= \pm\frac{16 \times 500 \times 1.02^2 \times 8^2}{\pi(1.02^4 - 1^4)} \times 10^{-6} = \pm 2.06(\text{MPa})$$

(2) $n\text{-}n$ 截面的强度校核 在塔体的背风侧, $n\text{-}n$ 截面上有最大的压应力,强度条件按式(1-89),即

$$|\sigma_{max}| = |-3.15 - 2.06| = 5.21(\text{MPa}) < [\sigma] = 120\text{MPa}$$

故 $n\text{-}n$ 截面的强度是足够的。

下面讨论作为拉伸(压缩)与弯曲组合变形的一种特殊情况——偏心拉伸(压缩)问题。

如图 1-99 所示矩形截面短杆,在杆端截面的对称轴上的点 A,作用一个与杆轴平行的压力 $\boldsymbol{P}$, A 点到截面形心 C 点的距离 $AC=e$,称为偏心距。作用在杆上的这种与杆轴平行但不通过截面形心的外力称为偏心载荷。偏心载荷为压力时,杆的变形称为偏心压缩;偏心载荷为拉力时,杆的变形称为偏心拉伸。如图 1-97(a)、(b)所示钻床的主柱、厂房的立柱等,都是偏心拉(压)的实例。

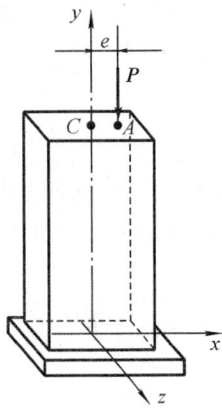

图 1-99 偏心压缩

分析偏心拉(压)的强度问题时,可先应用静力学中力的平移定理,将偏心拉力或压力向杆端截面的形心简化。从而将外力分解为两组:一组是轴向拉力或压力,它使杆发生轴向拉伸或压缩;另一组是在杆纵向对称面内的力偶,其大小为 Pe,它使杆发生平面弯曲。由此可见,偏心拉(压)也属于弯曲与拉伸(或压缩)的组合变形问题。故强度计算也易解决,在此不重复。

(2) 弯曲与扭转的组合 在工程中,纯扭转的轴很少见,一般的轴除受扭转外,还同时受到弯曲作用,为弯曲与扭转的组合变形。

以图 1-100(a)所示的圆轴为例,说明弯曲与扭转组合变形时杆件的强度计算方法。

左端固定、右端自由,自由端横截面内作用一个矩为 m 的外力偶和一个过轴心的横向力 $\boldsymbol{P}$。力偶矩 m 使轴发生扭转变形,而横向力 $\boldsymbol{P}$ 使轴发生弯曲变形。分别作轴的扭矩图和弯矩图如图 1-100(b)、(c)所示,可知固定端截面为该圆轴的危险截面,其内力数值为

$$T = m, \quad M = Pl$$

根据危险截面上相应于扭矩 T 的剪应力分布规律和相应于弯矩 M 的正应力分布规律如图 1-100(d)所示,可知上、下边缘的 C_1 点和 C_2 点的剪应力和正应力同时达到最大值,其值为

$$\left.\begin{array}{l} \sigma = \dfrac{M}{W_z} \\[2mm] \tau = \dfrac{T}{W_{\mathrm{p}}} \end{array}\right\} \tag{1-90a}$$

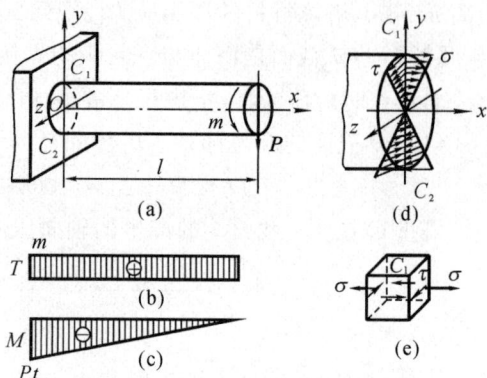

图 1-100 弯曲组合变形

对于采用抗拉、抗压强度相等的塑性材料(如低碳钢)制成的轴,取其中一点研究即可。现取 C_1 点,其单元体为二向应力状态[如图 1-100(e)所示],必须根据强度理论来建立强度条件,先由式(1-72)求得 C_1 点的主应力

$$\left.\begin{array}{l} \left.\begin{array}{l} \sigma_1 \\ \sigma_3 \end{array}\right\} = \dfrac{\sigma}{2} \pm \dfrac{1}{2}\sqrt{\sigma^2 + 4\tau^2} \\[3mm] \sigma_2 = 0 \end{array}\right\} \tag{1-90b}$$

求出主应力后,就可用不同的强度理论进行强度计算。对于塑性材料,应采用第三强度理论或第四强度理论,将式(1-90b)所得的主应力代入式(1-84)和式(1-85),得

$$\sigma_{r3} = \sigma_1 - \sigma_3 = \sqrt{\sigma^2 + 4\tau^2} \leqslant [\sigma] \tag{1-91}$$

$$\sigma_{r4} = \sqrt{\dfrac{1}{2}\left[(\sigma_1 - \sigma_2)^2 + (\sigma_2 - \sigma_3)^2 + (\sigma_1 - \sigma_3)^2\right]} = \sqrt{\sigma^2 + 3\tau^2} \leqslant [\sigma] \tag{1-92}$$

将式(1-90a)代入上面两式,并注意到对圆截面有 $W_{\mathrm{p}} = 2W_z$,于是得到圆轴在弯曲和扭转组合变形下的强度条件为

$$\sigma_{r3} = \dfrac{1}{W_z}\sqrt{M^2 + T^2} \leqslant [\sigma] \tag{1-93}$$

$$\sigma_{r4} = \dfrac{1}{W_z}\sqrt{M^2 + 0.75T^2} \leqslant [\sigma] \tag{1-94}$$

但式(1-93)和式(1-94)不适用于非圆形截面杆。

1.7 压杆稳定

1.7.1 压杆稳定的概念

受力构件保持原平衡状态的能力,称稳定性。从稳定性分析,受力构件的平衡状态分为稳定平衡、不稳定平衡及介于两者之间的临界状态。结构或构件失去其原有平衡状态的现象称为失稳。工程中可能出现失稳的结构有:细长杆受压、狭长横截面的矩形梁弯曲和薄壁外压容器等。即薄、细、长的受压结构都有可能失稳。失稳时的压应力低于材料的强度极限应力,且失稳往往是突然发生的,所以具有很大的危险性。

压杆的稳定性分析是其他受压结构稳定性分析的基础,下面简单叙述压杆稳定问题的分析方法。

1.7.2 细长杆临界压力的确定——欧拉公式

压杆稳定性的研究,关键是确定压杆从稳定平衡到不稳定平衡之间的临界状态及相应的临界力。如图 1-101(a)所示,对受 P 力作用的压杆中部加一干扰力 ΔT,则杆的轴线产生微小弯曲,如虚线所示。如果撤去干扰力 ΔT 后,杆件的弹性回复能使杆轴恢复为直线,如图 1-101(b)所示,则图 1-101(a)的平衡属于稳定平衡。反之,若 P 载荷过大,撤去干扰力 ΔT 后,杆件的变形继续发展至杆弯断破坏,则原平衡属于不稳定平衡。介于这两者之间存在着一个临界力 P_{cr},即撤去干扰 ΔT 力后,杆件的变形不发展也不恢复,处于一种新的平衡状态,如图 1-101(c)所示。若能确定值 P_{cr},则当实际压力 $P < P_{cr}$,则压杆是稳定平衡;若 $P > P_{cr}$,则属于不稳定平衡。所以杆的稳定性分析,实际上即为确定临界力 P_{cr}。

图 1-101 压杆的稳定性分析

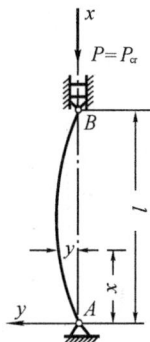

如图 1-102 所示的两端铰支的压杆,在临界状态时,P_{cr} 产生的变形力矩与杆件的弹性回复力矩相等。由此建立微分方程并导得临界力为

$$P_{cr} = \frac{\pi^2 EI}{l^2} \qquad (1\text{-}95)$$

式中,E——杆材料的弹性模量,N/m^2;

$\quad\quad I$——杆横截面的轴惯性矩,m^4;

$\quad\quad l$——杆长,m。

图 1-102 细长杆的临界压力

该问题最早于 1774 年由欧拉解决,因此式(1-95)称为欧拉公式。对于其他支座形式的压杆,导得的临界力计算公式仍如式(1-95)。只是根据约束不同,式中的长度 l 引入了一个系数,通式表达为

$$P_{cr} = \frac{\pi^2 EI}{(\mu l)^2} \qquad (1\text{-}96)$$

式中,μ——长度系数,是一个与约束有关的量;不同约束情况下的 μ 值列于表 1-6,μl 亦可称为计算长度。

表 1-6 不同杆端约束情况下的 μ 值

杆端约束情况	两端固定	一端固定另一端铰支	两端铰支	一端固定另一端自由
长度系数 μ	0.5	≈0.7	1.0	2.0
压杆的挠曲线形状				

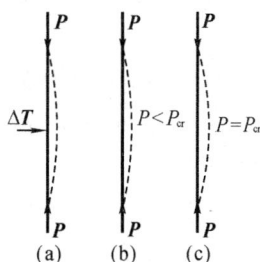

由欧拉公式及实验测定知,临界力与下述因素有关:

(1)材料 在压杆几何尺寸与杆端约束相同的情况下,临界力 P_{cr} 与材料的弹性模量 E 成正比。

(2)横截面的尺寸与形状 在材料、杆长及约束相同的情况下,临界力 P_{cr} 与压杆的轴惯性矩成正比。但因失稳的弯曲是发生在杆的最弱刚性平面,所以计算临界力时用截面上最小的轴惯性矩代入。

(3)杆长 在其他条件相同的情况下,临界力 P_{cr} 与压杆长度 l 的平方成反比。

(4)约束情况 在其他条件相同的情况下,杆端约束愈牢固,压杆愈不易丧失稳定,临界力也就愈大。

1.7.3 压杆的临界应力与临界应力总图

(1)压杆的临界应力 当外加压力等于临界力 P_{cr} 时,压杆横截面上的平均应力称为临界应力,用 σ_{cr} 表示,即

$$\sigma_{cr} = P_{cr}/A = \frac{\pi^2 EI}{(\mu l)^2 A} \qquad (1\text{-}97)$$

令

$$\lambda = \frac{\mu l}{\sqrt{\dfrac{I}{A}}}$$

上式可改写为

$$\sigma_{cr} = \frac{\pi^2 E}{\lambda^2} \qquad (1\text{-}98)$$

这是临界应力的欧拉公式。式中 λ 称为压杆的柔度,为无量纲量。λ 综合反映了杆端的约束、杆的长度及横截面的形状、尺寸、结构等因素对临界力的影响。对于特定材料制成的压杆,$\pi^2 E$ 是常数,因此,压杆临界应力仅与柔度有关。λ 越大,σ_{cr} 就越小,即越易失稳。

(2)欧拉公式的适用范围和临界应力总图 因欧拉公式的推导是在材料线弹性的胡克定律范围内,所以,临界应力 σ_{cr} 只能是在小于材料的比例极限 σ_p 时方适用,即

$$\sigma_{cr} = \frac{\pi^2 E}{\lambda^2} \leqslant \sigma_p$$

或

$$\lambda \geqslant \sqrt{\frac{\pi^2 E}{\sigma_p}} = \lambda_p$$

可见,λ_p 仅与材料性质有关。只有当 $\lambda \geqslant \lambda_p$ 时,欧拉公式才适用。

表 1-7 列出了一些材料的 λ_p 值。$\lambda \geqslant \lambda_p$ 的压杆,称为细长杆或大柔度杆,大柔度杆的破坏是由于弹性范围内的失稳所致,可用欧拉公式求解。

试验表明,当压杆的柔度小于某一数值 λ_s 时,其破坏与否主要决定于强度,它的承压能力由杆件的抗压强度决定。$\lambda \leqslant \lambda_s$ 的压杆,称为短粗杆或小柔度杆。这时,对于由塑性材料制成的压杆,其临界应力 σ_{cr} 为

$$\sigma_{cr} = \sigma_s$$

在工程实际中,很多压杆的柔度往往介于 λ_s 和 λ_p 之间。对于柔度介于 λ_s 和 λ_p 之间的这类杆,称为中长杆或中柔度杆。中长杆受压失稳时的临界应力介于材料的 σ_s 和 σ_p 之间。在工程中通常按经验公进行计算,如直线公式、抛物线公式等。临界应力的直线公式为

$$\sigma_{cr} = a - b\lambda \qquad (1\text{-}99)$$

式中,常数 a、b 是与材料的力学性质有关的值,其单位为 MPa。几种常用材料的 a、b、λ_p 和 λ_s

值如表 1-7 所示。

表 1-7 常用材料的 a、b、λ_p 和 λ_s 值

材料	a/MPa	b/MPa	λ_p	λ_s
Q235 碳素钢（$\sigma_s=235\text{MPa}$，$\sigma_b\geq372\text{MPa}$）	304	1.12	104	61.4
优质碳钢（$\sigma_s=306\text{MPa}$，$\sigma_b\geq470\text{MPa}$）	460	2.57	100	60
硅钢（$\sigma_s=353\text{MPa}$，$\sigma_b\geq510\text{MPa}$）	577	3.74	100	60
铬钼钢	980	5.29	55	
硬铝	392	3.26	50	
铸铁	332	1.45	80	
松木	39.2	0.2	59	

综上所述，可将压杆按其柔度值分为三类。不同柔度按不同公式确定临界应力，大柔度杆可直接由欧拉公式求得其临界力。

各临界应力如下：

a. 细长杆（即大柔度杆，$\lambda\geq\lambda_p$），用欧拉公式

$$\sigma_{cr}=\frac{\pi^2 E}{\lambda^2}$$

b. 中长杆（即中柔度杆，$\lambda_s<\lambda<\lambda_p$），用直线公式

$$\sigma_{cr}=a-b\lambda$$

c. 对于短粗杆（即小柔度杆，$\lambda\leq\lambda_s$），用压缩强度公式

$$\sigma_{cr}=\sigma_s$$

对于塑性材料制成的压杆，其临界应力随柔度变化的曲线，如图 1-103 所示。

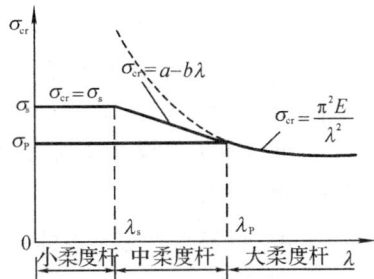

图 1-103 σ_{cr}-λ 曲线

例 1-31 压杆如图 1-104 所示，杆的截面为矩形，尺寸 $h=4\text{cm}$，$b=2\text{cm}$，长度 $l=100\text{cm}$，优质碳钢材料 $E=210\text{GPa}$。杆的一端固定，另一端自由。试计算此压杆的临界力。

【解】（1）确定长度系数 μ 并计算惯性矩 I

由表 1-6 查得 $\mu=2$，压杆截面为矩形，因此对于轴 y 和轴 z 的惯性矩分别为

$$I_z=\frac{bh^3}{12}=\frac{2\times4^3}{12}=10.67(\text{cm}^4)=10.67\times10^{-8}(\text{m}^4)$$

$$I_y=\frac{hb^3}{12}=\frac{4\times2^3}{12}=2.67(\text{cm}^4)=2.67\times10^{-8}(\text{m}^4)$$

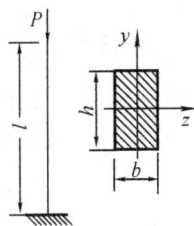

图 1-104 例 1-31 图

（2）判别压杆类型

因杆端约束情况一致，而 $I_z>I_y$，所以 xy 平面首先失稳，计算该平面柔度

$$\lambda=\frac{\mu l}{\sqrt{\dfrac{I_y}{A}}}=\frac{2\times1}{\sqrt{\dfrac{2.67\times10^{-8}}{2\times4\times10^{-4}}}}=346$$

因 $\lambda>\lambda_p=100$，所以该压杆为大柔度杆，用欧拉公式计算临界压力。

（3）计算临界压力

$$P_{cr}=\frac{\pi^2 E I_y}{(\mu l)^2}=\frac{3.14^2\times210\times10^9\times2.67\times10^{-8}}{(2\times1)^2}$$

$$=138\,20(\text{N})=13.82\text{kN}$$

（4）压杆稳定计算 对各种柔度的压杆，由上面求出相应的临界应力，乘以横截面面积 A

便为临界压力 P_{cr}。压杆稳定计算有安全系数法及折减系数法两种。

a.安全系数法　该法使实际安全系数大于稳定安全系数,即

$$n = \frac{P_{cr}}{P} \geqslant n_{st}$$

式中,n_{st}——稳定安全系数,表示压杆稳定性的安全储备程度。

稳定安全系数一般高于强度安全系数,主要取决于杆件的初弯曲、压力偏心、材料不均匀和支座缺陷等。从设计手册规范中查得,$n_{st}=1.8\sim8$。对钢杆通常取 $n_{st}=1.8\sim3$,对铸铁杆取 $n_{st}=5\sim5.5$。

b.折减系数法　它是将稳定条件统一写成类似强度条件的形式,即

$$\sigma_{cr} = \frac{P}{A} \leqslant \varphi[\sigma]$$

式中,$[\sigma]$——材料的强度许用应力;

φ——折减系数,也称为稳定系数,它的数值与压杆的材料性质和柔度等因素有关。

φ 值可查有关的设计规范,它反映了柔度 λ 对压杆稳定性的影响,适应于长细杆到短粗杆的各种柔度范围。

1.7.4　提高压杆稳定性的措施

从临界应力表达式可知,压杆的临界应力值与压杆的材料柔度 λ 有关,而 λ 又反映了压杆的截面形状、长度尺寸、约束条件等,所以提高压杆的稳定性可从以下方面着手:

(1)材料　对于 $\lambda \geqslant \lambda_p$ 的细长杆,是用欧拉公式计算临界力的。这时临界力 P_{cr} 与材料的弹性模量 E 成正比。而弹性模量对于各种钢材料变化不大。因此,细长杆若采用优质高强度钢代替普通钢,并不能显著提高压杆的稳定性。但对于中长度杆,选用高强度钢能影响压杆的稳定。

(2)约束条件及截面形状　由前面分析知,约束愈牢固,长度系数 μ 值愈小,临界力就愈大,压杆就愈不易丧失稳定,所以增强约束作用可以提高压杆抵抗丧失稳定的能力。

提高压杆截面的 I 值,也能提高压杆的稳定性,但对于两端在各个弯曲平面内相同的支承条件,则应使各个弯曲平面内的轴惯性矩相等,或尽可能相近,以保证压杆在各个方向有几乎一致的稳定性。所以圆环形截面或型钢组合截面(图 1-105)较为合理。

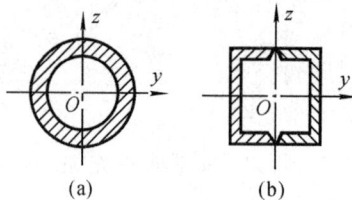

图 1-105　合理的截面形状

(3)压杆长度　由欧拉公式可见,临界力 P_{cr} 与杆长 l 的平方成反比,所以减少长度能显著提高稳定性。工程上常用增加中间支承(如外压容器设置加强圈等)的方法,以减小计算长度,提高稳定性。

1.8 疲劳概述

承压设备或仪表的零部件在交变应力作用下发生的失效,称为疲劳失效,简称疲劳。对于石油、化工、冶金、动力、运输以及航空航天等工业部门,疲劳是构件的主要失效形式。统计结果表明,在各种机械的断裂事故中,大约有 80% 以上是由于疲劳失效引起的。因此,对于承受交变应力的构件,疲劳分析在设计中占有重要地位。

1.8.1 疲劳破坏的特征及原因分析

大量的试验结果及实际零部件的破坏现象表明,构件在交变应力作用发生失效时,具有以下明显的特征:(1)破坏时的名义应力值远低于材料在静载荷作用下的强度指标;(2)构件在一定的交变应力作用下发生破坏有一个过程,即需要经过一定数量的应力循环;(3)构件在破坏前没有明显的塑性变形,即使塑性很好的材料,也会呈现脆性断裂;(4)同一疲劳破坏断口表面通常呈现划分明显的光滑区域与颗粒状区域,其中前者是由于应力交变反复摩擦挤压造成的,很难用肉眼辨别出晶体,而后者体现了脆性破坏的特征,残留断口表面呈光亮的粗晶结构。

关于疲劳破坏机理,目前尚无完善的理论。一般可用微裂纹的起源和发展过程加以简单解释。承载的构件或零部件,在其上某些缺陷、刻痕以及其他应力集中处,首先出现微观裂纹,在裂纹处又造成新的应力集中。在交变应力和局部应力集中联合作用下,微观裂纹不断扩展,形成宏观裂纹。再经过若干次应力交变后,宏观裂纹继续扩展,以至于形成对截面的削弱,类似于在构件上做成"切口"。这种"切口",不仅造成构件上的应力集中,使局部区域的应力达到很大数值,而且使附近区域内的材料处于三向拉伸应力状态,此种状态下材料并不像单向拉伸状态那样容易出现塑性变形。两者共同作用的结果便导致构件在很低的工作应力下,在被削弱的截面突然脆性断裂。

由上所述,不难看出疲劳失效与静载荷作用下的强度失效具有本质上的差别。在静载荷作用下,材料的强度性能只与材料本身有关,而与构件尺寸及表面质量等因素基本无关;而在交变应力作用下材料抵抗破坏的能力将不仅与材料本身有关,还与应力变化规律、构件尺寸大小及表面加工质量有很大关系。因此,对承受交变应力的构件,不仅在设计中要考虑疲劳问题,而且在使用期间需定期进行中修或大修,以检测构件是否发生裂纹及裂纹扩展的情况。对于某些维系生命、生产安全的重要构件,还需要经常性的检测。如火车停站后,铁路工人用小铁锤轻轻敲击车厢车轴,就是根据声音判断是否存在裂纹以及裂纹扩展程度的一种简易检测手段。

1.8.2 交变应力的特性

结构所承受的载荷若是经常有规律地改变它的大小或者方向交替变化,这种载荷称为交变载荷。在交变载荷作用下,结构中的应力也随之有规律地改变大小和方向,这种应力称为交变应力。材料在交变应力作用下的力学性能与应力变化规律和变化幅度有很大关系,因此在进行疲劳分析时,必须首先了解和掌握应力循环的基本特性。

图 1-106 中所示为一点应力随时间的变化规律曲线。应力随时间变化规律的基本特性如下:

(1)应力循环 一个周期 T 内的应力总称,或应力经历了变化的全过程又回到原来数值,这个过程称为一个应力循环。

(2)循环特征 应力循环中最小应力和最大应力的比值,用 r 表示,又叫应力比,即

$$r = \frac{S_{\min}}{S_{\max}} \text{(当 } |S_{\min}| \leqslant |S_{\max}| \text{ 时)} \quad (1\text{-}100\text{a})$$

或

$$r = \frac{S_{\max}}{S_{\min}} \text{(当 } |S_{\min}| \geqslant |S_{\max}| \text{ 时)} \quad (1\text{-}100\text{b})$$

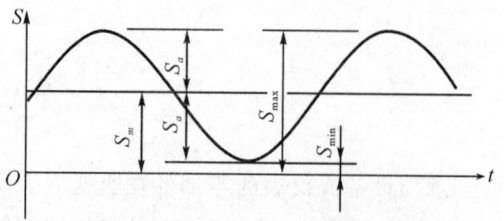

图 1-106 一点应力随时间变化曲线

循环特征 r 的取值范围为 $-1 \leqslant r \leqslant 1$。

(3)平均应力 最大应力和最小应力的平均值,用 S_m 表示,即

$$S_m = \frac{S_{\max} + S_{\min}}{2} \quad (1\text{-}101)$$

(4)应力幅值 应力变化的幅度,等于最大应力与最小应力差值的一半,用 S_a 表示为

$$S_a = \frac{S_{\max} - S_{\min}}{2} \quad (1\text{-}102)$$

(5)最大应力 应力循环中的最大值,即

$$S_{\max} = S_m + S_a \quad (1\text{-}103)$$

(6)最小应力 应力循环中的最小值,即

$$S_{\min} = S_m - S_a \quad (1\text{-}104)$$

(7)对称循环 应力循环中应力数值与正负号都反复变化,而且 $S_{\max} = -S_{\min}$,这种应力循环称为对称循环。此时

$$r = -1 \quad S_m = 0 \quad S_a = S_{\max}$$

(8)脉冲循环 只是应力数值随时间变化而应力符号并不变化,且最小应力等于零 $(S_{\min} = 0)$ 的循环称为脉冲循环,此时 $r = 0$。

(9)静应力 静应力是静载荷作用下的应力,它是交变应力的特例。在静应力作用下,$r = 1$,$S_m = S_{\max} = S_{\min}$,$S_a = 0$。

理解上述概念需注意:(1)所述最大应力与最小应力都是指一点在时间历程中的数值。既不是横截面上因应力分布不均匀性所引起的最大应力与最小应力,也不是一点应力状态中的最大应力与最小应力;(2)上述应力符号用 S 表示,泛指正应力与剪应力。若为拉压正应力或弯曲正应力循环,则所有符号中的 S 均变为 σ,若为扭转剪应力循环,则 S 均改为 τ,其他关系均不改变;(3)上述应力均未计及应力集中的影响,即是用通常的静强度理论公式计算的,这些没有考虑应力集中的应力称为名义应力,而考虑应力集中的应力则称为实际应力。

交变应力下裂纹的形成发展过程与塑性变形的积累有关,因此可认为疲劳强度只取决于应力循环的最大应力与最小应力,而与应力在 $\sigma_{\max} \sim \sigma_{\min}$ 间隔中变化的规律无关。所以,图 1-107中所给出的各种应力循环,在效果上它们都是相同的。此外,大量试验表明应力变化频率对疲劳强度的影响也不大。因此对一定循环条件下的疲劳强度进行分析时,只要知道

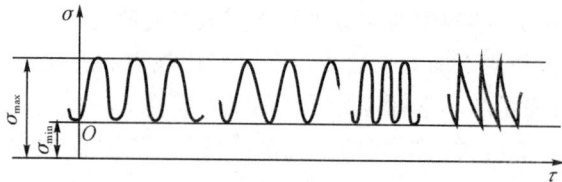

图 1-107 相同效果的应力循环

σ_{max} 与 σ_{min} 或者 σ_m 与 σ_a 就可以了。

1.8.3　持久极限

1.8.3.1　材料持久极限的概念与确定

在交变载荷作用下,构件中的最大应力低于静强度指标时,就可能出现疲劳破坏,因此屈服强度或抗拉强度等静强度指标不能作为疲劳分析计算的依据。材料疲劳的强度指标应通过疲劳试验重新测定。

测定对称循环下疲劳强度指标的试验比较简单。测定时材料要制成 $d = 6 \sim 10\text{mm}$ 的光滑小试件,将试件装在疲劳试验机上(见图 1-108),使其受到纯弯曲。保持载荷的大小和方向不变,试件不停地绕轴线旋转,每旋转一圈,截面上的各点的应力便经历了一次对称循环。

试验时,使第一根试件的最大应力 σ_{max} 约为抗拉强度的 70%,经历 N 次循环后,试件发生疲劳断裂,N 称为应力为 σ_{max} 时的疲劳寿命。然后,逐根降低试件的 σ_{max},记录下不同 σ_{max} 下试件的疲劳寿命。将一组试件的试验结果记录下来,可得到应力与疲劳寿命的关系曲线,称为应力-寿命曲线或 S-N 曲线,如图 1-109 所示。

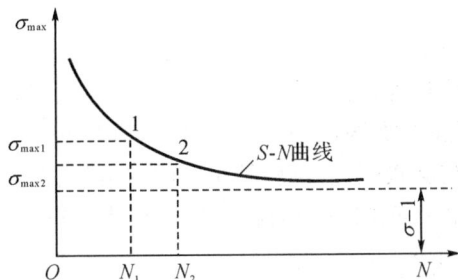

图 1-108　疲劳试验

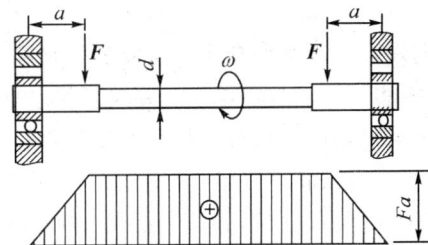

图 1-109　S-N 曲线

试验表明,在同一循环特性下,应力循环中的最大应力 σ_{max} 越大,试件在破坏前经历的应力循环次数越少;反之,应力循环中的最大应力 σ_{max} 越小,破坏前经历的循环次数越多。当最大应力减小到某一临界值以后,试件就可以经历无穷多次应力循环而不发生疲劳破坏,这种临界值称为疲劳极限,又叫持久极限,记作 σ_r,这里 r 为循环特征。试验还证明,同一材料在不同循环特性 r 下,持久极限 σ_r 值是不同的,其中以对称循环下材料的持久极限最低、最危险,因此把它作为衡量材料疲劳强度的基本指标,记作 σ_{-1}。

所谓"无穷多次"应力循环,在试验中是难以实现的。工程设计中通常规定:对 S-N 曲线有水平渐近线的材料(如结构钢),把经历 10^7 次应力循环而不破坏的最大应力作为其持久极限;而对 S-N 曲线没有明显渐近线的材料(如铝合金等有色金属),通常规定某一循环次数(如 2×10^7 次)下不破坏的最大应力作为条件持久极限。

不对称循环下,材料的持久极限可用以上类似的试验方法得到,亦可查阅相关手册。

1.8.3.2　构件持久极限的影响因素

材料试件的持久极限,并不是构件的持久极限。前者是实验室中用光滑小尺寸试件得到的试验结果,后者是在前者的基础上,计及各种影响而得到的实际构件的持久极限。疲劳强度计算中,试件持久极限与构件持久极限都是需要的。因此,除了试验结果 σ_{-1} 外,尚需考虑各种因素对构件持久极限的影响。

(1)应力集中的影响——有效应力集中因数。在构件截面形状和尺寸突变处(如阶梯轴轴肩圆角、开孔、切槽等),局部应力数值急剧增大,离开这个区域稍远,应力即大为降低并趋于均匀,这种应力局部增大的现象称为应力集中。显然应力集中的存在不仅有利于形成初始的疲劳裂纹,而且有利于裂纹的扩展,从而降低构件的持久极限。

构件中应力集中处的最大应力与该处名义应力的比值,称为应力集中因数,它表明了应力集中的程度。其中名义应力由材料力学中的理论公式算得,最大应力用弹性理论的方法求得。两者均为理论值,故这种应力集中因数又称为理论应力集中因数,用公式表示为

$$K_t = \frac{\sigma_{\max}}{\sigma} \qquad (1\text{-}105)$$

理论应力集中因数 K_t 只考虑了几何形状和尺寸的影响,没有考虑不同材料对应力集中具有不同的敏感性。因此理论应力集中因数 K_t 不能直接确定应力集中对持久极限的影响程度。

应力集中对构件持久极限的影响程度用有效应力集中因数 K_σ 表示,它是在材料、尺寸和加载条件都相同的前提下,基于光滑试件的材料持久极限 σ_{-1} 与有应力集中缺口试件的持久极限 $(\sigma_{-1})_k$ 的比值,即

$$K_\sigma = \frac{\sigma_{-1}}{(\sigma_{-1})_k} \qquad (1\text{-}106)$$

有效应力集中因数 K_σ 值大于1,可在有关手册查得。

(2)构件尺寸的影响——尺寸因数。前面所讲的持久极限为光滑小试件(直径 6～10mm)的试验结果,称为"试件的持久极限"或者"材料的持久极限"。试验结果表明,随着试件直径的增加,持久极限将下降,而且对于钢材,强度越高,持久极限下降的越明显。因此,当构件尺寸大于标准试件尺寸时,必须考虑尺寸的影响。

构件尺寸引起持久极限降低的原因主要有以下几点:一是毛坯质量因尺寸而异,大尺寸毛坯所包含的缩孔、裂纹、夹杂物等要比小尺寸毛坯多;二是大尺寸构件表面积和表层体积都比较大,而裂纹源一般都在表面或表面层下,故形成疲劳源的概率比较大;三是应力梯度的影响。如图 1-110 所示,若大小零件的最大应力均相同,在相同的表层厚度内,大尺寸构件的材料所承受的平均应力要高于小尺寸构件,这些都有利于初始裂纹的形成和扩展,因此使持久极限降低。

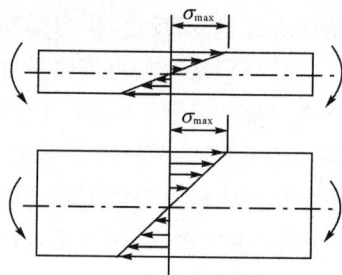

图 1-110 尺寸对持久极限的影响

构件尺寸对持久极限的影响用尺寸因数 ε_σ 表示,对称循环下它是实际构件的持久极限 $(\sigma_{-1})_d$ 与材料持久极限 σ_{-1} 的比值,即

$$\varepsilon_\sigma = \frac{(\sigma_{-1})_d}{\sigma_{-1}} \qquad (1\text{-}107)$$

尺寸因数 ε_σ 值小于1,可在有关手册中查得。

(3)构件表面质量的影响——表面质量因数。一般情况下,构件的最大应力发生在表层,疲劳裂纹也多在表层生成。因此,构件的表面质量将会对持久极限有明显的影响。表面加工的刀痕、擦伤等将引起应力集中,降低持久极限;相反,若构件表面质量优于光滑小试件或构件表面经过某些强化处理,持久极限则会提高。表面质量对持久极限的影响可用表面质量因数 β 表示,对称循环时,它是不同表面质量构件的持久极限与材料持久极限地比值,即

$$\beta = \frac{(\sigma_{-1})_\beta}{\sigma_{-1}} \qquad (1\text{-}108)$$

与不同加工方法对应的表面质量因数 β 值可在有关手册中查到。

1.8.3.3 构件持久极限的确定

构件比光滑试件尺寸大,而且有应力集中和表面加工质量的影响,因此其持久极限与光滑试件不同,下面分别介绍不同应力循环下构件持久极限的确定方法。

(1)对称循环下构件的持久极限。在对称循环下,考虑到上述各种因素的影响,构件的持久极限由下式确定

$$\sigma^p_{-1} = \frac{\varepsilon_\sigma \beta}{K_\sigma} \sigma_{-1} \tag{1-109}$$

$$\tau^p_{-1} = \frac{\varepsilon_\tau \beta}{K_\tau} \tau_{-1} \tag{1-110}$$

式中,σ_{-1}、τ_{-1} 为对称循环下光滑小试件的持久极限,σ^p_{-1}、τ^p_{-1} 为对称循环下构件的持久极限,右上标 p 表示零件、构件。

(2)非对称循环下构件的持久极限。在非对称循环下,构件的持久极限需要通过实验作出一些曲线并进行合理的简化,再考虑上述因素的影响,才能得到非对称循环下构件持久极限的公式,具体为

$$\sigma^p_r = \frac{\sigma_{-1}}{\dfrac{1+r}{2}\psi_\sigma + \dfrac{1-r}{2}\left(\dfrac{K_\sigma}{\varepsilon_\sigma \beta}\right)} \tag{1-111}$$

$$\tau^p_r = \frac{\tau_{-1}}{\dfrac{1+r}{2}\psi_\tau + \dfrac{1-r}{2}\left(\dfrac{K_\tau}{\varepsilon_\tau \beta}\right)} \tag{1-112}$$

其中,ψ_σ、ψ_τ 是与材料性能有关的系数,由下式确定

$$\psi_\sigma = \frac{2\sigma_{-1} - \sigma_0}{\sigma_0} \tag{1-113}$$

$$\psi_\tau = \frac{2\tau_{-1} - \tau_0}{\tau_0} \tag{1-114}$$

式中,σ_0、τ_0 为脉冲循环时的持久极限。

对于钢材,ψ_σ、ψ_τ 值可根据静载荷下强度极限的不同数值由表 1-8 直接查得。

在确定构件的持久极限后,就可对构件建立强度条件。交变应力下构件的疲劳强度条件,工程上通常采用安全因数法来建立。所谓安全因数法,就是将构件承载时的工作安全因数 n_σ(即构件持久极限 σ^p_{-1} 与最大应力 $\sigma_{\max}$ 的比值,又称强度储备)与构件的许用安全因数 n 比较,前者若大于后者则构件是安全的,反之则不安全。具体的计算方法可查阅相关文献资料。

疲劳强度条件建立后,可解决强度校核与许可载荷确定两类问题。至于截面尺寸设计,则因为尺寸未知,尺寸因数 ε 不能确定,构件持久极限便无法确定,所以不能根据疲劳强度条件设计截面尺寸。一般先按静载荷作用下的强度条件确定构件的初步尺寸,再根据所得到的初步尺寸进行疲劳强度校核,并反复对设计尺寸进行修正,直至满足疲劳强度要求为止。

表 1-8　钢材的 ψ_σ、ψ_τ 值

系数	R_m/MPa				
	350~500	500~700	700~1000	1000~1200	1200~1400
ψ_σ	0	0.05	0.1	0.2	0.25
ψ_τ	0	0	0.05	0.1	0.15

1.8.4 提高构件疲劳强度的措施

所谓提高疲劳强度,通常是指在不改变构件的基本尺寸和材料的前提下,通过减小应力集中和改善表面质量,以提高构件的持久极限。

(1)减缓应力集中。在设计构件的外形时应注意避免应力集中,尽量不要出现方形或带有尖角的槽。在截面尺寸突变处,要采用半径足够大的过渡圆角或其他措施,以减缓应力集中,提高构件的疲劳强度。

(2)降低表面粗糙度。构件表面加工质量对疲劳强度影响很大,特别是高强钢一类对应力集中比较敏感的材料。因此,对疲劳强度要求较高的构件,应该对表面进行精细加工(如抛光、磨光),使之具有必要的光洁度。同时,应避免使构件表面受到机械损伤(如划痕、打印等)和其他损伤(如锈蚀)。

(3)进行表面强化处理。在应力非均匀分布的情况(如弯曲与扭转)下,疲劳裂纹大都从构件表面形成和扩展。因此,通过表面热处理和化学处理(如表面高频淬火、渗碳、渗氮和氰化等)、冷压机械加工(如表面滚压和喷丸处理等),都有助于提高构件表面层的质量。这些表面处理,一方面可以使构件表面的材料强度提高,另一方面可以在表层产生残余压应力,抑制疲劳裂纹的形成和扩展。

喷丸处理方法,近年来得到广泛应用,并取得明显的效益。这种方法是将很小的钢丸、铸铁丸、玻璃丸或其他硬度较大的小丸以很高的速度喷射到构件表面上,使表面材料产生塑性变形而强化,同时产生较大的残余压应力。

习　题

1-1　试画出下列各平衡物体指定杆的受力图,设所有接触面都是光滑的,图中未画上物体重力力矢的物体都不考虑重力。

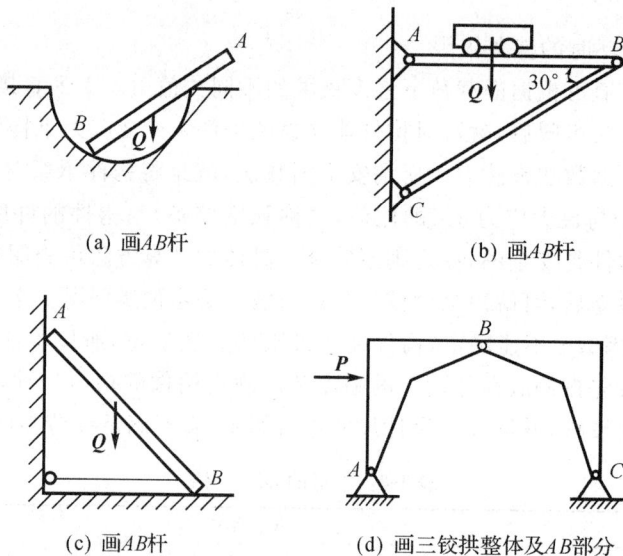

(a) 画AB杆

(b) 画AB杆

(c) 画AB杆

(d) 画三铰拱整体及AB部分

习题 1-1 图

1-2　图示为一管道支架,支架的两根杆 AB 和 CD 在 E 点铰接,在 J、K 两点用水平绳索相连。已知管道的重力为 G。不计摩擦和支架、绳索的自重。试作出管道、杆 AB 和杆 CD 以及整个管道支架的受力图。

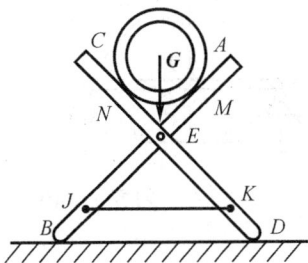

习题 1-2 图

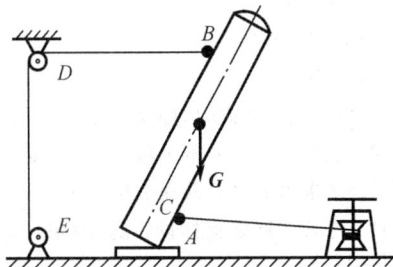

习题 1-3 图

1-3　塔器竖起的过程如图所示。下端搁在基础上,在 C 处系以钢绳并用绞盘拉住,上端在 B 处系以钢绳通过定滑轮 D 连接到卷扬机 E。设塔重为 G,试画出塔器受力图。

1-4　图示物体系结构,试画出受力图:(1)圆柱 C;(2)杆 AB;(3)圆柱 C 和杆 AB 组成的物系。

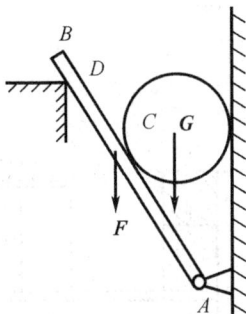

习题 1-4 图

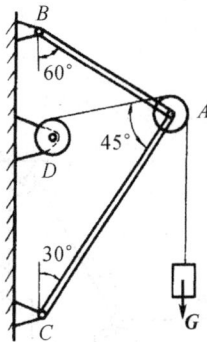

习题 1-5 图

1-5　简易起重机支架 ABC 如图所示,通过定滑轮匀速吊起重 G＝2kN 的重物。A、B、C 为铰链,各杆自重、滑轮的大小和各处摩擦均不计。试求杆 AB 和杆 AC 受力的大小,并说明它们是拉力还是压力。

1-6　十字形杆的支承和受力情况如图所示。已知 $P＝P'＝50kN,Q＝Q'＝20kN$,杆重不计。试求 A、B 两处的反力。

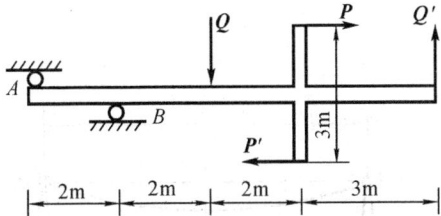

习题 1-6 图

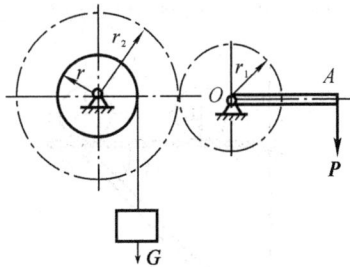

习题 1-7 图

1-7　如图所示为一手动式齿轮提升机构。齿轮 1 上的手柄长 $\overline{OA}＝40cm$,两齿轮的节圆半径分别为 $r_1＝10cm,r_2＝20cm$,提升重物的重力 $G＝2000N$,绞轮半径 $r＝5cm$。试问:当匀速提升重物时,手柄上的力 P 为多少?

1-8 如图构架,已知尺寸如图所示,不计各杆重量,设在 CD 杆的 D 端作用一力,试按以下两种情况分别求 A、B 支座反力及三根链杆所受的力。

(1)当 F 力铅垂向下时;

(2)当 F 力水平向右时。

1-9 试求图示各梁的约束反力。

1-10 起吊设备时为避免碰到栏杆,施一水平力 P,设备重 G=30kN。试求水平力 P 及绳子拉力 T。

1-11 悬臂式壁架支撑设备重 P(kN),壁架自重不计。试求固定端的反力。

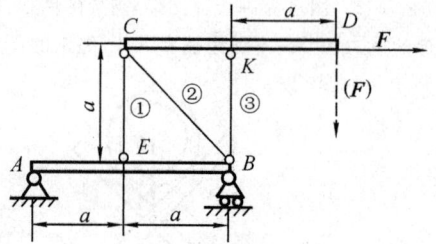

习题 1-8 图

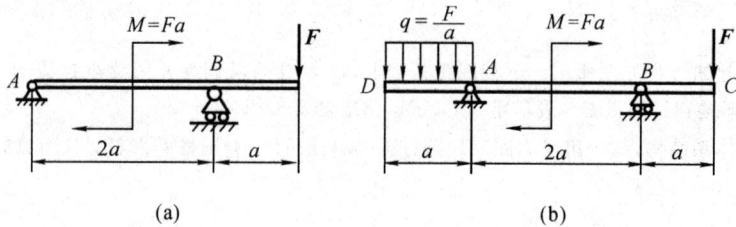

(a)   (b)

习题 1-9 图

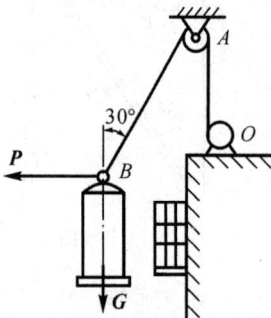

习题 1-10 图

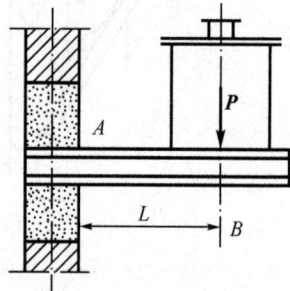

习题 1-11 图

1-12 如图所示,有一管道支架 ABC。A、B、C 处均为理想的圆柱形铰链约束。已知该支架承受的两管道的重力均为 G=4.5kN,图中尺寸均为 mm。试求管架中梁 AB 和杆 BC 的受力。

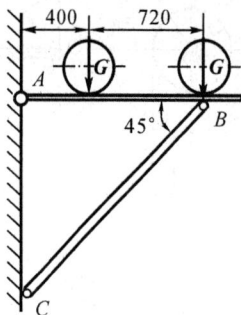

习题 1-12 图

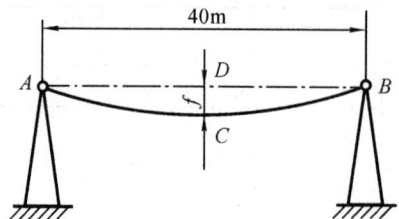

习题 1-13 图

1-13 如图所示,输电线 ACB 架在两电线杆之间,形成一下垂曲线,其中总下垂距离 CD=f=1m,两杆间距离 AB=40m,电线 ACB 段重 G=400kN。试求电线中点及两端位置的张力。

1-14 如图所示，水塔的圆柱形水箱固定在对称布置的四个倾斜支架上，整个水塔重 $G=80kN$。风的作用面按水箱圆柱表面在垂直于风向的平面上的投影面积计算。已知 $q=1.25kN/m^2$，试求支座 A、B 间应有的距离 L。（图中长度单位为 m）

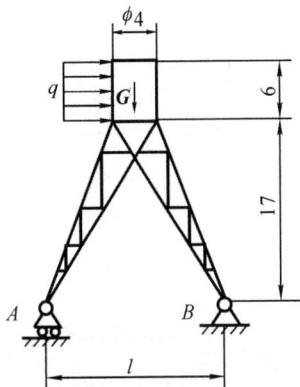

习题 1-14 图

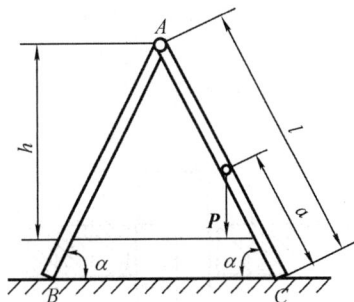

习题 1-15 图

1-15 梯子由 AB 与 AC 两部分在 A 处用铰链连接而成，下部用水平软绳连接，如图放在光滑面上，在 AC 上作用有一垂直力 P。如不计梯子自重，当 $P=600N$，$\alpha=75°$，$h=3m$，$a=2m$ 时，试求绳的拉力的大小。

1-16 低碳钢拉伸时的 $\sigma\text{-}\varepsilon$ 图形有哪些特征点？如何划分四个阶段？低碳钢拉伸可测得哪些重要力学性能指标？与铸铁相比，其抗拉、抗压性能如何？

1-17 试画出图示受力物体的轴力图。

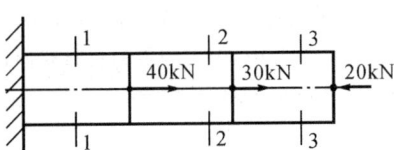

(a)

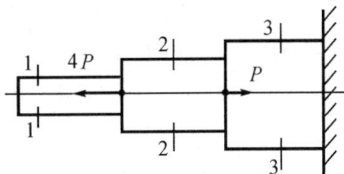

(b)

习题 1-17 图

1-18 如图所示，载荷 $F=130kN$，悬挂在两杆上，AC 为钢杆。直径 $d=30mm$，许用应力 $[\sigma_{钢}]=160MPa$，BC 是铝杆，直径 $d=40mm$，许用应力 $[\sigma_{铝}]=60MPa$。已知 $\alpha=30°$，试校核该构件的强度。

1-19 如图所示，三角架受 $Q=60kN$ 作用，AB 杆的材料是 Q235 钢，$[\sigma_{钢}]=160MPa$，BC 杆的材料为木材，许用应力 $[\sigma]=4MPa$。已知 AB、BC 两杆长度相等，试求两杆所需的最小横截面面积。

1-20 已知反应釜端盖上受气体内压力及垫圈上压紧力的合力为 400kN，其法兰连接选用 Q235 钢制 M24 的螺栓，螺栓的许用应力 $[\sigma]=54MPa$，由螺纹标准查出 M24 螺栓的根径 $d=20.7mm$。试计算需要多少个螺栓（螺栓是沿圆周均匀分布，螺栓数应取 4 的倍数）。

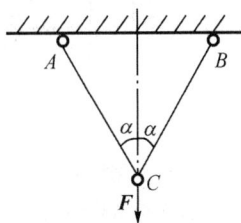

习题 1-18 图

1-21 欲在厚度 $\delta=3mm$ 的 Q235 钢板上冲一 $d=20mm$ 的孔，试问压力机（冲床）至少需多大的冲力？已知 Q235 钢的 $\tau_b=400MPa$。

1-22 图示螺钉受拉力 P 作用。已知材料的剪切许用应力 $[\tau]$ 和拉伸许用应力 $[\sigma]$ 之间的关系约为 $[\tau]=0.6[\sigma]$。试求螺钉直径 d 与钉头高度 h 的合理比值。

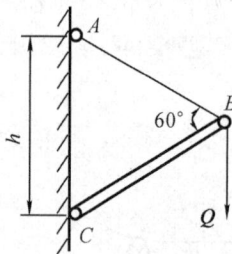

习题 1-19 图

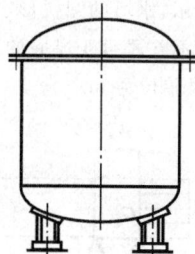

习题 1-20 图

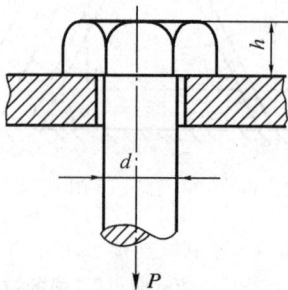

习题 1-22 图

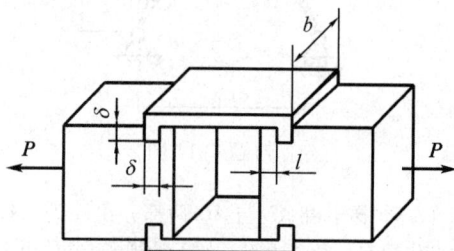

习题 1-23 图

1-23 试分析图中各部分的受剪面、挤压面,并计算剪应力和挤压应力的大小。已知 $b=80\text{mm}$,$\delta=12\text{mm}$,$l=20\text{mm}$,$P=10\text{kN}$。

1-24 两块厚度各为 6mm 的钢板,用直径 $d=12\text{mm}$ 铆钉搭接,如图所示。若 $F=25\text{kN}$,板与铆钉的许用剪切应力 $[\tau]=100\text{MPa}$,许用拉应力 $[\sigma]=125\text{MPa}$,许用挤压应力 $[\sigma_{jy}]=250\text{MPa}$,试求铆钉数。

1-25 图示销钉连接结构,已知 $P=18\text{kN}$,板厚 $t_1=8\text{mm}$,$t_2=5\text{mm}$,销钉与板的材料相同,许用剪应力 $[\tau]=60\text{MPa}$,许用挤压应力 $[\sigma_{jy}]=200\text{MPa}$。已知销钉直径 $d=16\text{mm}$,试校核销钉强度。

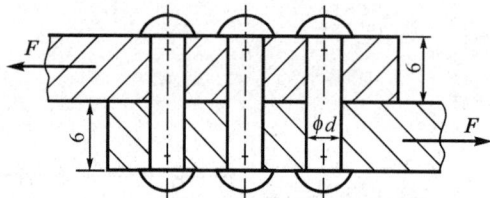

习题 1-24 图

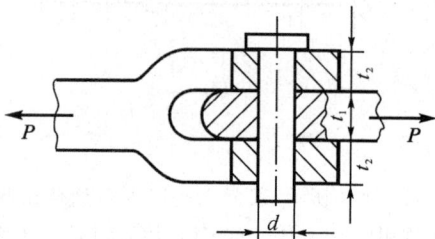

习题 1-25 图

1-26 如图所示,摇柄与轴间装有一个键 K,键的长度为 35mm,键宽、高皆为 6mm,许用剪应力 $[\tau]=100\text{MPa}$,许用挤压应力 $[\sigma_{jy}]=220\text{MPa}$。图中尺寸为 mm,试求手柄上许可作用的 P 力的值。

1-27 某立式钢制容器用 4 个耳式支架支承。每一耳架的两筋板各用双面焊缝焊在筒身上,如图所示。若焊角高度为 5mm,设备总重为 200kN。试确定每条焊缝长度。

1-28 试求图示杆在截面 1-1,2-2 上的扭矩,并作两杆的扭矩图。

1-29 某反应器的搅拌轴由功率 $N=5.5\text{kW}$ 的电动机带动,轴的转速 $n=40\text{r/min}$,用外径 $D=89\text{mm}$、壁厚 10mm 的管材制成,材料的许用剪应力 $[\tau]=50\text{MPa}$。试校核电动机输出额定功率时轴的强度。

1-30 实心轴和空心轴通过牙嵌式离合器连接在一起。已知轴的转速 $n=100\text{r/min}$,传递的功率 $P=7.35\text{kW}$,轴的许用切应力 $[\tau]=20\text{MPa}$。试选择实心轴直径 d_1,及内外径比值为 0.8 的空心轴的外径 D_2。

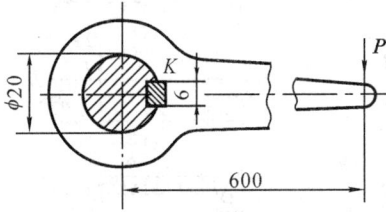

习题 1-26 图

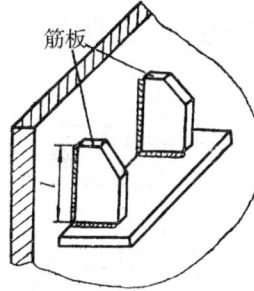

习题 1-27 图

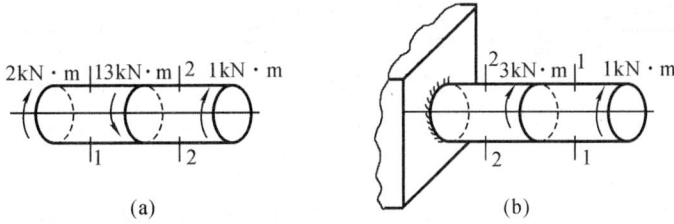

(a)

(b)

习题 1-28 图

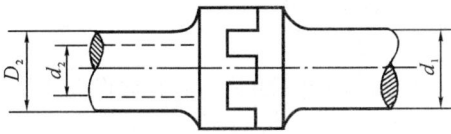

习题 1-30 图

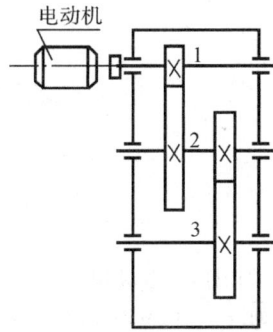

习题 1-31 图

1-31 图示减速箱,由功率 $P=9$kW,转速 $n=945$r/min 的电动机带动。若减速箱中的第一根轴的直径为 2.2cm,材料为 45 号钢,$[\tau]=40$MPa。试按扭转强度校核此轴。

1-32 已知圆轴输入功率 $N_A=50$kW,输出功率 $N_C=30$kW,$N_B=20$kW。轴的转速 $n=100$r/min,$[\tau]=40$MPa,$[\varphi]=0.5°/$m,$G=8.0\times10^4$MPa。试设计轴的直径 d。

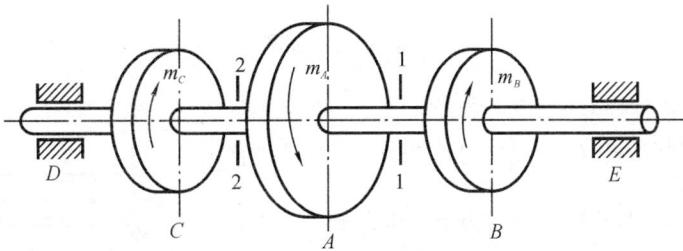

习题 1-32 图

1-33 试列出图示各梁的剪力方程和弯矩方程,并作剪力图和弯矩图。

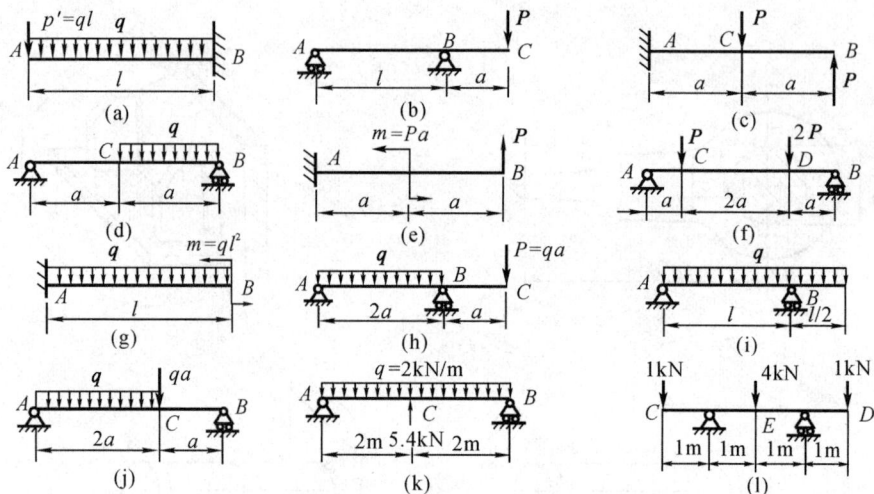

习题 1-33 图

1-34　一根外径 $D=25\text{mm}$，内径 $d=20\text{mm}$，长 $l=1\text{m}$ 的钢管作为简支梁。钢的许用应力 $[\sigma]=140\text{MPa}$，不计自重，梁的中点受到力 $F=500\text{N}$ 作用，试校核钢管的强度。若改用与钢管自重相等的实心圆钢，问强度是否足够？

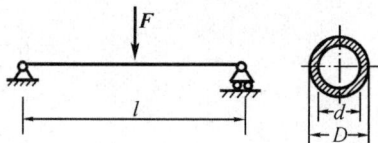

习题 1-34 图

1-35　制动杠杆，在 B 处用直径 $d=30\text{mm}$ 的销钉与支座铰接，如图所示。若杠杆的许用应力 $[\sigma]=140\text{MPa}$，销钉的 $[\tau]=100\text{MPa}$，试求许可载荷 P_1 和 P_2。

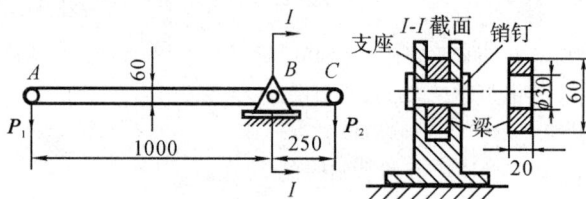

习题 1-35 图

1-36　图示为管道支架，支承管重 $P_1=5\text{kN}$，$P_2=3\text{kN}$，$a=800\text{mm}$，$b=200\text{mm}$，$[\sigma]=120\text{MPa}$。试作出支架梁 ABC 的弯矩图，并选定工字钢型号。

1-37　图示空气泵的操作杆，右端受力 $P=8\text{kN}$，Ⅰ-Ⅰ 及 Ⅱ-Ⅱ 截面尺寸相同，均为 $\dfrac{h}{b}=3$ 的矩形。若操作杆的材料的许用应力 $[\sigma]=50\text{MPa}$。试设计 Ⅰ-Ⅰ 及 Ⅱ-Ⅱ 截面的尺寸。

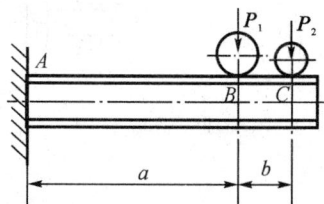

习题 1-36 图

1-38 某塔器高 $h=10$m，塔底部用裙式支座支承。已知裙式支座的外径与塔的外径相同，而它的内径为 $D_内=1$m，壁厚 $\delta=8$mm。塔受风载荷 $q=468$N/m²。试求裙式支座底部的最大弯矩和最大弯曲正应力。

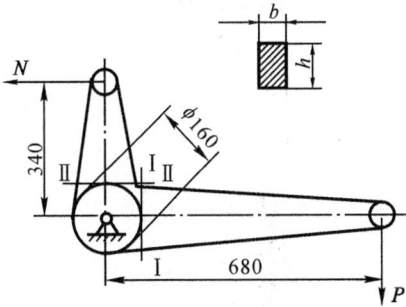

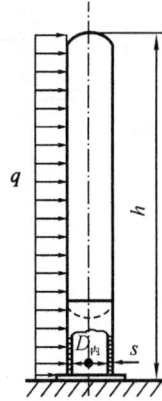

习题 1-37 图 　　　　　　　　　　　习题 1-38 图

1-39 已知钢带的厚度为 2mm，弹性模量 $E=200$GPa。当把钢带卷成直径为 4m 的圆环时，试求钢带截面上的最大正应力。

1-40 图示一卧式贮罐，内径为 1600mm，壁厚 20mm，封头高 H 为 450mm；支座位置如图所示，$L=8000$mm，$a=1000$mm。内贮液体，包括贮罐自重在内，可简化为单位长度上的均布载荷 $q=28$N/mm，简化图如（b）所示。试求罐体上的最大弯矩和弯曲应力是多少？

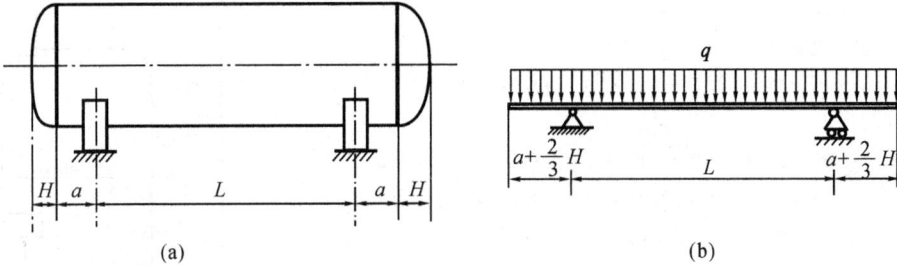

习题 1-40 图

1-41 一根矩形截面简支梁如图所示，中间作用着载荷 P，试求梁中点的挠度 y_1。若将此梁切成 n 条，试求在同样载荷下，其中点的挠度 y_2 是 y_1 的多少倍？

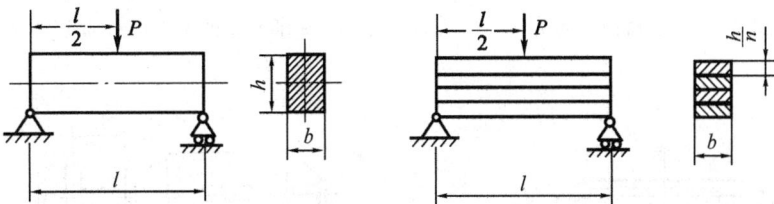

习题 1-41 图

1-42 试求图示各单元体内主应力的大小及方向，并在它们中间绘出仅受主应力作用的单元体。

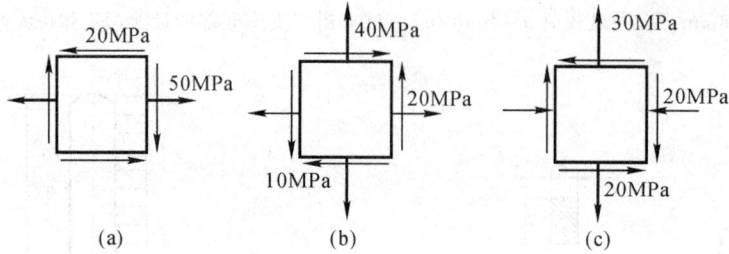

习题 1-42 图

1-43 曲拐受力如图所示,圆杆部分的直径 $d=50\text{mm}$。试确定 A 点(截面顶点)之应力状态及其主应力和最大切应力。

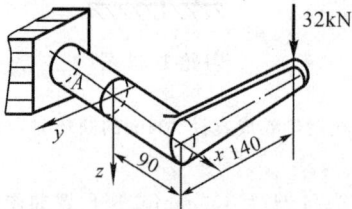

习题 1-43 图

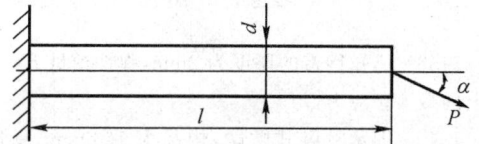

习题 1-44 图

1-44 已知:$P=7\times10^3\text{N}$,$d=50\text{mm}$,$[\sigma]=100\text{MPa}$,$l=0.25\text{m}$,$\alpha=30°$,如图所示。试校核该杆件的强度。

1-45 图示为一钻床,若 $P=7.5\text{kN}$,$[\sigma]=35\text{MPa}$,$d=100\text{mm}$。试校核立柱的强度。

1-46 链环由直径 $d=20\text{mm}$ 的圆钢制成,距离 $a=50\text{mm}$。钢材的许用应力 $[\sigma]=100\text{MPa}$。如果图示,链环有缺口,其许可拉力 P 为多大?如果将缺口焊好,则其许可拉力 P' 又为多大?

1-47 电动机的功率为 7.8kW,转速为 735r/min,皮带轮直径 $D=250\text{mm}$,主轴外伸部分 $l=120\text{mm}$,主轴直径 $d=40\text{mm}$。若 $[\sigma]=60\text{MPa}$,试用第三强度理论和第四强度理论校核主轴的强度。

1-48 如图所示,圆轴直径为 200mm,今在轴上某点与轴的母线成 $45°$ 角的 aa 及 bb 方向贴有电阻应变片,在外力偶的作用下,圆轴发生扭转。现分别测得在 aa 及 bb 方向的线应变为 $\varepsilon=425\times10^{-6}$,及 $\varepsilon_3=-425\times10^{-6}$,且知材料的 $E=207\text{GPa}$,$\mu=0.3$,求该轴所受的外力偶矩 m 等于多少?

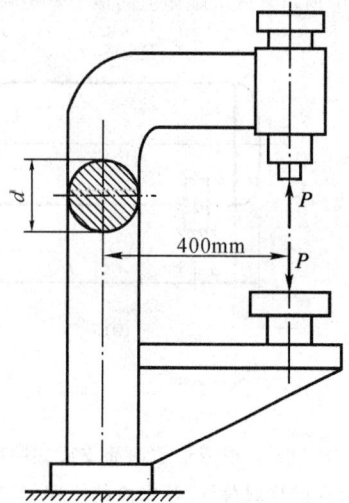

习题 1-45

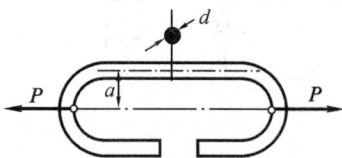

习题 1-46 图

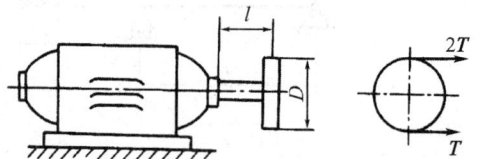

习题 1-47 图

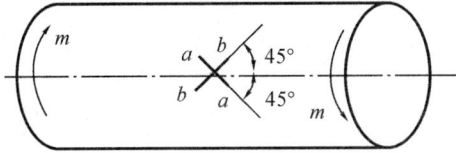

习题 1-48 图

1-49　直径 $d=25\text{mm}$，长 $l=1\text{m}$ 的 Q235 钢杆用作抗压构件。在下列情况下，试求其临界载荷：(1)两端铰支；(2)一端固定，另一端铰支；(3)一端固定，另一端自由；(4)两端固定。

1-50　一根 10 号工字钢一端固定。另一端自由，受到 71.5kN 压力作用，如图所示。试求它刚要失稳时的临界长度 L_{cr}。

1-51　简述疲劳破坏的特征，并指出提高构件疲劳强度的措施。

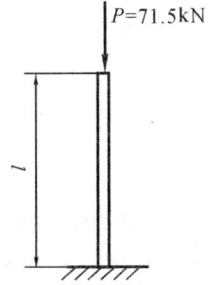

习题 1-50 图

第 2 章

过程设备材料选用

合理的材料性能和状态是保证过程设备安全的重要因素。选材是否恰当,特别是一台设备中关键零部件的选材是否合适,将直接影响到产品的使用性能、使用寿命及制造成本。正确的选材应该是使材料在满足设备使用性能要求的前提下,同时具有良好的加工工艺性和经济性。但由于过程设备的操作条件比较复杂,设备往往运行在高温、高压、低温、高真空、强腐蚀等苛刻条件下,而且所选用的材料不仅要满足强度、刚度、塑性、韧性、耐腐蚀、使用寿命等结构性能要求,还要满足传热、密封等特殊功能要求,从而给过程设备材料的选用带来较大的难度。

2.1 工程材料的分类

根据性能特点和用途可将工程材料分为两大类:一类是结构材料,另一类是功能材料。而按材料的化学组成又可分为金属材料、无机非金属材料、高分子材料和复合材料等,如图 2-1 所示。

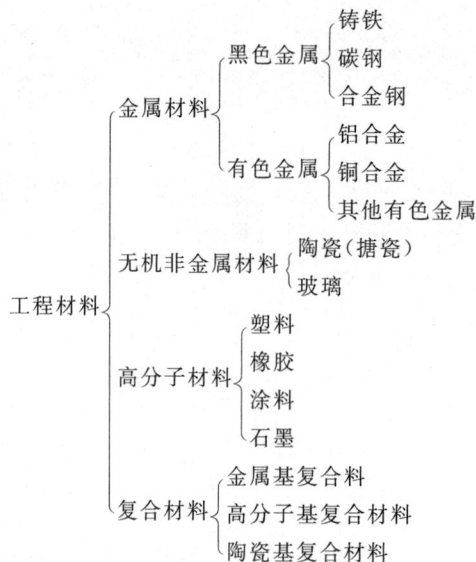

```
                                          ┌ 铸铁
                          ┌ 黑色金属      ┤ 碳钢
                          │               └ 合金钢
          ┌ 金属材料      ┤               ┌ 铝合金
          │               └ 有色金属      ┤ 铜合金
          │                               └ 其他有色金属
          │               ┌ 陶瓷(搪瓷)
          │ 无机非金属材料┤
工程材料 ─┤               └ 玻璃
          │               ┌ 塑料
          │               │ 橡胶
          │ 高分子材料    ┤ 涂料
          │               └ 石墨
          │               ┌ 金属基复合料
          └ 复合材料      ┤ 高分子基复合材料
                          └ 陶瓷基复合材料
```

图 2-1 工程材料的分类

金属材料由于具有优良的使用性能和加工工艺性能,是应用最广泛、用量最多的材料。而非金属材料除了在某些力学性能上不如金属外,具有许多金属材料所不具备的性能和特点,如耐腐蚀、绝缘、质轻、成本低等,因而其应用日益广泛。

2.2 材料的性能

材料的性能包括力学性能、物理性能、化学性能和加工工艺性能等。一般情况下,材料的性能决定于材料的组织和结构;材料的加工工艺又影响材料的结构和组织,从而也改变了材料的性能。

2.2.1 力学性能

材料的力学性能是指材料在受力时的行为。描述材料力学性能的主要指标有强度、塑性和韧性。

(1)强度　强度是指材料在外力作用下抵抗永久变形和破坏的能力。根据外力的作用方式,有多种强度指标,如抗拉强度、抗弯强度、抗剪强度等。其中以拉伸试验得到的强度指标应用最为广泛。

从第 1 章的拉伸试验可知,当材料承受拉力时,强度性能指标主要有屈服强度(R_{eL} 或 $R_{p0.2}$)和抗拉强度(R_m)。屈服强度是材料开始出现塑性变形时的应力值,代表材料抵抗产生塑性变形的能力;抗拉强度是材料发生断裂时所达到的最大应力值,代表钢材抵抗断裂的能力。工程上,不仅希望材料具有较高的屈服强度,而且还希望其屈服强度与抗拉强度的比值(即屈强比 R_{eL}/R_m)适宜。屈强比是一个反映材料屈服后强化能力高低的参数。屈强比低表示屈服后材料具有较大的塑性储备,不容易发生脆性破坏,但较低的屈强比会影响材料的利用率。对于焊制压力容器,应慎用屈强比超过 0.8 的材料。

(2)塑性　材料的塑性是指材料受力时,当应力超过屈服强度后,能产生显著的变形而不发生断裂的性质。工程上常以断后伸长率 A 和断面收缩率 Z 作为衡量金属静载荷下塑性变形能力的指标,详见第 1 章介绍。

断后伸长率和断面收缩率都是用来度量金属材料塑性大小的,两者数值愈大表示金属材料的塑性愈好。如纯铁的断后伸长率几乎为 50%,而普通铸铁的断后伸长率还不到 1%,因此,纯铁的塑性远比铸铁好。

与断后伸长率不同的是,断面收缩率 Z 是与试件尺寸大小无关的一个性能指标,因而它能更可靠、更灵敏地反映材料塑性的变化。

(3)韧性　材料的韧性是材料断裂时所需能量的度量,描述材料韧性的指标主要有冲击韧性、无延性转变温度和断裂韧性等。

a. 冲击韧性　冲击韧性是在冲击载荷作用下,材料抵抗冲击力的作用而不被破坏的能力。通常用冲击吸收功 A_K 和冲击韧度 α_K 来度量。冲击吸收功由冲击试验测得,冲断标准试样所消耗的功即为冲击吸收功,其单位为焦耳(J);冲击韧度指单位横截面上所消耗的冲击吸收功,其单位为焦耳每平方厘米(J/cm²)。A_K 或 α_K 值越大,表示材料的冲击韧性越好。

冲击试验时,将欲测定的材料先加工成标准试样,放在试验机的机座上,如图 2-2 所示;然后将具有一定重量 G 的摆锤举至一定的高度 H_1(图 2-3),使其获得一定的位能(GH_1),再将其释放冲断试样，摆锤的剩余能量为 GH_2。则冲击吸收功 $A_K = GH_1 - GH_2 = G(H_1 - H_2)$。用试样缺口处截面积 $F(\mathrm{cm}^2)$ 去除 A_K，即得到冲击韧性 α_K 值。

$$\alpha_K = \frac{A_K}{F} \tag{2-1}$$

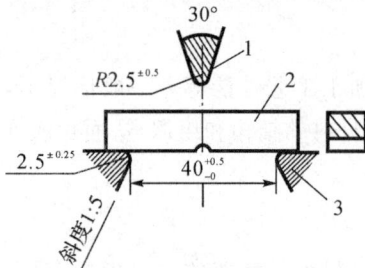

1-摆锤；2-试样；3-机座

图 2-2　冲击试样的安装

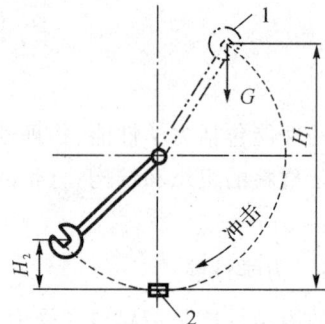

1-摆锤；2-试样

图 2-3　冲击试验原理

为此，韧性可理解为材料在外加动载荷突然袭击时的一种及时并迅速塑性变形的能力。韧性高的材料一般都有较高的塑性指标，但塑性指标较高的材料却不一定具有较高的韧性，原因是静载下能够缓慢塑性变形的材料，动载下不一定能迅速地塑性变形。因此，冲击功的高低，取决于材料有无迅速塑性变形的能力。

标准冲击试样上加工有缺口，缺口形状分 V 形和 U 形两种，如图 2-4 所示。相同条件下同一材料制作的两种缺口试样的 α_K 值是不相同的。实验表明，V 形缺口试样的缺口尖端圆角小，可模拟较高的应力集中，反映

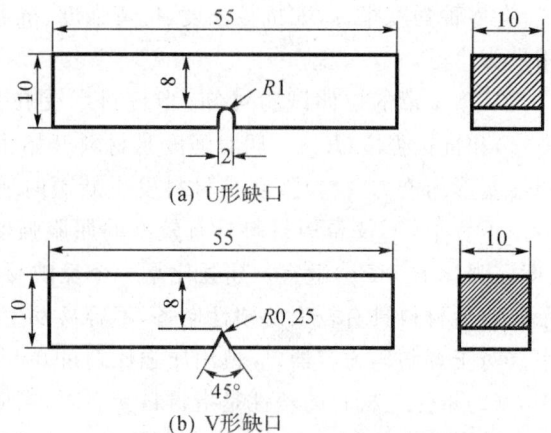

(a) U形缺口

(b) V形缺口

图 2-4　冲击试验的标准试样

材料的缺口敏感性，同时对温度变化很敏感，能较好地反映材料的韧性。基于此，世界各国压力容器规范标准都要求压力容器用材采用夏比（V 形缺口）试样进行冲击试验。采用夏比（V 形缺口）试样获得的冲击吸收功称作 A_{KV}。

b. 无延性转变温度　又称无塑性转变温度。在不同温度下测出材料冲击韧性的系列数值，可以发现在某一温度区间随温度降低其韧性值突然明显下降，如图 2-5 所示，即材料从韧性状态变为脆性状态，这一温度被称为材料的无延性转变温度。由该温度可确定材料的最低使用温度。

（4）硬度　硬度是材料抵抗局部变形，特别是塑性变形、压痕或划痕的能力。硬度不是一个单纯的物理量，而是反映材料弹性、强度、塑性和韧性等的综合性能指标。通常材料的强度越高，硬度也越高。

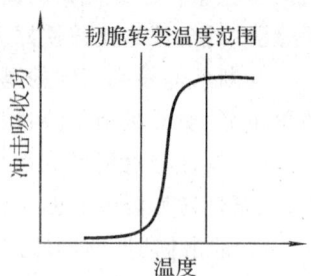

图 2-5　材料冲击吸收功和温度的关系曲线

硬度测试方法中,应用最多的是压入法,即在一定载荷作用下,采用比工件更硬的压头缓慢压入被测工件表面,使材料局部塑性变形而形成压痕,然后根据压痕面积大小或压痕深度来确定硬度值。当压头和压力一定时,压痕面积愈大或愈深,硬度就愈低。工程上常用的硬度指标可分为布氏硬度(HB)、洛氏硬度(HR)和维氏硬度(HV)等。

a. 布氏硬度 HBS(W) 测试原理是施加一定的载荷,将球体(淬火钢球或硬质合金球)压入被测材料的表面,保持一定时间后卸去载荷,根据压痕面积确定硬度大小。其单位面积所受载荷称为布氏硬度。当测试压头为淬火钢球时,以 HBS 表示;当测试压头为硬质合金时,以 HBW 表示。

布氏硬度的特点是比较准确,因此用途广泛。但由于布氏硬度所用的测试压头材料较软,所以不能测试太硬的材料,而且压痕较大,易损坏材料的表面。

金属材料的抗拉强度与布氏硬度 HBS(W)之间,有以下近似经验关系:

对于低碳钢,$R_m \approx 0.36 HBS(W)$;

对于高碳钢,$R_m \approx 0.34 HBS(W)$;

对于灰铸铁,$R_m \approx 0.10 HBS(W)$。

b. 洛氏硬度 HR 它是由标准压头用规定压力压入被测材料表面,根据压痕深度来确定的硬度值。根据压头的材料及压头所加的负荷大小又可分为 HRA、HRB、HRC 三种。

洛氏硬度操作简便、迅速,应用范围广,压痕小,硬度值可直接从表盘上读出,故得到较为广泛的应用。

c. 维氏硬度 HV 维氏硬度的测试原理与布氏硬度相同,不同点是压头为金刚石方角锥体,所加负荷较小。因而它所测定的硬度值比布氏、洛氏精确,压入深度浅,适于测定经表面处理零件的表面层的硬度;但测定过程比较麻烦。

(5)温度对金属材料力学性能的影响 高温下,材料的屈服强度、抗拉强度、塑性与弹性模量等性能均发生显著的变化。图 2-6 为温度对低碳钢力学性能的影响曲线,图中弹性模量和屈服强度随温度升高而降低,抗拉强度先随温度升高而升高,但当温度达到一定值时,发生迅速下降。通常情况下,随着温度的升高,金属材料的强度降低,塑性提高。除此之外,金属材料在高温下还有一个重要特性,即"蠕变"。所谓蠕变,是指高温下,在一定的应力作用下,应变随时间而增加的现象。

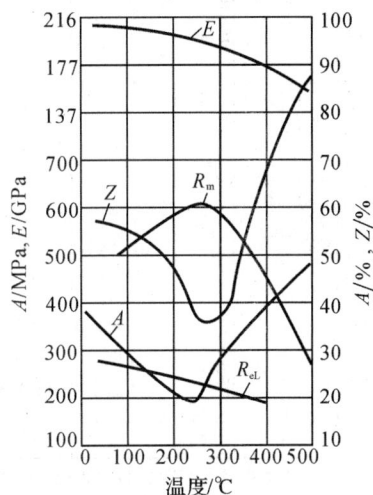

图 2-6 温度对低碳钢力学性能的影响

材料在低温下,随着温度降低,强度提高,韧性陡降。当使用温度低于无延性转变温度时,材料由韧性转变为脆性,这种现象称为材料的冷脆性。材料的冷脆性可引发低温下操作的设备发生脆性破裂,而且这种破裂在事前不产生明显的塑性变形,没有任何征兆,因而具有极大的危害性。

2.2.2 物理性能

材料的物理性能有密度、熔点、热容、线膨胀系数、导热系数、导电性、磁性、弹性模量与泊松比等。在这些性能中,线膨胀系数与材料间的焊接性能直接相关。异种材料的焊接应保证相互间的线膨胀系数尽可能相近,否则会因膨胀量不等而使构件变形或损坏。

2.2.3 化学性能

化学性能是指材料在所处介质中的化学稳定性，即材料是否会与介质发生化学或电化学作用而引起腐蚀。金属的化学性能指标主要有耐腐蚀性和高温抗氧化性。

（1）耐腐蚀性　耐腐蚀性是指材料抵抗介质侵蚀的能力。金属与周围介质之间发生化学或电化学作用而引起的破坏称为腐蚀。腐蚀问题是材料选用的主要矛盾之一。

金属材料耐腐蚀性能的强弱直接与材料的化学成分、金相组织等有关，还与设备的结构形式相关。不同的金属因其化学活性不同，耐蚀性能也大不相同。常用金属材料在酸、碱、盐类介质中的耐蚀性列于表 2-1。

表 2-1　常用金属材料在酸、碱、盐类介质中的耐蚀性

材料	硝酸		硫酸		盐酸		氢氧化钠		硫酸铵		硫化氢		尿素		氨	
	%	℃	%	℃	%	℃	%	℃	%	℃	%	℃	%	℃	%	℃
灰铸铁	×	×	70~100 (80~100)	20 70	×	×	(任)	(480)	×	×			×	×		
高硅铸铁 Si-15	≥40 <40	≤沸 <70	50~100	<120	(<30)	(30)	(34)	(100)	耐	耐	潮湿	100	耐	耐	(25)	(沸)
碳钢	×	×	70~100 (80~100)	20 (70)	×	×	≤35 ≥70 100	120 260 480	80	200	×	×				(70)
18-8型不锈钢	<50 (60~80) 95	沸 (沸) 40	80~100 (<10)	<40 (<40)	×	×	≤70 (熔体)	100 (320)	(饱)	250	100				溶液 与 气体	100
铝	(80~95) >95	(30) 60	×	×	×	×	×	×	10	20	100				气	300
铜	×	×	<50 (80~100)	60 (20)	(<27)	(55)	50	35	(10)	40	×	×			×	×
铅	×	×	<60 (<90)	<80 (90)	×	×	×	×	(浓)	(110)	干燥气	20			气	300
钛	任	沸	5	35	<10	<40	10	沸					耐	耐		

注：表中数据及文字为材料耐腐蚀的一般条件，其中，带括弧"（ ）"者为尚耐蚀；"×"为不耐蚀；"任"为任意浓度；"沸"为沸点温度；"饱"为饱和温度；熔体为熔融体。

（2）高温抗氧化性　过程设备经常在高温下工作，如加氢反应器、工业锅炉等。对这类设备而言，除了要求材料在高温下保持基本力学性能外，还要求材料具备一定的抗氧化性能。所谓高温抗氧化性是指材料在迅速氧化后，能在表面形成一层连续而致密并与母体结合牢固的膜，从而阻止进一步氧化的特性。

2.2.4 加工工艺性能

材料加工工艺性能的好坏，直接影响到制造的工艺方法、质量以及制造成本。所以，加工工艺性能是过程设备选材时必须考虑的因素之一。

（1）铸造性　铸造性是指浇注铸件时，材料能充满比较复杂的铸型并获得优质铸件的能力。

对金属材料而言，铸造性主要包括流动性、收缩率、偏析倾向等指标。流动性好、收缩率小、偏析倾向小的材料其铸造性也好。常用金属材料中，灰铸铁和锡青铜的铸造性能较好。

（2）可锻性　可锻性是指材料是否易于进行压力加工的性能。材料可锻性的好坏主要由它的塑性和变形能力衡量。一般来说，低碳钢的可锻性比中碳钢和高碳钢好；碳素钢比合金钢的可锻性好，而一般铸铁则不能进行任何压力加工。

（3）焊接性　焊接性是指材料是否易于焊接在一起并能保证焊缝质量的性能，常用焊接处出现各种缺陷的倾向来衡量。焊接性主要取决于材料的化学成分。低碳钢具有优良的焊接性能，而铸铁的焊接性则很差。某些工程塑料也有良好的焊接性，但其焊接设备及工艺方法与金属大不相同。

（4）切削加工性　切削加工性是指材料是否易于切削加工的性能。它与材料种类、成分、硬度、韧性、导热性及内部组织状态等许多因素有关。有利于切削的硬度范围为 $160 \sim 230\text{HBS}$；切削加工性好的材料，切削容易，刀具磨损小，加工表面光洁。灰铸铁和碳素钢都具有较好的切削加工性能。

2.3　过程设备常用材料

过程设备的材料种类非常广泛，包括钢、铸铁、有色金属及其合金以及非金属材料等。其中，钢和铸铁是工程中应用最广泛、最重要的金属材料，它们是由95％以上的铁和 $0.05\% \sim 4.3\%$ 的碳及1％左右的杂质元素所组成的合金，又称"铁碳合金"。

在铁碳合金中，含碳量在 $0.0218\% \sim 2.11\%$ 者称为钢，大于2.11％者则为铸铁。当含碳量小于0.0218％时，称工业纯铁，由于强度很低，故极少作为结构材料使用；而含碳量大于4.3％的铸铁极脆，没有实际应用价值。

钢又按其化学成分不同可分为碳素钢和合金钢。

2.3.1　铁碳合金的组织结构

在金相显微镜下看到的金属的晶粒，简称组织，如图2-7所示；而在电子显微镜下观察到的金属原子的各种规则排列，则称为金属的晶体结构，简称结构。

纯铁在不同温度下具有两种不同的晶格结构，即面心立方晶格与体心立方晶格，如图2-8所示。体心立方晶格的纯铁称 $\alpha\text{-Fe}$，面心立方晶格的纯铁称为 $\gamma\text{-Fe}$。$\alpha\text{-Fe}$ 的塑性要好于 $\gamma\text{-Fe}$，而 $\gamma\text{-Fe}$ 的强度要高于 $\alpha\text{-Fe}$。$\alpha\text{-Fe}$ 经加热可转变为 $\gamma\text{-Fe}$，反之高温下的 $\gamma\text{-Fe}$ 冷却可转变为 $\alpha\text{-Fe}$。

碳对铁碳合金性能的影响很大，铁中加入少量的碳，强度显著增加。这是由于碳引起了铁内部组织的变化，从而引起碳钢的力学性能的相应改变。碳在铁中的存在形式有固溶体（组成合金的元素互相溶解，形成一种与某一元素的晶体结构相同，并包含有其他元素的合金固相，称为固溶体）、化合物和混合物。这三种不同的存在形式，形成了不同的基本组织。

图 2-7　金属的显微组织

（1）铁素体　碳溶解在 $\alpha\text{-Fe}$ 中形成的间隙固溶体叫作铁素体。铁素体中碳溶解的能力极低，最大溶解度在727℃时，为0.0218％；室温时只能溶解0.0008％的碳。所以铁素体强度和硬度低，但塑性和韧性很好。低碳钢是含铁素体的钢，具有软而韧的性能。

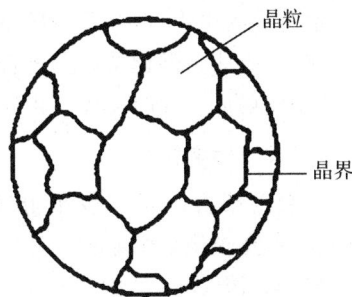

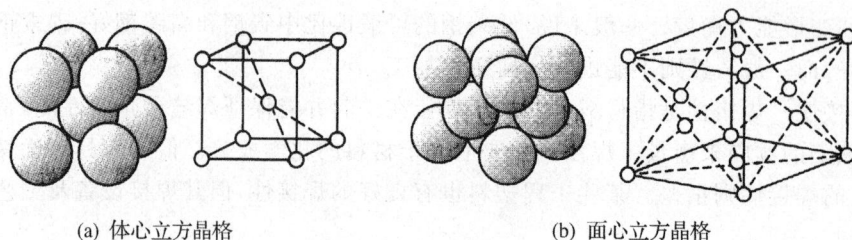

(a) 体心立方晶格　　　　　　　　　　　(b) 面心立方晶格

图 2-8　纯铁的晶体结构

（2）奥氏体　碳溶解在 γ-Fe 中形成的间隙固溶体叫作奥氏体。由于 γ-Fe 原子间隙较大，故碳在 γ-Fe 中的溶解度比在 α-Fe 中大得多。如在 727℃时可溶解 0.77％，在 1148℃时可达最大值 2.11％。由于奥氏体有较大的溶解度，所以塑性、韧性较好，且没有磁性。

（3）渗碳体　铁和碳以化合物形态出现的碳化铁，称为渗碳体。其中铁原子与碳原子之比为 3∶1，即 Fe_3C。其含碳量高达 6.67％。渗碳体的硬度很高，为 800HB，塑性、韧性很差，几乎等于零，所以渗碳体的性能特点是硬而脆。

渗碳体是一个亚稳定化合物，它在一定条件下可以分解为铁和碳，其中碳以石墨状态出现：$Fe_3C \rightarrow 3Fe + C$（石墨）。

铁碳合金中，当碳的含量小于 2.11％时，其组织是在铁素体中散布着渗碳体，这就是碳素钢；当碳的含量大于 2.11％时，部分碳就以石墨形式存在于铁碳合金中，这就是铸铁。石墨本身性软，强度低。从强度观点分析，分布在铸铁中的石墨，相当于在合金中挖了许多孔洞，因而铸铁的抗拉强度和塑性都比钢低。但石墨的存在，并不削弱抗压强度，并且使铸铁具有一定的消振能力。

（4）珠光体　珠光体是铁素体和渗碳体的机械混合物。碳素钢中珠光体组织的平均含碳量约为 0.8％。它的力学性能介于铁素体和渗碳体之间，即其强度、硬度比铁素体显著提高，塑性、韧性比铁素体差，但比渗碳体要高得多。

（5）莱氏体　莱氏体是珠光体和初次渗碳体的共晶混合物。莱氏体具有较高的硬度，是一种较粗而硬的组织，存在于高碳钢和白口铁中。

（6）马氏体　是钢从高温奥氏体状态急冷（淬火）生成的一种组织。具有很高的硬度，但很脆，延展性很低。同时马氏体由于过饱和，所以不稳定，加热后容易分解或转变为其他组织。

2.3.2　碳素钢

碳素钢按含碳量多少可分为低碳钢（含碳量≤0.25％）、中碳钢（含碳量为 0.25％～0.60％）和高碳钢（含碳量＞0.60％）三大类。除碳以外，碳素钢中还含有少量的硫（S）、磷（P）、硅（Si）、氧（O）、氮（N）等，这些元素并非是为改善钢材质量有意加入的，而是由矿石及冶炼过程中带入的，故称为杂质元素。这些杂质元素对钢性能有一定影响，如磷可引起钢材塑性、冲击韧性的明显降低，尤其是在低温下，能使钢材显著变脆，发生"冷脆"现象；而硫能促进非金属夹杂物的形成，使塑性和韧性降低，产生"热脆"现象。因而，为保证钢材质量，必须严格控制各类钢中的杂质含量。并按钢中有害杂质硫、磷含量的多少，把碳素钢分为普通碳素钢、优质碳素钢和高级优质（专用）碳素钢。

（1）普通碳素钢　该类钢材的牌号以"Q＋数字＋字母 1＋字母 2"表示。其中，"Q"是钢材的屈服强度"屈"字的汉语拼音首字母；紧跟后面的"数字"是材料的屈服强度值；"字母 1"代表质量等级符号(A、B、C、D),表示钢中的杂质含量高低,C、D级的杂质含量最低,质量较好;"字母 Z"代表脱氧方法符号,F、b、Z、TZ 依次表示沸腾钢、半镇静钢、镇静钢及特殊镇静钢,后两种钢牌号中的脱氧方法符号可以省略。如 Q235B 表示屈服强度值为 235MPa 的镇静钢,质量等级为 B。

普通碳素钢有 Q195、Q215、Q235、Q255 及 Q275 五个钢种。其中,屈服强度为 235MPa 的 Q235 有良好的塑性、韧性和加工工艺性,且价格便宜,在过程设备中应用较为广泛。

(2)优质碳素钢 优质钢含硫、磷等有害杂质元素较少,其冶炼工艺严格,钢材组织均匀,表面质量高,同时保证钢材的化学成分和力学性能。

优质碳素钢的牌号仅用两位数字表示,钢号顺序为 08、10、15、20、25(以上为优质低碳钢)、30、35、40、45、50、55(以上为优质中碳钢)、60、65、70、80(优质高碳钢)。钢号数字表示钢中平均含碳量的万分之几。如 45 钢表示钢中含碳量平均为 0.45%(0.42%~0.50%)。其中的优质低碳钢强度较低,但塑性和焊接性能较好,常用于制造过程设备的接管、法兰等。

(3)高级优质(专用)碳素钢 在压力容器等制造行业,为提高产品质量,保证设备安全,经常选用压力容器专用钢板,如 Q245R。Q245R 是在 20 钢基础上发展起来的,但硫、磷等有害杂质元素的含量控制更加严格,一般要求其磷含量≤0.025%、硫含量≤0.010%,同时对钢板的表面质量和内部缺陷的要求也较高。

2.3.3 合金钢

合金钢是为了得到或改善某些性能,在碳素钢中添加适量的一种或多种合金元素所制成的钢。

(1)合金钢的分类与编号 合金钢的种类较多,通常按合金元素总含量高低分为低合金钢(合金元素含量<5%)、中合金钢(合金元素含量为 5%~10%)和高合金钢(合金元素含量>10%);按用途分为合金结构钢、合金工具钢和特殊性能钢等。这类钢的牌号一般由"数字+(元素符号+数字)+(元素符号+数字)+…"等几部分组成。前两位数字表示平均含碳量的万分之几,但不锈耐酸钢、耐热钢用千分数表示,平均含碳量<0.08%用"0"表示,平均含碳量<0.03%用"00"表示;合金元素以汉字或化学符号表示,合金元素后面的数字表示该元素的近似含量,单位是百分之几。如果合金元素平均质量分数低于 1.5%时,则不标明其含量;当平均质量分数大于或等于 1.5%~2.49%时,则在元素后面标"2",依此类推。如 35CrMo 表示这种钢的含碳量平均为万分之三十五(或 0.35%),含 Cr、Mo 在 1.5%以下。

(2)合金元素对钢性能的影响 目前在合金钢中常用的合金元素有:铬(Cr)、锰(Mn)、镍(Ni)、硅(Si)、铝(Al)、钼(Mo)、钒(V)、钛(Ti)和稀土元素(Re)等。

铬——合金钢中最重要的合金元素之一;在化学性能方面它不仅能提高金属耐腐蚀性能,也能提高抗氧化性能;当其含量达到 13%时,能使钢的耐腐蚀能力显著提高;铬还能提高钢的淬透性,显著提高钢的强度、硬度和耐磨性;但它使钢的塑性和韧性降低。

锰——可提高钢的强度,同时对提高低温冲击韧性也有好处。

镍——能提高淬透性,使钢具有很高的强度,而又保持良好的塑性和韧性;镍还能提高耐腐蚀性和低温冲击韧性;镍基合金具有更高的热强性能;镍被广泛应用于不锈钢和耐热钢中。

硅——可提高强度、高温疲劳强度、耐热性及耐 H_2S 等介质的腐蚀性;但硅含量增加会降低钢的塑性和冲击韧性。

铝——强脱氧剂;能显著细化晶粒,提高冲击韧性,降低冷脆性;铝还能提高钢的抗氧化性和耐热性,对抵抗 H_2S 介质腐蚀有良好作用;铝的价格比较便宜,所以在耐热合金钢中常用它来代替铬。

钼——能提高钢的高温强度、硬度、细化晶粒、防止回火脆性;含钼量小于 0.6% 时可提高钢的塑性;钼还能抗氢腐蚀。

钒——可提高钢的高温强度,细化晶粒,提高淬透性;铬钢中加入少量钒,在保持钢的强度不变的情况下,可改善钢的塑性。

钛——强脱氧剂;可提高强度,细化晶粒,提高韧性,减小铸锭缩孔和焊缝裂纹等倾向;在不锈钢中起稳定碳的作用,减少铬与碳化合的机会,防止晶间腐蚀,还可提高耐热性。

稀土元素——可提高强度,改善塑性、低温脆性、耐腐蚀性及焊接性能等。

(3)普通低合金高强度结构钢(简称低合金钢) 低合金钢是一种低碳低合金钢(碳含量通常小于 0.25%,合金元素总量一般不超过 3%),具有优良的综合力学性能,其强度、韧性、耐腐蚀性、低温和高温性能等均优于相同含碳量的碳素钢。采用低合金钢,不仅可以减薄锅炉、压力容器和压力管道等工程构件的壁厚,减轻重量,节约钢材,而且能解决大型设备在制造、检验、运输、安装中因壁厚太厚所带来的各种困难。

16Mn 是较低级别低合金钢中最具代表性的钢种,它属于 350MPa 强度级,是二十世纪三十年代发展起来的世界第一种低合金高强度钢,也是目前我国产销量最大的一种低合金高强度钢。

(4)特殊行业专用钢 这类钢是指某些用于特殊用途的钢种,如锅炉和压力容器用钢板(执行标准 GB 713《锅炉和压力容器用钢板》)和高压无缝钢管等。它们的编号方法是在普通钢号后面分别加注 R(R 读音为容)和 G(G 读音为高)等,如 Q345R 和 20G 等。这类钢质地均匀、杂质含量低,在力学性能方面能满足某些特殊要求。

在锅炉和压力容器制造行业,常用的低合金钢有:容器专用钢板 Q245R、Q345R、15CrMoR、16MnDR、15MnNiDR、09MnNiDR;钢管 16Mn、09MnD;锻件 16Mn、20MnMo、16MnD、09MnNiD、12Cr1MoV。这里"D"表示低温用钢。

a. Q345R 是屈服强度为 345MPa 的压力容器专用钢板,也是中国压力容器行业使用量最大的钢板,它具有良好的综合力学性能和加工工艺性能,主要用于制造中、低压容器和多层高压容器。

b. 16MnDR 是一种制造 −40℃ 低温压力容器的专用钢板。

(5)不锈钢 不锈钢是不锈耐酸钢的简称,指在自然环境(空气、蒸汽和水)或一定工业介质(酸、碱、盐等)中具有高度化学稳定性、抵抗腐蚀的一类钢。有时,仅把能够抵抗大气腐蚀的钢称不锈钢,而在某些侵蚀性强烈的介质中抵抗腐蚀的钢称耐酸钢。

不锈钢种类繁多,性能各异,通常按钢的金相组织分为铁素体不锈钢、奥氏体不锈钢、奥氏体—铁素体双相不锈钢和马氏体不锈钢等。

a. 马氏体不锈钢 其含碳量为 0.1%～0.45%,含 Cr 量为 12%～14%,属于铬不锈钢,通常指 Cr13 型不锈钢。典型钢号有 1Cr13、2Cr13、3Cr13、4Cr13 等。这类钢具有良好的力学性能,但其耐蚀性、塑性及焊接性能稍差,一般用来制作既能承受载荷又需要耐蚀性的各种阀、机泵等零部件以及一些不锈工具等。

b. 铁素体不锈钢 也是以铬为主要合金元素,一般含碳量≤0.15%,含 Cr 量在 12%～30%,同样属于铬不锈钢。典型钢号有 0Cr13、1Cr17、1Cr17Ti、1Cr28 等。由于含碳量相应地降低,含 Cr 量又相应地提高,钢从室温加热到高温(960～1100℃),其显微组织始终是单相铁素体组织。其耐蚀性、塑性、焊接性均优于马氏体不锈钢,特别是对硝酸、磷酸有较高的耐蚀性,但强度比马氏体不锈钢低。

c. 奥氏体不锈钢　在含 Cr 量为 18% 的钢中加入 8%～11%(质量分数)的 Ni 就可得到奥氏体不锈钢,典型钢号为 0Cr18Ni9(S30408),常以其 Cr、Ni 平均含量"18-8"来标志这种奥氏体钢的代号。将这类钢加热至 1100～1150℃,并在水中淬火后,常温下能得到单一的奥氏体组织,钢中的 C、Cr、Ni 全部固溶于奥氏体晶格中。经这种热处理(又称固溶处理)后的奥氏体 18-8 不锈钢具有较高的抗拉强度、较低的屈服强度、极好的塑性、韧性和耐腐蚀性,它的冷热加工性和焊接性也很好,是目前应用最多的一类不锈钢,广泛用于制造压力容器、压力管道等。

然而,18-8 型不锈钢容易发生晶间腐蚀:当这类钢被加热到 400～800℃ 温度范围内,或自高温缓慢冷却(如焊接)时,碳元素会从过饱和的奥氏体中以 $Cr_{23}C_6$ 的形式沿晶界析出,使奥氏体晶界附近的有效 Cr 的含量降低至不锈钢耐腐蚀所必需的最低含量(11.7%)以下,从而使腐蚀集中在晶界附近的贫铬区。这种沿晶界附近产生的腐蚀现象,称为晶间腐蚀。在钢中加入与碳亲和力比 Cr 更强的 Ti、Nb 等元素或进一步降低钢中的碳含量,可防止晶间腐蚀并大大提高其耐蚀性,如 0Cr18Ni10Ti(S32168)、00Cr19Ni10(S30403)等。

d. 双相不锈钢　在奥氏体不锈钢基础上提高铁素体形成元素 Cr、Mo、Si、Nb 等含量,降低奥氏体形成元素 Ni、C、Mn、N 的含量,就可得到铁素体－奥氏体双相组织,它兼有铁素体钢和奥氏体钢的性能特点。双相不锈钢不仅克服了奥氏体不锈钢耐应力腐蚀能力差的缺点,而且还显著提高了抗晶间腐蚀和孔蚀性能,适用于制造介质中含氯离子的设备。022Cr19Ni5Mo3Si2N(S21953)、022Cr22Ni5Mo3N(S22253)、022Cr23Ni5Mo3N(S22053)等都属于双相不锈钢。

(6)耐热钢和高温合金　在原油加氢、裂解、催化设备中,常需要能耐高温的钢材。例如,裂解炉管工作时要求能承受 650～800℃ 左右的高温。而碳素钢在 350℃ 以上就会产生显著的蠕变,使机械强度大大下降;当温度达到 570℃ 以上时又会产生显著的氧化,并层层剥落。因此,从强度和抗氧化腐蚀两方面来考虑,普通碳素钢大多只能用于 400℃ 以下的温度。当使用温度更高时,必须选用其他更耐热的钢种——耐热钢或高温合金。

耐热钢是指在高温下具有较高的强度和良好的化学稳定性的合金钢。过程设备上常用的耐热钢,按耐热要求的不同,可分为抗氧化钢与热强钢。

抗氧化钢——主要能抗高温氧化,但强度并不高。常用作直接受火但受力不大的零部件,如炉用零件和热交换器等。常用的如 Cr17Al4Si、Cr18Ni25Si2、3Cr18Mn12Si2N 等。

热强钢——高温下有较好的抗氧化性和耐腐蚀能力,且有较高的强度。常用作高温下受力的零部件,如炉管、反应器等。常用的有 15CrMoR、14Cr1MoR、12Cr2Mo1R、12Cr1MoVR 等钢板。

但一般耐热钢的工作温度都在 700℃ 以下。如果工作温度在 700～1000℃ 范围内,耐热钢就不能胜任,必须采用高温合金。

高温合金有三个主要类型:铁基合金、镍基合金、钴基合金。铁基耐热合金的工作温度在 700℃ 以下,含有相当高的 Cr、Ni 成分和其他强化元素。镍基耐热合金是目前在 700～900℃ 范围内使用最广泛的一种高温合金,其含 Ni 量通常在 50% 以上。钴基耐热合金的高温强度主要靠固溶强化获得,但钴价格昂贵,一般在 1000℃ 以上才用。

2.3.4 钢材的品种及形状

钢材的品种有钢板、钢管、型钢、锻件、铸件等。

(1)钢板 分薄钢板和厚钢板两大类。薄钢板厚度有 0.2～4mm 的冷轧与热轧两种；厚钢板大多为热轧。压力容器主要用热轧厚钢板制造，如圆筒体一般由钢板卷焊而成，封头则由钢板通过冲压或旋压制成。

(2)钢管 分无缝钢管和有缝钢管两大类。无缝钢管有冷轧与热轧，冷轧无缝钢管外径和壁厚的尺寸精度均较热轧管为高。压力容器的接管、换热管等常用无缝钢管制造。它们通过焊接与容器壳体、法兰等连接在一起。普通无缝钢管常用材料有 10、15、20 钢等。另外还有专门用途的无缝钢管，例如热交换器用钢管、化肥高压无缝钢管、石油裂化用无缝钢管和锅炉用无缝钢管等。

(3)型钢 主要有圆钢、方钢、扁钢、角钢(等边与不等边)、工字钢和槽钢等。

(4)锻件 过程设备用锻件一般采用 20、16Mn 和 0Cr18Ni9(S30408)等材料，用以制作管板、法兰、平盖等受压元件。

(5)铸件 分铸钢和铸铁两种，其中铸钢主要用以制造各种承受重载荷的复杂零部件。

2.3.5 铸铁

工业上常用的铸铁，其含碳量在 2.11% 以上，并含有 Si、Mn 等元素以及 S、P 等杂质。铸铁是脆性材料，抗拉强度较低，但具有良好的铸造性、耐磨性、减振性及切削加工性。在一些介质(如浓硫酸、醋酸、盐溶液、有机溶剂等)中具有相当好的耐腐蚀性能。铸铁生产成本低廉，因此在工业中得到普遍应用。

常用的铸铁有：①灰铸铁，其牌号用"HT"和抗拉强度值表示，如 HT150 即表示抗拉强度为 150MPa 的灰铸铁。它可用于制造承受压应力及要求消振、耐磨的零件。②球墨铸铁，其牌号用 QT、抗拉强度和断后伸长率表示，如 QT400-18，其中的 400 表示抗拉强度等于 400MPa，18 表示断后伸长率 A 为 18%。球墨铸铁在强度、塑性和韧性方面大大超过灰铸铁，甚至接近钢材，常用来制造压缩机的曲轴等形状复杂的零件。③高硅铸铁，它是特殊性能铸铁中的一种，是往灰铸铁或球墨铸铁中加入一定量的合金元素硅等熔炼而成的。具有优良的耐腐蚀性能，故在过程设备中应用较广，常用于制作各种耐酸泵、冷却排管和热交换器等。

2.3.6 有色金属及合金

在金属材料领域，常把钢铁材料称为黑色金属，而把其他的金属材料统称为有色金属。

相对于黑色金属，有色金属有许多优良的特性，因而是现代工业中不可缺少的材料，在国民经济中占有十分重要的地位。例如，铝、镁、钛等具有相对密度小、比强度高的特点，广泛应用于航空、航天、汽车、船舶等行业；铜有优良的导电性和低温韧性；铅能防辐射、耐稀硫酸等多种介质的腐蚀等等。

常用有色金属及合金的代号列于表 2-2。

表 2-2 常用有色金属及合金的代号

名称	铜	黄铜	青铜	铝	铅	钛	镍
汉语拼音代号	T	H	Q	L	Pb	Ti	Ni

(1)铜及铜合金 纯铜呈紫红色，所以又称紫铜。纯铜的密度为 $8.9g/cm^3$，其熔点为 1083℃。工业纯铜根据杂质含量的多少，可分为四种：T1、T2、T3、T4，编号越大，纯度越低。

铜(包括铜合金)具有很高的导热性、导电性和塑性。特别是在低温下能保持较高的塑性及冲击韧性,因而是制造深冷设备的良好材料。铜在大气、水及中性盐、苛性碱中都相当稳定;同时铜耐稀硫酸、亚硫酸、稀的和中等浓度的盐酸、乙酸、氢氟酸及其他非氧化性酸等介质的腐蚀。但铜不耐各种浓度的硝酸、氨和铵盐溶液。但纯铜的强度较低,尽管通过冷热变形加工可使其强度提高,但塑性却急剧地下降,因此,不适于用作结构材料,较多地用作深冷设备和高压设备的垫片。为满足制作结构件的需要,需对纯铜进行合金化,加入一些如 Zn、Al、Sn、Mn、Ni 等适宜的合金元素。

铜与锌组成的合金叫黄铜。黄铜铸造性能好,机械强度比纯铜高,价格便宜,耐腐蚀性也高于纯铜,但在中性、弱酸性介质中,因锌易溶解而被腐蚀。

工业上常用的黄铜有 H62、H68、H80(H 后的数字代表铜的平均百分含量)等。H68、H80 的塑性好,可在常温下冲压成形用作容器的零件;H62 在室温下塑性较差,机械强度较高,价格低廉,可用作深冷设备的筒体、管板、法兰及螺母等。

铜与镍组成的合金称为白铜。它是工业铜合金中耐腐蚀性能最优者,抗冲击腐蚀、应力腐蚀性能也好,是海水冷凝管的理想材料。

除黄铜、白铜外,其余的铜合金统称为青铜。其中,铜与锡的合金称为锡青铜;铜与铝、硅、铅、铍、锰等组成的合金称为无锡青铜。锡青铜是我国历史上使用最早的有色合金,也是最常用的有色合金之一;其在大气、海水和无机盐类溶液中有极好耐蚀性,同时还具有较高的耐磨性,广泛用于制造蒸汽锅炉、海船的零部件,还常用来制造轴承、轴瓦等耐磨零件。

(2)铝及铝合金　纯铝是一种银白色的轻金属,它的密度约为钢的三分之一(2.72 g/cm^3),质量轻,比强度高;具有良好的导电、导热性;纯铝在低温下,甚至在超低温下都具有良好的塑性和韧性;同时,纯铝的加工工艺性能也较好,易于铸造和切削,也可承受压力加工。

纯铝在氧化性介质中,其表面会形成一层 Al_2O_3 保护膜。因此,在干燥或潮湿的大气中,在氧化剂的盐溶液中,在耐浓硝酸以及干氯化氢、氨气介质中,都是耐腐蚀的。但含有卤素离子的盐类、氢氟酸以及碱溶液都会破坏铝表面的氧化膜,所以纯铝不宜在这些介质中使用。

工业纯铝的强度虽可经过加工硬化予以提高,但终因强度和硬度都较低,难以作为工程结构材料使用。但在铝中加入适量的合金元素,即可配制成各种成分的铝合金,并通过冷变形加工或热处理提高其力学性能。

铝合金种类很多,根据生产方法的不同可将其分为变形铝合金和铸造铝合金两大类。变形铝合金包括防锈铝合金、硬铝合金、超硬铝合金和锻铝合金。

防锈铝为铝和锰、镁的合金,以代号"LF"表示,常用的牌号有 LF2、LF3、LF4、LF21 等;它耐腐蚀性能好,有足够的塑性,强度比纯铝高得多,常用来制作与液体接触的零件和深冷设备中液气吸附过滤器、分离塔等。

(3)铅　铅是重金属,密度为 11.35 g/cm^3,硬度低、强度小,不宜单独作为设备结构材料,只适于用作设备的衬里。铅在许多介质,特别是硫酸(80%的热硫酸及 92%的冷硫酸)中具有很高的耐蚀性。所以化工上主要用于制作处理硫酸的设备。但铅有毒且价格较贵,因而实际应用较少。

(4)钛和钛合金　钛的密度小(4.51g/cm^3),比钢轻 43%,但钛的强度比铁高 1 倍、比纯铝几乎高 5 倍,相当于 20R 的强度。这种高强度与低密度的结合,再加上其耐蚀性能强、低温性能好、黏附力小等优点,使钛在现代工业尤其是航空、航天中占有极其重要的地位。

按杂质含量多少,将工业纯钛分成四级:TA0、TA1、TA2、TA3。牌号顺序增大,强度升高,但杂质含量增多,其塑性也同步降低。防腐蚀工程中主要采用 TA2,工业纯钛的牌号如不注明,一般常指 TA2。

在钛中添加锰、铝或铬、钒等金属元素,能获得性能优异的钛合金,如钛钯合金、钛镍钼合金等。钛还是一种很好的耐热材料。但钛及其合金的焊接性能较差,价格比较昂贵。

(5)镍和镍合金 镍是稀有贵重金属,密度为 8.902 g/cm³,具有较高的强度和塑性、良好的延展性和可锻性;其熔点较高,有较好的抗高温氧化性能。同时,镍在强腐蚀介质中比不锈钢有更好的耐腐蚀性,比耐热钢有更好的抗高温强度,最高使用温度可达 900℃,故镍主要应用在制碱工业,用于制造处理碱介质的过程设备。

在镍合金中,以牌号为 NiCu28-2.5-1.5(系镍铜合金)的蒙乃尔(Monel)合金应用最广。蒙乃尔合金能在 500℃时保持高的力学性能,能在 750℃以下抗氧化,在非氧化性酸、盐和有机溶液中比纯镍、纯铜更具耐蚀性。

2.3.7 非金属材料

非金属具有一些金属所不具备的性能和特点,如耐腐蚀、绝缘、消声、质轻、加工成形容易、生产率高、成本低等,所以非金属材料在工业中的应用日益广泛。例如,高分子材料常常取代金属材料用作化工管道、盐业泵零件、汽车结构件等;而古老的陶瓷材料也突破了传统的应用范围,成为高温结构材料和功能材料的重要组成部分。

非金属材料在过程设备上也有广阔的应用前景,它既可以单独用作结构材料,也可用作金属材料的保护衬里或涂层,还可以用作设备的密封材料、保温材料和耐火材料等。

非金属材料分无机非金属材料、高分子材料和复合材料三大类。

(1)无机非金属材料 无机非金属材料包括陶瓷、搪瓷、耐火材料、玻璃等,其主要原料是硅酸盐矿物,又称硅酸盐材料。

a. 化工陶瓷 其主要原料是黏土、瘠性材料和助熔剂,用水混合后经过干燥和高温焙烧,形成表面光滑、断面像细密石质的材料。化工陶瓷具有良好的耐腐蚀性能、足够的不透性、充分的耐热性和一定的机械强度。但陶瓷性脆易裂,导热性差。

在化工生产中,化工陶瓷设备与管道的应用越来越多。化工陶瓷产品有塔、贮槽、容器、泵、阀门、旋塞、反应器、搅拌器和管道、管件等。

b. 化工搪瓷(又称搪玻璃) 搪玻璃设备是将以二氧化硅为主体加上其他多种元素制成的玻璃质瓷釉,经 920~960℃多次高温烧结,使瓷釉牢固地密着于金属铁胎表面而制成。因此它既具有类似玻璃的化学稳定性,又具有金属强度的双重优点,是一种优良的耐腐蚀设备。广泛地应用于化工、石油、冶金、医药等工业生产和科学研究中的反应、蒸发、浓缩、合成聚合、皂化、磺化、氯化、硝化、换热、分离、计量、贮存等,以代替不锈钢和有色金属设备。它同时还有不黏、绝缘、隔离性好和保鲜性等优点;使用温度为 -30~270℃。

目前我国生产的搪玻璃设备有反应釜、贮罐、换热器、蒸发器、塔和阀门等。

c. 玻璃 耐蚀性好,除氢氟酸和盐酸、碱液等介质外,对大多数酸类、稀碱液和有机溶剂等都耐腐蚀,而且表面光滑,流动阻力小,容易清洗,质地透明,便于检查内部情况,价廉等。但质脆,耐温度急变性差,不耐冲击和振动。

在石油、化工等生产上,常用的有硼-硅酸玻璃(耐热玻璃)和石英玻璃,主要用来制造管道、离心泵、热交换器、精馏塔等设备,还是承压设备视镜的主要材料。

(2)高分子材料 高分子材料按材料来源可分为天然高分子材料(蛋白、淀粉、纤维素等)和人工合成高分子材料(合成塑料、合成橡胶、合成纤维);按性能及用途可分为塑料、橡胶、纤维、胶黏剂、涂料等。

a. 塑料　塑料是在玻璃态下使用、具有可塑性的高分子材料。按应用领域可分为通用塑料、工程塑料和特种塑料;按成型工艺性能可分为热固性塑料和热塑性塑料两大类。

通常,塑料具有密度小、比强度大、电绝缘性好、耐蚀性好和易加工变形等优点;但也具有不耐高温、强度差、易变形、热膨胀系数大、导热差、易老化等缺点。它可作为结构材料、耐蚀衬里材料、绝缘材料等使用;亦可制作多种型材(如管、板、棒、膜)以及各类制品(如泵、阀、塔、槽、机械零部件)。

常用的塑料有硬聚氯乙烯、聚乙烯、耐酸酚醛塑料、聚四氟乙烯塑料等。

硬聚氯乙烯(PVC)塑料　PVC 塑料有良好的耐腐蚀性能,能耐稀硝酸、稀硫酸、盐酸、碱、盐等腐蚀;并具有一定的强度,加工成型方便,焊接性能好,等等;但导热系数小,冲击韧性低,耐热性较差是它的缺点。使用温度为 -15～60℃;当温度在 60～90℃ 时,强度显著下降。

PVC 塑料可用来制作塔、贮槽、排气管、离心泵、管道及阀门等各种过程设备。

聚乙烯(PE)塑料　它是以乙烯为单体聚合制得的高分子聚合物。有优良的电绝缘性、防水性、化学稳定性。在室温下,除硝酸外,对各种酸、碱、盐溶液均稳定,对氢氟酸特别稳定。

PE 塑料可作管道、管件、阀门、泵等;也可以作设备衬里,还可涂在金属表面用作防腐涂层。

耐酸酚醛(PF)塑料　它是以酚醛树脂为基体,加入填料(如石棉、石墨、玻璃纤维等)及助剂制成的一种热固性塑料。PF 塑料制品在常温下具有优良的尺寸稳定性,承载时变形较小,耐热性好,一般可在 150℃ 以下长期使用,有较高的机械强度,耐腐蚀性能好。可用于制作防腐蚀管道、阀门、泵、塔、贮槽、搅拌釜等,也可用作设备衬里。目前在氯碱、染料、农药等工业中应用较多。但这种塑料性质较脆,冲击韧性低。

聚四氟乙烯(PTFE)塑料　属于氟塑料中的一种,具有很好的耐高、低温性能,优异的耐腐蚀性能。聚四氟乙烯几乎不受任何化学药品的腐蚀,它的化学稳定性超过了玻璃、陶瓷、不锈钢,甚至金、铂等贵金属,能耐强腐蚀性介质(硝酸、浓硫酸、王水、盐酸、苛性碱等)腐蚀,有"塑料王"之称。可在 -100～250℃ 范围内长期使用。聚四氟乙烯塑料常用作耐腐蚀、耐高温的密封元件和管道等。由于聚四氟乙烯有良好的自润滑性,还可用作无油润滑的活塞环。

b. 橡胶　按原料来源可分为天然橡胶和合成橡胶两大类;按应用范围又可分为通用橡胶和特种橡胶。它是一种有机高分子材料,在很宽的温度范围内具有高弹性,在较小的应力作用下就能产生较大的弹性变形(200%～1000%);有较好的抗撕裂、耐疲劳特性,在使用中经多次弯曲、拉伸、剪切和压缩不受损伤;具有不透水、不透气、耐酸碱和绝缘等特性,广泛用作密封、防腐蚀、防渗漏、减振、耐磨、绝缘以及安全防护等过程机械材料。

c. 涂料　涂料就是通常所说的油漆,是一种有机高分子胶体的混合溶液,涂在物体表面能干结成膜。涂料主要有三大基本功能:一是保护功能,起着避免外力碰伤、摩擦,防止腐蚀的作用;二是装饰功能,起着使制品表面光亮美观的作用;三是特殊功能,可作为标志使用,如管道、气瓶和交通标志牌等。

涂料是由黏结剂、颜料、溶剂和其他辅助材料组成。其中,黏结剂是主要的成膜物质,由油脂、天然或合成树脂制成,它决定了膜与基体层黏接的牢固程度;颜料也是涂膜的组成部分,它不仅使涂料着色,而且能提高涂膜的强度、耐磨性、耐久性和防锈能力;溶剂是涂料的稀释剂,其作用是稀释涂料,以便于施工,干结后挥发;辅助材料通常有催干剂、增塑剂、固化剂和稳定剂等。

在过程设备领域,涂料的主要功能是保护材料的内外表面,防止介质的腐蚀。常用的防腐涂料有带锈涂料、油基防锈涂料、酚醛树脂涂料、环氧树脂涂料、聚氨酯涂料、呋喃树脂涂料等以及某些塑料涂料,如聚乙烯涂料、聚氟乙烯涂料等。

大多数情况下,防腐涂料主要用于涂刷设备、管道的外表面,有时也用于设备内壁的防腐涂层。

d. 不透性石墨　是由各种树脂浸渍石墨消除孔隙而得到的。它具有较高的化学稳定性和良好的导热性,热膨胀系数小,耐温度急变性好;不污染介质,能保证产品纯度;加工性能良好和相对密度小。其缺点是机械强度较低,性脆。

由于不透性石墨的耐腐蚀性优良,导热性好,因而常用于制作腐蚀性强的介质的换热器、反应釜、填料塔、吸收塔、冷却塔、过滤器等。

(3)复合材料　由于多数金属材料不耐腐蚀,无机非金属材料脆性大,高分子材料又不耐高温,为此把上述两种或两种以上的不同材料组合起来,使之取长补短、相得益彰就构成了复合材料。复合材料由基体材料和增强材料复合而成,基体材料有金属、塑料、陶瓷等,增强材料有各种纤维和无机化合物颗粒等。

按基体材料不同可分为金属基复合材料、高分子基复合材料和陶瓷基复合材料三类。目前,在过程设备上最常用的复合材料是玻璃钢、碳纤维-金属复合材料等。

a. 玻璃钢　玻璃纤维增强的塑料习惯称作"玻璃钢"。它是用合成树脂为黏结剂,以玻璃纤维为增强材料,按一定成型方法制成。玻璃钢是一种新型的非金属防腐蚀材料,具有优良的耐腐蚀性能、较高的强度和良好的加工工艺性能等优点,在生产中应用日益广泛。

根据所用树脂的不同,玻璃钢性能差异很大。目前应用在化工防腐蚀方面的有:环氧玻璃钢、酚醛玻璃钢(耐酸性好)、呋喃玻璃钢(耐腐蚀性好)、聚酯玻璃钢(施工方便)等。

玻璃钢可用作容器、贮槽、塔、鼓风机、槽车、搅拌设备、泵、管道、阀门等多种设备或管件。

b. 碳纤维-金属复合材料　碳纤维是有机纤维在惰性气体中,经高温碳化而制成的。其相对密度小,弹性模量高,高、低温性能好,在2500℃以上的惰性气体中强度仍保持不变。

碳纤维-金属复合材料是由高强度、高模量的碳纤维与具有较高韧性及低屈服强度的金属组成的。该类材料具有低密度、高强度、高耐热性,同时冲击韧性好等优点,是理想的航空航天用结构材料,目前已开始用于制作车载气瓶等。

2.4　金属的热处理

2.4.1　热处理的作用

金属热处理是将固态金属或合金在一定介质中加热、保温和冷却,以改变其整体或表面组织,从而获得所需性能的一种工艺过程。通过热处理,材料的内部组织结构会发生变化,性能也随之改变,因而是改善金属材料力学性能和加工工艺性能非常重要的一种工艺方法。

热处理工艺不仅应用于钢材,亦广泛应用于其他金属材料。

2.4.2　热处理三要素

热处理工艺中有三大基本要素:加热、保温和冷却。其中加热是第一道工序,不同的材料,其加热工艺和加热温度是不相同的;保温的目的是要保证工件烧透,同时防止脱碳、氧化等,保温时间与加热介质、工件尺寸和材料本身密切有关;冷却是热处理的最终工序,也是热处理最重要的工序,材料在不同冷却速度下可以转变为不同的组织。

图 2-9 所示为金属材料的热处理工艺曲线。

2.4.3　常用热处理的方法

根据加热与冷却方式的不同,钢材热处理工艺一般可分为退火与正火、淬火与回火、表面淬火和化学热处理等。

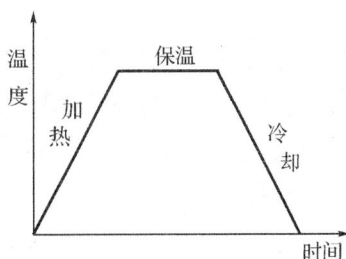

图 2-9　热处理工艺曲线

(1)退火与正火　退火是把工件加热到临界转变温度以上 20～30℃,保温一段时间,随炉一起缓慢冷却下来的一种热处理工艺。退火的目的在于调整金相组织,细化晶粒,促进组织均匀化,改善力学性能;同时降低硬度,提高塑性,便于冷加工;消除部分内应力,防止工件变形。

而正火是将加热后的工件从炉中取出置于空气中冷却下来,它的冷却速度要比退火快一些,因而晶粒细化,韧性提高,可作为预备热处理,也可作为最终热处理工艺。铸件、锻件在切削加工前一般要进行退火或正火处理。

(2)淬火与回火　淬火是将工件加热至淬火温度(临界转变温度以上 30～50℃),并保温一定时间,然后投入淬火剂中冷却以得到马氏体组织的一种热处理工艺。为了保证良好的淬火效果,针对不同的钢种,可选择的淬火剂有空气、油、水和盐水,其冷却能力按上述顺序递增。碳素钢一般在水和盐水中淬火;合金钢导热性比碳素钢差,为防止产生过高应力,一般在油中淬火。淬火可以增加工件的硬度、强度和耐磨性。

回火一般是紧接淬火以后的一道必需的工艺。它是把经过淬火的工件加热到临界转变温度以下的某一温度,保温后再冷却到室温的一种热处理工艺。

淬火后的工件处于较高的内应力状态,不能直接使用,必须及时回火,否则会有断裂的危险。淬火后回火的目的在于:降低或消除内应力,防止工件开裂和变形;减少或消除残留奥氏体,稳定工件尺寸;调整工件的内部组织和性能,满足工件的使用要求。

根据加热温度的高低,回火通常可分为低温回火(150～250℃)、中温回火(350～500℃)和高温回火(500～650℃)。其中,淬火加高温回火的工艺又称调质处理,它使工件具有韧性、强度配合良好的综合力学性能,因而广泛地应用于各种重要的零件;同时含碳量在 0.3%～0.5%之间的钢材,也可以通过调质处理以改善其力学性能,通常将这类钢材称为调质钢。

(3)表面淬火　表面淬火是为了提高零件表层硬度和耐磨性而进行的一种热处理工艺。它是将工件表面快速加热到淬火温度,然而迅速冷却,仅使表层获得淬火组织,而芯部仍保持淬火前组织的热处理工艺。

(4)化学热处理　将工件放在某种化学介质中,通过加热、保温、冷却等过程,使介质中的某种元素渗入工件表面,以改变表面层的化学成分和组织结构,从而使工件表面具有某些性能的处理过程称化学热处理。按表面渗入元素的不同,化学热处理可分为渗碳、渗氮、碳氮共渗、渗铬、渗硅、渗铝等。其中,渗碳或碳氮共渗可提高工件的耐磨性;渗铝可提高耐热抗氧化性;渗氮、渗铬可显著提高耐腐蚀性;渗硅可以提高耐腐蚀性,等等。

2.5　金属材料的腐蚀与防护

据我国 2002 年统计,一年中因腐蚀导致的事故所造成的经济损失就达到了 5000 亿元人民币,相当于当年我国国民生产总值的 5%;美国于 1999 年开展了第二次全国范围内的腐蚀损失调查,表明腐蚀造成的经济损失达到了全国 GDP 的 3.5% 左右,大于每年所有自然灾害造成损失的总和。腐蚀是影响金属设备及其构件使用寿命的主要因素之一。化工、石化、制药、轻工及能源领域,约有 60% 的设备失效与腐蚀有关。

金属腐蚀是指金属在外部介质的作用下,由于化学变化、电化学变化或者物理溶解而产生的破坏。外部介质是指与压力容器接触的介质、空气和水。

2.5.1 电化学腐蚀与化学腐蚀

金属腐蚀的分类方法较多,按腐蚀的机理可分为电化学腐蚀和化学腐蚀。

(1)电化学腐蚀 电化学腐蚀指金属在电解质中,由于各部位电位不同,形成微电池,在电子交换过程中产生电流,作为负极的金属被逐渐溶解的一种腐蚀。例如,碳素钢在水或潮湿环境中的腐蚀。金属及合金各相之间电位不同,即使比较纯的材料,由于加工等因素,也会造成物理不均匀状态,这样就形成电位差,如果再接触电解质或吸收空气中的二氧化碳、二氧化硫及水分等,就会造成微电池,产生电流,使作为负极的金属溶解,即腐蚀。

(2)化学腐蚀 化学腐蚀指金属在介质中直接发生化学反应的腐蚀。腐蚀过程中不产生电流,腐蚀的产物直接生成在反应的表面区域。

2.5.2 全面腐蚀与局部腐蚀

按照金属腐蚀的形貌特征又可以分成全面腐蚀和局部腐蚀。

(1)全面腐蚀 指与腐蚀介质直接接触的全部或大部分金属表面发生比较均匀的大面积腐蚀。它会使设备壁厚均匀减薄,致使强度不足而发生鼓胀,甚至爆破。选用耐腐蚀材料、采用衬里或堆焊等措施可以防止全面腐蚀。当腐蚀速率较小时,厚度增加,腐蚀裕量也可抵消全面腐蚀对设备强度的削弱作用。

(2)局部腐蚀 指主要集中在金属表面局部区域的腐蚀。在金属设备中常见的局部腐蚀有以下几种形式。

a. 晶间腐蚀 晶间腐蚀是一种常见的局部腐蚀,腐蚀是沿晶粒边界和它的邻近区域产生和发展的,而晶粒本身的腐蚀则很轻微。这是一种危害很大的腐蚀,因为材料产生这种腐蚀后,宏观上没有什么明显的变化,不易被察觉。例如,产生了晶间腐蚀的奥氏体不锈钢表面仍然可以是十分光亮,但是,材料的晶间结合力实际上已丧失,强度几乎完全消失,破坏突然发生,往往给生产带来很大的危害。

引起晶间腐蚀的环境有电解质溶液、过热水蒸气、高温水和熔融金属等。晶间腐蚀必须在腐蚀环境中,并且晶界物质的物理化学状态与晶粒本体不同时,才能产生。

对晶间腐蚀敏感的材料有铁素体和奥氏体不锈钢、铝合金、镁合金、铜合金等。为防止不锈钢的晶间腐蚀,可以采取在奥氏体不锈钢中加入稳定化元素钛和铌,或采用超低碳不锈钢(如 00Cr18Ni9)等措施。

b. 小孔腐蚀 又称孔蚀或点腐蚀,是从金属表面产生针状、点状、小孔状的局部腐蚀。大多数小孔腐蚀与卤素离子有关,影响最大的是氯化物、溴化物和次氯酸盐。小孔腐蚀常发生在静滞的液体中,提高流速就可减轻小孔腐蚀。此外,在不锈钢中增加钼的含量和尽量降低介质中的氯离子、碘离子的含量,均可有效地减少小孔腐蚀。

c. 缝隙腐蚀 许多金属构件是由螺钉、铆接、焊接等方式连接的,在这些连接件或焊接接头缺陷处可能出现狭窄的缝隙,其缝宽(一般在 0.025~0.1mm)足以使电解质溶液进入,使缝内金属与缝外金属构成短路原电池,并且在缝内发生强烈的腐蚀,这种局部腐蚀称为缝隙腐蚀。结构设计时避免或减少缝隙是防治缝隙腐蚀的最有效措施,如避免介质的流动死角或死区,尽量使液体完全排净;对于管壳式换热器的管子与管板连接处,采用胀焊,用以减少管子和管板间的间隙。

2.5.3 应力腐蚀

金属材料在特定介质环境中,在拉伸应力作用下,经过一定时间后会导致韧性材料迅速开裂或发生早期破坏。它与单纯由均匀腐蚀引起的破坏不同,往往由均匀腐蚀性极弱的介质引起;它与单纯由应力造成的破坏也不同,可以在低应力下发生破坏。这种破坏称为应力腐蚀。

(1)应力腐蚀断裂发生的条件与特征

a.特定的腐蚀介质与材料的组合　一定的材料只有在与特定的介质环境组合时才会发生应力腐蚀。例如,在氯化物溶液中,面心立方晶体的奥氏体不锈钢容易发生应力腐蚀(又称氯脆),而体心立方晶体的铁素体不锈钢,就不容易发生这种腐蚀。

b.拉应力的存在　拉应力是发生应力腐蚀的必要条件之一。拉应力可以是工作载荷引起的,也可以是装配应力或材料的残余应力。压缩应力不会引起应力腐蚀破坏。

c.材料的纯度和组织状态的影响　通常认为纯金属不会发生应力腐蚀,但存在极少介质时,则有可能发生应力腐蚀。同时,材料的组织状态对应力腐蚀的敏感性影响很大,稳定的组织对应力腐蚀的敏感性较小。例如,在湿硫化氢环境中工作的碳素钢,当硬度 HBS 大于 250 时,明显存在应力腐蚀现象,硬度越高(即组织越不稳定),则应力腐蚀敏感性越大。

d. 一般为延迟脆性断裂　应力腐蚀裂纹的形成、扩展需要一定的时间,断裂时没有明显的宏观变形,但断口可为晶间、穿晶或混合型断裂。

(2)常见的应力腐蚀

a.碱溶液　高浓度的 NaOH 溶液,在溶液沸点附近很容易使碳素钢产生应力腐蚀。铬镍钼钢在 NaOH 溶液中也会发生应力腐蚀。

b.湿硫化氢　在以原油、天然气或煤为原料的金属设备中,湿硫化氢应力腐蚀是一个较普遍的现象。硫化氢浓度越高、溶液的 pH 值越低、钢的强度和硬度越高,就越容易产生硫化氢应力腐蚀。

c.液氨　用于液氨储存和运输的金属设备,若在充装、排料及检修过程中,无水液氨受空气污染,溶入氧和二氧化碳,反应生成的氨基甲酸铵对碳钢有强烈的腐蚀作用。钢的强度越高,发生应力腐蚀开裂的倾向也越大。

(3)应力腐蚀的预防措施　为预防应力腐蚀引起的金属设备失效,一般可采取以下措施:①合理选择材料;②降低或消除残余拉应力;③改善介质条件,设法减少甚至消除促进应力腐蚀的有害离子或某种成分,或在腐蚀性介质中添加缓蚀剂;④在与介质接触的表面施以保护层,避免介质与钢材直接接触;⑤消除结构中存在的缝隙等死角,特别是应力集中部位和高温区,以免介质浓缩。

2.6　过程设备材料的基本要求与选用原则

材料性能对过程设备运行的安全性有显著的影响。选材不当,不仅会影响总成本,而且有可能导致设备的安全事故。因此,合理选材是过程设备设计的关键环节。

尽管过程设备用材多种多样,有金属材料、非金属材料和复合材料三大类,但使用最多的还是钢材。因此,本节先以压力容器用钢为例,讨论钢材的基本要求,然后介绍过程设备材料选用时应考虑的因素。

2.6.1 压力容器用钢的基本要求

压力容器用钢的基本要求是有较高的强度,良好的塑性、韧性、加工工艺性能和与介质的相容性。而改善钢材性能的途径主要有化学成分的设计、组织结构的改变和零件表面的改性等。

(1)化学成分 钢材化学成分对其性能和热处理有较大的影响。提高碳含量可使强度增加,但焊接性能变差,焊接时易在热影响区出现裂纹。因此,压力容器用钢的含碳量一般要求不应大于 0.25%。同时,严格控制钢中硫和磷等有害元素的含量。例如,中国压力容器专用碳素钢和低合金钢的磷和硫含量分别应低于 0.030% 和 0.020%。随着冶炼水平的提高,目前国内已可将硫的含量控制在 0.002% 以内。

(2)力学性能 压力容器用钢要求具有优良的综合力学性能,即要求强度高、塑性和韧性好,较低的冷脆倾向,较低的缺口和时效敏感性等;如对于 Q345R 钢板,要求其在 0℃ 时的横向(指冲击试件的取样方向)A_{KV} 不低于 41J。对不同温度环境下工作的容器,选材时仍然要求其具有良好的综合力学性能;例如选择低温压力容器用钢时,为防止材料在低温下韧性下降,一般要求设计温度下钢材的 A_{KV} 不低于 31J(适用于钢材标准抗拉强度下限值大于 $510\sim570$MPa 时)。

(3)与介质的相容性 压力容器经常与酸、碱、盐等各种各样的介质接触,壳体材料被腐蚀后,不仅会导致壁厚减薄,而且有可能改变其组织和性能,并导致容器破坏。因此,材料必须与介质相容。如采用铬、镍、钼、硅等合金元素合金化的奥氏体不锈钢对许多腐蚀性介质具有很高的化学稳定性,即表明可选择该种不锈钢用于制作这类介质的容器。

(4)加工工艺性能 材料加工工艺性能的要求与容器结构形式和使用条件紧密相关。例如,制造过程中须进行冷卷、冷冲压加工的零部件,要求钢材有良好的冷加工成型性能和塑性,其断后伸长率 A 应在 15%~20% 以上。为检验钢板承受弯曲变形能力,一般应根据钢板的厚度,选用合适的弯心直径,在常温下做弯曲角度为 180° 的弯曲试验;要求弯曲试验后试样外表面无裂纹的钢板方可用于制造压力容器。

同时由于压力容器各零件之间主要采用焊接连接,因而良好的焊接性能是压力容器用钢的一项极重要的指标。钢材的焊接性主要取决于它的化学成分,其中影响最大的是含碳量。含碳量愈低,愈不易产生裂纹,焊接性愈好。各种合金元素对焊接性亦有不同程度的影响,这种影响通常是用碳当量 C_{eq} 来表示。碳当量的估算公式较多,比较常用的是国际焊接学会所推荐的公式:

$$C_{eq} = C + \frac{Mn}{6} + \frac{Ni+Cu}{15} + \frac{Cr+Mo+V}{5}$$

式中的元素符号表示该元素在钢中的百分含量。一般认为,C_{eq} 小于 0.4% 时,焊接性能优良;C_{eq} 大于 0.6% 时,焊接性能差。中国压力容器用钢的碳当量规定不应大于 0.45%。

(5)冶炼方法等特殊要求 压力容器用钢必须是采用电炉和氧气顶吹转炉冶炼的镇静钢。碳素钢沸腾钢板 Q235A・F 和镇静钢板 Q235A 不得用于制造压力容器的受压元件,其他碳素钢镇静钢板如 Q235B、Q235C 的适用范围列于表 2-3。

表 2-3 Q235-B 和 Q235-C 钢板的适用范围

钢板牌号	使用温度/℃	设计压力/MPa	用于容器壳体的钢板厚度/mm	其他限制
Q235B	20～300	≤1.6	≤16	不得用于毒性程度为高度或极度危害介质的压力容器
Q235C	0～300			

2.6.2 过程设备材料的选用

过程设备材料选用时,应综合考虑设备的使用条件、介质特性、零件的功能和制造工艺、材料的经济性、材料的使用经验(历史)和规范标准等因素。

(1)设备的使用条件 使用条件包括设计温度、设计压力、介质特性和操作特点,材料选用主要由使用条件决定。例如,一般中、低压设备可采用屈服强度为 245MPa～345MPa 级的钢材制造;当直径较大、压力较高时,则应选强度稍高的低合金钢;又如,当所需钢板厚度小于 8mm 时,在碳素钢与低合金钢之间,应尽量采用碳素钢钢板,以降低成本。

对于压力很高的高压甚至超高压容器,常选用高强度或超高强度钢。由于钢的韧性往往随着强度的提高而降低,此时应特别注意强度和韧性的匹配,在满足强度要求的前提下,尽量采用塑性和韧性好的材料。这是因为塑性、韧性好的高强度钢,能降低脆性破坏的概率。在承受交变载荷时,可将失效形式改变为未爆先漏,提高运行安全性。

(2)介质特性 介质有各种各样的特性,有的会使材料脆化,有的腐蚀性强,有的易燃易爆,有的具有毒性,有的易分解。过程设备选材时,必须考虑与介质的相容性。当介质腐蚀性较强时,必须选择合适的耐腐蚀材料,或采取一定防腐蚀措施。

(3)零件的功能和制造工艺 明确各零件的功能和制造工艺,据此提出相应的材料性能要求,如强度、耐腐蚀性等。例如,筒体和封头的功能主要是形成所需要的承压空间,属于受压元件,且与介质直接接触,当介质腐蚀性较强时,应选用相应的耐腐蚀材料;而支座的主要功能是支承容器并将其固定在基础上,属于非受压元件,且不与介质接触,除垫板外,通常可选用一般结构钢,如普通碳素钢甚至沸腾钢。

选材时还应考虑制造工艺的影响,如选用的钢板是通过卷焊技术制造圆筒的,必须要求材料具有良好的弯曲性能和焊接性能。

(4)材料的经济性 在满足设备使用性能的前提下,材料选用时还应注意其经济性。例如,碳钢和低合金钢价格低廉,因此在满足设备的耐腐蚀和力学性能的前提下应优先选用;当所需不锈钢板的厚度较大时,可考虑采用复合板、衬里、堆焊或多层结构。同时选用的材料品种应尽量少而集中,以便于采购和管理。

(5)材料的使用经验(历史) 对成功的材料使用实例,应搞清楚所用材料化学成分(特别是硫和磷等有害元素)的控制要求、载荷作用下的应力水平和状态、操作规程和最长使用时间。因为这些因素会影响材料的性能。即使使用相同钢号的材料,由于上述因素的改变,也会使材料具有不同的力学行为。对不成功的材料使用实例,应查阅有关的失效分析报告,根据失效原因,采取有针对性的措施。

(6)规范标准 与一般结构钢相比,锅炉、压力容器和压力管道等过程设备用钢有不少特殊要求,选用时应符合现行的国家标准和行业标准的规定。例如,中国压力容器用钢材的使用温度下限,除奥氏体钢或另有规定外,均不低于−20℃;材料的许用应力也应按相应标准选取。

习　题

2-1　为什么说过程设备的材料选用极为重要？

2-2　材料的屈强比 $\dfrac{R_{\mathrm{eL}}}{R_{\mathrm{m}}}$ 越高，越有利于充分发挥材料的潜力；因此，应极力追求高的屈强比。这种观点对吗？为什么？

2-3　断后伸长率 A 与断面收缩率 Z 这两个指标，哪个能更准确地表达材料的塑性？为什么？

2-4　试简述材料韧性与塑性之间的相互关系。

2-5　常用的测量硬度的方法有几种？其应用范围如何？

2-6　金属材料的力学性能随温度变化会发生怎么样的变化？

2-7　举例说明过程设备选材中物理性能、化学性能和加工工艺性能的重要性。

2-8　钢中常存的杂质有哪些？硫、磷对钢的性能有什么影响？锰（Mn）在钢中起什么作用？

2-9　碳含量对碳钢的性能有何影响？为什么不锈钢含碳量都很低？

2-10　简述改善碳素钢性能的主要途径。

2-11　指出下列钢号各属于什么钢种，符号中的数字分别代表什么？

Q235AF、Q235A、20、20G、Q245R、16Mn、Q345R、16MnDR、35CrMo、0Cr13、0Cr18Ni9（S30408）、00Cr19Ni10（S30403）、0Cr18Ni10Ti（S32168）、022Cr19Ni5Mo3Si2N（S21953）。

2-12　选择过程设备高、低温用钢时，应特别注意哪些性能指标？

2-13　有一碳素钢制支座刚性不足，有人要用热处理强化方法；有人提出另选合金钢；有人要改变零件的截面形状来解决。哪种方法最合理？为什么？

2-14　为什么 0Cr18Ni9（S30408）不锈钢容易产生晶间腐蚀？通常防止晶间腐蚀的方法有哪些？

2-15　试总结常用有色金属的特性和耐腐蚀性能。

2-16　非金属材料分别有哪些？各有什么特点？

2-17　为什么要发展复合材料？复合材料有哪几种基本类型？

2-18　什么是热处理？有哪些常用的基本方法？

2-19　退火和正火有什么不同？能否代用？

2-20　淬火后的工件能否直接应用？为什么？

2-21　回火的目的是什么？调质钢是什么含义？如何处理得到？

2-22　晶间腐蚀是怎么回事？哪些材料对晶间腐蚀较为敏感？如何预防？

2-23　发生应力腐蚀的条件是什么？

2-24　试总结腐蚀与结构的关系。

2-25　钢材焊接性能的主要影响因素是什么？

2-26　压力容器用钢的基本要求是什么？

2-27　过程设备材料选用时，应综合考虑哪些因素？

第3章

压力容器设计基础

过程设备主要用来完成各种过程中物料的混合、储存、分离、传热、反应、粉碎等操作,因而通常是在一定温度和压力下工作的。虽然形式繁多,但一般都由限制其工作空间且能承受一定压力的外壳和各种各样的内件所组成。这种能承受压力的外壳就是压力容器。

本章主要介绍压力容器基本结构与分类,中低压容器的筒体、封头的设计方法,以及通用零部件的标准与选用方法。

3.1 压力容器基本结构

压力容器通常是由板、壳组合而成的焊接结构,一般由承压壳体(常用的为筒体)、封头(又称端盖)、密封装置、开孔与接管、支座和安全附件及仪表等组成,图3-1为一台卧式压力容器的基本结构图。下面结合该图对压力容器的基本组成做一简单介绍。

3.1.1 筒 体

筒体的作用是提供工艺所需要的承压空间,是压力容器最主要的受压元件之一,其内直径和容积往往需由工艺计算确定。圆柱形筒体(即圆筒)和球形筒体是最常用的筒体结构。

筒体直径较小(一般小于500mm)时,可用无缝钢管制作,此时筒体上没有焊缝。直径较大时,筒体可用钢板在卷板机上卷成圆筒或用钢板在水压机上压制成两个半圆筒,再用焊缝将两者焊接在一起,形成整圆筒。由于该焊缝的方向与圆筒的纵向(即轴向)平行,因此称为纵向焊缝,简称纵焊缝。若容器的直径不是很大,一般只有一条纵焊缝;随着容器直径的加大,受钢板幅面尺寸的限制,可能有两条或两条以上的纵焊缝。在轴向,长度较短的容器可直接在一个圆筒的两端连接封头,构成一个封闭的压力空间,也就制成了一台压力容器外壳。但当容器较长时,由于钢板幅面尺寸的限制,就需先制作若干段筒体(某一段筒体称为一个筒节),再将这些筒节组焊成所需长度的筒体。筒节与筒节之间、筒体与端部封头之间的连接焊缝,由于其方向与筒体轴向垂直,因此称为环向焊缝,简称环焊缝。

3.1.2 封 头

根据几何形状的不同,封头可以分为球形、椭圆形、蝶形、球冠形、锥壳和平盖等几种,其中球形、椭圆形、蝶形和球冠形封头又统称为凸形封头。

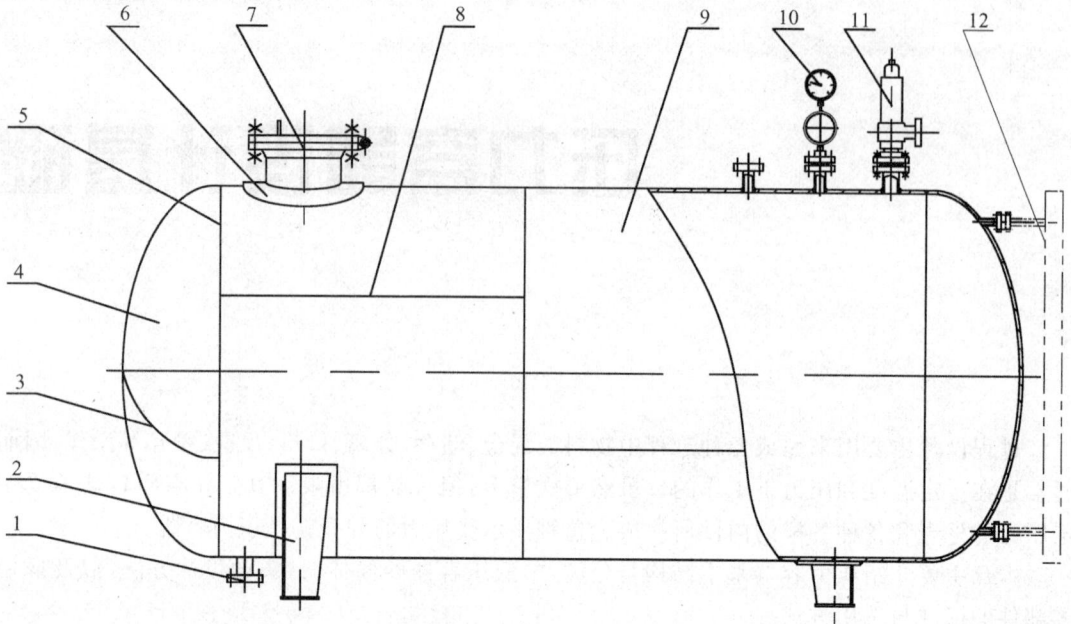

1-法兰；2-支座；3-封头拼接焊缝；4-封头；5-环焊缝；6-补强圈；7-人孔；
8-纵焊缝；9-筒体；10-压力表；11-安全阀；12-液面计

图 3-1 压力容器的基本结构

当容器组装后不需要开启时(一般是容器中无内件或虽有内件但无须更换、检修的情况)，封头可直接与筒体焊在一起，从而有效地保证密封，节省材料和减少加工制造的工作量。对于因检修或更换内件的原因而需要多次开启的容器，封头和筒体的连接应采用可拆式的，此时在封头和筒体之间就必须要有一个密封装置。

3.1.3 密封装置

压力容器上需要有许多密封装置，如筒体与封头间的可拆式连接、容器接管与外管道间的可拆连接以及人孔、手孔盖的连接等都属于密封装置。可以说压力容器能否正常、安全地运行在很大程度上取决于密封装置的可靠性。

3.1.4 开孔与接管

由于工艺要求和检修的需要，常在压力容器的壳体(筒体或封头)上开设各种大小的孔并安装接管，如人孔、手孔、视镜孔、物料进出口接管，以及安装压力表、液面计、安全阀、测温仪表等接管开孔。

壳体开孔后，开孔部位的强度被削弱，并使该区域的局部应力增大。这种削弱程度随开孔直径的增大而加大，因而容器上应尽量减少开孔的数量，尤其要避免开大孔。对容器上已开设的孔，还应进行开孔补强设计，以确保所需的强度。

3.1.5 支 座

支座是用来支撑容器的重量、固定容器的位置并使容器在操作中保持稳定的附件。圆柱形容器和球形容器的支座各不相同。随安装方式的不同，圆柱形容器支座可分为立式容器支座和卧式容器支座两大类,其中立式容器支座又有腿式支座、支承式支座、耳式支座和裙式支座四种;而球形容器多采用柱式或裙式支座。

3.1.6 安全附件及仪表

由于压力容器的使用特点及其内部介质的化学工艺特性,往往需要在容器上设置一些安全装置、测控仪表来监控工作介质的参数,以保证压力容器的使用安全和工艺过程的正常进行。

压力容器的安全附件及仪表主要有超压泄放装置、紧急切断阀、安全联锁装置、压力表、液位计、温度计等。

上述六大部件(筒体、封头、密封装置、开孔与接管、支座和安全附件及仪表)即构成了一台压力容器的外壳。对于储存用的容器,这一外壳即为容器本身。对于用于化学反应、传热、分离等工艺过程的容器,则须在外壳内装入工艺所要求的内件,才能构成一台完整的产品。

3.2 压力容器分类

压力容器的使用范围广、数量多、工作条件复杂,不同操作参数、不同用途的容器发生事故所造成的危害程度各不相同。危害程度与多种因素有关,如设计压力、设计温度、介质危害性、材料力学性能、使用场合和安装方式等。危害程度愈高,对材料、设计、制造、检验、使用和管理的要求也愈高。为此,首先必须对压力容器进行合理的分类。

世界各国规范对压力容器分类的方法互不相同,在我国,常见的压力容器分类方法有以下几种。

3.2.1 按压力等级分类

按承压方式分类,压力容器可分为内压容器与外压容器。内压容器又可按设计压力(p)大小分为四个压力等级,具体划分列于表 3-1。

表 3-1　容器按压力等级分类

容器分类	代号	最高工作压力范围/MPa
低压容器	L	$0.1 \leqslant p < 1.6$
中压容器	M	$1.6 \leqslant p < 10$
高压容器	H	$10 \leqslant p < 100$
超高压容器	U	$p \geqslant 100$

外压容器中,当容器的内压力小于一个绝对大气压(约 0.1MPa)时又称为真空容器。

3.2.2 按容器在生产中的作用分类

根据压力容器在生产工艺过程中的作用,可分为反应压力容器、换热压力容器、分离压力容器、储存压力容器四种。表 3-2 给出了这四种容器的分类情况。

同一台压力容器,如同时具备两个以上的工艺作用原理时,应按工艺过程中的主要作用来划分品种。

表 3-2　容器按用途分类

容器分类	代号	主要作用	举例
反应压力容器	R	完成介质的物理、化学反应的压力容器	反应器、反应釜、聚合釜、高压釜、合成塔、蒸压釜、煤气发生炉等
换热压力容器	E	完成介质的热量交换	管壳式余热锅炉、热交换器、冷却器、冷凝器、蒸发器、加热器等
分离压力容器	S	完成介质的流体压力平衡、缓冲和气体净化分离	分离器、过滤器、集油器、缓冲器、干燥塔等
储存压力容器	C(球罐代号 B)	储存、盛装气体、液体、液化气体等介质	液氨储罐、液化石油气储罐等

3.2.3　按安装方式分类

根据安装方式可分为固定式压力容器和移动式压力容器。

(1)固定式压力容器　有固定安装和使用地点,工艺条件和操作人员也较固定的压力容器。如生产车间内的卧式储罐、球罐、塔器、反应釜等。

(2)移动式压力容器　也称为经常搬运的压力容器,诸如气瓶、汽车槽车、铁路槽车和槽船等。这类压力容器使用时不仅承受内压或外压载荷,搬运过程中还会受到由于内部介质晃动引起的冲击力,以及运输过程带来的外部撞击和震动载荷,因而在结构、使用和安全方面均有其特殊的要求。

3.2.4　按安全技术管理分类

上面所述的几种分类方法仅仅考虑了压力容器的某个设计参数或使用状况,还不能综合反映压力容器面临的整体危害水平。例如,储存易燃或毒性程度中度及中度以上危害介质的压力容器,其危害性要比相同几何容积、但储存非易燃或毒性程度轻度危害介质的压力容器大得多。同时,危害性还与压力容器的设计压力 p 和全容积 V 的乘积有关,pV 值愈大,则容器破裂时产生的爆炸能量愈大,危害性也愈大,对容器的设计、制造、检验、使用和管理的要求愈高。基于此,我国 TSG 21《固定式压力容器安全技术监察规程》根据介质、设计压力和容积等三个因素进行压力容器分类,将所适用范围的压力容器分为第Ⅰ类压力容器、第Ⅱ类压力容器和第Ⅲ类压力容器。下面介绍其分类方法。

该分类首先根据介质特性分为两组,然后选择相应介质组别的分类图,再根据设计压力 p(单位:MPa)和容积 V(单位:m³)的数值确定压力容器类别。

对于第一组介质,即毒性危害程度为极度或高度危害的化学介质、易爆介质以及液化气体,其分类图如图 3-2 所示;对于第二组介质,即第一组介质以外的介质,其分类图如图 3-3 所示。坐标点位于图 3-2 或者图 3-3 的分类线上时,按较高的类别划分。

在 TSG 21 分类中,同时满足以下条件的压力容器称为简单压力容器:

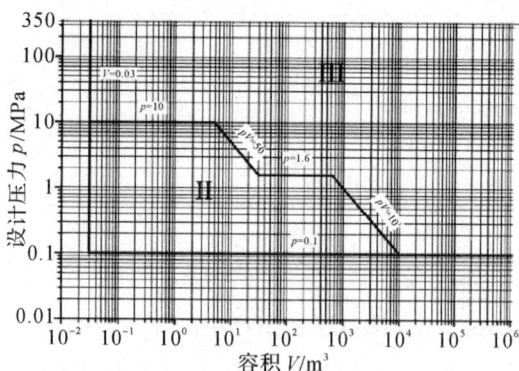

图 3-2　压力容器分类图——第一组介质

(1)压力容器由筒体和平封头、凸形封头(不包括球冠形封头),或者由两个凸形封头组成。

（2）筒体、封头和接管等主要受压元件的材料为碳素钢、奥氏体不锈钢或者 Q345R。

（3）设计压力小于或者等于 1.6MPa。

（4）容积小于或者等于 $1m^3$。

（5）工作压力与容积的乘积小于或者等于 $1MPa \cdot m^3$。

（6）介质为空气、氮气、二氧化碳、惰性气体、医用蒸馏水蒸发而成的蒸汽或者上述气（汽）体的混合气体；允许介质中含有不足以改变介质特性的油等成分，并且不影响介质与材料的相容性。

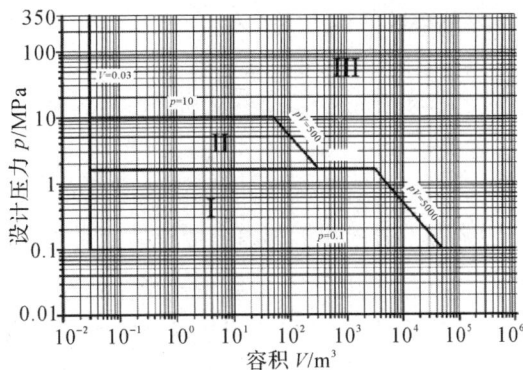

图 3-3　压力容器分类图——第二组介质

（7）设计温度大于或者等于 $-20℃$，最高工作温度小于或者等于 $150℃$。

（8）非直接火焰的焊接压力容器。

简单压力容器一般组批生产。危险化学品包装物、灭火器、快开门式压力容器不在简单压力容器范围内。所有的简单压力容器统一划分为第 I 类压力容器。

压力容器其他的分类方法还很多，详见表 3-3。

表 3-3　压力容器的其他分类方法

分类方法	容器种类
按厚度分类	薄壁容器、厚壁容器
按工作壁温分类	高温容器、中温容器、常温容器、低温容器
按几何形状分类	球形容器、圆筒形容器、圆锥形容器、方形容器
按制造方法分类	焊接容器、铸造容器、锻造容器、铆接容器、组合式容器
按材质分类	钢制容器、铸铁容器、有色金属容器、非金属容器
按安放形式分类	立式容器、卧式容器

3.3　压力容器的安全监察

3.3.1　压力容器安全监察制度与监察范围

压力容器是生产和生活中广泛使用的、涉及生命安全、危险性较大的特种承压设备，一旦发生事故，会造成严重人身伤亡及重大财产损失。历年来，世界各国压力容器爆炸、泄漏等灾难性事故时有发生。鉴于此，各国都制定了专门的法律、法规将压力容器作为特种设备进行强制性监督管理，对它的生产（设计、制造、安装、改造、修理）、经营、使用、检验、检测和安全的监督管理提出相关的要求。

我国政府对压力容器安全监察工作一直十分重视，设立专门机构，制定专门法规，实施专项监察。对压力容器的生产（设计、制造、安装、改造、修理）、经营、使用，实施分类的、全过程的安全监督管理。

目前纳入 TSG 21 安全技术监察范围的压力容器，指适用于特种设备目录所定义的、同时具备以下条件的压力容器：

(1)工作压力大于或者等于 0.1MPa；

(2)容积大于或者等于 0.03m³，并且内直径(非圆形截面指截面内边界最大几何尺寸)大于或者等于 150mm；

(3)盛装介质为气体、液化气体以及介质最高工作温度高于或者等于其标准沸点的液体。

3.3.2 我国压力容器的安全监察法规标准体系

我国压力容器安全监察法规是伴随着事故的发生而制定的。经过几十年的不断发展和逐步完善，目前已建立"以安全技术规范为核心内容的法规体系"，形成了"法律—行政法规—部门规章—安全技术规范—技术标准"五个层次的法规标准体系结构，如表 3-4 所示。

表 3-4 我国压力容器安全监察法规标准体系

层次	名称	具体内容	举例
第一层次	法律	全国人大常委会通过的法律	《中华人民共和国特种设备安全法》
第二层次	行政法规、法规性文件,地方性法规	国务院批准的条例 省、自治区、直辖市人大常委会通过的条例	(国务院)《特种设备安全监察条例》 《浙江省特种设备安全管理条例》
第三层次	部门规章	以局长或部长"令"的形式颁布的行政管理性内容较突出的文件(管理办法、规定)	《特种设备事故报告和调查处理规定》 《气瓶安全监察规定》
第四层次	安全技术规范	经过规定的编制、审定程序,由国家质量监督检验检疫总局领导授权签署、以总局名义公布,安全技术性内容较突出的文件(规程、规则等)	《固定式压力容器安全技术监察规程》 《移动式压力容器安全技术监察规程》
第五层次	相关标准*	一系列与压力容器有关的国家及行业标准	GB 150《压力容器》、NB/T 47013《承压设备无损检测》

*技术法规引用的标准,一经引用,具有强制属性。

3.3.3 常用的压力容器安全监察法规与标准

(1)《中华人民共和国特种设备安全法》 由中华人民共和国第十二届全国人民代表大会常务委员会第 3 次会议于 2013 年 6 月 29 日通过,自 2014 年 1 月 1 日起施行。本法所称特种设备,是指对人身和财产安全有较大危险性的锅炉、压力容器(含气瓶)、压力管道、电梯、起重机械、客运索道、大型游乐设施、场(厂)内专用机动车辆,以及法律、行政法规规定适用本法的其他特种设备。国家对特种设备实行目录管理。特种设备目录由国务院负责特种设备安全监督管理的部门制定,报国务院批准后执行。国家对特种设备的生产、经营、使用,实施分类的、全过程的安全监督管理。《中华人民共和国特种设备安全法》分总则,生产、经营、使用,检验、检测,监督管理,事故应急救援与调查处理,法律责任,附则共 7 章 101 条。

(2)TSG 21《固定式压力容器安全技术监察规程》 目前,我国压力容器安全监督工作由国家质量监督检验检疫总局(以下简称质检总局)负责,TSG 21 是由质检总局颁布实施的压力容器安全技术规范之一,属强制性法规。现行的 TSG 21—2016《固定式压力容器安全技术监察规程》自 2016 年 10 月 1 日起实施。该规程合并了原 TSG R0004—2009《固定式压力容器安全技术监察规程》、TSG R0001—2004《非金属压力容器安全技术监察规程》、TSG R0002—2005《超高压容器安全技术监察规程》、TSG R0003—2007《简单压力容器安全技术监察规程》、TSG R5002—2013《压力容器使用管理规则》、TSG R7001—2013《压力容器定期检验规则》、TSG R7004—2013《压力容器监督检验规则》等七个规范,形成强制性的固定式压力容器综合规范,故又称为《大容规》。它对压力容器的材料、设计、制造、安装、改造和修理、监督检验、使用管理、在用检验以及安全附件及仪表等方面都做了基本规定,并从安全技术方面提出了最基本的要求。

(3)GB 150《压力容器》 它是中国的第一部压力容器国家标准,也是我国压力容器标准体系中的核心标准,属按规则设计标准。该标准规定了金属制压力容器的建造要求,其适用的设计压力(对于钢制压力容器)不大于 35MPa,适用的设计温度范围为−269~900℃。

GB 150 界定的范围除壳体本体外,还包括容器与外部管道焊接连接的第一道环向接头坡口端面、螺纹连接的第一个螺纹接头端面、法兰连接的第一个法兰密封面,以及专用连接件或管件连接的第一个密封面。其他如接管、人孔、手孔等承压封头、平盖及其紧固件,以及非受压元件与受压元件的焊接接头,直接连在容器上的超压泄放装置均应符合 GB 150 的有关规定。

GB 150《压力容器》由全国锅炉压力容器标准化技术委员会制定,1989 年颁布第一版,后在 1998 年进行修订,形成 GB 150—1998 版(第二版)。现执行的是在 2011 年进行全修订后的第三版,分为 4 个分标准,即 GB 150.1《压力容器 第 1 部分:总则》,GB 150.2《压力容器 第 2 部分:材料》,GB 150.3《压力容器 第 3 部分:设计》,GB 150.4《压力容器 第 4 部分:制造》。

3.4 压力容器零部件的标准化

3.4.1 标准化的意义

标准化是组织现代化生产的重要手段之一。在产品的设计、制造、检验和维修等众多过程中,实施标准化可简化计算,缩短生产周期,提高产品质量,降低制造成本,并增加零部件的互换性;若采用国际性通用标准,还可以消除贸易壁垒,提高产品的竞争能力。

压力容器由多种零部件构成,如封头、法兰、支座、人孔、视镜和液面计等,为使这些零部件具有通用性,我国已制定了一系列国家或行业标准。

3.4.2 标准化的基本参数

压力容器零部件标准化是指在结构设计时,其压力等级与几何尺寸应尽量采用标准化系列。容器零部件标准化的基本参数有两个,即公称直径和公称压力。

(1)公称直径 是容器(包括压力管道)标准化后的尺寸系列,以 DN 表示。对于由钢板卷制的筒体和封头而言,公称直径是指容器的内径;对于管子或管件而言,公称直径仅是名义直径,是与内径相近的某个数值,公称直径相同的管子,外径是相同的,由于厚度是变化的,因而内径也是变化的。无缝钢管的公称直径系列列于表 3-5。

表 3-5　无缝钢管的公称直径 DN 与外径 D_o　　　　　单位：mm

DN		10	15	20	25	32	40	50	65	80	100	125
D_o	A	17.2	21.3	26.9	33.7	42.4	48.5	60.3	76.1	88.9	114.3	139.7
	B	14	18	25	32	38	45	57	76	89	108	133
DN		150	200	250	300	350	400	450	500	600	700	800
D_o	A	168.3	219.1	273	323.9	355.6	406.4	457	508	610	711	813
	B	159	219	273	325	377	426	480	530	630	720	820

注：A 为国际通用系列（即英制管），B 为国内沿用系列（即公制管）。

（2）公称压力　在制定零部件标准时，仅有公称直径这一个参数是不够的。这是因为对于公称直径相同的筒体、封头或法兰，只要它们的工作压力不同，其他部分的尺寸也就不会一样，所以还需要将零部件所承受的压力也分成若干个压力等级。这种规定的标准压力等级就是公称压力，以 PN 表示。

在选用零部件时，应选取设计压力相近且又稍高一级的公称压力；当容器零部件设计温度升高且影响金属材料强度极限时，则要按更高一级的公称压力选取标准零部件。如果零部件不选用标准的，而是进行非标准设计，则设计压力就不必符合规定的公称压力。

国际通用的公称压力等级有两大体系——欧洲体系和美洲体系。欧洲体系中常用的公称压力等级（SI 制）有 0.25MPa、0.6MPa、1.0MPa、1.6MPa、2.5MPa、4.0MPa、6.3MPa、10.0MPa、16.0MPa、25.0MPa 等；美洲体系中常用的公称压力等级（SI 制）有 2.0MPa、5.0MPa、11.0MPa、15.0MPa、26.0MPa、42.0MPa 等。值得注意的是，欧美有些国家还习惯采用 Class 制，其数值与实际压力无任何关联。表 3-6 为 SI 制与 Class 制公称压力对照表。

表 3-6　SI 制与 Class 制公称压力对照表　　　　　单位：MPa

SI 制	2.0	5.0	11.0	15.0	26.0	42.0
Class 制	150	300	600	900	1500	2500

（3）容器公称直径系列与钢板厚度系列　由钢板卷制的筒体与封头的公称直径系列列于表 3-7。

表 3-7　压力容器的公称直径 DN（GB/T 9019—2001）　　　　　单位：mm

DN							
300	(350)	400	(450)	500	(550)	600	(650)
700	800	900	1000	(1100)	1200	(1300)	1400
(1500)	1600	(1700)	1800	(1900)	2000	(2100)	2200
(2300)	2400	2500	2600	2800	3000	3200	3400
3500	3600	3800	4000	4200	4400	4500	4600
4800	5000	5200	5400	5500	5600	5800	6000

注：表中带括号的公称直径应尽量不采用。

当筒体直径较小，直接采用无缝钢管制作时，其公称直径应按表 3-8 选取；此时，容器的公称直径是指无缝钢管的外径。

表 3-8　无缝钢管制作筒体时容器的公称直径 DN　　　　　单位：mm

DN	159	219	273	325	377	426

同样，钢板厚度亦是一个标准化问题。设计所需的容器厚度须符合冶金产品的标准。表 3-9 给出钢板常用厚度的尺寸系列，可供设计时选择。

厚度													
2.0	2.5	3.0	3.5	4.0	4.5	(5.0)	6.0	7.0	8.0	9.0	10	11	12
14	16	18	20	22	25	28	30	32	34	36	38	40	42
45	50	55	60	65	70	75	80	85	90	95	100	405	110
115	120	125	130	140	150	160	165	170	180	185	190	195	200

注：5mm 为不锈钢板的常用厚度。

3.5　回转薄壳应力分析

3.5.1　薄壁圆筒容器及其应力

压力容器按厚度大小可分为薄壁容器和厚壁容器。但厚壁与薄壁并不是按器壁厚度的绝对值进行划分的，而是一种相对概念，通常以容器壁厚 δ 与壳体内径 D_i 之比值来划分。习惯将 $\delta/D_i \leqslant 0.1$ 的容器划分为薄壁容器，反之为厚壁容器。

对于最常见的圆柱形容器，若外直径 D_o 与内直径 D_i 的比值 $K=D_o/D_i \leqslant 1.2$，则称为薄壁圆柱壳或薄壁圆筒；反之，称为厚壁圆柱壳或厚壁圆筒。

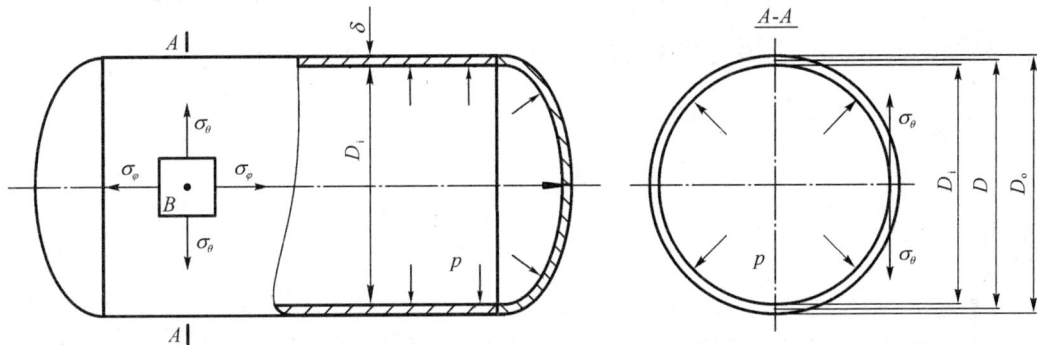

图 3-4　薄壁圆筒在内压作用下的应力

图 3-4 所示为最常用的中低压容器结构示意图，它由两端封头和薄壁圆筒组成。

根据材料力学的分析方法，薄壁圆筒在内压 p 作用下，筒壁上任一点 B 将产生两个方向的应力：一是由内压作用于封头上而产生的轴向拉应力，称为"径向应力"或"轴向应力"，用 σ_φ 表示；二是由于内压作用使圆筒均匀向外膨胀，在圆周的切线方向产生的拉应力，称为"周向应力"或"环向应力"，用 σ_θ 表示。除上述两个应力分量外，器壁中沿壁厚方向还存在着径向应力 σ_r，但它相对 σ_φ、σ_θ 要小得多，所以在薄壁圆筒中不予考虑。于是，可以认为薄壁圆筒上任意一点处于二向应力状态，如图 3-4 中之 B 点所示。

求解 σ_φ 和 σ_θ 仍可采用第一章材料力学的分析方法——截面法。作一垂直圆筒轴线的横截面，将圆筒分成两部分，保留右边部分，如图 3-5（a）所示。根据平衡条件，其轴向总外力 $\frac{\pi}{4}D_i^2 p$ 必与轴向总内力 $\pi D \delta \sigma_\varphi$ 相等。对于薄壁壳体，可近似认为内径 D_i 等于壳体的中面直径 D，则

$$\frac{\pi}{4}D^2 p = \pi D \delta \sigma_\varphi$$

由此得

$$\sigma_\varphi = \frac{pD}{4\delta} \tag{3-1}$$

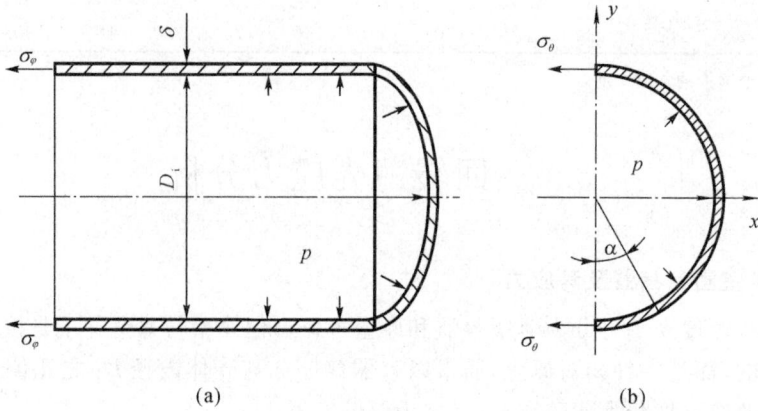

(a)　　　　　　　(b)

图 3-5　薄壁圆筒在压力作用下的力平衡

从圆筒中取出一单位长度圆环,并通过 y 轴作垂直于 x 轴的平面将圆环截成两半。取其右半部分,如图 3-5(b)所示。根据平衡条件,半圆环上其 x 方向总外力为 $2\int_0^{\frac{\pi}{2}} p\sin\alpha R_i\,\mathrm{d}\alpha$ 必与作用在 y 截面上 x 方向总内力 $2\sigma_\theta\delta$ 相等,得

$$2\int_0^{\frac{\pi}{2}} pR_i\sin\alpha\mathrm{d}\alpha = 2\delta\sigma_\theta$$

考虑到 $D \approx 2R_i$,由上式得

$$\sigma_\theta = \frac{pD}{2\delta} \tag{3-2}$$

上述受均匀内压的薄壁圆筒,用截面法就能计算出它的应力。但并不是所有问题都能这样求解。例如椭球壳、受液体压力的薄壁圆筒等壳体,其上各点的曲率半径或承受的液体静压是变化的,处理这类问题时,就要从壳体上取一微体,并分析微体的受力、变形和位移等才能求出其各向应力大小。

3.5.2　回转薄壳的应力分析

压力容器常见的壳体大多为圆柱壳、球壳、椭球壳、锥壳以及由它们构成的组合壳,这些壳体均属于回转薄壳。

3.5.2.1　回转薄壳的基本概念

(1)回转壳体　中面由一条平面曲线或直线绕同平面内的固定轴线回转 360° 而成的薄壳称为回转壳体,如图 3-6 所示。不同的平面曲线,经回转后得到的回转壳体便不同。如与回转轴平行的直线绕轴旋转一周形成的是圆柱壳;半圆形曲线绕直径旋转一周形成的是球壳;而与回转轴相交的直线绕轴旋转一周形成的则是圆锥壳等。

(2)轴对称问题　轴对称问题是指壳体的几何形状、约束条件和所受外力都对称于回转轴的问题。压力容器就其整体而言,通常都属于轴对称问题。

(3)回转壳体的几何概念　在图 3-6 中,绕轴线回转形成中面的平面曲线或直线 OA 称为母线,OO' 为回转轴,中面与回转轴 OO' 的交点 O 称为极点。通过回转轴的平面为经线平面,

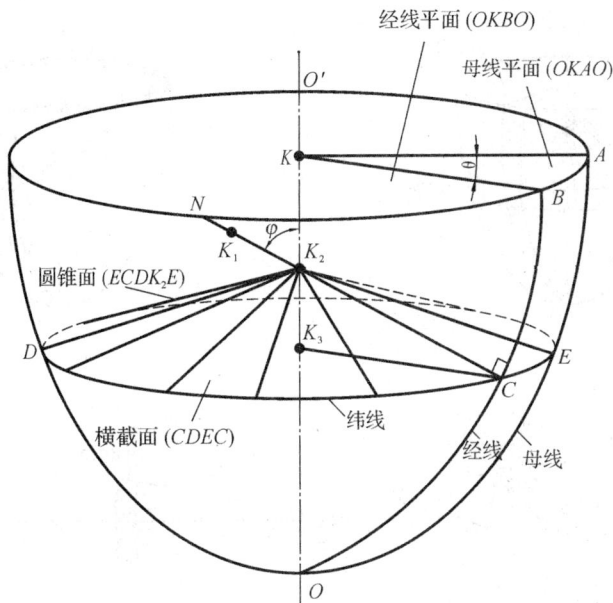

图 3-6　回转薄壳的几何特征

经线平面与中面的交线,称为经线,如 OB。显然,经线与母线的形状是完全相同的。经线的位置可以由母线平面 $OKAO$ 为基准,绕轴旋转 θ 角来确定。经线上 C 点的曲率中心 K_1 必在过 C 点的法线 CN 上,$\overline{CK_1}$ 是经线上 C 点的曲率半径,称为 C 点的第一曲率半径,用 R_1 表示。

过 C 点作一圆锥面与壳体中面正交,所得交线是一平面曲线,该曲线便是回转曲面的纬线,如图 3-6 所示。圆锥面 $ECDK_2E$ 的锥顶 K_2 必在 OO' 回转轴上。C 点到 K_2 之间的长度 $\overline{CK_2}$ 称为 C 点的第二曲率半径,用 R_2 表示。

过 C 点再作一垂直于回转轴 OO' 的平面 $CDEC$,该平面与回转曲面的交线是一个圆,称为回转曲面的平行圆。平行圆半径 $\overline{CK_3}$ 记为 r。

r 与 R_1、R_2 不是完全独立的,从图 3-6 可以得到

$$r = R_2 \sin\varphi \tag{3-3}$$

3.5.2.2　回转薄壳的微体平衡方程式

由于回转薄壳的壳壁很薄,壁厚与曲率半径相比非常小,因而可作如下简化和假设:回转薄壳如同薄膜,在内压作用下,均匀膨胀,薄膜的横截面几乎不能承受弯矩,因此壳体在内压作用下产生的主要内力是拉力;并假定这种内力沿壁厚方向是均匀分布的。基于这一假设的壳体应力分析理论称之为壳体的无力矩理论或薄膜理论,相应的壳壁应力称为薄膜应力。

同时,在薄壳应力分析时,为使问题简化,通常还假设壳体材料连续、均匀、各向同性;受载后的变形是弹性小变形,变形前后壳体厚度不变;壳壁各层纤维在变形后互不挤压。

图 3-7(a)和图 3-7(b)所示为从一承受内压的回转薄壳中截取一微单元体的空间视图,该微小单元 $abcd$ 由三对曲面截取而得:一是壳体的内外表面;二是两个相邻的、通过壳体轴线的经线平面 ab 与 cd;三是两个相邻的、与壳体正交的圆锥面 bc 与 ad。由于壳体内压的作用,在微单元体的四个截面上都将承受拉应力。垂直于 bc 或 ad 截面的应力为径向应力 σ_φ,垂直于 ab 或 cd 经线截面的应力为周向应力(或环向应力)σ_θ,如图 3-7(c)所示。

内压力 p 在微单元体 $abcd$ 面积上所产生的外力的合力在法线 n 上的投影为 P_n,

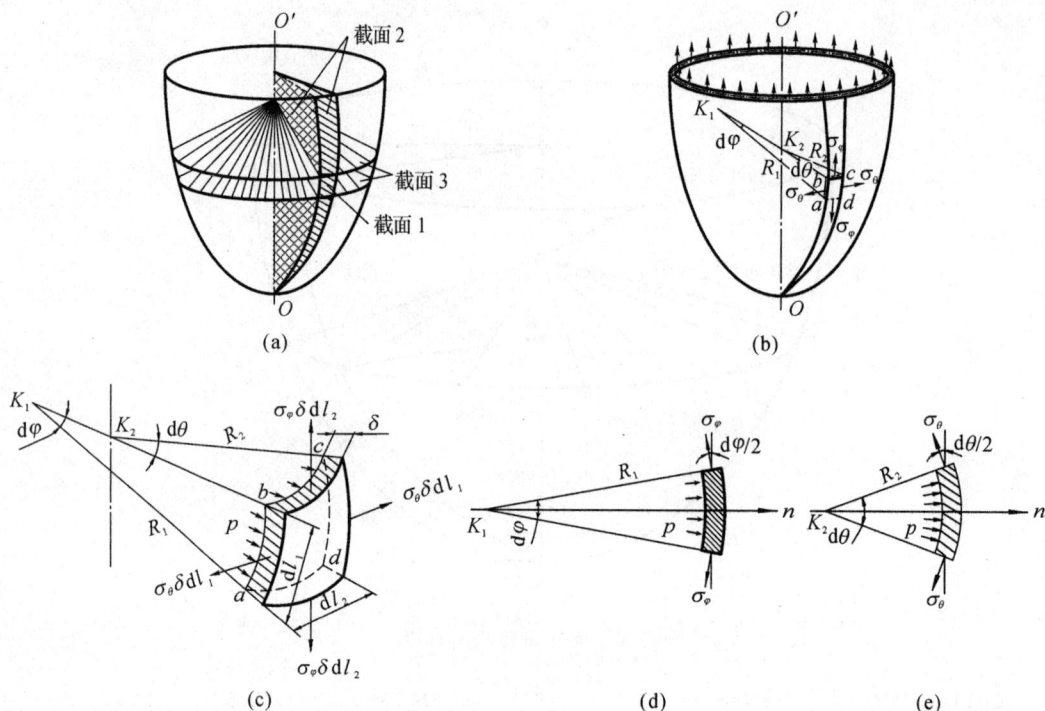

图 3-7 微体的力平衡

$$P_n = p \mathrm{d}l_1 \cdot \mathrm{d}l_2$$

在 bc 与 ad 截面上,径向应力 σ_φ 的合力在法线 n 上的投影为 $N_{\varphi n}$,如图 3-7(d)所示。

$$N_{\varphi n} = 2\sigma_\varphi \delta \mathrm{d}l_2 \cdot \sin\frac{\mathrm{d}\varphi}{2}$$

在 ab 与 cd 截面上,周向应力 σ_θ 的合力在法线 n 上的投影为 $N_{\theta n}$,如图 3-7(e)所示。

$$N_{\theta n} = 2\sigma_\theta \delta \mathrm{d}l_1 \cdot \sin\frac{\mathrm{d}\theta}{2}$$

根据法线 n 方向上力的平衡条件,得到

$$P_n - N_{\varphi n} - N_{\theta n} = 0 \tag{3-4}$$

将 P_n、$N_{\varphi n}$ 和 $N_{\theta n}$ 各算式代入上式,并且由于夹角 $\mathrm{d}\varphi$ 及 $\mathrm{d}\theta$ 很小,可取

$$\sin\frac{\mathrm{d}\theta}{2} \approx \frac{\mathrm{d}\theta}{2} = \frac{\mathrm{d}l_2}{2R_2} \text{ 和 } \sin\frac{\mathrm{d}\varphi}{2} \approx \frac{\mathrm{d}\varphi}{2} = \frac{\mathrm{d}l_1}{2R_1}$$

则式(3-4)可改写为

$$p \mathrm{d}l_1 \cdot \mathrm{d}l_2 - 2\sigma_\varphi \delta \mathrm{d}l_2 \cdot \frac{\mathrm{d}l_1}{2R_1} - 2\sigma_\theta \delta \mathrm{d}l_1 \cdot \frac{\mathrm{d}l_2}{2R_2} = 0$$

整理后,得

$$\frac{\sigma_\varphi}{R_1} + \frac{\sigma_\theta}{R_2} = \frac{p}{\delta} \tag{3-5}$$

这个联系薄膜应力 σ_φ、σ_θ 和压力 p 的方程,称为微体平衡方程,又称拉普拉斯(Laplace)方程。

3.5.2.3 回转薄壳的区域平衡方程

在微体平衡方程式中,σ_φ 和 σ_θ 均为未知量,欲求此二值,尚须找出一补充方程——区域平

衡方程式,该方程可从部分容器的静力平衡条件中求得。

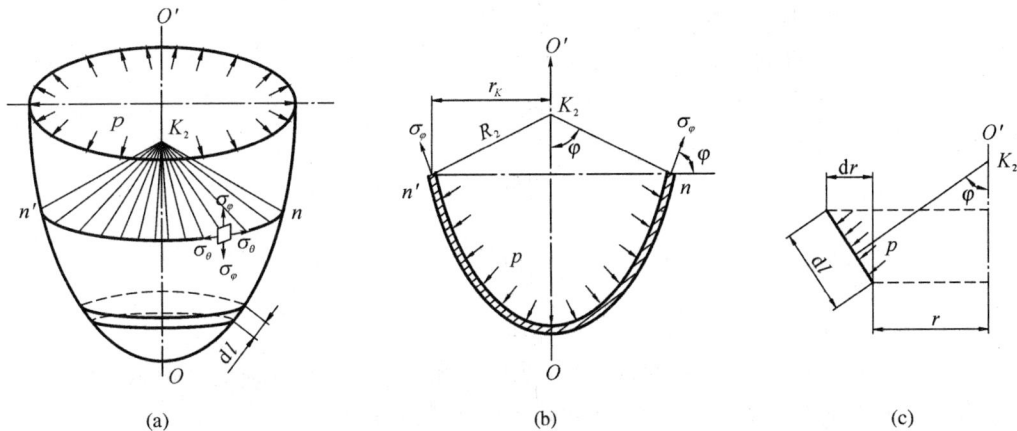

图 3-8   部分壳体的静力平衡关系

如图 3-8(a)所示的承受内压的回转薄壳,采用截面法将壳体沿经线的法线方向切开(即在纬线 nn' 处用一垂直于经线的法向圆锥面截开),如图 3-8(b)所示。取截面以下部分的壳体作为分离体,则在该分离体上作用有介质内压 p 和径向应力 σ_φ。

在图 3-8(b)示出的分离体 nOn' 中,任作两个相邻且都与壳体正交的圆锥面,割取宽度为 dl 的环带。则环带上承受流体内压力 p 的作用而产生沿 OO' 轴的分力 dQ 为

$$dQ = p \cdot dl \cdot 2\pi r \cos\varphi$$

由图 3-8(c)可知,$\cos\varphi = \dfrac{dr}{dl}$,故

$$dQ = 2\pi r p \cdot dr$$

于是流体内压力在 OO' 轴方向产生的合力为

$$Q = 2\pi \int_0^{r_K} p r \, dr \tag{3-6}$$

式中,r_K——壳体切割面处的平行圆(m' 圆)半径。

如果壳体内只承受气体压力,p 为常数,则式(3-6)可改写为

$$Q = 2\pi p \int_0^{r_K} r \cdot dr = \pi p r_K^2$$

如果壳体内承受液压,则 p 值沿轴向是个变量,这就必须找出 p 与 r 的关系,然后代入式(3-6)才能求得 Q 值。

而在流体内压作用下,nOn' 截面上产生的内力的轴向分量 Q' 为

$$Q' = 2\pi r_K \sigma_\varphi \delta \sin\varphi$$

沿 OO' 轴作用的力 Q 应和 Q' 相平衡,所以

$$Q = Q' = 2\pi r_K \sigma_\varphi \delta \sin\varphi \tag{3-7}$$

式(3-7)称为壳体的区域平衡方程式。对于只承受气压的容器,则有

$$\pi p r_K^2 = 2\pi r_K \sigma_\varphi \delta \sin\varphi$$

即

$$\sigma_\varphi = \frac{p r_K}{2\delta \sin\varphi} = \frac{p R_2}{2\delta} \tag{3-8}$$

微体平衡方程与区域平衡方程是无力矩理论的两个基本方程。

3.5.3 无力矩理论在几种典型壳体上的应用

下面应用无力矩理论,分析几种典型的回转薄壳的薄膜应力。

3.5.3.1 承受气体内压的壳体的受力分析

(1)圆柱形壳体 圆柱壳的第一曲率半径 $R_1=\infty$,第二曲率半径 $R_2=D/2$,$r_K=D/2$,$\varphi=0$,代入式(3-5)和式(3-8),得

$$\left.\begin{array}{l} \sigma_\theta=\dfrac{pD}{2\delta} \\[2mm] \sigma_\varphi=\dfrac{pD}{4\delta} \end{array}\right\} \tag{3-9}$$

式中,D——圆柱壳的中面直径,mm。

比较式(3-9)中两向应力表达式,可知圆柱壳的周向应力是径向应力的两倍。为此,在圆柱壳上开设长圆形或椭圆形孔时,尽可能将短轴放在轴线方向。

(2)球形壳体 球壳的第一曲率半径与第二曲率半径相等,即 $R_1=R_2=D/2$,得

$$\sigma_\varphi=\sigma_\theta=\frac{pD}{4\delta} \tag{3-10}$$

比较式(3-10)和式(3-9)可以发现,在直径和内压相同的情况下,球壳内的应力仅是圆柱壳周向应力的一半,即球壳的厚度仅需圆柱形容器厚度的一半;同时,相同容积的容器,球表面积最小,所以大型储罐采用球罐较为经济。

(3)锥形壳体 图3-9所示为一圆锥壳,半锥角为 α,A 点处的半径为 r,厚度为 δ,则在 A 点处

$$R_1=\infty \qquad R_2=x\tan\alpha=\frac{r}{\cos\alpha}$$

代入式(3-5)和式(3-8),可得 A 点处的应力

$$\left.\begin{array}{l} \sigma_\theta=\dfrac{pR_2}{\delta}=\dfrac{px\tan\alpha}{\delta}=\dfrac{pr}{\delta\cos\alpha} \\[3mm] \sigma_\varphi=\dfrac{px\tan\alpha}{2\delta}=\dfrac{pr}{2\delta\cos\alpha} \end{array}\right\} \tag{3-11}$$

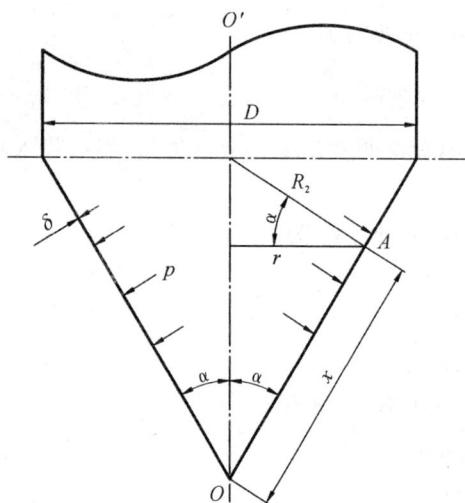

图 3-9 锥形壳体的应力

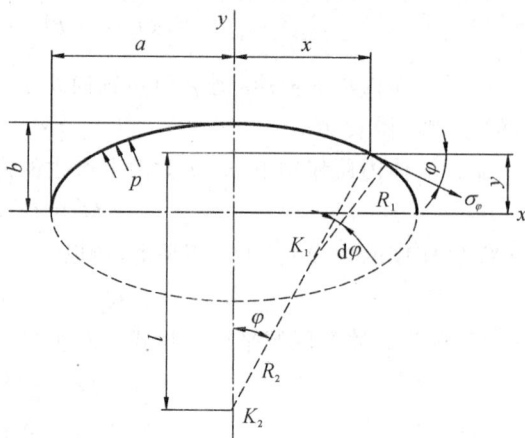

图 3-10 椭球壳体的应力

由式(3-11)可知:①周向应力和径向应力与 x 呈线性关系,锥顶处应力为零,离锥顶越远应力越大,且周向应力是径向应力的两倍。②锥壳的半锥角是确定壳体应力的一个重要参量,当趋于零时,锥壳的应力趋于圆筒的壳体应力;当趋于 90°时,锥体变成平板,其应力就接近无限大。

(4)椭球形壳体 椭球形壳体由 1/2 椭圆曲线作为母线绕轴回转而成。它的应力同样可以用式(3-5)和式(3-8)计算。

图 3-10 为承受内压 p 的椭球壳,其椭圆曲线方程为

$$\frac{x^2}{a^2}+\frac{y^2}{b^2}=1$$

由高等数学知识,可求得第一曲率半径 R_1 为

$$R_1=\frac{[1+(y')^2]^{3/2}}{|y''|}$$

对椭圆形方程的 y 求导数,将求得的 y' 和 y'' 值代入上式,得

$$R_1=\frac{[a^4-x^2(a^2-b^2)]^{3/2}}{a^4b}$$

同样,可求得第二曲率半径 R_2 为

$$R_2=\frac{[a^4-x^2(a^2-b^2)]^{1/2}}{b}$$

将 R_1 和 R_2 代入式(3-5)和式(3-8),可得

$$\left.\begin{array}{l}\sigma_\varphi=\dfrac{pR_2}{2\delta}=\dfrac{p}{2\delta}\dfrac{[a^4-x^2(a^2-b^2)]^{1/2}}{b}\\[3mm]\sigma_\theta=\dfrac{p}{2\delta}\dfrac{[a^4-x^2(a^2-b^2)]^{1/2}}{b}\left[2-\dfrac{a^4}{a^4-x^2(a^2-b^2)}\right]\end{array}\right\} \tag{3-12}$$

从式(3-12)可以看出:①椭球壳上各点的应力是不相等的,其值与各点的坐标有关。在壳体顶点($x=0,y=b$)处,$R_1=R_2=a^2/b$,$\sigma_\varphi=\sigma_\theta=pa^2/2b\delta$;在壳体赤道($x=a,y=0$)上,$R_1=b^2/a$,$R_2=a$,$\sigma_\varphi=pa/2\delta$,$\sigma_\theta=pa/\delta(1-a^2/2b^2)$。②椭球壳应力的大小除与内压 p、壁厚 δ 有关外,还与长轴与短轴之比 a/b 有很大关系。当 $a=b$ 时,椭球壳变成球壳,这时最大应力为圆柱壳中 σ_θ 的一半,随着 a/b 值的增大,椭球壳中应力增大,如图 3-11 所示。③椭球壳承受均匀内压时,在任何 a/b 值下,径向应力 σ_φ 恒为正值,即为拉应力,且由顶点处最大值向赤道逐渐递减至最小值。当 $a/b>\sqrt{2}$ 时,周向应力 σ_θ 将变号,即从拉应力变为压应力。随着周向压应力增大,在大直径薄壁椭圆形封头中会出现局部屈曲现象。④工程上常用的标准椭圆形封头,其 $a/b=2$。此时 σ_θ 的数值在顶点处和赤道处大小相等但符号相反,即顶点处为 pa/δ,赤道上为 $-pa/\delta$,而 σ_φ 恒为拉应力,在顶点处达最大值为 pa/δ。

3.5.3.2 承受液体静压的圆柱形壳体的受力分析

与承受均匀气压的圆柱形筒体不同,液体的压力垂直于壳壁,且各点所受的液体静压力随液体深度而变化。离液面越远,液体静压越大。筒壁上任一点 M 承受的压力为

$$p=p_0+\rho g x\times10^{-6}$$

式中,p——筒壁上任一点的液体压力值,MPa;

p_0——液体表面压力,MPa;

ρ——液体的密度,kg/m³;

g——重力加速度,m/s²;

x——筒体所求应力点距液面的深度,m。

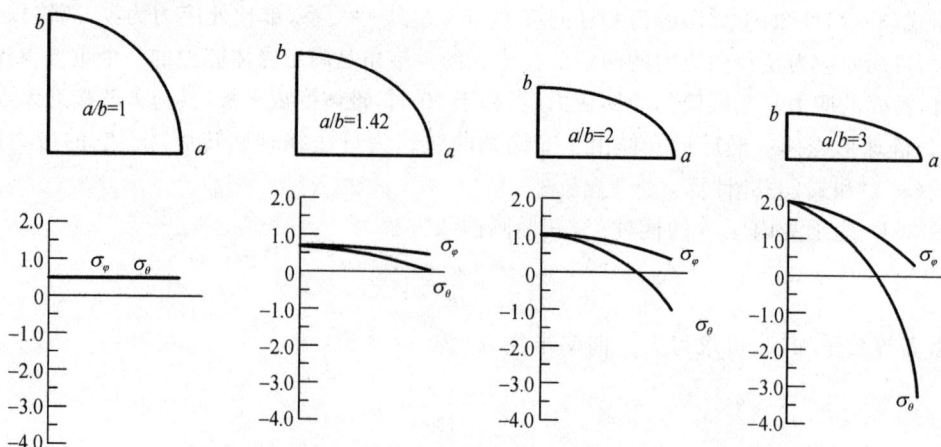

图 3-11　椭球壳中的应力随长轴与短轴之比的变化规律

根据式(3-5)

$$\frac{\sigma_\varphi}{\infty}+\frac{\sigma_\theta}{R}=\frac{p_0+\rho gx\times10^6}{\delta}$$

得周向应力为

$$\sigma_\theta=\frac{(p_0+\rho gx\times10^{-6})R}{\delta}\qquad\qquad(3\text{-}13a)$$

对于如图 3-12(a)所示底部支承的圆筒,由于液体的重量由支承传递给基础,筒壁不受液体的轴向力作用,所以筒壁中的径向应力只与液体表面的压力 p_0 有关,而与液体静压无关,即

$$\sigma_\varphi=\frac{p_0D}{4\delta}\qquad\qquad(3\text{-}13b)$$

若容器上方是敞口的,或无气体压力时,即 $p_0=0$,则 $\sigma_\varphi=0$。

对于如图 3-12(b)所示上部支承的圆筒,液体的重量使圆筒受轴向力作用,并在筒壁上产生径向应力。读者可以根据轴向力平衡方程导出轴向应力的计算式。

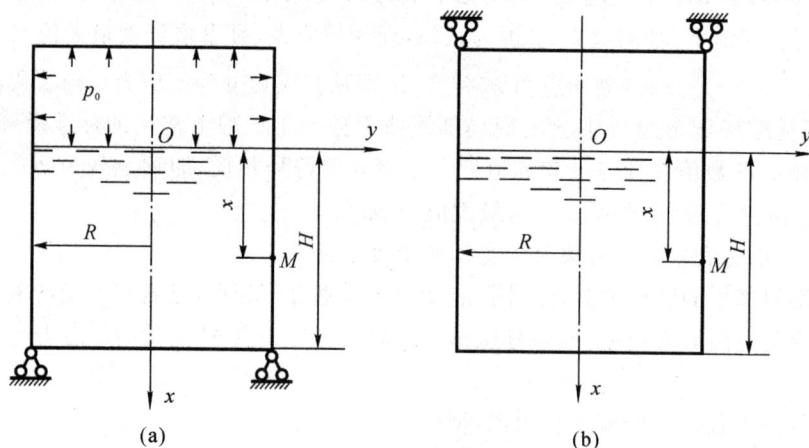

图 3-12　承受液压的圆筒形容器

例题 3-1 有一圆筒形容器,两端为椭圆形封头,如图 3-13 所示。已知圆筒平均直径 D 为 1010mm,壁厚 $\delta=10$mm,容器内工作压力 p 为 1.5MPa。试计算:

(1)筒壁上径向应力 σ_φ 和周向应力 σ_θ 的大小;

(2)如果椭圆形封头厚度为 10mm,其 a/b 分别为 2、$\sqrt{2}$ 和 3,试确定不同 a/b 时封头上最大的径向应力值与周向应力值,以及最大应力所在的位置。

【解】 (1)求筒壁应力

径向应力 $\quad \sigma_\varphi=\dfrac{pD}{4\delta}=\dfrac{1.5\times1010}{4\times10}=37.9(\text{MPa})$

周向应力 $\quad \sigma_\theta=\dfrac{pD}{2\delta}=\dfrac{1.5\times1010}{2\times10}=75.8(\text{MPa})$

(2)求椭圆形封头上最大应力

当 $a/b=2$ 时,$a=505$mm,$b=252.5$mm

在 $x=0$ 处: $\sigma_\varphi=\sigma_\theta=\dfrac{pa}{2\delta}\left(\dfrac{a}{b}\right)=\dfrac{1.5\times505}{2\times10}\times2=75.8(\text{MPa})$

在 $x=a$ 处: $\sigma_\varphi=\dfrac{pa}{2\delta}=\dfrac{1.5\times505}{2\times10}=37.9(\text{MPa})$

$\sigma_\theta=\dfrac{pa}{2\delta}\left(2-\dfrac{a^2}{b^2}\right)=\dfrac{1.5\times505}{2\times10}(2-4)=-75.8(\text{MPa})$

图 3-13 例 3-1 附图

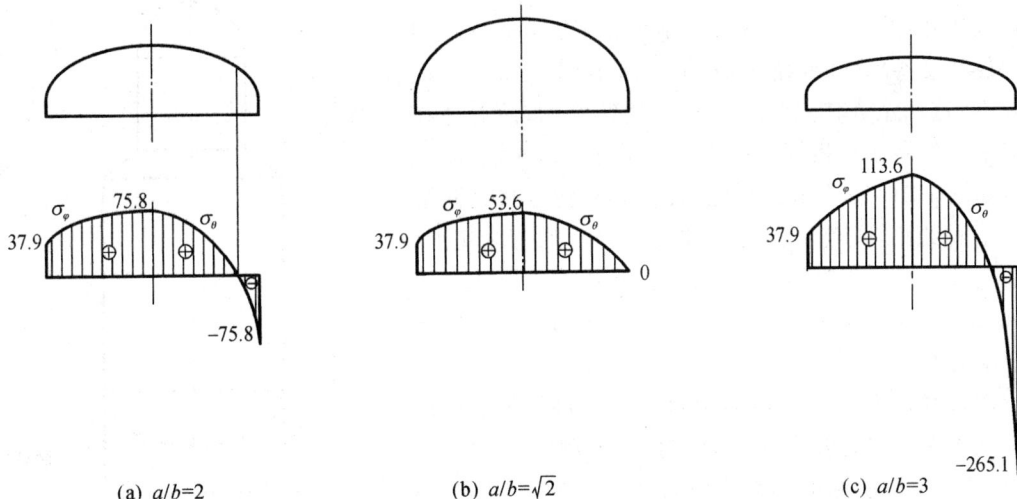

应力分布如图 3-14(a)所示,其最大应力有两处,一处在椭圆封头的顶点,即 $x=0$ 处;另一处在椭圆封头的底边,即 $x=a$ 处。

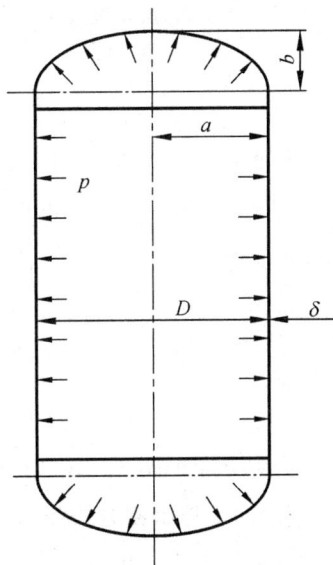

(a) $a/b=2$ (b) $a/b=\sqrt{2}$ (c) $a/b=3$

图 3-14 例 3-1 计算结果

当 $a/b=\sqrt{2}$ 时,$a=505$mm,$b=357$mm

在 $x=0$ 处: $\sigma_\varphi=\sigma_\theta=\dfrac{pa}{2\delta}\left(\dfrac{a}{b}\right)=\dfrac{1.5\times505}{2\times10}\times\sqrt{2}=53.6(\text{MPa})$

在 $x=a$ 处：$\sigma_\varphi = \dfrac{pa}{2\delta} = \dfrac{1.5 \times 505}{2 \times 10} = 37.9(\text{MPa})$

$$\sigma_\theta = \frac{pa}{2\delta}\left(2 - \frac{a^2}{b^2}\right) = \frac{1.5 \times 505}{2 \times 10}(2-2) = 0$$

应力分布如图 3-14(b)所示，最大应力在椭圆封头的顶点，即 $x=0$ 处。

当 $a/b=3$ 时，$a=505\text{mm}$，$b \approx 168.3\text{mm}$

在 $x=0$ 处：$\sigma_\varphi = \sigma_\theta = \dfrac{pa}{2\delta}\left(\dfrac{a}{b}\right) = \dfrac{1.5 \times 505}{2 \times 10} \times 3 = 113.6(\text{MPa})$

在 $x=a$ 处：$\sigma_\varphi = \dfrac{pa}{2\delta} = \dfrac{1.5 \times 505}{2 \times 10} = 37.9(\text{MPa})$

$$\sigma_\theta = \frac{pa}{2\delta}\left(2 - \frac{a^2}{b^2}\right) = \frac{1.5 \times 505}{2 \times 10}(2 - 3^2) = -265.1(\text{MPa})$$

应力分布如图 3-14(c)所示，最大应力在椭圆封头的底边，即 $x=a$ 处。

3.5.4　边缘应力的概念

在采用无力矩理论对承受内压的回转薄壳进行受力分析时，忽略了剪力与弯矩的影响，因而无力矩理论是一个近似理论，其计算结果只在远离壳体结构不连续区域才与实际情况相符。但该计算方法简便，且在某些情况下计算结果应用于工程时精度也是足够的，因而无力矩理论至今仍被广泛使用。

然而，实际的压力容器大多由几种简单的壳体组合而成的。图 3-15 所示的压力容器，包含了球壳、圆柱壳、锥壳和椭球壳等基本壳体。若把两相邻壳体作为自由体，在内压作用下使其自由变形，则它们在连接处的变形量是不相等的。下面以半球壳与圆柱壳的连接为例进行说明。

在内压作用下，将半球壳和圆柱壳的连接边缘处沿平行圆切开，并让其自由变形。显然，两壳体平行圆的径向位移是不相等的，如图 3-16(a)所示，$w_2^t = 2w_1^t$。但实际上，这两个壳体是连成一体的连续结构，两壳体在连接处的位移必然相等（$w_2 = w_1$），同时转角相同（$\varphi_1 = \varphi_2$），如图 3-16(b)所示。为此，会在两壳体连接处附近形成一种约束，迫使连接处壳体发生局部的弯曲变形，即在连接边缘产生附加的边缘力 Q_0 和边缘力矩 M_0[图 3-16(c)]及抵抗这种变形的局部应力，从而使这一区域的总应力增大。

因这种总体结构不连续，组合壳在连接处附近的局部区域出现的应力增大现象，称为"边缘效应"或"不连续效应"。由此引起的局部应力称为"边缘应力"或"不连续应力"。由于组合壳连接边缘处存在弯矩，因而无法用无力矩理论求解边缘应力，必须采用有力矩理论或弯曲理论进行求解。

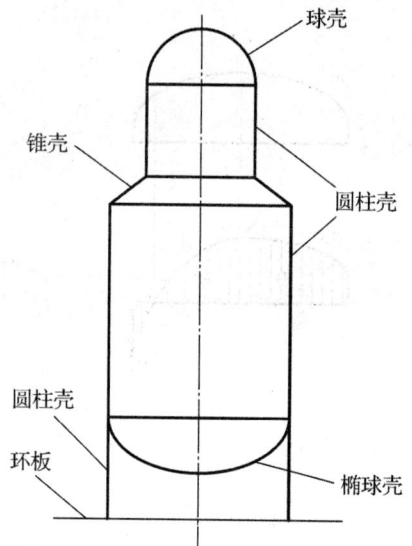

图 3-15　组合壳

此外，组合壳中沿壳体轴线方向的壁厚、载荷、温度和材料的物理性能出现突变时，也会在突变区域出现边缘效应，产生边缘应力。

这种发生在结构突变区域的边缘应力通常具有以下基本特性：

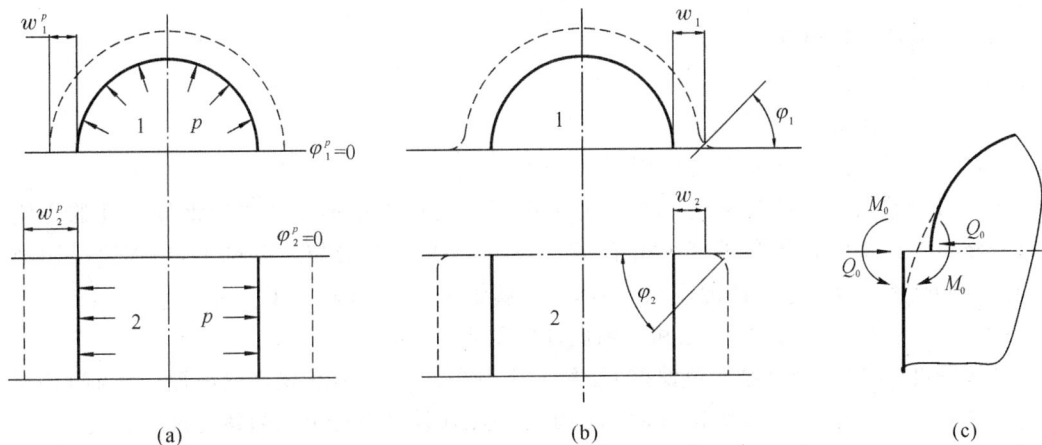

图 3-16　连接边缘的变形

（1）局部性　边缘应力大多数具有明显的衰减波特性，其影响范围很小。边缘应力只存在于边缘处附近的局部区域，随着离开边缘处距离的增大，边缘应力呈波形迅速衰减，并趋于零。以钢制圆柱形壳体为例，其作用范围与 $\sqrt{R\delta}$（R 与 δ 分别为圆筒的半径与壁厚）呈同一数量级。

（2）自限性　由于边缘应力是因两连接件弹性变形不一致、相互制约而产生的，一旦材料产生了塑性变形，弹性变形的约束就会缓解，边缘应力自动受到限制，这就是边缘应力的自限性。因此，采用塑性较好的材料制成的容器，可减少容器发生破坏的危险。

正是由于边缘应力的局部性和自限性，对于受静载荷作用的塑性材料壳体，设计中一般不按局部应力来确定厚度，而是在结构上做局部处理。但对于脆性材料制造的壳体，或经受疲劳载荷以及低温载荷的壳体等，设计时必须考虑边缘应力的影响。

3.6　内压薄壁圆筒的强度设计

3.6.1　内压薄壁圆筒的壁厚设计

根据无力矩理论，承受内压的薄壁圆筒，径向和周向薄膜应力计算式如式（3-9）所示。压力容器大多采用塑性较好的钢材制成，本可按第三强度理论进行设计，但由于历史原因，世界各国的常规设计（Design by Rule）规范与标准一直沿用第一强度理论。

$\sigma_1 = \dfrac{pD}{2\delta}$，$\sigma_2 = \dfrac{pD}{4\delta}$，$\sigma_3 = 0$，则

$$\sigma_{r1} = \sigma_1 = \sigma_{r3} = \sigma_1 - \sigma_3 = \frac{pD}{2\delta} \leqslant [\sigma]^t$$

式中，平均直径 D 用（$D_i + \delta$）（D_i 系筒体内直径，δ 为筒体壁厚）代入，经化简可得

$$\delta = \frac{pD_i}{2[\sigma]^t - p}$$

工程计算时，压力 p 应采用计算压力 p_c；同时考虑焊接可能引起壳体的强度削弱，使材料的许用应力适当降低，为此 $[\sigma]^t$ 应乘以焊接接头系数 ϕ。故圆筒体的壁厚计算式为

$$\delta=\frac{p_c D_i}{2[\sigma]^t\phi-p_c}\qquad(3\text{-}14)$$

式中，δ——筒体计算厚度，mm；

$\quad p_c$——计算压力，MPa；

$\quad \phi$——焊接接头系数；

$\quad [\sigma]^t$——设计温度下材料的许用应力，MPa。

式(3-14)给出的计算厚度还不能作为选用钢板的最终依据。考虑到钢板厚度的不均匀性以及介质对筒壁的腐蚀作用，在确定筒体壁厚时，还应在计算厚度基础上，增加厚度附加量 C。厚度附加量 C 包括钢材的厚度负偏差 C_1 和腐蚀裕量 C_2，即 $C=C_1+C_2$。

计算厚度 δ 与腐蚀裕量 C_2 之和得到设计厚度 δ_d，即 $\delta_d=\delta+C_2$。

设计厚度 δ_d 加上钢材厚度负偏差 C_1 后向上圆整至钢材标准规格的厚度，得到筒体的名义厚度 δ_n，$\delta_n=\delta_d+C_1+\Delta$（$\Delta$ 为圆整值），它即是标注在设计图样上的筒体厚度。

制造厂在根据设计图样加工时，还要考虑加工减薄量 C_3，并按钢板厚度规格第二次向上圆整得到钢板毛坯厚度。筒体成形后的厚度等于钢板毛坯厚度减去实际加工减薄量，也为出厂时的实际厚度。一般情况下，只要成形后厚度大于设计厚度就可满足强度要求。加工减薄量通常根据具体的制造工艺由制造厂而并非由设计人员确定，因此，容器出厂时的实际厚度可能和图样厚度不完全一致。

各种厚度间的关系见图 3-17。

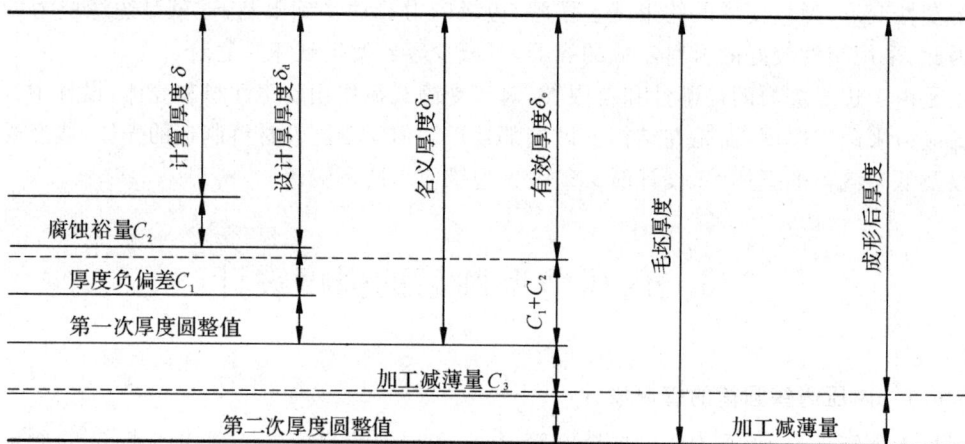

图 3-17　厚度关系示意图

当已知筒体尺寸 D_i、δ_n，需校核筒体强度时，按式(3-15)进行。

$$\sigma'=\frac{p_c(D_i+\delta_e)}{2\delta_e}\leqslant[\sigma]^t\phi\qquad(3\text{-}15)$$

式中，σ'——设计温度下圆筒的计算应力，MPa；

$\quad \delta_e$——有效厚度，$\delta_e=\delta_n-C$，mm；

$\quad \delta_n$——名义厚度，mm；

$\quad C$——厚度附加量，mm。

而上述已知筒体的最大允许工作压力 $[p_w]$ 按式(3-16)计算。

$$[p_w] = \frac{2\delta_e [\sigma]^t \phi}{D_i + \delta_e} \qquad (3-16)$$

式中，$[p_w]$——圆筒的最大允许工作压力，MPa。

3.6.2 设计参数

内压容器设计参数主要有设计压力、设计温度、厚度附加量、焊接接头系数和许用应力等。

(1)设计压力 为压力容器的设计载荷条件之一，其值不低于最高工作压力。而最高工作压力系指容器顶部在正常工作过程中可能产生的最高表压。设计压力应视内压或外压容器分别取值。

内压容器设计压力取值方法可参考表 3-10。

表 3-10 内压容器设计压力取值方法

容器类型	设计压力(p)取值
无安全泄放装置	大于或等于最高工作压力
装有安全阀	不低于安全阀的整定压力，安全阀整定压力通常取(1.05～1.10)倍的最高工作压力
装设爆破片	不低于爆破片的设计爆破压力
盛装液化气体	根据容器的充装系数及可能达到的最高温度确定

(2)计算压力 是指在相应设计温度下，用以确定受压元件最危险截面厚度的压力。除必须考虑设计压力外，还应考虑器内液柱静压力的影响。

一般情况下，计算压力 p_c 等于设计压力加上液柱静压力。当元件所承受的液柱静压力小于 5% 设计压力时，可忽略不计。

(3)设计温度 设计温度也为压力容器的设计载荷条件之一，它是指容器在正常情况下，设定元件的金属温度(沿元件金属截面的温度平均值)。当元件金属温度不低于 0℃ 时，设计温度不得低于元件金属可能达到的最高温度；当元件金属温度低于 0℃ 时，其值不得高于元件金属可能达到的最低温度。

设计温度虽不直接反映在壁厚计算公式中，但它是设计中选择材料和确定许用应力时不可缺少的一个基本参数。元件的金属温度可以通过传热计算或实测得到，也可按内部介质的最高(最低)温度确定，或在此基准上增加(或减少)一定数值。

GB 150.1 规定：设计温度低于 −20℃ 的碳素钢、低合金钢、双相不锈钢和铁素体不锈钢制容器，以及设计温度低于 −196℃ 的奥氏体不锈钢制容器为低温容器。

(4)厚度附加量 厚度附加量由两部分组成：钢材厚度负偏差 C_1 和腐蚀裕量 C_2。

钢板或钢管厚度负偏差 C_1 应按相应钢材标准的规定选取。列入 GB 150.2 的钢板材料标准有 GB 713《锅炉和压力容器用钢板》、GB 3531《低温压力容器用钢板》、GB 19189《压力容器用调质高强度钢板》和 GB 24511《承压设备用不锈钢钢板及钢带》等，压力容器常用钢板厚度负偏差的取值见表 3-11。列入 GB 150.2 的钢管材料标准有 GB/T 8163《输送流体用无缝钢管》、GB 9948《石油裂化用无缝钢管》、GB 6479《高压化肥设备用无缝钢管》、GB 5310《高压锅炉用无缝钢管》、GB 13296《锅炉、热交换器用不锈钢无缝钢管》、GB/T 14976《流体输送用不锈钢无缝钢管》、GB/T 21832《奥氏体-铁素体型双相不锈钢焊接钢管》、GB/T 21833《奥氏体-铁素体型双相不锈钢无缝钢管》、GB/T 12771《流体输送用不锈钢焊接钢管》、GB/T 24593《锅炉和热交换器用奥氏体不锈钢焊接钢管》等，常用钢管厚度负偏差取值列于表 3-12。

腐蚀裕量 C_2 主要是为了防止容器受压元件因均匀腐蚀、机械磨损而导致壁厚减薄而降低其承载能力。与腐蚀介质直接接触的筒体、封头、接管等受压元件，均应考虑材料的腐蚀裕量。腐蚀裕量一般可根据钢材在介质中的均匀腐蚀速率和容器的设计寿命确定。在无特殊腐蚀情况下，对于碳素钢和低合金钢，C_2 不小于 1mm；对于不锈钢，当介质的腐蚀性极微时，可取 $C_2=0$。

表 3-11　压力容器常用钢板厚度负偏差 C_1 值

钢板标准	钢板厚度	负偏差 C_1/mm
GB 713《锅炉和压力容器用钢板》	全部厚度	-0.3
GB 3531《低温压力容器用钢板》	全部厚度	-0.3
GB 19189《压力容器用调质高强度钢板》	全部厚度	-0.3
GB 24511《承压设备用不锈钢钢板及钢带》	热轧，厚度 5.0~8.0mm	-0.3
	热轧，厚度 2.0~5.0mm	详见 GB 24511
	冷轧，厚度 1.5~8.0mm	详见 GB 24511

表 3-12　常用钢管厚度负偏差 C_1 值

钢管标准	钢管种类	公称外径 D/mm	厚度 S/mm	厚度/钢管外径 (S/D)	负偏差 C_1/mm
GB/T 8163《输送流体用无缝钢管》	热轧	≤102	—	—	12.5%S 或 0.40，取大值
		>102		≤0.05	15%S 或 0.40，取大值
				>0.05~0.10	12.5%S 或 0.40，取大值
	冷拔			>0.10	10%S
		—			10%S
GB 9948《石油裂化用无缝钢管》	热轧	—	—	—	10%S
	冷拔	—	≤3		10%S
		—	>3		普通级 10%S，高级 7.5%S
GB 6479《高压化肥设备用无缝钢管》	热轧	—			10%S
	冷拔	—	≤3		10%S
		—	>3		普通级 10%S，高级 7.5%S
GB/T 14976《流体输送用不锈钢无缝钢管》	热轧	—	≤15	—	12.5%S
		—	>15		普通级 15%S，高级 12.5%
	冷拔	—	≤3		普通级 14%S，高级 10%S
		—	>3		10%S

但腐蚀裕量只对防止发生均匀腐蚀破坏有意义；对于应力腐蚀、氢脆和缝隙腐蚀等非均匀腐蚀，用增加腐蚀裕量的办法来防止腐蚀效果不佳，此时应尽可能选择耐腐蚀材料或进行适当的防腐蚀处理。

（5）最小厚度　对于压力较低的容器，按壁厚计算公式得到的厚度很薄，往往会给制造和运输、吊装带来困难,为此对壳体元件规定了不包括腐蚀裕量的最小厚度 δ_{min}。

对碳素钢、低合金钢制的容器,δ_{min} 不小于 3mm;对高合金钢制的容器,δ_{min} 不小于 2mm。

(6)焊接接头系数　通过焊接制成的容器,其焊缝中由于可能存在夹渣、未熔透、裂纹、气孔等焊接缺陷,且在焊缝的热影响区很容易形成粗大晶粒而使母材强度或塑性有所降低,因此焊缝往往成为容器强度比较薄弱的环节。为弥补焊缝对容器整体强度的削弱,在强度计算时引入焊接接头系数。焊接接头系数表示焊缝金属与母材强度的比值,反映容器强度受削弱的程度。

影响焊接接头系数大小的因素较多,但主要与焊接接头的坡口形式和焊缝无损检测的要求及长度比例有关。钢制压力容器的焊接接头系数可按表 3-13 选取。

表 3-13　钢制压力容器的焊接接头系数 ϕ 值

焊接接头形式	无损检测比例	ϕ 值	焊接接头形式	无损检测比例	ϕ 值
双面焊对接接头和相当于双面焊的全焊透对接接头	100%	1.00	单面焊对接接头(沿焊缝根部全长有紧贴基本金属的垫板)	100%	0.90
	局部	0.85		局部	0.80

(7)许用应力　许用应力是容器筒体、封头等受压元件的材料许用强度,它是以材料强度失效判据的极限值为依据,除以相应的安全系数,并取各值的最小值得出的。TSG 21—2016《固定式压力容器安全技术监察规程》给出的钢制压力容器规则设计方法的安全系数取值见表 3-14。设计时必须合理地选择材料的许用应力,采用过小的许用应力,会使设计的部件过分笨重而浪费材料,反之会使部件过于单薄而破损。因此,合理选择安全系数确定材料的许用应力是关系到设计先进可靠与否的关键问题。

表 3-14　钢制压力容器用材料许用应力的取值方法

材料(板、锻件、管)	安全系数			
	室温下的抗拉强度 R_m	设计温度下的屈服强度 $R_{\mathrm{eL}}^t(R_{P0.2}^t)$[①]	设计温度下持久强度极限平均值 R_D^t[②]	设计温度下时蠕变极限平均值(每 1000 小时蠕变率为 0.01%)R_n^t
碳素钢和低合金钢	$n_b \geq 2.7$	$n_s \geq 1.5$	$n_d \geq 1.5$	$n_n \geq 1.0$
高合金钢	$n_b \geq 2.7$	$n_s \geq 1.5$	$n_d \geq 1.5$	$n_n \geq 1.0$

注:①如果 TSG 21 引用的钢材标准允许采用 $R_{p1.0}^t$,则可以选用该值计算其许用应力。
②此安全系数为 1.0×10^5 h 持久强度极限值。

材料强度失效判据的极限值可以用各种不同的方式表示,如屈服强度 R_{eL}(或 $R_{p0.2}$)、抗拉强度 R_m、持久强度 R_D、蠕变极限 R_n 等。应根据失效类型来确定极限值。

设计时,材料的许用应力可直接从许用应力表中查得(参见附录 2),也可按表 3-14 规定求得。但必须注意的是:钢板许用应力往往随钢板厚度增加或温度升高而降低;当设计温度低于 0℃ 时,一般取 20℃ 时的许用应力。

3.6.3　耐压试验

除材料本身的缺陷外,容器在制造(特别是焊接过程)和使用中会产生各种缺陷。为考核缺陷对容器安全性的影响,压力容器制造完毕或定期检验(必要时)后,都要进行耐压试验。

对于内压容器,耐压试验的目的是:在超设计压力下,考核容器的整体强度、刚度和稳定性,检查焊接接头的致密性,验证密封结构的密封性能,消除或降低焊接残余应力、局部不连续区域的峰值应力,同时对微裂纹产生闭合效应,钝化微裂纹尖端。

耐压试验是在超设计压力下进行的,可分为液压试验、气压试验以及气液组合试验。由于是容器在使用之前的第一次承压,且试验压力要比容器最高工作压力高,容器发生爆破的可能性比使用时大,故必须选择安全的试验方法。考虑到在相同压力和容积下,试验介质的压缩系数越大,容器所储存的能量也越大,爆炸也就越危险,故尽可能选用压缩系数小的流体作为试验介质。常温时,水的压缩系数比气体要小得多,且来源丰富,因而是常用的试验介质。只有因结构或支承等原因,不能向容器内充灌水或其他液体,以及运行条件不允许残留液体时,才用气压试验。考虑因承重等原因无法进行液压试验,若用气压试验又耗时过长,则可采用气液组合试验。

耐压试验时,试验温度(容器器壁金属温度)应当比容器器壁金属的无延性转变温度高30℃,或者按照产品标准的规定执行,如果由于板厚等因素造成材料无延性转变温度升高,则需要相应提高试验温度。

如果以水为介质进行液压试验,其所用的水必须是洁净的;同时由于氯离子能破坏奥氏体不锈钢的表面钝化膜,使其在拉应力作用下发生应力腐蚀破坏,因此奥氏体不锈钢制压力容器进行水压试验时,还应将水中氯离子含量控制在 25mg/L 以内,并在试验后立即将水渍清除干净。

试验压力应当符合设计图样要求。液压试验压力不应小于式(3-17)的计算值。

$$P_{\mathrm{T}} = 1.25 p \frac{[\sigma]}{[\sigma]^t} \tag{3-17}$$

当容器各元件(圆筒、封头、接管、法兰及紧固件等)所用材料不同时,应取各元件材料许用应力比$[\sigma]/[\sigma]^t$的最小值。

气压试验所用气体,应为干燥洁净的空气、氮气或其他惰性气体,由于气压试验较液压试验危险,故所取的试验压力比液压试验低,同时还要求容器上所有的对接接头进行 100% 射线或超声检测。

气压试验压力不应小于式(3-18)的计算值,$[\sigma]/[\sigma]^t$ 的取值要求同液压试验。

$$P_{\mathrm{T}} = 1.10 p \frac{[\sigma]}{[\sigma]^t} \tag{3-18}$$

考虑到气液组合试验存在一定气相空间,为安全起见,其试验压力、试验介质、容器设计、制造、无损检测要求以及安全防护要求等均与气压试验的要求相同。

为保证耐压试验时容器材料处于弹性状态,在耐压试验前还必须校核试验时筒体的薄膜应力 σ_{T}。

液压试验必须满足的强度条件为

$$\sigma_{\mathrm{T}} = \frac{P_{\mathrm{T}}(D_{\mathrm{i}} + \delta_{\mathrm{e}})}{2\delta_{\mathrm{e}}} \leqslant 0.9 \phi R_{\mathrm{eL}} (\text{或 } R_{\mathrm{p0.2}}) \tag{3-19}$$

气压试验和气液组合试验必须满足的强度条件为

$$\sigma_{\mathrm{T}} = \frac{P_{\mathrm{T}}(D_{\mathrm{i}} + \delta_{\mathrm{e}})}{2\delta_{\mathrm{e}}} \leqslant 0.8 \phi R_{\mathrm{eL}} (\text{或 } R_{\mathrm{p0.2}}) \tag{3-20}$$

3.6.4 泄漏试验

耐压试验合格后,对于介质毒性程度为极度、高度危害或者设计上不允许有微量泄漏的压力容器,必须进行泄漏试验。泄漏试验的目的是考察焊接接头的致密性和密封结构的密封性能,检查的重点是可拆的密封装置和焊接接头等部位。泄漏试验并不是每台压力容器制造过程中必做的试验项目,这是因为多数容器没有严格的致密性要求,且耐压试验也同时具备一定的检漏功能。

泄漏试验根据试验介质的不同,分为气密性试验、氨检漏试验、卤素检漏试验和氦检漏试验等。泄漏试验的种类、压力、技术要求等由设计者在设计文件中予以规定。具体可参见 NB/T 47013.8《承压设备无损检测第 8 部分:泄漏检测》,该标准详细介绍了气密性试验、氨检漏试验、卤素检漏试验和氦检漏试验等 11 种泄漏试验方法,提供了确定泄漏部位或测量泄漏率的具体检验方法。

例题 3-2 某内压圆柱形筒体,其设计压力 $p = 0.4\text{MPa}$,设计温度 $t = 300℃$,筒体内径 $D_i = 1000\text{mm}$,总高 3000mm,盛装液体介质,介质密度 $\rho = 1000\text{kg/m}^3$,筒体材料为 Q345R,腐蚀裕量 C_2 取 2mm,焊接接头系数 $\phi = 0.85$。

试设计该筒体的厚度。

【解】 (1)确定计算压力 根据设计压力和液柱静压力确定计算压力。液柱静压力为 0.03MPa,已大于设计压力的 5%,故应计入计算压力中,则 $p_c = p + 0.03 = 0.43(\text{MPa})$。

(2)确定壁厚 查附录 2,并假设材料的许用应力 $[\sigma]^t = 153\text{MPa}$(厚度为 3～16mm 时)。筒体计算厚度按式(3-14)计算

$$\delta = \frac{p_c D_i}{2[\sigma]^t \phi - p_c} = \frac{0.43 \times 1000}{2 \times 153 \times 0.85 - 0.43} = 1.66(\text{mm})$$

设计厚度 $\delta_d = \delta + C_2 = 1.66 + 2 = 3.66(\text{mm})$

Q345R 钢板的厚度负偏差 C_1 取 0.3mm,因而可取名义厚度 $\delta_n = 4\text{mm}$。但对于碳素钢和低合金钢制容器,GB 150 规定不包括腐蚀裕量的最小厚度应不小于 3mm,若加上 2mm 的腐蚀裕量,名义厚度至少应不少于 5mm。由钢板标准规格,该筒体名义厚度取 6mm。

(3)检查 $\delta_n = 6\text{mm}$,$[\sigma]^t$ 没有变化,故取名义厚度 6mm 合适。

(4)压力试验时的应力校核 采用水压试验,试验压力为

$$P_T = 1.25p \frac{[\sigma]}{[\sigma]^t} = 1.25 \times 0.4 \times \frac{189}{153} = 0.62(\text{MPa})$$

压力试验时筒体的薄膜应力

$$\sigma_T = \frac{P_T(D_i + \delta_e)}{2\delta_e} = \frac{P_T(D_i + \delta_n - C)}{2(\delta_n - C)}$$

$$= \frac{0.62[1000 + 6 - (2 + 0.3)]}{2[6 - (2 + 0.3)]} = 84.09(\text{MPa}) \leqslant 0.9\phi R_{eL} = 0.9 \times 0.85 \times 345$$

$$= 263.9(\text{MPa})$$

故满足水压试验要求。

3.7 外压圆筒设计

3.7.1 概 述

3.7.1.1 外压容器的失稳

压力容器除承受内压外,还有不少是用于承受外压的。如石油化工生产中的减压蒸馏塔、真空冷凝器和结晶器、带蒸汽加热夹套的反应釜等。这类容器均承受均布的外压作用,且其失效形式往往不同于一般的内压壳体。

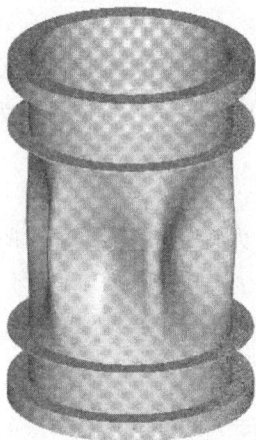

图 3-18 发生周向失稳后的圆筒

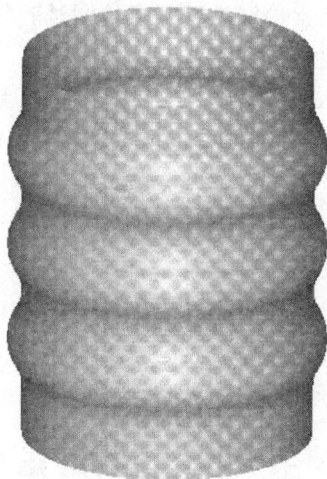

图 3-19 轴向压缩圆筒失稳后的形状

圆筒受到外压作用后,在筒壁内将产生经向和周向压缩应力,其数值与内压圆筒一样,也是 $\sigma_\varphi = pD/4\delta$, $\sigma_\theta = pD/2\delta$。这种压缩应力增大到材料的屈服强度时,将和内压圆筒一样,引起筒体的强度破坏。然而,这种情况极少发生,往往是外压圆筒筒壁内的压缩应力的数值还远低于材料的屈服强度时,筒壁就已经被压瘪或发生褶皱,即在一瞬间失去自身原来的形状,如图3-18所示。这种在外压作用下突然失去原来稳定性的现象称为失稳。容器发生失稳后将使容器不能维持正常操作,造成容器失效。

3.7.1.2 外压圆筒失稳形式

外压圆筒失稳可分为整体失稳和局部失稳;整体失稳又分为周向失稳和轴向失稳。

(1)周向失稳 圆筒由于均匀径向(侧向)外压引起的失稳叫作周(侧)向失稳,图3-18表示的即为周向失稳后的圆筒形状。周向失稳时筒体断面由原来的圆形被压瘪而呈现波形,其波数 n 可以为 $2、3、4、\cdots$,如表3-15所示。

(2)轴向失稳 受有轴向均布压缩载荷的薄壁圆筒,当压缩应力达到某一数值时也会失去稳定性,在轴向截面上产生有规则的波纹。图3-19所示是一种对称轴向失稳形式,沿周向形成环形凹陷,但其仍然具有圆形的环截面,只是破坏了母线的直线性。以上图例中给出的一些对称形式的壳体失稳形式,实际情况下由于初始几何形状缺陷等因素的影响,失稳后会出现不规则的失稳形式。

表 3-15　圆筒形壳体失稳后的形状

特性	失稳波形			
波纹数 n	1	2	3	4

下面主要讨论圆筒承受均匀径向外压时的设计问题。

3.7.2　临界压力

导致圆筒失稳的压力称为该圆筒的临界压力,以 p_{cr} 表示。圆筒在临界压力作用下,筒壁内的周向压缩应力称临界应力,以 σ_{cr} 表示。

3.7.2.1　影响临界压力的因素

由于外压容器发生失稳时,筒壁内压缩应力还远未达到材料的屈服强度,这说明容器发生失稳并不是由于材料的强度不足引起的。然而,实验表明材料的弹性模量 E 和泊松比 μ 对筒体的临界压力有直接影响,筒体材料的 E、μ 值越大,其抵抗失稳的能力就越强,相应地其临界压力就越高。但由于各种钢材的 E 和 μ 值相差不大,故选用高强度钢代替一般碳素钢制造外压容器,并不能显著提高容器的临界压力。

同时,大量外压容器失稳实验表明,圆筒临界压力与筒体的几何结构特征参数即圆筒计算长度与筒体外径之比值(L/D_o)及有效厚度与外径之比值(δ_e/D_o)有关。在其他条件一定的情况下,δ_e/D_o 值愈大,其 p_{cr} 就愈高;而 L/D_o 值与此相反,L/D_o 升高,p_{cr} 减少。

此外,外压圆筒制造时产生的几何形状的偏差也会降低筒体的临界压力,加速筒体的失稳。因此,外压容器壳体的形状偏差(圆度)要求明显要高于内压容器。

3.7.2.2　长圆筒和短圆筒

不同几何尺寸的外压圆筒会表现出不同的失稳规律,据此把受外压的圆筒体分为长圆筒、短圆筒。

(1)长圆筒　这种圆筒的 L/D_o 值较大,两端的边界影响可以忽略,临界压力 p_{cr} 仅与 δ_e/D_o 有关,而与 L/D_o 无关。长圆筒周向失稳时的波数 $n=2$。

(2)短圆筒　两端的边界影响显著,不容忽略,临界压力 p_{cr} 不仅与 δ_e/D_o 有关,而且与 L/D_o 也有关。短圆筒周向失稳时的波数 n 为大于 2 的整数。

3.7.2.3　临界压力理论计算式

(1)长圆筒　其临界压力可由圆环的临界压力公式推得,即

$$p_{cr} = \frac{2E^t}{1-\mu^2}\left(\frac{\delta_e}{D_o}\right)^3$$

式中,p_{cr}——临界压力,MPa;

　　E^t——设计温度下材料的弹性模量,MPa;

　　δ_e——筒体的有效厚度,mm

　　D_o——筒体的外径,mm;

　　μ——材料的泊松比。

对于钢制圆筒,$\mu=0.3$,则上式可写成

$$p_{cr} = 2.2E^t\left(\frac{\delta_e}{D_o}\right)^3 \tag{3-21}$$

式(3-21)显示：长圆筒的临界压力仅与筒体的材料和筒体的有效厚度与外径之比 δ_e/D_o 有关，而与圆筒的长径比 L/D_o 无关。

（2）短圆筒　其临界压力理论值按式(3-22)计算。

$$p_{cr} = 2.59E' \frac{\left(\dfrac{\delta_e}{D_o}\right)^{2.5}}{\dfrac{L}{D_o}} \tag{3-22}$$

式中，L——筒体的外压计算长度，mm。

从式(3-22)可见，短圆筒的临界压力 p_{cr} 除与筒体的材料和筒体的有效厚度与外径之比 δ_e/D_o 有关，还与筒体的长径比 L/D_o 有关。

（3）临界长度　以上讨论了长圆筒和短圆筒的临界压力计算公式，接着的问题是如何划分长圆筒和短圆筒。对于给定 D_o 和 δ_e 的圆筒，有一特征长度可作为区分 $n=2$ 的长圆筒和 $n>2$ 的短圆筒的界限，此特性尺寸称为临界长度，以 L_{cr} 表示。当圆筒的外压计算长度 $L>L_{cr}$ 时属长圆筒；当 $L<L_{cr}$ 时属短圆筒。如圆筒的计算长度 $L=L_{cr}$ 时，则式(3-21)与式(3-22)的计算结果相等，即

$$2.2E'\left(\frac{\delta_e}{D_o}\right)^3 = \frac{2.59E'}{\dfrac{L_{cr}}{D_o}}\left(\frac{\delta_e}{D_o}\right)^{2.5}$$

得

$$L_{cr} = 1.17D_o\sqrt{\frac{D_o}{\delta_e}} \tag{3-23}$$

3.7.3　外压圆筒的工程设计

外压圆筒计算常遇到两类问题，一类是已知筒体的尺寸，求它的许用外压力 $[p]$；另一类是已知工作外压力，确定给定筒体所需的壁厚。

前一类问题较为简单，只要区分出圆筒的长短类型，套用相应的临界压力计算公式，即可得到临界压力理论计算值。考虑到长、短圆筒的临界压力计算式是按理想的无初始不圆度求得的，而实际的圆筒在经历成形、焊接或焊后热处理后存在各种原始缺陷，如几何形状和尺寸的偏差、材料性能不均匀性等，会直接影响临界压力计算值的准确性；加上受载的不完全对称，使理论计算值与试验结果有一定误差。为此，在计算许用外压力 $[p]$ 时，还必须考虑一定的稳定性安全系数 m，即

$$[p] = \frac{p_{cr}}{m} \tag{3-24}$$

式中，$[p]$——许用外压力，MPa；

p_{cr}——临界压力理论计算值，MPa；

m——稳定性安全系数，GB 150 规定，对圆筒体，m 取 3.0。

后一类问题实际上就是设计一外压容器，有解析法和图算法两种设计方法可供选择。其中解析法较为烦琐，目前各国设计规范均推荐采用图算法。下面介绍外压圆筒体图算法的原理及工程设计方法。

3.7.3.1　图算法的原理

无论长圆筒，还是短圆筒，在临界压力 p_{cr} 作用下产生的周向应力均可写为

$$\sigma_{cr} = \frac{p_{cr}D_o}{2\delta_e}$$

式中，p_{cr} 与材料的弹性模量 E' 直接有关，而 E' 在塑性状态时为变量。为避开弹性模量 E'，可采用圆筒的应变值来表征筒体失稳时的特征。根据虎克定律，失稳时圆筒的周向应变为

$$\varepsilon_{cr} = \frac{\sigma_{cr}}{E} = \frac{p_{cr}D_o}{2E\delta_e} \tag{3-25}$$

将长、短圆筒的 p_{cr} 计算式(3-21)和式(3-22)分别代入式(3-25)，可以发现失稳时周向应变仅与筒体几何结构特征参数 L/D_o、D_o/δ_e 有关，因而可采用函数式(3-26)表示。

$$\varepsilon_{cr} = f(L/D_o, D_o/\delta_e) \tag{3-26}$$

对于径向受均匀外压以及径向和轴向同时承受外压的圆筒，令外压应变系数 $A = \varepsilon_{cr}$，并将 A 与 L/D_o、D_o/δ_e 的关系绘成曲线，如图 3-20 所示。

在图 3-20 的曲线中，与纵坐标平行的直线簇表示长圆筒，其失稳时外压应变系数 A 与 L/D_o 无关；图下方的斜平行线簇表示短圆筒，失稳时 A 与 L/D_o、D_o/δ_e 都有关。因该图与材料的弹性模量 E' 无关，故对任何材料制造的筒体都适用。

利用图 3-20，可方便迅速地找出一个尺寸已知的外压圆筒，当它失稳时，其外压应变系数 A 值的大小。然而，我们希望利用图算法解决的问题是：一个尺寸已知的外压圆筒，当它失稳时，其临界压力是多少？允许的工作外压力又是多少？下面就来找出 A 与允许工作外压力 $[p]$ 之间的关系，并将它绘成曲线。

外压容器的临界压力 p_{cr} 考虑稳定性安全系数 m 后，存在 $p_{cr} = m[p]$。将此关系代入式(3-25)整理得

$$\varepsilon_{cr} = \frac{m[p]D_o}{2E'\delta_e}$$

上式也可表示为

$$\frac{D_o[p]}{\delta_e} = \frac{2}{m}E'\varepsilon_{cr}$$

令 $B = \dfrac{D_o[p]}{\delta_e}$，并将 $m = 3$ 代入上式可得

$$B = \frac{2}{3}E'\varepsilon_{cr} = \frac{2}{3}\sigma_{cr} \tag{3-27}$$

B 称为外压应力系数(MPa)，B 和 A 一起反映了材料的应力应变关系。在弹性范围内，钢的弹性模量 E 为常数，将纵坐标应力按 2/3 比例缩小后，就得到 B 与 A 的关系，即外压应力系数 B 曲线。图 3-21～图 3-23 为几种常用钢材的外压应力系数 B 曲线。因为同种材料在不同温度下的应力-应变曲线不同，所以图中绘出了不同温度的曲线。显然，不同材料有不同的外压应力系数 B 曲线。

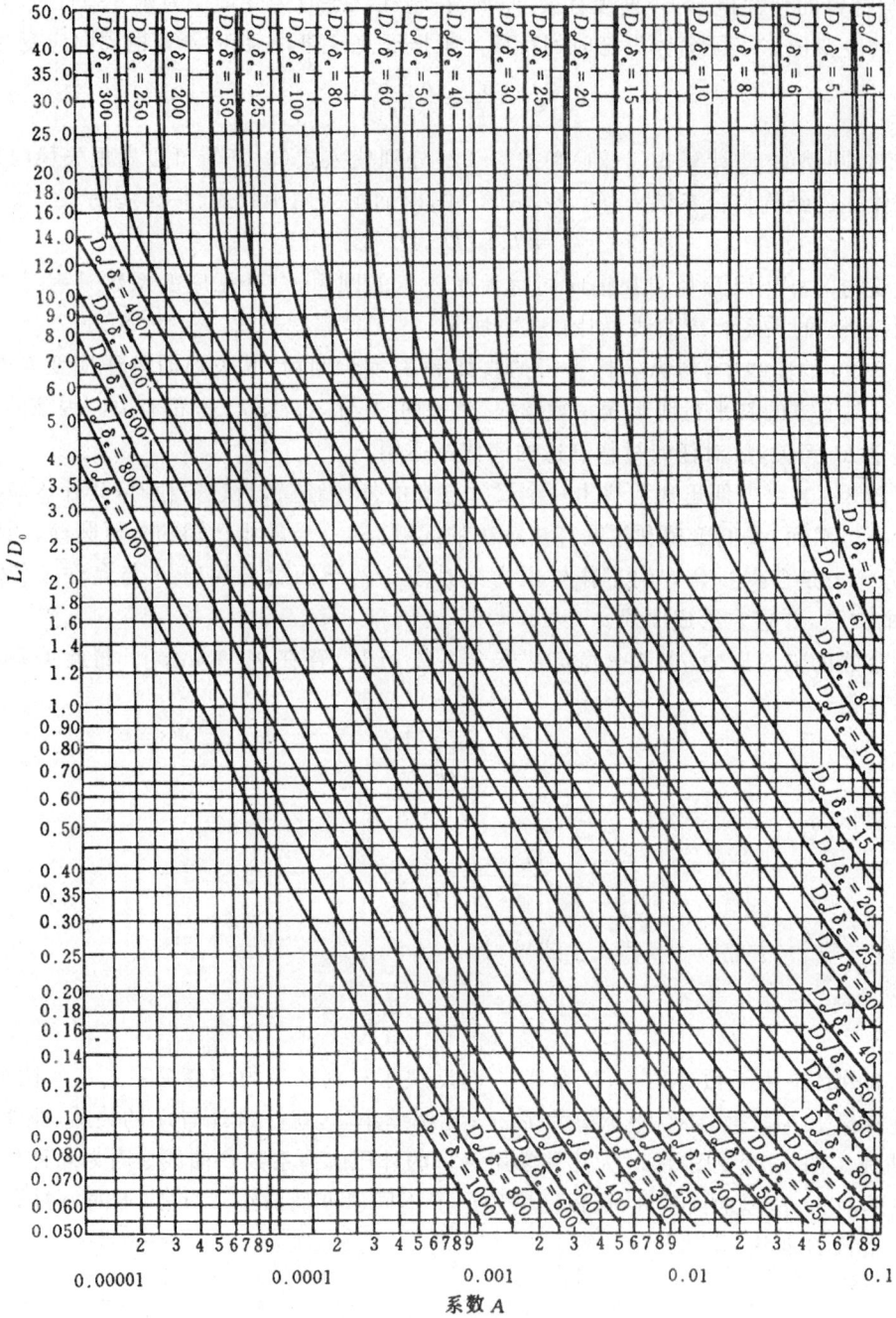

图 3-20　外压应变系数 A 曲线(适用所有材料)

　　外压应力系数 B 曲线图中的直线部分表示材料处于弹性,属于弹性失稳,此时 A 与 B 成正比,为节省图幅,图 3-21～图 3-23 曲线中弹性范围仅作出一小部分。由 A 查 B 时,若与相应温度下的 B 与 A 关系曲线相交不到,则表明筒体属于弹性失稳,可由 $B=2/3EA$ 关系式直接求取 B。

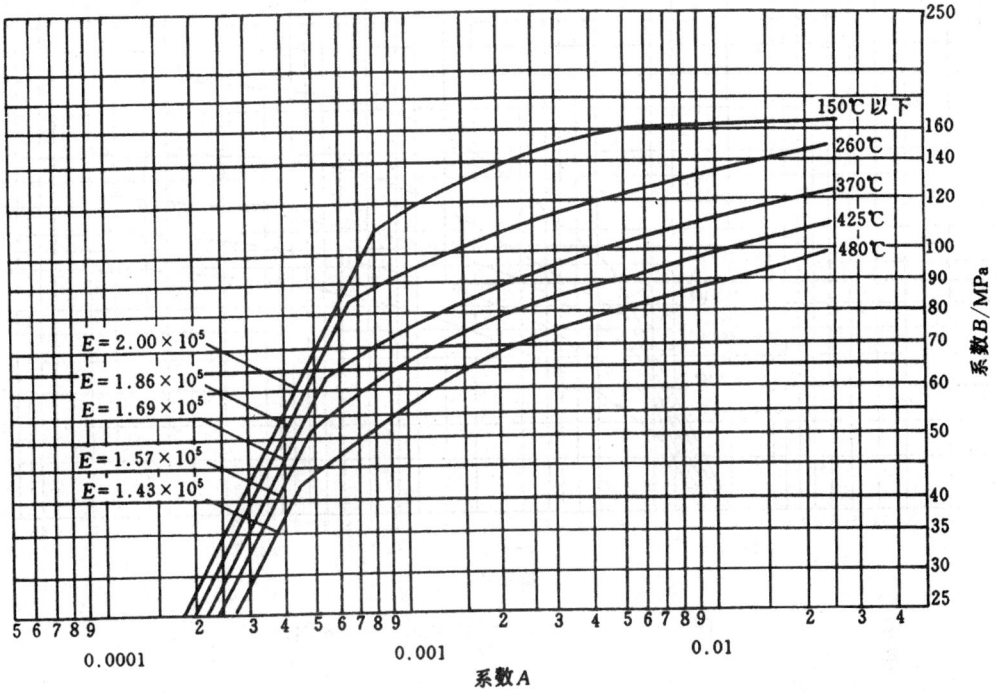

图 3-21　外压应力系数 B 曲线（屈服点 $R_{eL} < 207\mathrm{MPa}$ 的碳素钢和 S11348 钢）

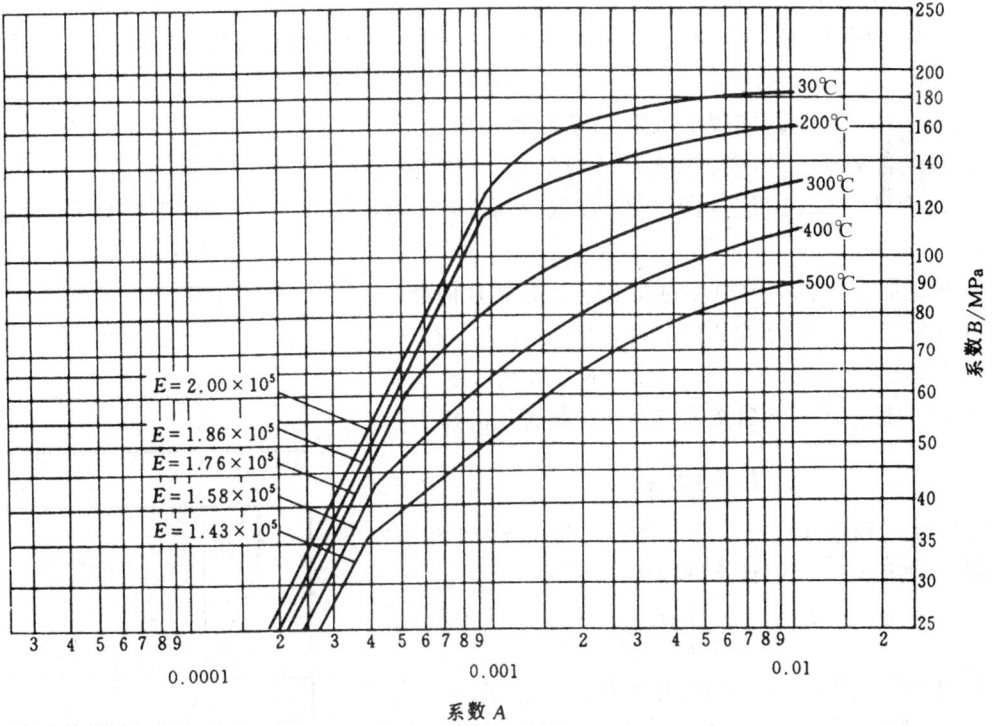

图 3-22　外压应力系数 B 曲线（Q345R 钢）

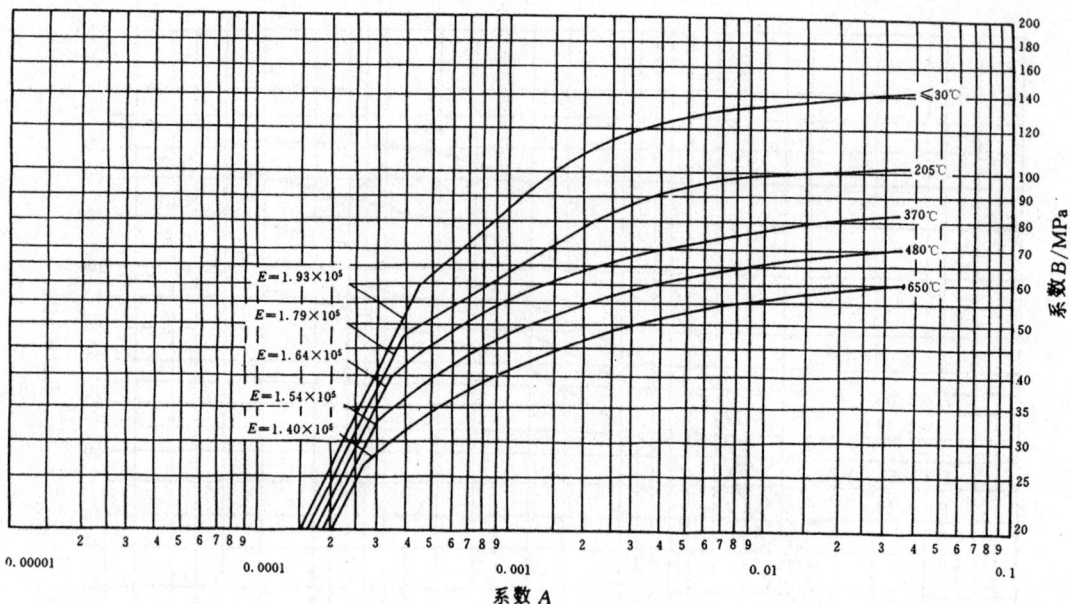

图 3-23 外压应力系数 B 曲线(S30408 钢)

3.7.3.2 工程设计方法

工程设计时,首先根据 D_o/δ_e 值大小,将外压筒体划分为厚壁筒体和薄壁筒体。薄壁筒体的计算仅考虑外压失稳,而厚壁筒体则要同时考虑外压失稳和强度失效。

有关厚壁筒体和薄壁筒体的界限,不同的国家有不同标准。我国 GB 150.3 提出以 D_o/δ_e =20 为划分界限,即 $D_o/\delta_e<20$ 时为厚壁筒体,$D_o/\delta_e\geqslant20$ 时为薄壁筒体。

下面按 GB 150.3 的规定介绍外压筒体的图算法设计步骤:

(1)对于 $D_o/\delta_e\geqslant20$ 的薄壁筒体,其稳定性校核如下:

a. 假设名义厚度 δ_n,令 $\delta_e=\delta_n-C$,计算出 L/D_o 和 D_o/δ_e;

b. 由 L/D_o、D_o/δ_e 值按图 3-20 查取 A 值,若 L/D_o 值大于 50,则用 $L/D_o=50$ 查取 A 值;

c. 根据筒体材料选用相应的外压应力系数 B 曲线(图 3-21~图 3-23),在图的横坐标上找出系数 A 值。在该 A 值和设计温度(遇中间温度用内插法)下求取相应的 B 值,见图 3-24 中标记①。然后按式(3-28)计算许用外压力 $[p]$

$$[p]=\frac{B}{D_o/\delta_e} \tag{3-28}$$

若所得 A 值落在设计温度下材料线的左方,如图 3-24 中标记②,则用式(3-29)计算许用外压力 $[p]$

$$[p]=\frac{2AE^t}{3(D_o/\delta_e)} \tag{3-29}$$

d. 比较计算外压力 p_c 与许用外压力 $[p]$,若 $p_c\leqslant[p]$ 且较接近,则假设的名义厚度 δ_n 合理,否则应再假设名义厚度,重复上述步骤直到满足要求为止。

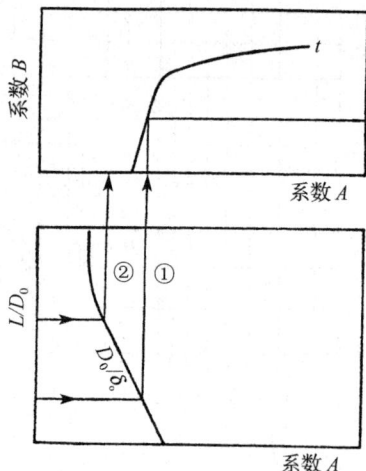

图 3-24 图算法求解过程

(2)对于 $D_o/\delta_e < 20$ 的厚壁筒体,求取 B 值的计算步骤同 $D_o/\delta_e \geq 20$ 的薄壁筒体;但对 $D_o/\delta_e < 4.0$ 的筒体,应按式(3-30)求 A 值。

$$A = \frac{1.1}{(D_o/\delta_e)^2} \qquad (3\text{-}30)$$

为满足稳定性,厚壁圆筒的许用外压力应不低于式(3-31)的计算值。

$$[p] = \left(\frac{2.25}{D_o/\delta_e} - 0.0625\right) B \qquad (3\text{-}31)$$

为满足强度,厚壁圆筒的许用外压力应不低于式(3-32)的计算值。

$$[p] = \frac{2\sigma_o}{D_o/\delta_e}\left(1 - \frac{1}{D_o/\delta_e}\right) \qquad (3\text{-}32)$$

式中,σ_o——应力,$\sigma_o = \min\{\sigma_o = 2[\sigma]^t, \sigma_o = 0.9R_{eL}^t$ 或 $\sigma_o = 0.9R_{p0.2}^t\}$,MPa。

为防止圆筒体的失稳和强度失效,厚壁筒体的许用外压力必须取式(3-31)和式(3-32)中的较小值。

3.7.3.3 设计参数

外压容器的设计参数主要有设计压力、外压计算长度和试验压力等。

(1)设计压力 外压容器设计压力的定义与内压容器相同,但取值方法有所不同。确定外压容器设计压力时,应考虑在正常工作情况下可能出现的最大内外压力差。真空容器的设计压力按承受外压考虑:当装有安全控制装置时(如真空泄放阀)时,设计压力取 1.25 倍最大内外压力差或 0.1MPa 两者中的较小值;当无安全控制装置时,取 0.1MPa。对于带夹套的容器应考虑可能出现最大压差的危险工况,如内容器突然泄压而夹套内仍有压力时所产生的最大压差。

(2)外压计算长度 外压筒体的计算长度系指筒体外部或内部两相邻刚性构件之间的最大距离,通常封头、法兰、加强圈等均可视为刚性构件。对于标准椭圆形封头,应计入直边段以及封头曲面深度的三分之一,其原因是在外压作用下,标准椭圆形封头的过渡区将产生周向拉应力,因此过渡区不存在外压失稳问题,可视作一个刚性构件;如筒体上设置有加强圈时,则取相邻加强圈中心线间的最大距离作为外压计算长度。例如,对图 3-25 中心线下侧的外压筒体,应取 L_1、L_2 和 L_3 中较大值作为其外压计算长度。

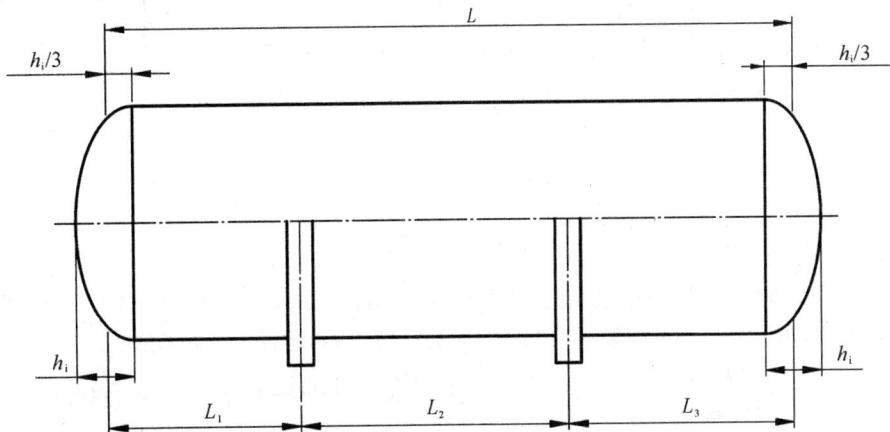

图 3-25 外压圆筒的计算长度

(3)外压容器的试验压力 外压容器和真空容器同样采用内部加压进行耐压试验,这是因为正常使用时,外压容器中的缺陷受压应力的作用,不可能发生开裂,且外压临界失稳压力主要与容器的几何尺寸、制造精度有关,跟内部缺陷关系不大,因而一般不必用外压试验来考核其稳定性。外压容器以内压进行试验的主要目的是"试漏",即检查是否存在穿透性缺陷。

外压容器和真空容器的液压试验压力按式(3-33)确定。

$$P_T = 1.25p \tag{3-33}$$

其气压试验压力则按式(3-34)确定。

$$P_T = 1.10p \tag{3-34}$$

压力试验前也应校核圆筒的应力,并使其分别满足式(3-19)(液压试验)和式(3-20)(气压和气液组合试验)的强度条件。

对于由两个(或两个以上)压力腔组成的夹套容器,应在图样上分别注明各个压力腔的试验压力值,并校核相邻壳壁在试验压力下的稳定性是否足够。如果不能满足稳定性要求,则须规定在进行压力试验时,相邻压力腔内必须保持一定的压力,以使整个试验过程(包括升压、保压和卸压)中的任一时间内,各压力腔的压力差不超过允许压差,且图样上应注明这一要求和允许的压差值。

例题 3-3 试设计一真空容器,如图 3-26 所示。容器的内径 D_i =1800mm,筒体长度为 8000mm,封头为标准椭圆形,直边高度为 40mm,该真空容器的工作温度为 350℃,介质的腐蚀情况一般。现库存有 10mm、12mm、14mm 厚的 Q245R 钢板,请问能否用这三种钢板来制造该容器?

【解】(1)确定计算压力 p_c 不带安全泄放装置的真空容器,其设计压力取 0.1MPa,本题中计算压力应与设计压力相等,即 p_c = 0.1MPa。

(2)确定真空容器的外压计算长度 L 按图 3-25 原理,外压计算长度为

$$L = 8000 + 2 \times 40 + 2 \times \frac{1}{3} \times \frac{1800}{4} = 8380 \text{(mm)}$$

(3)计算 $\delta_n = 10$mm 时,容器的允许外压力 $[p]$

查表 3-6,厚度为 10mm 的 Q245R 钢板,其厚度负偏差 C_1 = 0.3mm;钢板的腐蚀裕量 C_2 取 1.5mm,则筒壁的有效厚度 δ_e = 8.2mm。

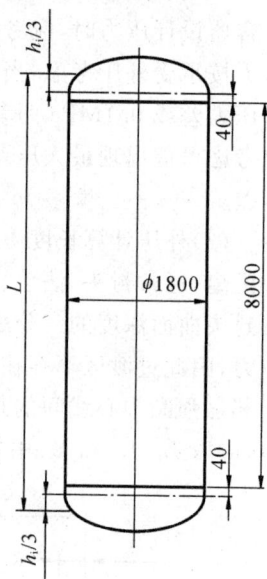

图 3-26 例题 3-3 图

$$D_o = D_i + 2\delta_n = 1800 + 2 \times 10 = 1820 \text{(mm)}$$

$$\frac{L}{D_o} = \frac{8380}{1820} = 4.60, \quad \frac{D_o}{\delta_e} = \frac{1820}{8.2} = 221.95$$

查图 3-20 得 $A = 0.000081$。由于 Q245R 钢的 $R_{eL} = 245$MPa,查图 3-21,A 值点落在曲线的左边,故直接用式(3-29)计算 $[p]$(350℃时 Q245R 钢板的 $E^t = 173$GPa)。

$$[p] = \frac{2AE^t}{3(D_o/\delta_e)} = \frac{2 \times 0.000081 \times 173 \times 10^9}{3 \times 221.95} = 42090 \text{(Pa)} = 0.042 \text{(MPa)}$$

因为 $[p] < p_c = 0.1$MPa,所以 10mm 厚的钢板不能用。

(4)计算 $\delta_n = 12$mm 时,容器的允许外压力 $[p]$

同理,厚度为 12mm 的 Q245R 钢板,其筒壁的有效厚度 $\delta_e = 10.2$(mm)。

$$D_o = D_i + 2\delta_n = 1800 + 2 \times 12 = 1824(\text{mm})$$

$$\frac{L}{D_o} = \frac{8380}{1824} = 4.59, \quad \frac{D_o}{\delta_e} = \frac{1824}{10.2} = 178.82$$

查图 3-20 得 $A = 0.000112$；再查图 3-21，A 值点落在曲线的左边，故仍用式(3-29)计算 $[p]$。

$$[p] = \frac{2AE^t}{3(D_o/\delta_e)} = \frac{2 \times 0.000112 \times 173 \times 10^9}{3 \times 178.82} = 72237(\text{Pa}) = 0.072(\text{MPa})$$

因为 $[p] < p_c = 0.1\text{MPa}$，所以 12mm 厚的钢板也不能用。

(5)计算 $\delta_n = 14$mm 时，容器的允许外压 $[p]$

同理，厚度为 14mm 的 Q245R 钢板，其筒壁的有效厚度 $\delta_e = 12.2(\text{mm})$。

$$D_o = D_i + 2\delta_n = 1800 + 2 \times 14 = 1828(\text{mm})$$

$$\frac{L}{D_o} = \frac{8380}{1828} = 4.58, \quad \frac{D_o}{\delta_e} = \frac{1828}{12.2} = 149.8$$

查图 3-20 得 $A = 0.000145$；再查图 3-21，A 值点落在曲线的左边，故仍用式(3-29)计算 $[p]$。

$$[p] = \frac{2AE^t}{3(D_o/\delta_e)} = \frac{2 \times 0.000145 \times 173 \times 10^9}{3 \times 149.8} = 111638(\text{Pa}) = 0.11(\text{MPa})$$

因为 $[p] > p_c = 0.1\text{MPa}$，所以 14mm 厚的钢板可用于制造该外压容器。

3.7.4 加强圈的设置

例题 3-3 说明，一个内径为 1800mm、全长(包括两端封头)约 9000mm 的真空容器，要保证它在 0.1MPa 外压下安全操作，必须采用 14mm 厚的钢板制造。这是否说明较薄钢板不能用来制造压力较高的外压容器呢？实际情况并非如此，假如能在外压筒体上设置一定数量的加强圈，将长圆筒转化为短圆筒，就可以有效地减薄筒体厚度、提高筒体稳定性。

加强圈应有足够的刚性，通常采用扁钢、角钢、工字钢或其他型钢制作。常用加强圈结构如图 3-27 所示。

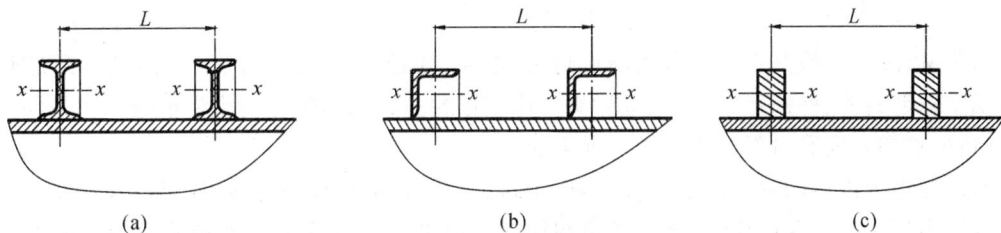

图 3-27 加强圈结构

在设计外压圆筒体时，如果加强圈间距已选定，则可按上述图算法确定出筒体的厚度；如果圆筒的 δ_e/D_o 已知，且计算外压 p_c 值给定时，则可由短圆筒许用外压力计算公式导出加强圈的最大间距，即

$$L_{max} = \frac{2.59E^tD_o}{mp_c(D_o/\delta_e)^{2.5}} \tag{3-35}$$

加强圈的实际间距如小于或等于式(3-35)算出的间距，表明该圆筒能安全承受设计压力。

加强圈可设置在容器的内部或外部，其材料多为碳素钢。当筒体材料为不锈钢等贵重金属时，在筒体外部设置碳素钢加强圈，可以节省贵重金属，具有较大的经济意义。

例题 3-4 在前面的例题 3-3 中,如真空容器的筒体中心位置设置一刚度足够的加强圈,试问 10mm 及 12mm 的 Q245R 钢板能否满足稳定性要求?如 10mm 的 Q245R 钢板仍不能满足要求,请计算能够采用 10mm 钢板制作该真空容器的加强圈的最大间距。

【解】 (1)按题意,容器的外压计算长度应为未设置加强圈时的一半,即 $L'=4190$mm。

(2)当 $\delta_n=12$mm 时重新计算有关参数

$$\frac{L'}{D_o}=\frac{4190}{1824}=2.297, \quad \frac{D_o}{\delta_e}=\frac{1824}{10.2}=178.82$$

查图 3-20 得 $A=0.00023$,再查图 3-21 得 $B=26.8$MPa,采用式(3-28)计算$[p]$。

$$[p]=\frac{B}{D_o/\delta_e}=\frac{26.8}{178.82}=0.15(\text{MPa})$$

因为$[p]>p_c=0.1$MPa,所以 12mm 厚的钢板可用。

(3)当 $\delta_n=10$mm 时重新计算有关参数

$$\frac{L'}{D_o}=\frac{4190}{1820}=2.3, \quad \frac{D_o}{\delta_e}=\frac{1820}{8.2}=221.95$$

查图 3-20 得 $A=0.000167$,再查图 3-21,A 值点落在曲线的左边,故直接用公式(3-29)计算$[p]$\(350℃时 Q245R 钢板的 $E'=173$GPa)。

$$[p]=\frac{2AE'}{3(D_o/\delta_e)}=\frac{2\times0.000167\times173\times10^9}{3\times221.95}=86779(\text{Pa})=0.087(\text{MPa})$$

因为$[p]<p_c=0.1$MPa,所以 10mm 厚的钢板仍不能用于制造该外压容器。

(4)采用式(3-35)计算加强圈的最大间距,即

$$L_{max}=\frac{2.59E'D_o}{mp_c(D_o/\delta_e)^{2.5}}=\frac{2.59\times173\times10^9\times1820}{3\times0.1\times10^6\times(221.95)^{2.5}}=3704(\text{mm})$$

所以,当外压计算长度不超过 3704mm 时,壁厚为 10mm 的真空容器才能安全运行。

3.8 封头设计

封头又称端盖,按其形状可分为凸形封头、锥壳、变径段、平盖及紧缩口等,其中凸形封头又包括半球形封头、椭圆形封头、碟形封头和球冠形封头。选用何种封头要根据工艺条件的要求、制造的难易程度和材料的消耗等情况来决定。

对承受均匀内压的封头的强度计算,由于封头和圆柱形筒体相连接,所以不仅需要考虑封头本身因内压引起的薄膜应力,还要考虑与筒体连接处的边缘应力。连接处总应力的大小与封头的几何形状和尺寸,封头与筒体厚度的比值大小有关。但在导出封头壁厚的设计公式时,主要利用内压薄膜应力作为强度判据,而将因边缘效应产生的应力增强影响以应力增强系数的形式引入厚度计算式中。

封头设计时,一般应优先选用封头标准中推荐的型式与参数,然后根据受压情况进行强度或刚度校核计算,确定合适的厚度。

3.8.1 半球形封头

半球形封头为半个球壳,如图 3-28 所示。

(1)受内压的半球形封头 在均匀内压作用下,薄壁球形容器的薄膜应力为相同直径圆筒体的一半,故从受力分析来看,球形封头是最理想的结构形式。但缺点是深度大,直径小时,整

体冲压困难;直径大时采用分瓣冲压其拼焊工作量也较大。
半球形封头常用在高压容器上。

式(3-36)为受内压的半球形封头厚度计算公式,其推
导过程与圆筒体厚度计算公式相类似。

$$\delta = \frac{p_c D_i}{4[\sigma]^t \phi - p_c} \qquad (3\text{-}36)$$

式中,D_i——球壳内直径,mm。

(2)受外压的半球形封头 同外压圆筒体,受外压的半
球形封头(或外压球壳)在工程设计时广泛采用图算法。由

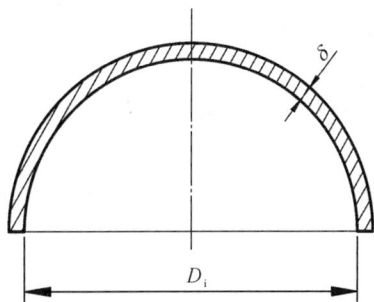
图 3-28 半球形封头

于按弹性小挠度理论得到的球壳临界压力计算值远高于实测值,因而工程上,常采用基于非线
性大挠度理论并修正的球壳临界压力计算公式

$$p_{cr} = 0.25E\left(\frac{\delta_e}{R_o}\right)^2$$

引入非线性稳定性安全系数 $m=3$,得球壳的许用外压力为

$$[p] = \frac{p_{cr}}{3} = \frac{0.0833E}{(R_o/\delta_e)^2} \qquad (3\text{-}37)$$

令 $B = \frac{[P]R_o}{\delta_e}$,根据 $B = \frac{2}{3}EA = \frac{[P]R_o}{\delta_e}$,得 $[p] = \frac{2EA}{3(R_o/\delta_e)}$,代入式(3-37)得

$$A = \frac{0.125}{R_o/\delta_e} \qquad (3\text{-}38)$$

与外压圆筒一样,系数 A、B 可直接利用前面介绍的外压应变系数 A 曲线和外压应力系数 B
曲线查取。由 B 和 $[p]$ 的关系式得半球形封头的许用外压力为

$$[p] = \frac{B}{R_o/\delta_e} \qquad (3\text{-}39)$$

用图算法设计外压半球形封头(或外压球壳)
时,先假设一名义厚度 δ_n,有 $\delta_e = \delta_n - C$,用式(3-38)
计算出 A,然后根据所用材料选用厚度计算图,由 A
查取 B,再按式(3-39)计算许用外压力 $[p]$。如所得
A 值落在设计温度下材料线的左方,则直接用式
(3-37)计算 $[p]$。若 $[p] \geqslant p_c$ 且较接近,则原假设封
头厚度合理,否则应重新假设 δ_n,重复上述步骤,直
到满足要求为止。

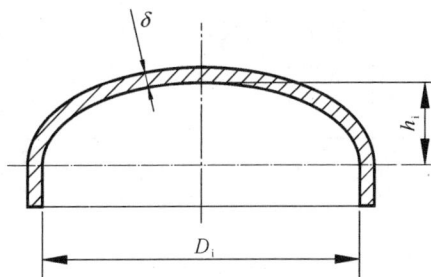
图 3-29 椭圆形封头

3.8.2 椭圆形封头

椭圆形封头是由半个椭球面和一圆柱直边段组
成,如图 3-29 所示。直边段的作用是避免封头和筒体的连接焊缝处出现经向曲率半径突变,
以改善焊缝的受力状况。由于封头的椭球部分经线曲率变化平滑连续,故应力分布比较均匀,
且椭圆形封头深度较半球形封头小得多,易于冲压成形,是目前中、低压容器中应用最多的封
头之一。

(1)受内压(凹面受压)的椭圆形封头 受内压椭圆形封头中的厚度计算式可以用半径为
D_i 的半球形封头厚度乘以系数 K 而得,即

$$\delta = \frac{K p_c D_i}{2[\sigma]^t \phi - 0.5 p_c} \tag{3-40}$$

式中, K——椭圆形封头的形状系数, $K = \frac{1}{6}\left[2 + \left(\frac{D_i}{2h_i}\right)^2\right]$, 其值列于表 3-16。

表 3-16 椭圆形封头的形状系数 K 值

$\frac{D_i}{2h_i}$	2.6	2.5	2.4	2.3	2.2	2.1	2.0	1.9	1.8
K	1.46	1.37	1.29	1.21	1.14	1.07	1.00	0.93	0.87
$\frac{D_i}{2h_i}$	1.7	1.6	1.5	1.4	1.3	1.2	1.1	1.0	
K	0.81	0.76	0.71	0.66	0.61	0.57	0.53	0.50	

当 $\frac{D_i}{2h_i} = 2$ 时, 为标准椭圆形封头, 此时 $K=1$; 厚度计算式为

$$\delta = \frac{p_c D_i}{2[\sigma]^t \phi - 0.5 p_c} \tag{3-41}$$

椭圆形封头的最大允许工作压力按下式确定

$$[p_w] = \frac{2[\sigma]^t \phi \delta_e}{K D_i + 0.5 \delta_e} \tag{3-42}$$

式(3-40)从强度上避免了封头发生屈服。为了防止椭圆形封头在弹性范围内失去稳定而遭受破坏, 同时规定 $D_i/2h_i \leqslant 2$ 的椭圆形封头的有效厚度应不小于封头内直径的 0.15%, $D_i/2h_i > 2$ 的椭圆形封头的有效厚度应不小于封头内直径的 0.30%。

(2)受外压(凸面受压)椭圆形封头 其外压稳定性计算公式和图算法步骤同受外压的半球形封头, 但公式及算图中的球面外半径 R_o 由椭圆形封头的当量球壳外半径 $R_o = K_1 D_o$ 代替, K_1 值是由椭圆长短轴比值 $D_o/(2h_o)$($h_o = h_i + \delta_n$)决定的系数, 其值列于表 3-17(遇中间值用内插法求得)。

表 3-17 系数 K_1

$\frac{D_o}{2h_o}$	2.6	2.4	2.2	2.0	1.8	1.6	1.4	1.2	1.0
K_1	1.18	1.08	0.99	0.90	0.81	0.73	0.65	0.57	0.50

椭圆形封头已列入国家行业标准 GB/T 25198《压力容器封头》中, 有两种型式: 一种是以内径为基准的标准椭圆形封头, 代号为 EHA; 另一种是以外径为基准的标准椭圆形封头, 代号为 EHB。椭圆形封头的标记方法为: 如一公称直径为 1500mm、名义厚度为 10mm、材料为 Q345R、以内径为基准的标准椭圆形封头, 标记为: EHA 1500×10－Q345R GB/T 25198。

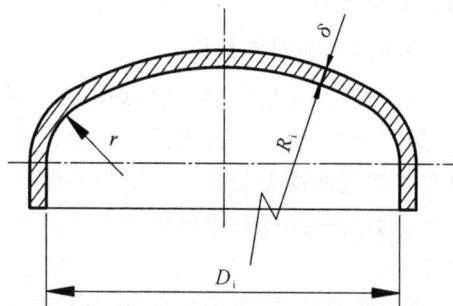

图 3-30 碟形封头

3.8.3 碟形封头

碟形封头是带折边的球面封头,由半径为 R_i 的球面体、半径为 r 的过渡环壳和短圆筒等三部分组成,如图 3-30 所示。从几何形状看,碟形封头是一不连续曲面,在经线曲率半径突变的两个曲面连接处,由于曲率的较大变化而存在着较大边缘弯曲应力。该边缘弯曲应力与薄膜应力叠加,使该部位的应力远高于其他部位,故受力状况不佳。但过渡环壳的存在降低了封头的深度,方便了成形加工,且压制碟形封头的钢模加工简单,使碟形封头的应用范围较为广泛。

(1)受内压(凹面受压)碟形封头 由半球形封头厚度计算式乘以系数 M 可得碟形封头的厚度计算式

$$\delta = \frac{Mp_c R_i}{2[\sigma]^t \phi - 0.5 p_c} \tag{3-43}$$

式中,R_i——碟形封头球面部分内半径,mm;

M——碟形封头应力增强系数,又称形状系数,$M = \frac{1}{4}\left(3 + \sqrt{\frac{R_i}{r}}\right)$,其值列于表 3-18;

r——过渡圆弧内半径,mm。

表 3-18 碟形封头形状系数 M 值

$\frac{R_i}{r}$	1.0	1.25	1.50	1.75	2.0	2.25	2.50	2.75
M	1.00	1.03	1.06	1.08	1.10	1.13	1.15	1.17
$\frac{R_i}{r}$	3.0	3.25	3.5	4.0	4.5	5.0	5.5	6.0
M	1.18	1.20	1.22	1.25	1.28	1.31	1.34	1.36
$\frac{R_i}{r}$	6.5	7.0	7.5	8.0	8.5	9.0	9.5	10.0
M	1.39	1.41	1.44	1.46	1.48	1.50	1.52	1.54

承受内压碟形封头的最大允许工作压力按式(3-44)计算

$$[p_w] = \frac{2[\sigma]^t \phi \delta_e}{MR_i + 0.5\delta_e} \tag{3-44}$$

与椭圆形封头相仿,内压作用下的碟形封头过渡区也存在着周向失稳问题,为此规定,对于 $R_i/r \leqslant 5.5$ 的碟形封头,其有效厚度应不小于内直径的 0.15%,$R_i/r > 5.5$ 的碟形封头的有效厚度应不小于封头内直径的 0.30%。

(2)受外压(凸面受压)碟形封头 在均匀外压作用下,碟形封头的过渡区承受拉应力作用,不会发生失稳;而球面部分为压应力,有可能发生失稳。因而,碟形封头的外压计算仍采用半球形封头外压计算公式和图算法步骤,只是其中 R_o 用球面部分外半径代替。

列入国家行业标准 GB/T 25198《压力容器封头》中的碟形封头有两种结构形式,一种是 $R_i = 1.0D_i$、$r = 0.15D_i$ 的碟形封头,代号为 DHA;另一种是 $R_i = 1.0D_i$、$r = 0.10D_i$ 的碟形封头,代号为 DHB。碟形封头的标记方法:如一公称直径为 2400mm、名义厚度为 20mm、$R_i = 1.0D_i$、$r = 0.15D_i$、材料为 Q245R 的碟形封头,标记为 DHA 2400×20−Q245R GB/T 25198。

3.8.4 球冠形封头

为了进一步降低凸形封头的高度,将碟形封头的直边及过渡圆弧部分去掉,只留下球面部分,即构成了球冠形封头(又称为无折边球形封头),如图 3-31 所示。这种封头在使用时可直接焊接在筒体上,因而结构简单、制造方便,常用作容器中两独立受压室的中间封头,也可用作端盖,如图 3-32 所示。但由于球面与筒体连接处没有转角过渡,所以在连接处附近的封头和筒体上都存在相当大的边缘应力,其应力分布不甚合理。

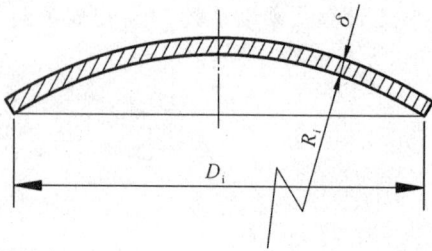

图 3-31　球冠形封头

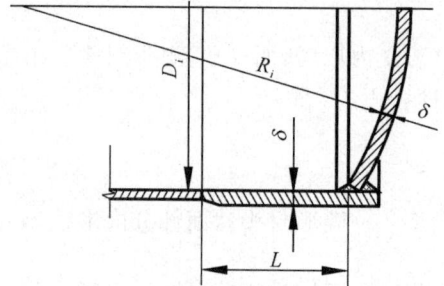

图 3-32　球冠形封头的应用

GB/T 25198 标准列入了球冠形封头的一种结构形式,其 $R_i = D_i$,代号为 PSH。

3.8.5　锥　壳

锥壳又称锥形封头。与半球形、椭圆形和碟形封头相比,锥壳因结构不连续,与圆筒体连接处的应力分布并不理想,但其特殊的结构形式有利于固体颗粒和悬浮或黏稠液体的排放,因而常用作设备的下封头;另外,两个不同直径的圆筒体的连接时也常采用锥壳结构。由于其受力情况较差,故大多使用在中低压场合。

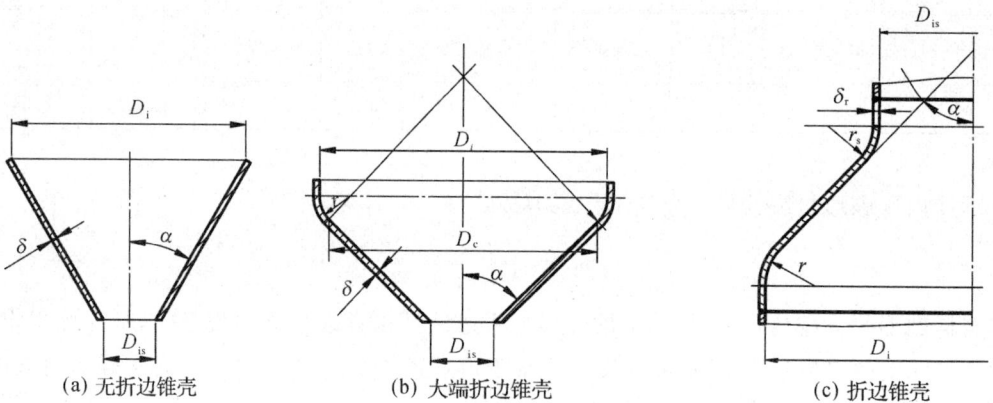

(a) 无折边锥壳　　　　(b) 大端折边锥壳　　　　(c) 折边锥壳

图 3-33　锥壳结构形式

如图 3-33(a)所示的无折边锥壳与圆筒的连接处,存在较高的边缘应力。若在无折边锥壳与筒体间增加一个过渡圆弧,即整个封头由锥体、过渡圆弧和直边三部分所构成,则可大大降低连接处的边缘应力。图 3-33(b)为大端折边锥壳;图 3-33(c)为锥体的大、小端均有过渡圆弧的折边锥壳。

常用的锥壳半顶角 α 有 30°、45° 和 60° 三种。对于锥壳大端,当锥壳半顶角 $\alpha \leqslant 30°$ 时,可以采用无折边结构[图 3-33(a)];当 $\alpha > 30°$ 时,应采用带过渡段的折边结构[图 3-33(b)和图 3-33

(c)],同时大端折边锥壳的过渡段转角半径 r 应不小于封头大端内直径 D_i 的 10%,且不小于该过渡段厚度的 3 倍。而对于锥壳小端,当锥壳半顶角 $\alpha \leqslant 45°$,可以采用无折边结构;当 $\alpha > 45°$时,应采用带过渡段的折边结构,同时小端折边锥壳的过渡段转角半径 r_s 应不小于封头小端内直径 D_{is} 的 5%,且不小于该过渡段厚度的 3 倍。

标准 GB/T 25198《压力容器封头》中推荐的锥壳均为图 3-33(b)和图 3-33(c)所示的折边锥壳,其类型代号有 CHA($r=0.15D_i$,$\alpha=30°$),CHB($r=0.15D_i$,$\alpha=45°$),CHC($r=0.15D_i$,$\alpha=60°$,$r_s=0.1D_{is}$)三种。锥壳的标记方法:如一公称直径为 2000mm、名义厚度为 20mm、$r=0.15D_i$,$\alpha=45°$、材料为 S30408 的锥壳,标记为 CHB 2000×20-S30408 GB/T 25198。

3.8.6 平 盖

平盖也称平板封头(或平封头),如图 3-34 所示,其几何形状有圆形、椭圆形、长圆形、矩形及正方形等,其中圆形平盖是最常用的。

根据平板理论,当板上作用均布载荷后,板内最大弯曲应力 σ_{max} 与 $(R/\delta)^2$ 成正比,而前面介绍的回转薄壳的最大拉(压)应力 σ_{max} 与 (R/δ) 成正比。因此,在相同的直径和压力下,平板所需厚度要比薄壳大得多,即平盖要比凸形封头厚得多。但由于平盖结构简单,制造方便,在压力不高、直径较小的容器

图 3-34 平盖结构形式

中,采用平盖较为经济简便。而一般的中低压容器很少采用平盖,只是在压力容器的人孔、手孔以及其他需要用盲板封闭的地方,才用平板作为端盖。

然而,在高压容器中,平盖应用却较为普遍。这是因为高压设备的封头壁厚很厚,直径又相对较小,采用凸形封头其制造较为困难。

圆形平盖的厚度按式(3-45)计算。

$$\delta_p = D_c \sqrt{\frac{Kp_c}{[\sigma]'\phi}} \tag{3-45}$$

式中,δ_p——平盖计算厚度,mm;

K——结构特征系数,与平盖的结构有关;

D_c——平盖计算直径,如图 3-34 所示,mm。

例题 3-5 试通过比较确定例题 3-2 所给容器的封头结构形式与厚度。该容器计算压力 $p_c=0.43$MPa,设计温度 $t=300℃$,筒体内径 $D_i=1000$mm,壁厚 6mm,材料为 Q345R,腐蚀裕量 C_2 取 2mm。

【解】 由于工艺操作方面对封头形状无特殊要求,因而主要应根据各种封头的受力情况和制造难易程度来选择。

根据前面分析,球冠形封头、锥壳存在较大的边缘应力,而平盖厚度较大,故都不宜选用;同时,从受力情况和制造角度考虑:半球形封头受力最好,壁厚最薄,重量轻,但深度大,制造较难,中低压设备不宜采用;碟形封头的深度可通过过渡半径 r 加以调节,适合于加工,但由于碟形封头母线曲率不连续,存在局部应力,故受力不如椭圆形封头;相比较而言,标准椭圆形封头制造比较容易,受力状况比碟形封头好,故可选用标准椭圆形封头。

标准椭圆形封头的厚度按式(3-41)计算(其中封头采用整体冲压,无焊缝,即焊接接头系数 ϕ 取 1.0)

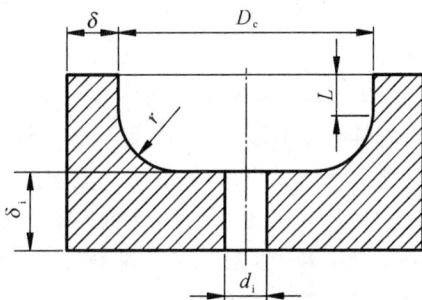

$$\delta = \frac{p_c D_i}{2[\sigma]^t \phi - 0.5 p_c} = \frac{0.43 \times 1000}{2 \times 153 \times 1.0 - 0.5 \times 0.43} = 1.41 (\text{mm})$$

考虑腐蚀裕量 C_2 后的设计厚度 $\delta_d = \delta + C_2 = = 1.41 + 2 = 3.41 (\text{mm})$。

同例题 3-2,该标准椭圆形封头的名义厚度取 6mm。

3.9 零部件的设计与选用

3.9.1 法 兰

压力容器的可拆密封装置形式很多,如中低压容器中的螺纹连接、承插式连接和螺栓法兰连接等,其中以装拆比较方便的螺栓法兰连接结构用得最普通。

3.9.1.1 螺栓法兰连接结构与密封机理

螺栓法兰连接(以下简称"法兰连接")结构是"螺栓—垫片—法兰密封系统"的总称,由法兰、螺栓及垫片组成,如图 3-35 所示。它依靠螺栓预紧力把两部分设备或管道的法兰环连在一起,同时压紧垫片,使连接处达到密封。该结构具有较好的强度和密封性,结构简单,成本低廉,且可多次重复拆卸,因而在压力容器和压力管道上应用较广。

实际使用过程中,法兰连接结构的失效形式主要表现为泄漏。通常,泄漏是不可避免的,然而为保证容器能够长期安全地运行,应将其泄漏量控制在工艺和环境允许的范围内。下面首先介绍密封原理。

法兰连接密封方式属强制密封,图 3-36 为强制密封中垫片变形过程的示意图。将法兰与垫片接触面处的微观尺寸放大,可以看到两者的表面都是凹凸不平的[图 3-36(a)];当螺栓拧紧时,

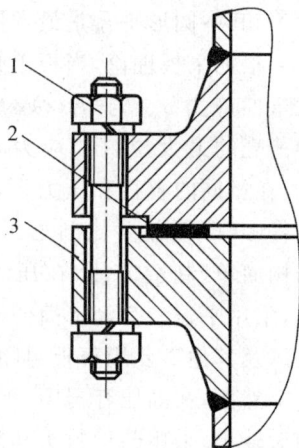

1-螺栓;2-垫片;3-法兰

图 3-35 螺栓法兰连接结构

螺栓力(F_1)通过法兰环把垫片压紧,迫使垫片产生压缩变形。螺栓力达到一定数值后,使法兰密封面和垫片上的凹凸不平面借助垫片变形而填满,这就为阻止介质泄漏产生了初始密封条件[图 3-36(b)]。此时,垫片单位面积上所受的最小压紧力,称为"垫片比压力",用 y 表示,单位为兆帕(MPa)。在预紧工况下,如垫片单位面积上所受的压紧力小于比压力 y,法兰即发生介质泄漏。当容器或管道承受一定介质压力后[图 3-36(c)],螺栓因受到拉伸应力(F_p)而伸长,法兰密封面则沿着彼此分离的方向移动,密封面与垫片之间的压紧力下降,垫片的压缩量减少,预紧密封比压下降。如果这时垫片具有足够的回弹能力,其压缩变形的回弹量能补偿因螺栓伸长所引起的压紧面分离,使作用在压紧面上的密封比压力仍能维持一定值以保持良好的密封状态。此时,为保证在操作状态时法兰的密封性能而必须施加在垫片上的压应力,称为操作密封比压。操作密封比压往往用介质计算压力的 m 倍表示,这里 m 称为"垫片系数",无因次。

3.9.1.2 法兰的结构与分类

按法兰接触面宽窄可分为宽面法兰与窄面法兰。法兰与垫片的整个接触面都位于螺栓孔包围的圆周范围内的称"窄面法兰",如图 3-37(a)所示;法兰与垫片接触面位于法兰螺栓中心圆的内外两侧的称"宽面法兰",如图 3-37(b)所示。

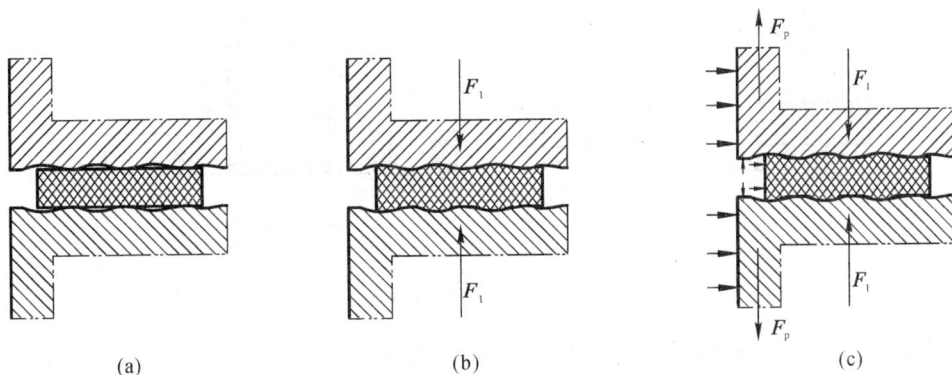

(a) (b) (c)

图 3-36 强制密封垫片变形示意图

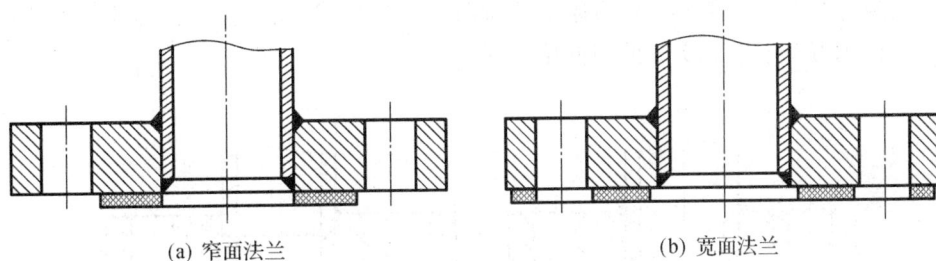

(a) 窄面法兰 (b) 宽面法兰

图 3-37 窄面法兰与宽面法兰

按法兰与设备或管道的连接方式可分为三种:整体法兰、松式法兰和任意式法兰。

(1)整体法兰 法兰、法兰颈部及设备或管道三者能有效地连接成一整体结构时称整体法兰,典型结构如图 3-38 所示。其中图 3-38(a)所示结构为对焊法兰,又称高颈法兰或长颈法兰。颈的存在提高了法兰刚性,同时由于颈的根部厚度比器壁厚,也降低了根部的弯曲应力。此外,法兰与壳体(或管壁)采用对接焊缝,比平焊法兰的角焊缝强度好。所以,对焊法兰适用于压力、温度较高及设备直径较大的场合。图 3-38(b)所示结构虽然没有高颈,但由于采用了全焊透焊接接头,因而法兰刚性也较大。

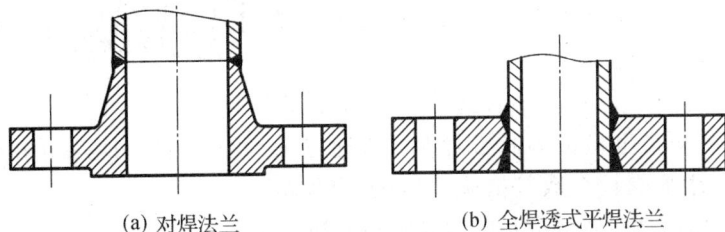

(a) 对焊法兰 (b) 全焊透式平焊法兰

图 3-38 整体法兰

(2)松式法兰 指法兰未能有效地与容器或接管连接成一整体,不具有整体式连接的同等结构强度。如活套法兰、螺纹法兰、搭接法兰等,这些法兰可以带颈也可以不带颈,如图 3-39所示。其中活套法兰是典型的松式法兰,其法兰的力矩完全由法兰环本身来承担,对设备或管道不产生附加弯曲应力。因而适用于有色金属和不锈钢制设备或管道上,且法兰环可采用碳素钢制作,以节约贵重金属。但法兰刚度小,厚度较厚,一般只适用于压力较低的场合。

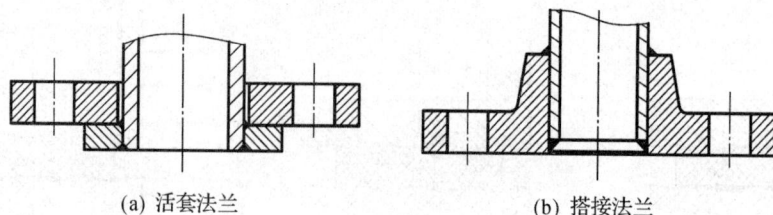

(a) 活套法兰　　　　　　　　(b) 搭接法兰

图 3-39　松式法兰

（3）任意式法兰　在结构上,这种法兰与壳体连成一体,但刚性介于整体法兰和松式法兰之间,如图 3-40 所示。这类法兰结构简单,加工方便,应用广泛。但这类法兰刚性较整体法兰差,法兰受力后,法兰环的矩形截面会发生微小转动,与法兰相连的壳壁随着发生弯曲变形。于是在法兰附近筒壁的横截面上将有附加的弯曲应力产生,如图 3-41 所示,故任意式法兰一般适用于公称压力低于 4.0MPa 的中低压范围。

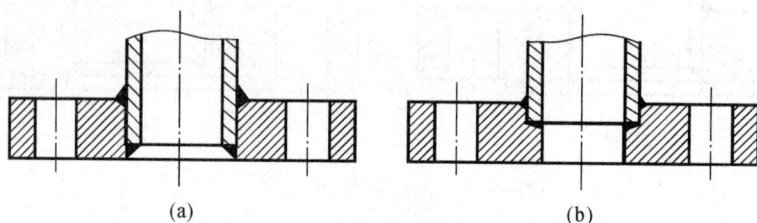

(a)　　　　　　　　　　　　　(b)

图 3-40　任意式法兰

3.9.1.3　影响法兰密封的因素

（1）螺栓预紧力　预紧力是影响法兰密封的一个重要因素。预紧力必须使垫片压紧以实现初始密封。适当提高螺栓预紧力可以增加垫片的密封能力,因为加大预紧力可使垫片在正常工况下保留较大的接触比压力。但预紧力不宜过大,否则会使垫片整体屈服而丧失回弹能力,甚至将垫片挤出或压坏。

由于预紧力是通过法兰压紧面传递给垫片的,因而预紧力在垫片上的分布也将影响其密封性。可通过采取减小螺栓直径、增加螺栓个数等措施,尽可能使预紧力均匀分布,但两螺栓之间应留有足够的紧固和拆卸空间。

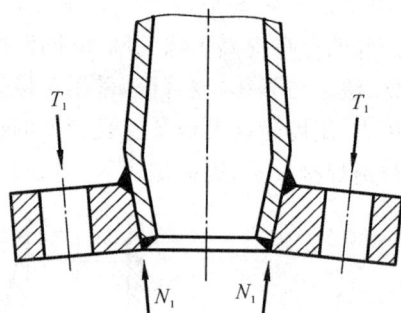

图 3-41　法兰在外力作用下的变形

（2）垫片性能　垫片是构成密封的重要元件,适当的垫片变形和回弹能力是形成密封的必要条件。一般要求垫片在适当的预紧力作用下既能产生必需的弹性变形,又不致被压坏或挤出;同时,由于垫片是与介质直接接触的,所以还要求其能适应介质的温度、压力和腐蚀等。

制作垫片的材料,必须具备以下基本性能:耐介质腐蚀,不污染操作介质;具有良好的变形性能和回弹能力;一定的机械强度和适当的柔软性;在工作温度下不易变质硬化或软化。

视制作材料不同,垫片可分为非金属垫片、金属垫片和非金属与金属混合制的垫片。

非金属垫片材料有石棉板、石棉橡胶板、聚四氟乙烯和聚乙烯板等,其断面形状如图 3-42 (a)所示。这类材料的优点是柔软和耐腐蚀,但耐温度和压力的性能稍差,通常只用于常温、中温和中低压容器与管道的法兰密封。

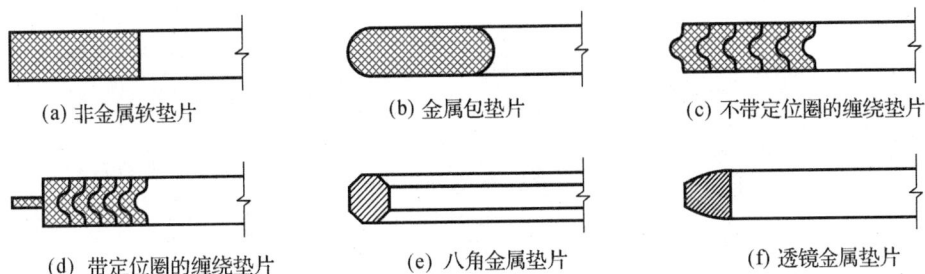

(a) 非金属软垫片　　　　(b) 金属包垫片　　　　(c) 不带定位圈的缠绕垫片

(d) 带定位圈的缠绕垫片　　　(e) 八角金属垫片　　　　(f) 透镜金属垫片

图 3-42　垫片断面形状

金属-非金属混合制垫片有金属包垫片及缠绕垫片等,前者是用薄金属片(镀锌薄铁片、不锈钢片等)将石棉橡胶等非金属包起来制成的;后者是用薄低碳钢带(或合金钢带)与石棉带一起绕制而成。这种缠绕式垫片有不带定位圈的和带定位圈的两种,其断面形状如图 3-42 (b)~(d)所示。这类垫片较单纯的非金属垫片的性能好,适用的温度与压力范围较高一些。

金属垫片常用软铝、紫铜、铁(软钢)、蒙乃尔合金钢和 18-8 不锈钢等制成,一般要求金属材料软韧性较好,其断面形状如图 3-42(e)、(f)所示。金属垫片主要用于中温、高温和中高压容器与管道的法兰密封。

选择垫片材料时要综合考虑各种影响因素,既要考虑介质的压力、温度、腐蚀性,又要考虑压紧面的形式、螺栓力大小以及装卸要求等,同时还要兼顾价格。对于化工、石油等行业中常用的介质,可以参阅表 3-19 选用垫片。

表 3-19　垫片选用

介质	法兰公称压力 /MPa	工作温度 /℃	密封面	垫片 型式	垫片 材料
油品、油气,溶剂(丙烷、丙酮、苯、酚、糠醛、异丙醇),石油化工原料及产品	≤1.6	≤200	突(凹凸)	耐油垫、四氟垫	耐油橡胶石棉板、聚四氟乙烯板
		201~250	突(凹凸)	缠绕垫、金属包垫、柔性石墨复合垫	S11306 钢带-石棉板石墨-S11306 等骨架
	2.5	≤200	突(凹凸)	耐油垫、缠绕垫、金属包垫、柔性石墨复合垫	耐油橡胶石棉板、S11306 钢带-石棉板
		201~450	突(凹凸)	缠绕垫、金属包垫、柔性石墨复合垫	S11306 钢带-石棉板石墨-S11306 等骨架
	4.0	≤40	凹凸	缠绕垫、柔性石墨复合垫	S11306 钢带-石棉板石墨-S11306 等骨架
		41~450	凹凸	缠绕垫、金属包垫、柔性石墨复合垫	S11306 钢带-石棉板石墨-S11306 等骨架
	6.4 10.0	≤450	凹凸	金属齿形垫	10、S11306、S31608
		451~530	环连接面	金属环垫	S11306、S30408、S31608

续表

介质		法兰公称压力/MPa	工作温度/℃	密封面	垫片	
					型式	材料
氢气、氢气与油气混合物		4.0	≤250	凹凸	缠绕垫、柔性石墨复合垫	S11306 钢带-石棉板 石墨-S11306 等骨架
			251~450	凹凸	缠绕垫、柔性石墨复合垫	S30408 钢带-石墨带 石墨-S30408 等骨架
			451~530	凹凸	缠绕垫、金属齿形垫	S30408 钢带-石墨带、S30408、S31608
		6.4 10.0	≤250	环连接面	金属环垫	10,S11306、S30408
			251~400	环连接面	金属环垫	S11306、S30408
			401~530	环连接面	金属环垫	S30408、S31608
氨		2.5	≤150	凹凸	橡胶垫	中压橡胶石棉板
压缩空气		1.6	≤150	突	橡胶垫	中压橡胶石棉板
蒸气	0.3MPa	1.0	≤200	突	橡胶垫	中压橡胶石棉板
	1.0MPa	1.6	≤280	突	缠绕垫、柔性石墨复合垫	S11306 钢带-石棉板 石墨-S11306 等骨架
	2.5MPa	4.0	300	突	缠绕垫、柔性石墨复合垫、紫铜垫	S11306 钢带-石棉板 石墨-S11306 等骨架、紫铜板
	3.5MPa	6.4	400	凹凸	紫铜垫	紫铜板
		10.0	450	环连接面	金属环垫	S11306、S30408
惰性气体		1.6	≤200	突	橡胶垫	中压橡胶石棉板
		4.0	≤60	凹凸	缠绕垫、柔性石墨复合垫	S11306 钢带-石棉板 石墨-S11306 等骨架
		6.4	≤60	凹凸	缠绕垫	S11306(S30408)钢带-石棉板
水		≤1.6	≤300	突	橡胶垫	中压橡胶石棉板
剧毒介质		≥1.6		环连接面	缠绕垫	S11306 钢带-石墨带
弱酸、弱碱、酸渣、碱渣		≤1.6	≤300	突	橡胶垫	中压橡胶石棉板
		≥2.5	≤450	凹凸	缠绕垫、柔性石墨复合垫	S11306 钢带-石棉板 石墨-S11306 等骨架

(3)压紧面　压紧面又称密封面,直接与垫片接触。它既传递螺栓力使垫片变形,同时也是垫片变形的表面约束。减小压紧面与垫片的接触面积,可以有效地降低螺栓预紧力,但若减得过小,则易压坏垫片。要保证法兰连接的紧密性,必须合理选择压紧面的形状。

压紧面主要应根据工艺参数(压力、温度、介质等)、密封口径以及垫片等进行选择。常用的压紧面形式有全平面[图 3-43(a)]、突面[图 3-43(b)]和图 3-43(c)]、凹凸面[图 3-43(d)]、榫槽面[图 3-43(e)]及环连接面(或称梯形槽)[图 3-43(f)]等,其中以突面、凹凸面、榫槽面最为常用。

突面结构简单,加工方便,装卸容易,且便于进行防腐衬里。压紧面可以做成平滑的,也可以在压紧面上开 2~4 条、宽×深为 0.8mm×0.4mm、截面为三角形的周向沟槽[如图 3-43(c)所示],这种带沟槽的突面能较为有效地防止非金属垫片被挤出压紧面,因而适用场合更广。一般完全平滑的突面仅适用于 PN≤2.5MPa 场合,带沟槽后容器法兰可用至 6.4MPa,管法兰甚至可用至 25~42MPa,但随着公称压力的提高,适用的公称直径相应减小。

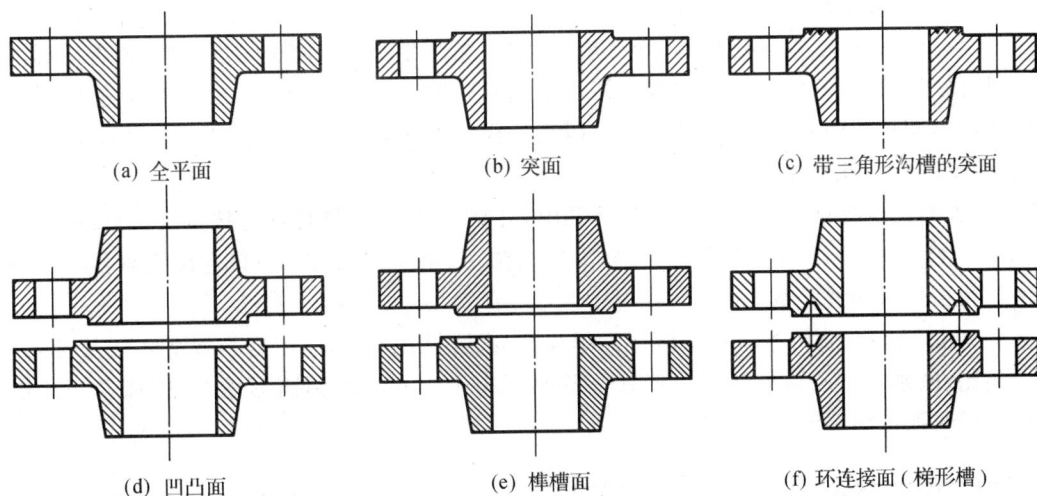

(a) 全平面　　　　　　　　(b) 突面　　　　　　(c) 带三角形沟槽的突面

(d) 凹凸面　　　　　　　　(e) 榫槽面　　　　　(f) 环连接面（梯形槽）

图 3-43　压紧面的形式

　　凹凸面安装时易于对中，还能有效地防止垫片被挤出压紧面，适用于 PN≤6.4MPa 的容器法兰和管法兰。

　　榫槽面是由一个榫面和一个槽面相配合构成，垫片安放在槽内。由于垫片较窄，并受槽面的阻挡，所以不会被挤出压紧面，且少受介质的冲刷和腐蚀，所需螺栓力相应较小，但结构复杂，更换垫片较难，只适用于易燃、易爆和高度或极度毒性危害介质等重要场合。

　　压紧面的选用原则，首先必须保证密封可靠，并力求加工容易、装配方便、生产成本低。具体选用可参考表 3-19。

　　另外，压紧面的形状和粗糙度应与垫片相匹配，一般来说，使用金属垫片时其压紧面的质量要求比使用非金属垫片时高。压紧面表面不允许有刀痕和划痕；同时为了均匀地压紧垫片，应保证压紧面的平面度和压紧面与法兰中心轴线的垂直度。

　　（4）法兰刚度　因法兰刚度不足而产生过大的翘曲变形（如图 3-44 所示），往往是实际生产中造成法兰连接密封失效的主要原因之一。刚度大的法兰变形小，可将螺栓预紧力均匀地传递给垫片，从而提高法兰的密封性能。

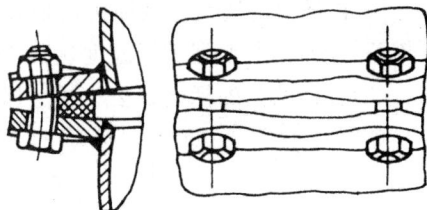

图 3-44　法兰的翘曲变形

　　法兰刚度与很多因素有关，其中适当增加法兰环的厚度、缩小螺栓中心圆直径和增大法兰环外径，都能提高法兰刚度；对于带长颈的整体法兰，增大锥颈部分的尺寸，可显著提高法兰的抗弯能力。但无原则地提高法兰刚度，将使法兰变得笨重，造价提高。

　　（5）操作条件的影响　操作条件即是压力、温度和介质的物理、化学性质等。单纯的压力或介质因素对泄漏的影响并不是主要的，只有和温度联合作用时，问题才变得严重。

　　温度对密封性能的影响是多方面的。高温介质黏度小，渗透性大，容易泄漏；介质在高温下对垫片和法兰的溶解与腐蚀作用将加剧，可增加法兰的泄漏倾向；在高温下，螺栓、法兰、垫片可能发生蠕变和应力松弛，致使压紧面松弛，密封比压下降；另外，在压力和温度的联合作用下，会导致介质对垫片材料的腐蚀加快，从而加速非金属垫片的老化和变质，造成密封失效。

3.9.1.4 容器法兰标准及其选用

法兰已经标准化,以简化计算、降低成本、增加互换性。实际使用时,应尽可能选用标准法兰。只有使用大直径、特殊工作参数和特定结构形式时才需自行设计。法兰标准根据用途分管法兰和容器法兰两套标准。相同公称直径、公称压力的管法兰与容器法兰的连接尺寸各不相同,两者不能相互套用。

(1)容器法兰标准 压力容器法兰标准由全国锅炉压力容器标准化技术委员会制定,标准号 NB/T 47020~47027,标准名称为《压力容器法兰、垫片、紧固件》。该标准将容器法兰分平焊法兰和长颈对焊法兰两大类。

a. 平焊法兰 分甲型与乙型两种。甲焊平焊法兰[图 3-45(a)]与乙型平焊法兰[图 3-45(b)]相比,区别在于乙型平焊法兰带有一壁厚不小于 16mm 的圆筒形短节,因而乙型比甲型具有更高的强度和刚度。

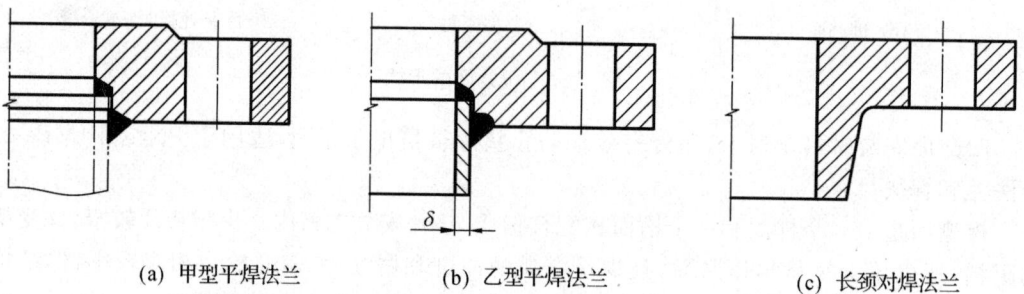

(a) 甲型平焊法兰　　　(b) 乙型平焊法兰　　　(c) 长颈对焊法兰

图 3-45 压力容器法兰

甲型平焊法兰仅适用于公称压力不大于 PN1.6MPa、最大直径不超过 DN2000mm 的场合,适用温度范围为 -20~300℃;而乙型平焊法兰的最大公称压力达到 PN4.0MPa,最大直径至 DN3000mm,适用的温度范围为 -20~350℃。表 3-20 给出了甲型、乙型平焊法兰及长颈对焊法兰适用的公称压力与公称直径的对应关系和范围。

b. 长颈对焊法兰 该种法兰带有长长的锥颈[图 3-45(c)],因而法兰的刚性好,可用于压力更高的场合,其最高适用温度达到 450℃。

(2)容器法兰的标记方法 法兰标记由七部分组成,即

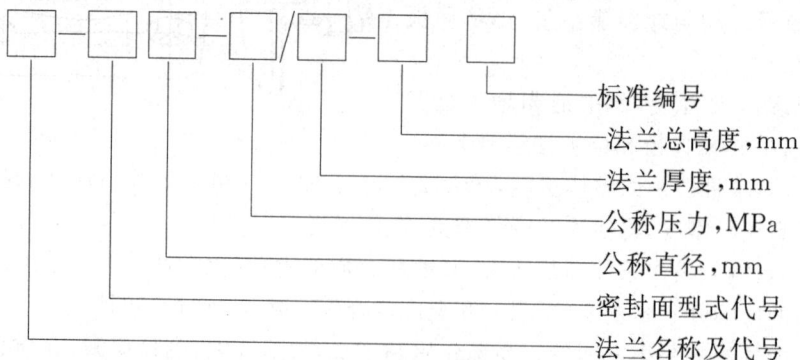

标准编号

法兰总高度,mm

法兰厚度,mm

公称压力,MPa

公称直径,mm

密封面型式代号

法兰名称及代号

当法兰厚度及总高度均采用标准值时,此两部分标记可省略。

a. 法兰名称及代号 法兰类型分为一般法兰和衬环法兰两类。衬环法兰主要用于不锈钢制作的容器,法兰本体采用低碳钢或低合金钢制造,衬环材料选用不锈钢,从而节省不锈钢,降低法兰的制造成本。一般法兰的代号为"法兰",衬环法兰的代号为"法兰 C"。

表 3-20　压力容器法兰分类和系列参数表

类型	平焊法兰									对焊法兰					
	甲型				乙型						长颈					
标准号	NB/T 47021				NB/T 47022						NB/T 47023					
公称压力 PN/MPa	0.25	0.6	1.0	1.6	0.25	0.6	1.0	1.6	2.5	4.0	0.6	1.0	1.6	2.5	4.0	6.4
公称直径 DN (mm) 300		按 PN1.0														
350																
400																
450		按 PN 0.6														
500																
550																
600																
650																
700																
800																
900																
1000																
1100																
1200																
1300																
1400																
1500																
1600																
1700																
1800																
1900																
2000																
2200						按 PN0.6										
2400																
2600																
2800																
3000																

b. 密封面型式代号　列于表 3-21。

表 3-21　法兰密封面代号

密封面型式		代号
平面密封面	平密封面	RF
凹凸密封面	凹密封面	FM
	凸密封面	M
榫槽密封面	榫密封面	T
	槽密封面	G

c. 标记方法示例：

公称压力 1.6MPa、公称直径 1000mm 的衬环榫槽密封面乙型平焊法兰的榫面法兰。

标记：法兰 C-T 1000-1.6 NB/T 47022—2012。

（3）容器法兰的选用　选择容器法兰的主要参数是公称压力和公称直径。法兰的公称直径应与容器的公称直径一致，而法兰的公称压力应视法兰的最大操作压力、法兰材料和工作温度确定。这是由于容器法兰的公称压力是以 Q345R 在 200℃时的力学性能为依据制定的，当使用的法兰材料力学性能低于 Q345R 或工作温度超过 200℃时,其最大允许工作压力将降低;反之,若使用的法兰材料力学性能高于 Q345R,则最大允许工作压力有可能高于公称压力。例如,PN2.5 的甲型平焊法兰(NB/T 47021),在−20～200℃时最大允许工作压力为 2.5MPa,若将它用于 350℃的工作环境,其最大允许工作压力为 2.05MPa;如改用 Q245R 制造,则−20～200℃时最大允许工作压力为 1.86MPa,当工作温度达到 350℃时,其最大允许工作压力仅为 1.40MPa。

表 3-22 为甲型、乙型平焊法兰适用材料及最大允许工作压力对照表(摘自 NB/T 47020—2012)。

表 3-22　甲型、乙型平焊法兰适用材料及最大允许工作压力对照表

公称压力 PN/MPa	法兰材料		工作温度/℃				备注
			＞−20～200	250	300	350	
0.25	板材	Q235B	0.16	0.15	0.14	0.13	工作温度下限为−20℃
		Q235C	0.18	0.17	0.15	0.14	
		Q245R	0.19	0.17	0.15	0.14	
		Q345R	0.25	0.24	0.21	0.20	
	锻件	20	0.19	0.17	0.15	0.14	工作温度下限为 0℃
		16Mn	0.26	0.24	0.22	0.21	
		20MnMo	0.27	0.27	0.26	0.25	
0.60	板材	Q235B	0.40	0.36	0.33	0.30	工作温度下限为−20℃
		Q235C	0.44	0.40	0.37	0.33	
		Q245R	0.45	0.40	0.36	0.34	
		Q345R	0.60	0.57	0.51	0.49	
	锻件	20	0.45	0.40	0.36	0.34	工作温度下限为 0℃
		16Mn	0.61	0.59	0.53	0.50	
		20MnMo	0.65	0.64	0.63	0.60	
1.00	板材	Q235B	0.66	0.61	0.55	0.50	工作温度下限为−20℃
		Q235C	0.73	0.67	0.61	0.55	
		Q245R	0.74	0.67	0.60	0.56	
		Q345R	1.00	0.95	0.86	0.82	
	锻件	20	0.74	0.67	0.60	0.56	工作温度下限为 0℃
		16Mn	1.02	0.98	0.88	0.83	
		20MnMo	1.09	1.07	1.05	1.00	
1.60	板材	Q235B	1.06	0.97	0.89	0.80	工作温度下限为−20℃
		Q235C	1.17	1.08	0.98	0.89	
		Q245R	1.19	1.08	0.96	0.90	
		Q345R	1.60	1.53	1.37	1.31	
	锻件	20	1.19	1.08	0.96	0.90	工作温度下限为 0℃
		16Mn	1.64	1.56	1.41	1.33	
		20MnMo	1.74	1.72	1.68	1.60	

公称压力 PN/MPa	法兰材料		工作温度/℃				备注
			＞−20～200	250	300	350	
2.50	板材	Q235C	1.83	1.68	1.53	1.38	工作温度下限为0℃
		Q245R	1.86	1.69	1.50	1.40	
		Q345R	2.50	2.39	2.14	2.05	
	锻件	20	1.86	1.69	1.50	1.40	
		16Mn	2.56	2.44	2.20	2.08	
		20MnMo	2.92	2.86	2.82	2.73	DN＜1400
		20MnMo	2.67	2.63	2.59	2.50	DN≥1400
4.0	板材	Q245R	2.97	2.70	2.39	2.24	
		Q345R	4.00	3.82	3.42	3.27	
	锻件	20	2.97	2.70	2.39	2.24	
		16Mn	4.09	3.91	3.52	3.33	
		20MnMo	4.64	4.56	4.51	4.36	DN＜1500
		20MnMo	4.27	4.20	4.14	4.00	DN≥1500

3.9.1.5 管法兰标准及选用

管法兰是压力容器与管道连接的标准通用件。国际上管法兰标准主要有两大体系,欧洲体系(以 EN 标准为代表)和美洲体系(以 ASME B16.5,B16.47 标准为代表)。同一体系内,各国的管法兰标准基本上可以互相配用(指连接尺寸和密封面尺寸),但两个体系之间不能互相配用,较明显的区分标志为公称压力等级不同,具体数值参见本章第 3.4.2 节。

我国管法兰标准较多,主要有国家标准 GB/T 9112～9124《钢制管法兰》,机械行业标准 JB/T 74～86.2《管路法兰》以及化工行业标准 HG/T 20592～20635(包括欧洲体系和美洲体系)等。其中 HG/T 20592～20635《钢制管法兰、垫片、紧固件》是一个内容完整、体系清晰、适合国情,并与国际接轨的标准。因此优先推荐采用 HG/T 20592～20635。

管法兰选用时,也应对照压力-温度等级表确定适用材料与工作温度下管法兰的最高无冲击工作压力。但基准材料与容器法兰标准有所不同,是依屈服强度为 225MPa 的材料为依据制定的。而且,不管何种材料,管法兰的最高无冲击工作压力不得大于公称压力。

3.9.2 容器支座

容器支座是用来支撑容器的重量、固定容器的位置并使容器在操作中保持稳定。支座的结构形式很多,根据容器自身的安装形式,支座可以分为两大类:卧式容器支座和立式容器支座。

3.9.2.1 卧式容器支座

卧式容器支座中最常用的有鞍式支座和圈座,如图 3-46 所示。常见的卧式容器和大型卧式储罐、换热器等多采用鞍座;但对于大直径的薄壁容器和真空容器,为增加简体支座处的局部刚度习惯采用圈座。

(1)鞍式支座 简称鞍座,是应用最广泛的一种卧式容器支座。置于支座上的卧式容器,其情况类似于弯曲梁。由材料力学分析可知,梁弯曲产生的应力与支点的数量和位置有关。当尺寸和载荷一定时,多支点在梁内产生的应力较小,因此支座数量似乎应该越多越好。但在实际工程中,由于地基的不均匀沉降和制造上的外形偏差,很难保证各支座严格保持在同一水平面上,因而多支座罐体在支座处的约束反力并不能均匀分配,体现不出多支座的优点,所以

(a) 鞍式支座

(b) 圈座

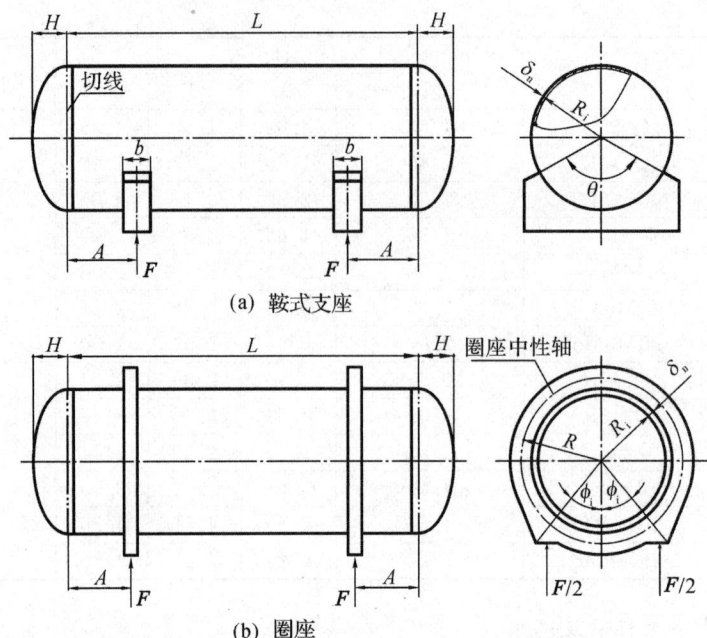

图 3-46　卧式容器的典型支座

一般卧式容器最好采用双鞍座结构,如图 3-46(a)所示。

采用双支座时,支座位置的选取一方面要考虑到封头的加强效应,另一方面又要考虑到不使壳体中因荷重引起的弯曲应力过大,因而要遵循以下原则:

a. 双鞍座卧式容器的受力状态可简化为受均布载荷的外伸简支梁。由材料力学可知,当外伸长度 $A=0.207L$ 时,跨度中央的弯矩与支座截面处的弯矩绝对值相等,所以一般近似取 $A\leqslant 0.2L$,其中 L 为两封头切线间距离,A 为鞍座中心线至封头切线间距离。

b. 当鞍座邻近封头时,封头对支座处的筒体有局部加强作用。为充分利用这一加强效应,在满足 $A\leqslant 0.2L$ 下应尽量使 $A\leqslant 0.5R_0$(R_0 为筒体外径)。

此外,卧式容器在温度或载荷变化时都会产生轴向的伸缩,因此容器两端的支座不能都固定在基础上,必须有一端能在基础上滑动,以避免产生过大的附加应力。通常的做法是将其中一个支座固定,而另一个支座上的地脚螺栓孔做成长圆形(见图 3-47),使其成为滑动支座。

鞍式支座的结构和尺寸,除特殊情况需要另外设计外,一般可根据设备的公称直径选用标准形式,鞍座标准为 JB/T 4712.1。由于卧式容器除要考虑操作压力引起的薄膜应力外,还要考虑容器重量在壳体上引起的弯曲,因而即使选用了标准鞍座,还要对容器进行强度和稳定性的校核。

鞍座包角也是鞍式支座选用时需要考虑的一个重要参数,其大小 θ 不仅影响鞍座处圆筒截面上的应力分布,而且也影响卧式容器的稳定性。常用的鞍座包角有 $120°$、$135°$ 和 $150°$ 三种,我国标准 JB/T 4712.1 中推荐的鞍座包角为 $120°$ 和 $150°$ 两种。

鞍座结构如图 3-47 所示,它由腹板、筋板和底板焊接而成,在与设备筒体相连处,有带加强垫板和不带加强垫板两种结构,加强垫板的材料应与容器壳体材料相一致。图 3-47 为带加强垫板结构。

标准鞍座分 A 型(轻型)和 B 型(重型)两种,其中重型又分为 BⅠ~BⅤ五种型号,各种型

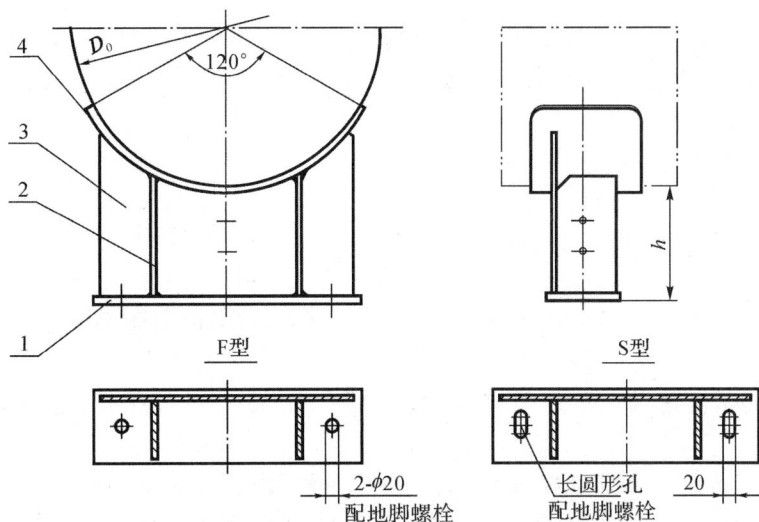

F型

S型

2-φ20
配地脚螺栓

长圆形孔
配地脚螺栓

20

1-底板;2-筋板;3-腹板;4-垫板

图 3-47　B I 型(重型)带垫板包角 120°的鞍座结构简图

号的鞍座结构及特征列于表 3-23。A 型与 B 型的区别在于筋板、底板和垫板等尺寸不同或数量不同。根据鞍座底板上的螺栓孔形状不同,又分为 F 型(固定支座)和 S 型(滑动支座),如图 3-47 所示。除螺栓孔外,F 型与 S 型各部分的尺寸相同。在一台容器上,F 型和 S 型总是配对使用,其中滑动支座的地脚螺栓采用两个螺母,第一个螺母拧紧后倒退一圈,然后用第二个螺母锁紧,以保证容器在温度变化时,鞍座能在基础面上自由滑动。长圆孔的长度须根据容器的温度条件进行计算校核。

表 3-23　各种型号的鞍座结构及特征

型式		适用公称直径 DN /mm	结构特征	支座尺寸
轻 型 A		1000～2000	120°包角、焊制、四筋、带垫板	JB/T 4712.1
		2100～4000	120°包角、焊制、六筋、带垫板	
重 型	B I	159～426	120°包角、焊制、单筋、带垫板	
		300～450		
		500～900	120°包角、焊制、双筋、带垫板	
		1000～2000	120°包角、焊制、四筋、带垫板	
		2100～4000	120°包角、焊制、六筋、带垫板	
	B II	1000～2000	150°包角、焊制、四筋、带垫板	
		2100～4000	150°包角、焊制、六筋、带垫板	
	B III	159～426	120°包角、焊制、单筋、不带垫板	
		300～450		
		500～900	120°包角、焊制、双筋、不带垫板	
	B IV	159～426	120°包角、弯制、单筋、带垫板	
		300～450		
		500～900	120°包角、弯制、双筋、带垫板	
	B V	159～426	120°包角、弯制、单筋、不带垫板	
		300～450		
		500～900	120°包角、弯制、双筋、不带垫板	

选用标准鞍座时,首先应根据鞍座实际承载的大小,确定选用轻型(A型)或重型(B型)鞍座,找出对应的公称直径,再结合容器筒体强度计算选择120°或150°包角的鞍座。

标准鞍座标记方法:

JB/T 4712.1—2007 鞍座 ××—×

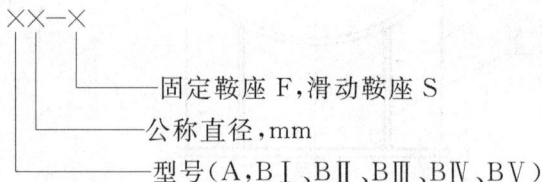

固定鞍座F,滑动鞍座S
公称直径,mm
型号(A,BⅠ、BⅡ、BⅢ、BⅣ、BⅤ)

标记示例:

DN1600,120°包角重型滑动鞍座,鞍座材料为Q235A,垫板材料为S30408,鞍座高度为400mm。

标记:JB/T 4712.1—2007 鞍座 BⅡ1600—S;材料:Q235A/S30408。

(2)圈座　在下列情况下可采用圈座:因自身重量而可能造成严重挠曲的大直径薄壁容器或真空操作的容器;多于两个支承的长容器。除常温常压下操作的容器外,至少应有一个圈座是滑动支承结构。

当容器采用两个圈座支承时,圆筒所承受的支座反力、轴向弯矩及其相应的轴向应力的计算及校核均与鞍式支座相同。

3.9.2.2　立式容器支座

立式容器有耳式支座、支承式支座、腿式支座和裙式支座等四种支座。中、小型直立容器常采用前三种支座,高大的塔设备则广泛采用裙式支座。

(1)耳式支座　又称悬挂式支座,它由筋板和支脚板组成,广泛用于反应釜及立式换热器等直立设备上。优点是简单、轻便,但对器壁会产生较大的局部应力。因此,当容器直径较大或器壁较薄时,应在支座与器壁间加一垫板,垫板材料应与筒体材料相同。例如:不锈钢容器用碳素钢作支座时,为防止器壁与支座在焊接过程中合金元素的流失,应在支座与器壁间加一不锈钢垫板。图3-48是一带有垫板的耳式支座。

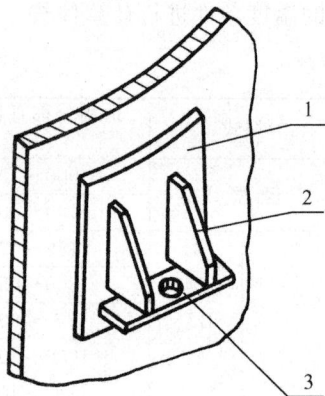

耳式支座推荐用的标准为JB/T 4712.3《耳式支座》,它将耳式支座分为A型(短臂)和B型(长臂)两类,每类又有带垫板和不带垫板两种,不带垫板的分别以AN和BN表示。B型耳式支座有较大的安装尺寸,当容器外面包有保温层,或者将容器直接放置在楼板上时,宜选用B型。

1-垫板;2-筋板;3-支脚板
图3-48　耳式支座

(2)支承式支座　对于高度不大、安装位置距基础面较近且具有凸形封头的立式容器,可采用支承式支座,它是在容器封头底部焊上数根支柱,直接支承在基础地面上,如图3-49所示。支承式支座的主要优点是简单方便,但它对容器封头会产生较大的局部应力,因此当容器直径较大或壳体较薄时,必须在支座和封头间加垫板,以改善壳体局部受力情况。

支承式支座推荐用的标准为JB/T 4712.4《支承式支座》。它将支承式支座分为A型和B型,A型支座由钢板焊制而成;B型支座采用钢管作支柱。支座与封头连接处是否加垫板,应根据容器材料和容器与支座焊接部位的强度及稳定性决定。

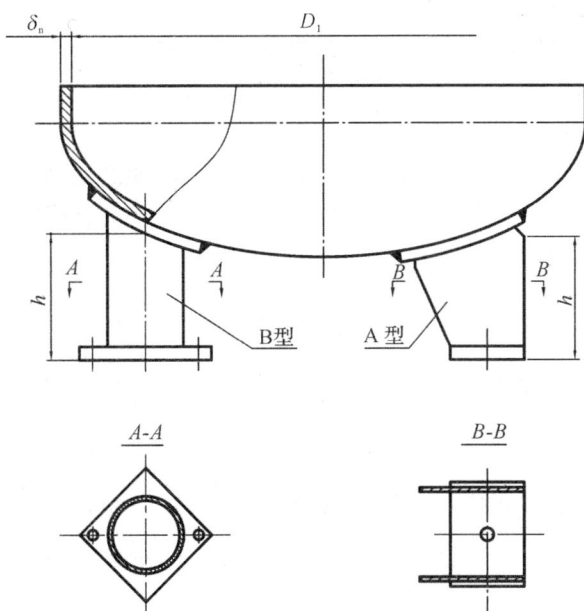

图 3-49　支承式支座

（3）腿式支座　简称支腿，多用于高度较小的中小型立式容器中，它与支承式支座的最大区别在于：腿式支座是支承在容器的圆筒体部分，而支承式支座是支承在容器的底封头上，如图 3-50 所示。腿式支座具有结构简单、轻巧、安装方便等优点，并在容器下面有较大的操作维修空间。但当容器上的管线直接与产生脉动载荷的机器设备刚性连接时，不宜选用腿式支座。

腿式支座推荐用的标准为 JB/T 4712.2《腿式支座》。它在结构形式上，将腿式支座分为易与容器圆筒相吻合、焊接安装较为容易的 A 型支腿（角钢支柱）（见图 3-50）和在所有方向上都具有相同截面系数、较高抗受压失稳能力的 B 型支腿（钢管支柱）两种支柱形式。是否带垫板与耳式支座的规定相同。

选用立式容器支座时，先根据容器公称直径 DN 和总质量选取相应的支座号和支座数量，然后计算支座承受的实际载荷，使其不大于支座允许载荷。除容器总质量外，实际载荷还应综合考虑风载荷、地震载荷和偏心载荷。

（4）裙式支座　对于比较高大的立式容器，特别是塔设备，应采用裙式支座。裙式支座有两种形式：圆筒形裙座和圆锥形裙座。裙式支座将在第 8 章中做详细介绍。

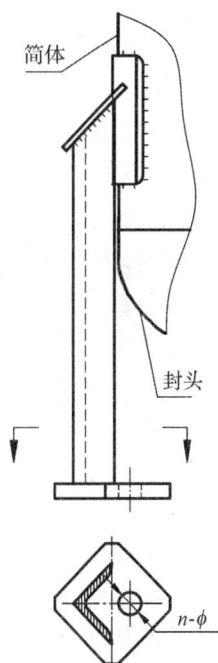

图 3-50　腿式支座

3.9.3　容器的开孔与接管

为满足各种工艺和结构上的要求，不可避免地要在容器的筒体或封头上开孔并安装接管。开孔后，壳壁因去除了一部分承载的金属材料而被削弱，同时使容器结构出现局部的不连续，因而在开孔与接管处往往会出现局部较高的集中应力，其应力数值可能达到壳壁中薄膜应力的 3 倍甚至更大。开孔应力集中的程度和开孔的形状有关，比较而言,圆孔的应力集中程度最低,因此尽量开圆孔。

较大的局部应力,加之容器与接管角焊缝的焊接及其检验较为困难,使很多失效现象从开孔边缘处首先出现。因此,容器开孔接管后必须考虑其补强问题。

3.9.3.1 开孔补强设计与补强结构

所谓"开孔补强设计"是在开孔附近区域增加补强金属,使之达到提高壳壁强度,满足强度设计要求的目的。容器开孔补强通常采用局部补强结构,主要分补强圈补强、厚壁接管补强和整锻件补强三种形式,如图 3-51 所示。

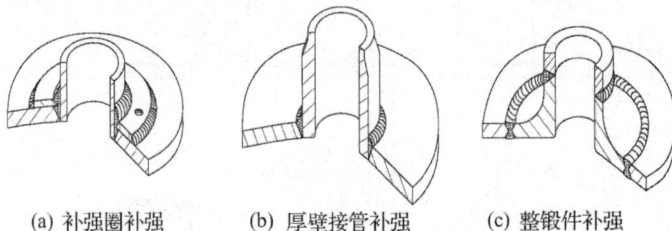

(a) 补强圈补强　　　(b) 厚壁接管补强　　　(c) 整锻件补强

图 3-51　补强元件的基本类型

(1)补强圈补强　　这是中低压容器应用最多的一种补强结构,补强圈贴焊在壳体与接管连接处,如图 3-51(a)所示。它结构简单,制造方便,使用经验丰富,但补强圈与壳体金属之间不能完全贴合,传热效果差,在中温以上使用时,两者之间存在较大的热膨胀差,因而使补强局部区域产生较大的热应力;另外,补强圈与壳体采用搭接连接,难以与壳体形成整体,所以抗疲劳性能差。这种补强结构一般使用在静载、常温、中低压、材料的标准抗拉强度低于 540MPa、补强圈厚度小于或等于 $1.5\delta_n$、壳体名义厚度 δ_n 不大于 38mm 的场合。

(2)厚壁接管补强　　即在开孔处焊上一段厚壁接管,如图 3-51(b)所示。由于接管的加厚部分正处于最大应力区域内,故比补强圈补强更能有效地降低应力集中系数。接管补强结构简单,焊缝少,焊接质量容易检验,因此补强效果较好。高强度低合金钢制压力容器由于材料缺口敏感性较高,一般都采用该结构,但必须保证焊缝全焊透。

(3)整锻件补强　　该补强结构是将接管和部分壳体连同补强部分做成整体锻件,再与壳体和接管焊接,如图 3-51(c)所示。其优点是:补强金属集中于开孔应力最大部位,能最有效地降低应力集中系数;可采用对接焊缝,并使焊缝及其热影响区离开最大应力点,抗疲劳性能好,疲劳寿命只降低 10%～15%。缺点是锻件供应困难,制造成本较高,所以只在重要的压力容器中应用,如核容器、材料屈服强度在 500MPa 以上的容器开孔及受低温、高温、疲劳载荷容器的大直径开孔等。

3.9.3.2 开孔补强设计准则——等面积补强法

目前通用的、也是最早的开孔补强设计准则是基于弹性失效设计准则的等面积补强法。等面积补强认为壳体因开孔被削弱的承载面积,须有补强材料在离孔边一定距离范围内予以等面积补偿。该方法经长期的实践考验,简单易行,因此不少国家的容器设计规范主要采用该方法,如美国的 ASME Ⅷ-1 和中国的 GB 150.3 等。

3.9.3.3 允许不另行补强的最大开孔直径

压力容器设计时,常常储备了各种强度裕量,例如接管和壳体的实际壁厚往往大于强度需要的最小厚度;接管根部有填角焊缝;焊接接头系数小于或等于 1.0 但开孔位置不在焊缝上。这些强度裕量相当于壳体已被整体或局部加强;同时,由于容器材料具有一定的塑性储备,允许承受不是过大的局部应力。因此,对于满足一定条件的开孔接管,可以不予补强。

当壳体开孔满足以下全部条件时,可不另行补强:

(1)设计压力小于或等于 2.5MPa;

(2)两相邻开孔中心的间距(对曲面间距以弧长计算)应不小于两孔直径之和的两倍;

(3)接管公称外径小于或等于 φ89mm 时;

(4)接管最小壁厚满足表 3-24 的要求。

表 3-24 不另行补强的接管最小厚度　　　　　　　　　　　　　　　单位:mm

接管公称外径	25	32	38	45	48	57	65	76	89
最小厚度		3.5		4.0		5.0		6.0	

注:①钢材的标准抗拉强度下限值 $R_m \geqslant 540$MPa 时,接管与壳体的连接宜采用全焊透的结构形式。

②表中接管腐蚀裕量为 1mm,当腐蚀裕量加大时,须相应增加接管壁厚。

除此之外的其他开孔接管都要进行补强计算,以确定是否需要补强。

3.9.3.4　常规设计之允许开孔范围

GB 150.3 等常规设计标准大多采用等面积补强方法,该方法是以无限大平板上开小圆孔的孔边应力分析作为其理论依据。但实际的开孔接管是位于壳体而不是平板上,壳体总有一定的曲率,为减少实际应力集中系数与理论分析结果之间的差异,必须对开孔的尺寸和形状给予一定的限制。GB 150.3 对开孔最大直径做了如下限制:

(1)圆筒上开孔的限制:当其内径 $D_i \leqslant 1500$mm 时,开孔最大直径 $d \leqslant D_i/2$,且 $d \leqslant 520$mm;当其内径 $D_i > 1500$mm 时,开孔最大直径 $d \leqslant D_i/3$,且 $d \leqslant 1000$mm。

(2)凸形封头或球壳上开孔最大直径 $d \leqslant D_i/2$。

(3)锥壳(或锥形封头)上开孔最大直径 $d \leqslant D_i/3$,D_i 为开孔中心处的锥壳内直径。

(4)在椭圆形或碟形封头过渡部分开孔时,其孔的中心线宜垂直于封头表面。

当开孔直径超过上述范围后,上述的等面积补强法就不适用了,GB 150.3 中提供了一种分析方法,其适用范围为 $d \leqslant 0.9D$ 且 $\max[0.5, d/D] \leqslant$ 接管有效厚度 δ_{et}/壳体有效厚度 $\delta_e \leqslant 2$。除上述所提的补强计算方法外,还有压力面积法、分析设计法等。若开孔率超过 0.8,则需采用分析设计方法进行补强设计。

3.9.3.5　接　管

根据用途不同,容器上的开孔接管一般分为三类:第一类是工艺接管,主要用于物料进出口;第二类是仪表类接管,主要用于安装温度、压力和液面等测量仪表,以及设置安全泄放装置等;第三类为检查与观察孔,如手孔、人孔、视镜等,主要用于检查容器的内部空间以及安装拆卸内部附件等。

在接管形式上,有带法兰的接管、螺纹接头、凸缘等多种结构。

(1)带法兰的接管　一般情况下,物料进出口、排净口等工艺接管大多采用这种结构形式,各零件之间采用焊接连接,如图 3-52 所示。接管伸出长度可参照表 3-25 确定。

表 3-25 接管伸出长度 h　　　　　　　　　　　　　　　单位:mm

公称直径 DN	不保温接管长	保温设备接管长	适用公称压力 PN(MPa)
≤15	80	130	≤4.0
20~50	100	150	≤1.6
70~350	150	200	≤1.6
70~500			≤1.0

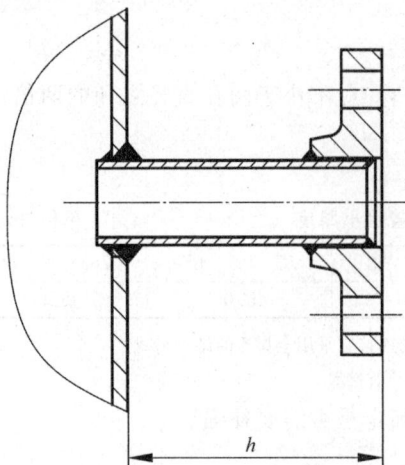

图 3-52　带法兰的接管结构示意图　　　　　图 3-53　内螺纹接头

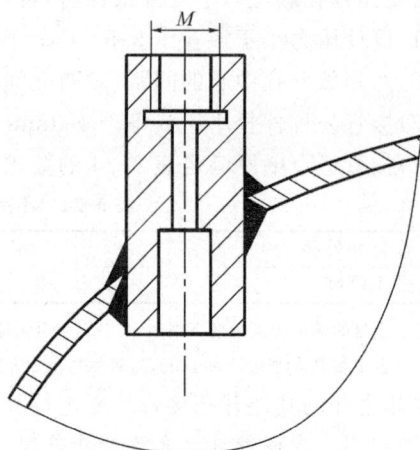

（2）螺纹接头　该结构主要用于直接安装温度计、压力表、液面计和阀门等带螺纹连接形式的附件，如图 3-53 所示。一般情况下，接头直径较小。

（3）凸缘　当接管长度必须很短时，可用凸缘（又叫突出接口）来代替接管，如图 3-54 所示。凸缘本身具有加强开孔的作用，因而不需再另外补强。缺点是当螺柱折断在螺栓孔中时，取出较为困难。由于凸缘与管法兰配用，因此它的连接尺寸应根据所选用的管法兰来确定。

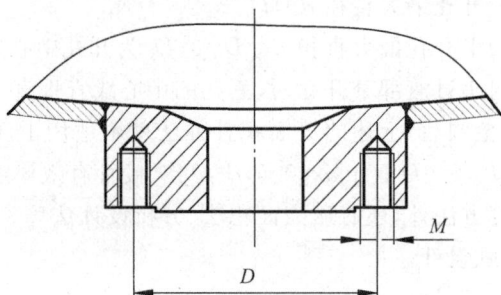

图 3-54　具有凸面密封的凸缘

（4）检查孔　其作用是检查压力容器在使用过程中是否有裂纹、变形、腐蚀等缺陷产生，以及安装拆卸内部附件。检查孔包括人孔、手孔等，其开设位置应便于观察或清理容器内部。

人孔主要由人孔接管、法兰、盖板和手柄等组成。为了便于开启，人孔大多做成回转盖形式，如图 3-55 所示。目前，人孔和手孔都已经标准化，其中标准手孔直径有 DN150 和 DN250 两种；标准圆形人孔直径有 DN400、DN450、DN500 和 DN600 等 4 种规格。设计时可根据容器的公称压力、工作温度以及所用材料等按标准选用。

（5）视镜　视镜是用来观察设备内部情况的，同时也可用作物料液面的指示镜。

用凸缘构成的视镜称为不带颈视镜，如图 3-56 所示，其结构简单，不易结料，有比较宽阔的观察范围。当视镜需要斜装或设备直径较小时，则可采用带颈视镜。

视镜也有相关标准，目前常用的有压力容器视镜、带灯视镜、带灯有冲洗孔视镜、组合视镜等。

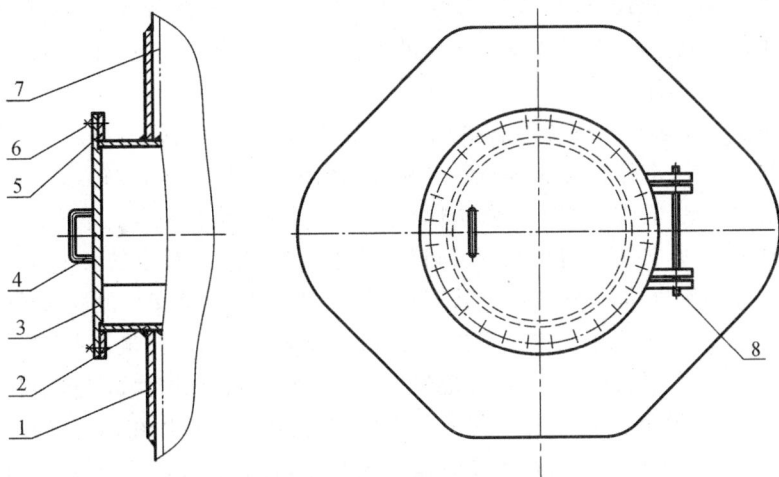

1-补强圈;2-人孔接管;3-人孔盖;4-手柄;5-法兰;6-紧固件;7-壳体;8-回转轴系统

图 3-55　回转盖人孔示意图

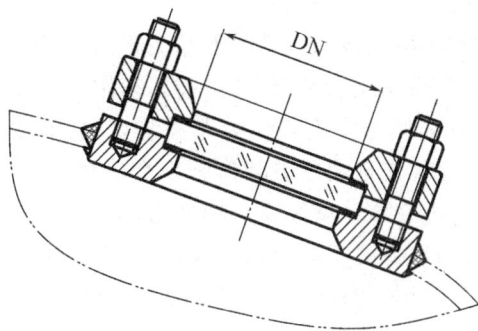

图 3-56　视镜结构示意图

3.9.4　安全附件及仪表

安全附件主要有超压泄放装置、紧急切断阀、安全联锁装置等;仪表有温度计、压力表、液位计等。

(1)超压泄放装置　其作用是当容器在正常工作压力下运行时,保持严密不漏;若容器内的压力一旦超过限定值,则能自动、迅速地排泄出容器内介质,使容器内的压力始终保持在许用压力范围以内。超压泄放装置除了具有自动泄压这一主要功能外,还兼有自动报警的作用。

TSG 21 适用范围内的压力容器,应当根据设计要求装设超压泄放装置,压力源来自压力容器外部,并且得到可靠控制时,超压泄放装置可以不直接安装在压力容器上。超压泄放装置的排放能力,应当大于或等于压力容器的安全泄放量。只有这样,才能保证超压泄放装置完全开启后,容器内的压力不会继续升高。容器的安全泄放量,则是指容器超压时为保证它的压力不会再升高而在单位时间内所必须泄放的气量。

安全泄放装置主要包括安全阀、爆破片,以及两者的组合装置。

a. 安全阀　安全阀的作用是通过阀的自动开启排出气体来降低容器内过高的压力。其优点是仅排放容器内高于规定值的部分压力,当容器内的压力降至稍低于正常操作压力时,能自动关闭,避免一旦容器超压就把全部气体排出而造成浪费和中断生产;可重复使用多次,安装调整也比较容易。但密封性能较差,阀的开启有滞后现象,泄压反应较慢。

安全阀有多种分类方式,按加载机构可分为重锤杠杆式和弹簧式;按阀瓣开启高度的不同,可分为微启式和全启式;按气体排放方式的不同,可分为全封闭式、半封闭式和开放式;按作用原理可分为直接作用式和非直接作用式等。

安全阀的选用,应综合考虑压力容器的操作条件、介质特性、载荷特点、容器的安全泄放量、防超压动作的要求(动作特点、灵敏性、可靠性、密闭性)、生产运行特点、安全技术要求,以及维修更换等因素。一般应掌握下列基本原则:①对于易燃、毒性程度为中度以上危害的介质,必须选用封闭式安全阀,如需带有手动提升机构,须采用封闭式带扳手的安全阀;对空气或其他不会污染环境的非易燃气体,可选用敞开式安全阀。②高压容器及安全泄放量较大而壳体的强度裕量又不太大的容器,应选用全启式安全阀;微启式安全阀宜用于排量不大、要求不高的场合。③高温容器宜选用重锤杠杆式安全阀或带散热器的安全阀,不宜选用弹簧式安全阀。

b. 爆破片　爆破片是一种断裂型安全泄放装置,它利用爆破片在标定爆破压力下即发生断裂来达到泄压目的,泄压后爆破片不能继续有效使用,容器也被迫停止运行。虽然爆破片是一种爆破后不重新闭合的泄放装置,但与安全阀相比,它有两大特点:一是密闭性能好,能做到完全密封;二是破裂速度快,泄压反应迅速。因此,当安全阀不能起到有效保护作用时,必须使用爆破片或爆破片与安全阀的组合装置。

爆破片分类方法较多,常用的是按其破坏时的受力形式分为拉伸型、压缩型、剪切型和弯曲型;按产品外观分为正拱型、反拱型和平板型;按破坏动作分为爆破型、触破型及脱落型等。

目前,绝大多数压力容器都使用安全阀作为泄放装置,然而安全阀一直有"关不严、打不开"的隐患,因而在某些场合应优先选用爆破片作为安全泄放装置。这些场合主要是:①介质为不洁净气体的压力容器,这类介质易堵塞安全阀通道,或使安全阀开启失灵;②由于物料的化学反应压力可能迅速上升的压力容器,这类容器内的压力可能会急剧增加,而安全阀动作滞后,不能有效地起到安全泄放作用;③毒性程度为极度、高度危害的气体介质或盛装贵重介质的压力容器,由于对安全阀来说,微量泄漏是难免的,故为防止污染环境或不允许存在微量泄漏,宜选用爆破片。④介质为强腐蚀性气体的压力容器,腐蚀性大的介质,用耐腐蚀的贵重材料制造安全阀成本高,而用其制造爆破片,成本相对低廉。

(2)安全联锁装置　是指为了防止操作失误而装设的控制机构,如紧急切断阀、超压联锁保护装置等。

(3)仪表　用于显示和检测容器内部的工作介质或设备本身运行状态的各项参数。主要有温度计、压力表、液位计和壁温测试仪表等。选用时须考虑量程、精度、介质性质和使用条件等因素。例如,选用压力表时必须考虑:①所选压力表与压力容器内的介质相适应;②设计压力小于 1.6MPa 压力容器使用的压力表的精度不得低于 2.5 级,设计压力大于或等于1.6MPa压力容器使用的压力表的精度不得低于 1.6 级;③压力表表盘刻度极限值应当为工作压力的1.5~3.0 倍。最好选用 2 倍,表盘直径不少于 100mm。压力表的检定和维护应当符合国家计量部门的有关规定,压力表安装前应当进行检定,在刻度盘上应当划出指示工作压力的红线,注明下次检定日期。压力表检定后应当加铅封。压力表的安装时,应注意:①安装位置应当便于操作人员观察和清洗,并且应当避免受到辐射热、冻结或者震动等不利影响;②压力表与压力容器之间,应当装设三通旋塞或者针形阀(三通旋塞或者针形阀上应当有开启标记和锁紧装置),并且不得连接其他用途的任何配件或者接管;③用于蒸汽介质的压力表,在压力表与压力容器之间应当装有存水弯管;④用于具有腐蚀性或者高黏度介质的压力表,在压力表与压力容器之间应当安装能隔离介质的缓冲装置。

习题与思考题

3-1　我国 TSG 21《固定式压力容器安全技术监察规程》按安全技术管理分类方法将压力容器分为几类？其分类的原则是什么？

3-2　试分析标准椭圆形封头采用长短轴之比的原因。

3-3　什么是回转壳体的边缘应力？边缘应力有何重要特征？

3-4　压力容器制造完毕后为什么必须进行耐压试验？耐压试验有哪几种？其试验压力又如何确定？耐压试验与气密性试验有何不同？

3-5　试述有哪些因素影响承受均布外压圆筒体的临界压力？若要提高圆筒体弹性失稳的临界压力，可否通过选用高强度材料来达到目的？为什么？

3-6　如图所示，试用图中所注尺寸符号写出各回转壳体中 A 和 A' 点的第一曲率半径、第二曲率半径以及平行圆半径。

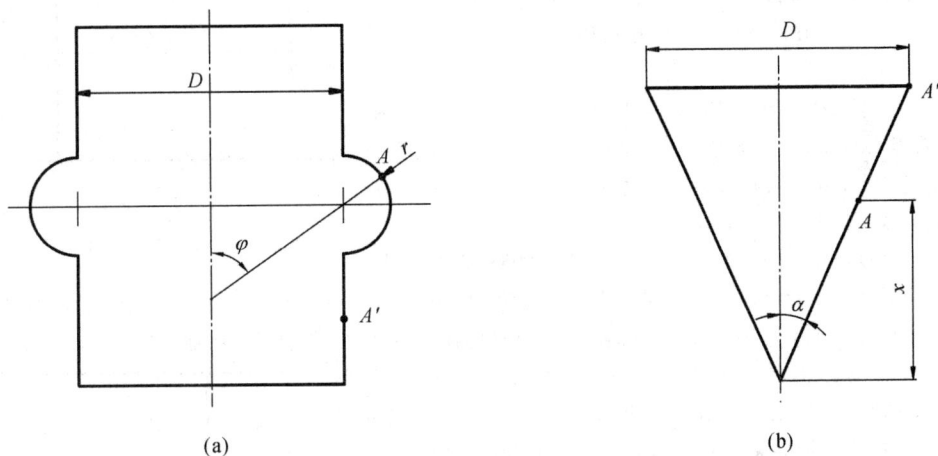

習题 3-6 图

3-7　试计算如图所示各种承受均匀内压作用的薄壁回转壳体上各点的 σ_φ 和 σ_θ。

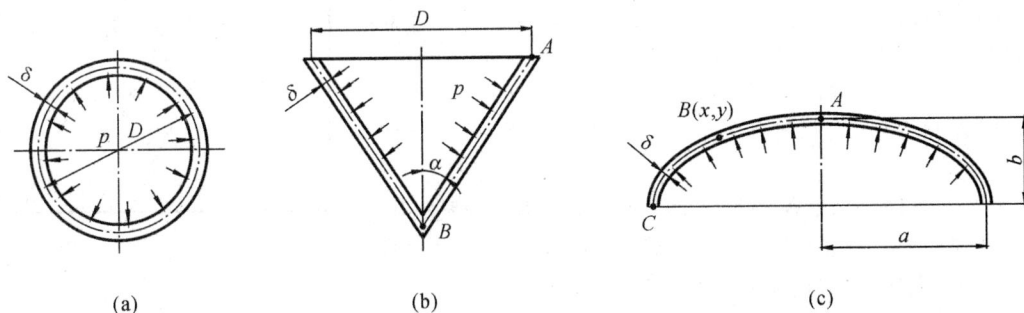

習题 3-7 图

(1)图(a)中球壳上任一点。已知：$p=2\text{MPa}, D=1000\text{mm}, \delta=20\text{mm}$。

(2)图(b)中圆锥壳上 A 点和 B 点。已知：$p=0.5\text{MPa}, D=1000\text{mm}, \delta=10\text{mm}$。

(3)图(c)中椭球壳上 A、B、C 点。已知：$p=1.0\text{MPa}, a=1000\text{mm}, b=500\text{mm}, \delta=100\text{mm}$，$B$ 点处坐标 $x=600\text{mm}$。

3-8 有一平均直径为 6016mm 的球形容器，其工作压力为 1.0MPa，厚度为 16mm，试求该球形容器壁内的工作应力。

3-9 有一承受气体内压的圆筒形容器，两端均为椭圆形封头。已知圆筒平均直径为 2030mm，筒体与封头厚度均为 30mm，工作压力为 3.0MPa，试求：

(1)圆筒体壁内的工作应力；

(2)若封头椭圆长短轴之比分别为 $\sqrt{2}$、2、2.6 时，计算封头上薄膜应力 σ_φ 和 σ_θ 的最大值并确定其所在位置。

3-10 有一半顶角为 $\alpha=45°$ 的圆锥形封头，其内气体压力为 $p=2.5$MPa，封头厚度为 18mm，其上一点 M 平行圆直径为 1018mm，试求 M 点处的 σ_φ 和 σ_θ。

3-11 有一立式圆筒形储油罐，如图所示，罐体中径 $D=5000$mm，厚度 $\delta=10$mm，油的液面离罐底高 $H=18$m，油的相对密度为 0.7，试求：

(1)当 $p_0=0$ 时，油罐筒体上 M 点应力及最大应力；

(2)当 $p_0=0.1$MPa(表压)时，油罐筒体上 M 点应力及最大应力。

3-12 一立式压力容器的设计压力为 1.0MPa，工作温度为常温，材料为 Q245R，圆筒体内径为 3000mm，高 15000mm，其对接焊缝采用双面对接焊接头，20%无损检测，器内介质为水，有轻度腐蚀。试设计该内压圆筒体的壁厚。

3-13 已设计完一 DN2000 的(承受气压)内压薄壁圆筒，其设计压力为 2.0MPa，设计温度为 200℃，名义厚度为 24mm，焊接接头系数 $\phi=0.85$，材料为 Q245R，设计寿命为 10 年，年均腐蚀速率为 0.2mm/a。试求工作时筒壁内的最大应力，并判断设计是否合理。

3-14 一圆柱形筒体已制造完毕，内径为 2500mm，高为 16000mm，实测壁厚为 21.8mm，材料选用 S30408，焊接接头系数 ϕ 取 0.85。现欲用该筒体制造一储罐，其设计参数为：设计压力为 1.60MPa，设计温度为 250℃，内盛密度为 1100kg/m³ 的液体，介质对材料不产生腐蚀，请问选用该筒体是否合适？

3-15 如图所示，图中 A、B、C 点表示三个受外压的钢制圆筒，材料为 Q245R，$R_{eL}=216$MPa，$E=206$GPa。试问：(1)A、B、C 三个圆筒分别属于哪一类圆筒？它们失稳时的波数 n 等于(或大于)几？(2)当圆筒改为铝合金制造时($R_{eL}=108$MPa，$E=68.7$GPa)，它们的许用外压有何变化？变化的幅度是多少(用比值 $[p]_a/[p]_s=\phi$ 表示)？

3-16 用同种不锈钢材料制造的四个短圆筒，其尺寸如图所示。在相同操作温度下，承受均匀周向外压，试按临界压力的大小予以编号。(假设介质对筒体没有腐蚀，且图中厚度为实测值)

3-17 用 Q245R 制造一外压容器，已知外径 $D_o=2024$mm，筒体外压计算长度为 2500mm，在室温下操作，最大压力差为 0.15MPa。试问筒体有效厚度为 12mm 时操作是否安全？(分别采用解析法和图算法计算)

3-18 有一外径 $D_o=1000$mm、外压计算长度为 5000mm 的真空操作的筒体，用有效厚度 $\delta_e=4$mm 的钢板制造。问是否能满足稳定性要求，可否采取其他措施？

3-19 一圆柱形容器，材料为 Q345R，内径 $D_i=2800$mm，长 $L=6000$mm(含封头直边段)，两端为标准椭圆形封头，封头及壳体名义厚度均为 12mm，其中厚度附加量 $C=2$mm，容器负压操作，最高操作温度为 50℃。试确定容器最大许用外压力为多少？

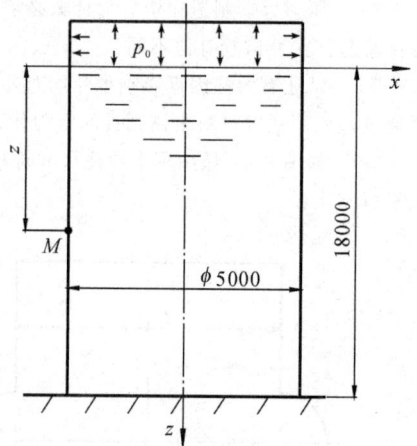
习题 3-11 图

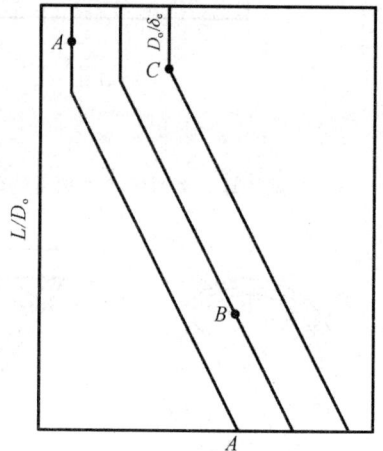
习题 3-15 图

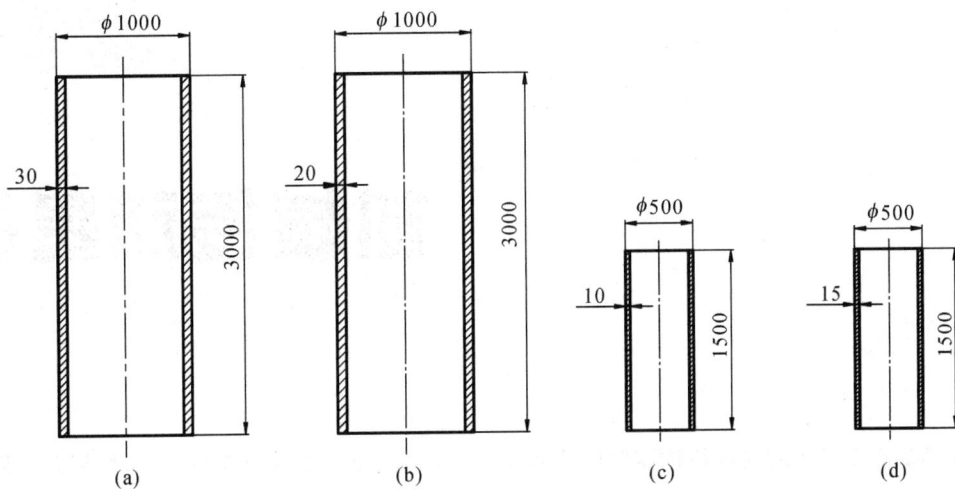

3-20 今欲设计一台乙烯精馏塔。已知该塔内径 $D_i = 1600\text{mm}$，材料选用 Q345R，计算压力 $p_c = 2.2\text{MPa}$，工作温度 $t = -10 \sim -3℃$，腐蚀裕量为 2mm，塔体壁厚为 16mm。试分别采用半球形、椭圆形、碟形和平盖作为封头计算其厚度，并将各种形式封头的计算结果进行分析比较，最后确定该塔的封头形式与壁厚。

第4章

机械传动基础

　　过程设备在工作的时候往往需要运动和动力,这一工作的实现就是依靠传动装置。传动装置是原动机和工作机之间的"桥梁",其作用是将原动机的运动和动力传递给工作机,并进行减速、增速、变速或改变运动形式等,以满足工作机对运动速度、运动形式以及动力等方面的需要。

　　传动装置按工作原理可分为机械传动、液力传动和电力传动三类。其中机械传动具有变速范围大、传动比准确、运动形式转换方便、环境温度对传动的影响小以及传递的动力大、工作可靠、寿命长等一系列优点,因而得到广泛应用。

　　本章主要介绍带传动、齿轮传动等常用机械传动的基础理论和选用方法。

4.1　V带传动

4.1.1　概　述

4.1.1.1　带传动的工作原理及类型

　　V带传动是带传动中的一种。其组成结构如图4-1所示,由主动轮、从动轮及传动带组成。工作时,传动带以一定的张紧力紧套在两带轮上,在带和带轮之间的接触表面形成一定的正压力,当主动轮转动时,依靠带和带轮之间的摩擦力使从动轮转动,以传递运动和动力。

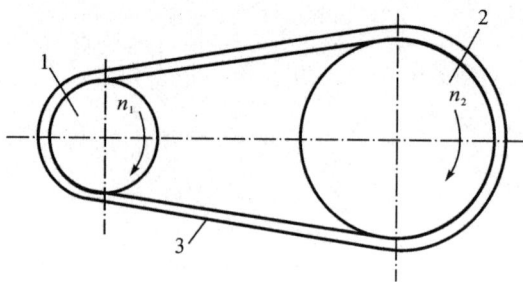

1-主动轮;2-从动轮;3-传动带

图4-1　带传动

　　传动带按剖面形状分为平带、V带、圆带等,如图4-2所示。平带适用于中心距较大及传动比较小的场合。V带的工作面是两个侧面,与平带相比,由于截面的楔形效应,其摩擦

图4-2　传动带的剖面形状

166

力较大,能传递较大的功率,因此应用较广。圆带则主要用于小功率的传动。

4.1.1.2　带传动的特点

传动带具有一定的弹性,能缓和冲击与振动载荷,传动平稳;其过载时,带在带轮上打滑,可防止其他零件的损坏;结构简单,制造、安装、维护方便,成本低廉;适用于两轴中心距较大的场合。但传动带弹性变形较大,不能保证准确的传动比;传动效率较低($\eta=0.94\sim0.97$);轴和轴承的受力大;机构外形尺寸较大;带的寿命短;传动比不能太大。

4.1.1.3　V带的结构、尺寸和标记

(1)V带的结构　V带的横截面为等腰梯形,由包布层、强力层、伸张层、压缩层组成(图4-3)。包布层由胶帆布覆盖带的表面,起保护内层作用。强力层由胶帘布或胶线绳构成,主要承受工作拉力。伸张层和压缩层为橡胶填充物,弯曲时可伸长和压缩,能承受弯曲应力。

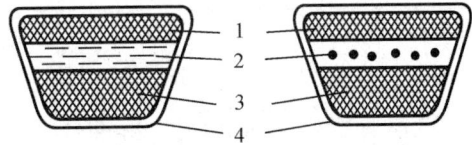

1-伸张层;2-强力层;3-压缩层;4-包布层
图 4-3　V带的结构

(2)V带的尺寸　V带的尺寸已标准化,按断面尺寸不同分为Y、Z、A、B、C、D、E七个型号,其尺寸如表4-1所示。V带弯曲时,在带中保持原长不变的中性层称为节面,带的节面宽度称为节宽 b_p。在带轮上,与V带的节面宽度 b_p 相对应的带轮直径称为基准直径 d。V带的中性层长度称为基准长度 L_d。基准长度列于表4-2。

表 4-1　V带的截面尺寸(GB/T 11544—1997)

型号	Y	Z	A	B	C	D	E
顶宽 b	6	10	13	17	22	32	38
节宽 b_p	5.3	8.5	11	14	19	27	32
高度 h	4.0	6.0	8.0	11	14	19	23
楔角 φ	40°						
每米质量 $q/(\text{kg/m})$	0.02	0.06	0.10	0.17	0.30	0.62	0.90

表 4-2　普通三角带的长度系列和带长修正系数 K_L(GB/T 13575.1—1992)

基准长度 L_d/mm	K_L					基准长度 L_d/mm	K_L			
	Y	Z	A	B	C		Z	A	B	C
200	0.81					2000	1.03	0.98	0.88	
224	0.82					2240	1.06	1.00	0.91	
250	0.84					2500	1.09	1.03	0.93	
280	0.87					2800	1.11	1.05	0.95	
315	0.89					3150	1.13	1.07	0.97	
355	0.92					3550	1.17	1.10	0.98	
400	0.96	0.87				4000	1.19	1.13	1.02	
450	1.00	0.89				4500		1.15	1.04	
500	1.02	0.91				5000		1.18	1.07	
560		0.94				5600			1.09	
630		0.96	0.81			6300			1.12	
710		0.99	0.82			7100			1.15	
800		1.00	0.85			8000			1.18	
900		1.03	0.87	0.81		9000			1.21	

续表

基准长度	K_L					基准长度	K_L			
L_d/mm	Y	Z	A	B	C	L_d/mm	Z	A	B	C
1000		1.06	0.89	0.84		10000				1.23
1120		1.08	0.91	0.86		11200				
1250		1.11	0.93	0.88		12500				
1400		1.14	0.96	0.90		14000				
1600		1.16	0.99	0.93	0.84	16000				
1800		1.18	1.01	0.95	0.85					

(3)V 带的规定标记　标记形式为

| 截面型号 | 基准长度 | 标准号 |

4.1.1.4　V 带轮的结构

带传动要求带轮结构合理,易于制造。带轮材料一般选用铸铁,转速较高时可用铸钢,小功率时还可用铸铝或塑料。带轮结构应视带轮直径大小选择不同型式,直径较小时用实心式(图 4-4),中等直径时用腹板式(图 4-5),大直径时用轮辐式(图 4-6)。带轮的结构尺寸可参看GB/T 10412—1989 或从有关设计手册中查取。

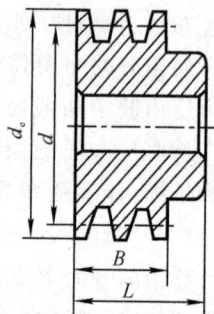

图 4-4　实心轮结构

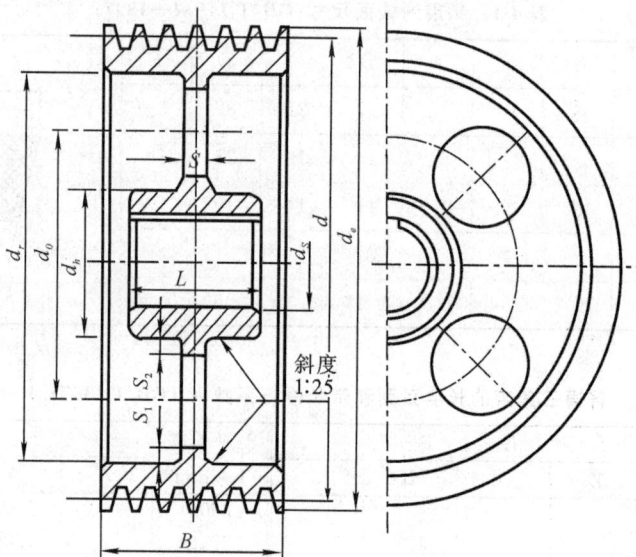

图 4-5　腹板式带轮结构

4.1.1.5　带传动的主要几何参数

带传动的几何参数有包角、基准长度、中心距及带轮的基准直径等。对于带轮两轴平行、转向相同的开口传动(图 4-7),小轮的包角

$$\alpha_1 = 180 - 2\theta$$

其中,θ 角为带绕上大带轮的点与带轮中心连线在垂直方向的偏角,一般较小。

用 $\theta \approx \sin\theta = \dfrac{d_2 - d_1}{2a} \times \dfrac{180}{\pi}$ 代入上式得

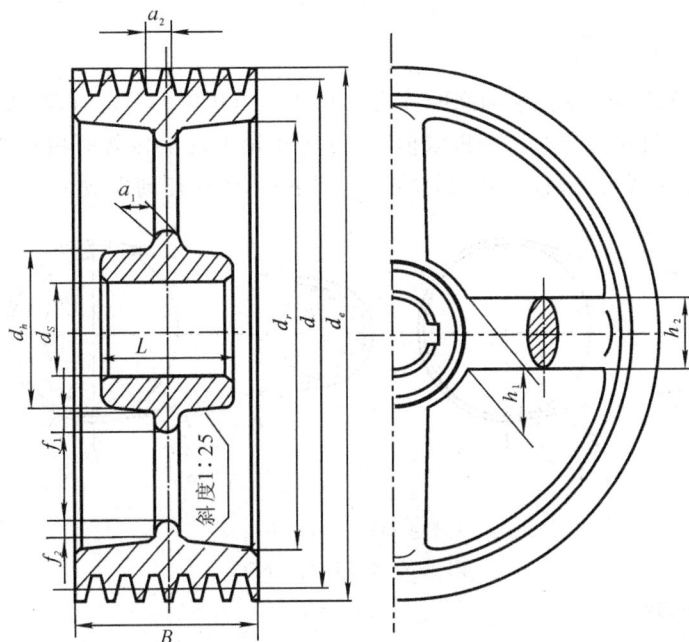

图 4-6　轮辐式带轮结构

$$\alpha_1 \approx 180° - \frac{d_2 - d_1}{a} \times 57.3° \qquad (4-1)$$

带的基准长度

$$L_d = 2AB + \overset{\frown}{BC} + \overset{\frown}{AD}$$

$$= 2a\cos\theta + \frac{\pi}{2}(d_1 + d_2) + \theta(d_2 - d_1)$$

以 $\cos\theta \approx 1 - \frac{1}{2}\theta^2, \theta = \frac{d_2 - d_1}{2a}$ 代入上式

得

$$L_d \approx 2a + \frac{\pi}{2}(d_1 + d_2) + \frac{(d_2 - d_1)^2}{4a} \qquad (4-2)$$

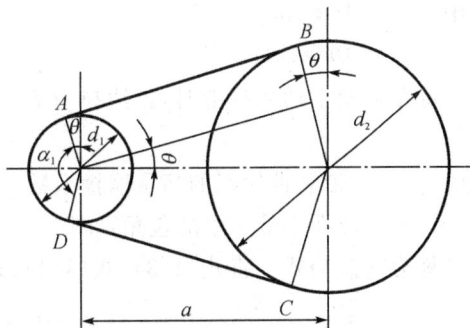

图 4-7　带传动的几何关系图

4.1.2　带传动的基本理论

4.1.2.1　带传动的受力分析

带传动在安装时,传动带以一定的初拉力 F_0 张紧在带轮上,如图 4-8(a)所示。此时带轮两边的拉力相等。传动时,由于带与带轮接触面的摩擦力作用,使带轮两边的拉力不再相等 [图 4-8(b)]。进入主动轮一边,拉力由 F_0 增至 F_1,称为紧边;进入从动轮的一边,拉力由 F_0 降至 F_2,称为松边。设带的总长不变,则紧边拉力的增量应等于松边拉力的减少量,即

$$F_1 - F_0 = F_0 - F_2$$

$$F_0 = \frac{1}{2}(F_1 + F_2) \qquad (4-3)$$

式中,F_0——初拉力,N;

　　　F_1——紧边拉力,N;

　　　F_2——松边拉力,N。

紧边拉力和松边拉力之差称为有效拉力,即带所传递的圆周力:

$$F = F_1 - F_2 \tag{4-4}$$

式中,F——圆周力,N。

实际上,$\boldsymbol{F}$ 就是带和带轮接触面间摩擦力的总和。当初拉力一定时,摩擦力的总和具有极限值,当带传递的有效拉力超过这个极限值时,带将在轮上发生显著的相对滑动,这种现象称为打滑。打滑使带的磨损加剧,从动轮的转速急剧下降,致使传动失效。

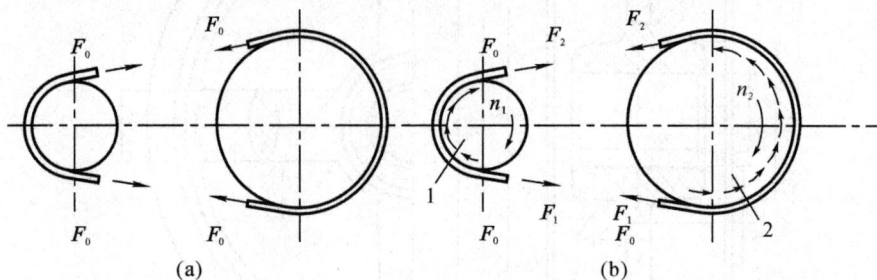

1-主动轮;2-从动轮

图 4-8 带的受力分析

带传递的功率为

$$P = \frac{Fv}{1000} \tag{4-5}$$

式中,v——带速,m/s;

P——功率,kW。

带在带轮上即将打滑时,紧边拉力 $\boldsymbol{F}_1$ 和松边拉力 $\boldsymbol{F}_2$ 之间的关系为

$$F_1 = F_2 e^{f_v \alpha} \tag{4-6}$$

式中,f_v——带和带轮间的当量摩擦系数;

α——带在小带轮上的包角,rad。

上式称为欧拉公式。将式(4-3)、式(4-4)、式(4-6)联立求解可得带的初拉力

$$F_0 = \frac{1}{2}(F_1 + F_2) = \frac{F}{2}\left(\frac{e^{f_v \alpha} + 1}{e^{f_v \alpha} - 1}\right) \tag{4-7}$$

及带在打滑临界状态下的圆周力

$$F = F_1\left(1 - \frac{1}{e^{f_v \alpha}}\right) = 2F_0\left(\frac{e^{f_v \alpha} - 1}{e^{f_v \alpha} + 1}\right) \tag{4-8}$$

由上式可知,增大 F_0、α、f_v 均有利于提高带传动的工作能力。

4.1.2.2 带传动工作时的应力

(1)带的拉力产生的应力

紧边

$$\sigma_1 = \frac{F_1}{A} \tag{4-9}$$

松边

$$\sigma_2 = \frac{F_2}{A}$$

式中,A——带的横截面积,m²;

σ_1——紧边拉应力,MPa;

σ_2——松边拉应力,MPa。

(2)离心力引起的应力　带在带轮上做圆周运动时产生的离心力使带受到离心拉力作用,从而产生离心应力。对于做圆周运动的部分带,由离心力与离心拉力的静平衡关系,得带的离心拉力为

$$F_c = qv^2$$

式中,q——每米带长的质量(表 4-1),kg/m;

$\quad v$——带速,m/s;

$\quad F_c$——离心拉力,N。

由离心拉力引起的应力为

$$\sigma_c = \frac{F_c}{A} = \frac{qv^2}{A} \tag{4-10}$$

式中,σ_c——离心拉应力,MPa。

虽然只有做圆周运动的部分带才产生离心力,但由此产生的拉力却作用于全带上。

(3)带弯曲引起的弯曲应力　传动带绕过带轮时,带受弯曲而产生弯曲应力,由材料力学公式得

$$\sigma_b = \frac{2yE}{d} \tag{4-11}$$

式中,y——带中性层到最外层的垂直距离,mm;

$\quad E$——带材料的弹性模量,MPa;

$\quad \sigma_b$——弯曲应力,MPa。

带的弯曲应力仅存在于带包围带轮部分带上。带在小轮上的弯曲应力比在大轮上的弯曲应力大,故需对小带轮的最小直径加以限制,如表 4-3 所示。

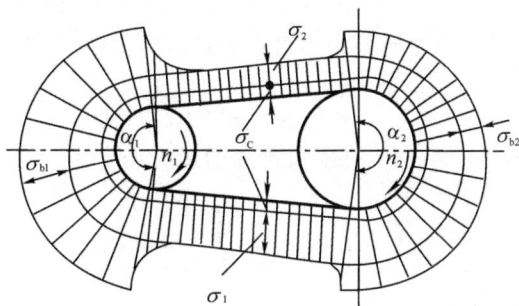

图 4-9　带的应力分析

带在传动时的应力分布情况如图 4-9 所示。从图 4-9 可知,带在运转过程中经受变应力的作用,最大应力发生在紧边与小带轮接触处的横截面中,其值为

$$\sigma_{max} = \sigma_1 + \sigma_c + \sigma_{b1} \tag{4-12}$$

表 4-3　V 带轮最小基准直径

V 带型号	Y	Z	A	B	C	D	E
d_{1min}/mm	20	50	75	125	200	355	500

注:普通 V 带轮的基准直径系列是 20、22.4、25、28、31.5、35.5、40、45、50、56、63、67、71、75、80、85、90、95、100、106、112、118、125、132、140、150、160、170、180、200、212、224、236、250、265、280、300、315、355、375、400、425、450、475、500、530、560、600、670、710、750、800、900、1000 等。

4.1.2.3 带传动的弹性滑动

传动带有一定的弹性,带承受拉力后必然产生弹性伸长,弹性伸长量与拉力大小成正比。在带传动的运转过程中,如对图 4-8(b)进行分析可以看出,当带刚绕上主动轮时,带和带轮的速度相等。但绕上后,由于带的拉力由 F_1 逐渐降至 F_2,所以带的伸长变形随着运转过程而逐渐减小,也就是说,带在逐渐缩短,因此带速小于轮速,而主动轮的速度不变,带和带轮表面发生相对滑动。这种由带的弹性变形引起带和带轮间的相对滑动称为弹性滑动。这种情况也发生在从动轮上,只是情况恰好相反,带速大于轮速。

由于弹性滑动,主动轮圆周速度 v_1 大于从动轮的圆周速度 v_2,因此带传动不能保证准确的传动比。从动轮与主动轮线速度的相对降低率称为滑动系数,用 ε 表示,即

$$\varepsilon = \frac{v_1 - v_2}{v_1} = \frac{\pi d_1 n_1 - \pi d_2 n_2}{\pi d_1 n_1} = \frac{d_1 n_1 - d_2 n_2}{d_1 n_1}$$

传动比

$$i = \frac{n_1}{n_2} = \frac{d_2}{d_1(1-\varepsilon)} \tag{4-13}$$

一般 V 带的滑动系数,计算时可不予考虑。

4.1.2.4 带传动的失效形式与设计准则

带传动的失效形式主要是打滑和疲劳破坏。由于打滑,传动带将剧烈发热,迅速磨损,并致使从动轮的转速急剧下降,从而导致带传动丧失正常工作能力。

从图 4-9 可以看出,带每绕过带轮一次,应力就由小至大,再由大至小地变化一次。带绕过带轮的次数愈多,带上的应力变化也愈频繁,工作一定时间后传动带就会出现胶皮脱层、撕裂或拉断等现象,这就是带的疲劳破坏。

带传动的设计准则是:在不打滑的前提下,具有一定的疲劳强度。同时为保证工作时不发生打滑,还必须限制带所传递的圆周力不超过带的最大有效拉力,即

$$F_{\max} = F_1 - F_2 = F_1 \left(1 - \frac{1}{\mathrm{e}^{f_v \alpha}}\right) = \sigma_1 A \left(1 - \frac{1}{\mathrm{e}^{f_v \alpha}}\right)$$

将上式代入式(4-5),得带不发生打滑可传递的最大功率为

$$P_0 = \frac{F_{\max} v}{1000} = \frac{\sigma_1 A \left(1 - \frac{1}{\mathrm{e}^{f_v \alpha}}\right) v}{1000} \tag{4-14}$$

式中,$F_{\max}$——最大有效拉力,N。

为保证带有足够的疲劳寿命,应满足

$$\sigma_{\max} = \sigma_1 + \sigma_c + \sigma_{b1} \leqslant [\sigma]$$

或

$$\sigma_1 \leqslant [\sigma] - \sigma_{b1} - \sigma_c \tag{4-15}$$

式中,$[\sigma]$——由疲劳寿命确定的带的许用应力,MPa。

将上式代入(4-14),得单根三角胶带所传递的功率

$$P_0 = \frac{([\sigma] - \sigma_{b1} - \sigma_c) A \left(1 - \frac{1}{\mathrm{e}^{f_v \alpha}}\right) v}{1000} \tag{4-16}$$

4.1.2.5 V 带的许用功率

V 带传动计算是以试验为基础的。在一定的试验条件下:载荷平稳、带长一定、包角、强力层材质为棉质纤维时,由式(4-16)求得的单根三角胶带所能传递的功率 P_0 列于表 4-4。

当实际工作条件与上述特定条件不同时,应对 P_0 值加以修正。修正后即得实际工作条件下,单根三角胶带所能传递的功率,即许用功率 $[P_0]$。

$$[P_0] = (P_0 + \Delta P_0) K_q K_a K_L \tag{4-17}$$

$$\Delta P_0 = K_b n_1 \left(1 - \frac{1}{K_i}\right) \tag{4-18}$$

式中,ΔP_0 ——功率增量,kW;

K_b ——弯曲系数,见表 4-5;

n_1 ——小轮转速,r/min;

K_i ——传动比系数,见表 4-7;

K_q ——带材料系数,对于棉织物强力层取 $K_q = 1$,对于化学纤维强力层取 $K_q = 1.33$;

K_a ——包角系数,考虑 $\alpha_1 \neq 180°$ 时对传动能力的影响,见表 4-6;

K_L ——长度系数,考虑带长不为特定长度时对传动能力的影响,见表 4-2。

表 4-4　V 带基本额定功率(摘要)

带型	d_1 /mm	n_1/(r/min)									
		100	200	400	700	800	950	1200	1450	1600	2000
Z	50		0.04	0.06	0.08	0.10	0.12	0.14	0.16	0.17	0.20
	63		0.05	0.08	0.13	0.15	0.18	0.22	0.25	0.27	0.32
	71		0.06	0.09	0.17	0.20	0.23	0.27	0.30	0.33	0.39
	80		0.10	0.14	0.20	0.22	0.26	0.30	0.35	0.39	0.44
A	75		0.15	0.26	0.40	0.45	0.51	0.60	0.68	0.73	0.84
	90		0.22	0.39	0.61	0.68	0.77	0.93	1.07	1.15	1.34
	100		0.26	0.47	0.74	0.83	0.95	1.14	1.32	1.42	1.66
	125		0.37	0.67	1.07	1.19	1.37	1.66	1.92	2.07	2.44
B	125		0.48	0.84	1.30	1.44	1.64	1.93	2.19	2.33	2.64
	140		0.59	1.05	1.64	1.82	2.08	2.47	2.82	3.00	3.42
	160		0.74	1.32	2.09	2.32	2.66	3.17	3.62	3.86	4.40
	180		0.88	1.59	2.53	2.81	3.22	3.85	4.39	4.68	5.30
C	200		1.39	2.41	3.69	4.07	4.58	5.29	5.84	6.07	6.34
	250		2.03	3.62	5.64	6.23	7.04	8.21	9.04	9.38	9.62
	315		2.84	5.14	8.09	8.92	10.05	11.53	12.46	12.72	12.14
	400		3.91	7.06	11.02	12.10	13.48	15.04	15.53	15.24	11.95
D	355	3.01	5.31	9.24	13.70	14.83	16.15	17.25	16.77	15.63	
	400	3.66	6.52	11.45	17.07	18.46	20.06	21.20	20.15	18.31	
	450	4.37	7.90	13.85	20.53	22.25	24.01	24.84	22.02	19.59	
	500	5.08	9.21	16.20	23.99	25.76	27.50	25.71	23.59	18.88	

注:本表摘自 GB/T 13575.1—1992。为了精简篇幅,表中未列出 Y 型、E 型的数据,表中分档也较粗。

表 4-5　弯曲影响系数 K_b

V 带型号	Z	A	B	C	D	E
$K_b (\times 10^{-3})$	0.2925	0.7725	1.9875	5.625	19.95	37.35

表 4-6　包角修正系数 K_a

包角 α_1/(°)	180	170	160	150	140	130	120	110	100	90
K_a	1.00	0.98	0.95	0.92	0.89	0.86	0.82	0.78	0.74	0.69

表 4-7　传动比系数 K_i

传动比 i	1.00～1.01	1.02～1.04	1.05～1.08	1.09～1.12	1.13～1.18
K_i	1.000	1.0136	1.0276	1.0419	1.0567
传动比 i	1.19～1.24	1.25～1.34	1.35～1.51	1.52～1.99	≥2.00
K_i	1.0719	1.0875	1.1036	1.1202	1.1373

4.1.3　Ⅴ带传动的选用计算

4.1.3.1　Ⅴ带传动的选用

在一般工作环境条件下,若传递的功率在 100kW 以下,对传动比无严格要求,且中心距比较大的两轴之间的传动,可选用 Ⅴ 带传动。

4.1.3.2　Ⅴ带传动计算的依据和内容

Ⅴ带传动计算的原始条件:传动的用途、工作条件、原动机种类、传递的功率、带轮转速及外廓尺寸要求等。

计算的主要内容包括 Ⅴ 带的型号、长度、根数、中心距、带轮直径、材料、结构及作用在轴上的压力等。

4.1.3.3　Ⅴ带传动计算的步骤和方法

(1)确定计算功率 P_c

$$P_c = K_A P \tag{4-19}$$

式中,P——传递的名义功率,kW;

　　K_A——工作情况系数,见表 4-8。

表 4-8　工作情况系数 K_A

工况		原动机					
载荷性质	工作机	电动机(交流启动、三角启动、直流并励)、四缸以上的内燃机			电动机(联机交流启动、直流复励或串励)、四缸以下的内燃机		
		一天运转时间/h					
		$K_A<10$	$10≤K_A≤16$	$K_A>16$	$K_A<10$	$1≤K_A≤16$	$K_A>16$
载荷平稳	液体搅拌机;鼓风机、轻型运输机	1.0	1.1	1.2	1.1	1.2	1.3
载荷变动小	带式输送机、发电机、机床、剪床、压力机、印刷机	1.1	1.2	1.3	1.2	1.3	1.4
载荷变动较大	运输机(斗式、螺旋式)、锻锤、磨粉机、纺织机、木工机械	1.2	1.3	1.4	1.4	1.5	1.6
载荷变动很大	破碎机(旋转式、颚式)、磨碎机(球式、棒式)、起重机	1.3	1.4	1.5	1.5	1.6	1.8

注:反复启动、正反转频繁,工作条件恶劣场合,K_A 值应乘 1.2。

(2)选择胶带型号　根据计算功率 P_c 和小轮转速 n_1,由图 4-10 选取。若临近两种型号的交线时,可选取两种型号分别计算,最后取较好的一种。

(3)确定带轮直径　带轮直径小时传动尺寸紧凑,但带的弯曲应力增大,寿命降低,且在一定的转矩下的圆周力增大,带的根数增加,所以以带轮直径不能过小。各种型号的三角胶带都规定了最小基准直径。设计时先确定小带轮直径,小带轮直径不得小于表 4-3 中的最小直径。

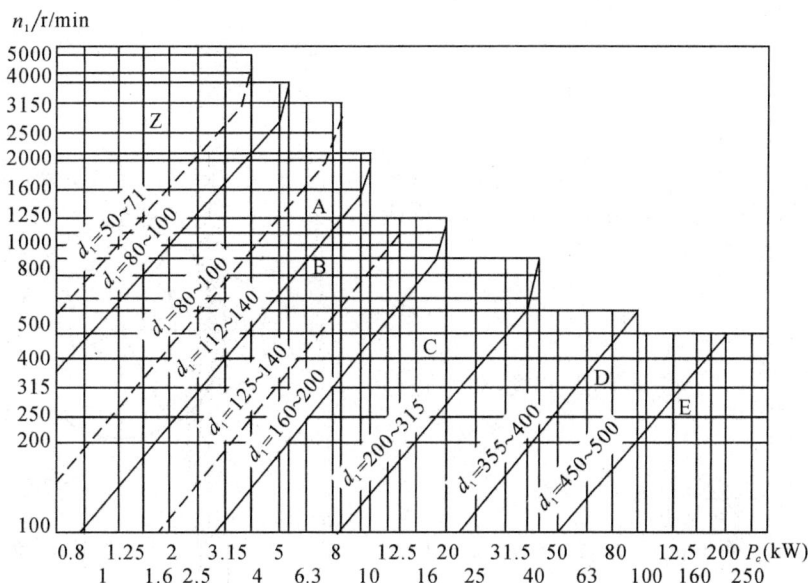

图 4-10　V 带的型号选择

大带轮直径为

$$d_2=\frac{n_1}{n_2}d_1(1-\varepsilon)\approx\frac{n_1}{n_2}d_1$$

d_2 应按表 4-3 中的带轮基准直径系列圆整。

（4）带速

$$v=\frac{\pi d_1 n_1}{60\times 1000} \qquad (4-20)$$

一般应使带速在 $5\sim25\mathrm{m/s}$ 范围内。

（5）确定中心距、带长和验算包角　中心距过大时,有利于增大包角,但易引起带的颤动。中心距过小时,带的绕转次数多,小带轮的包角较小,带的寿命减少且传动能力降低。一般按以下推荐范围初定中心距。

$$0.7(d_1+d_2)\leqslant a_0\leqslant 2(d_1+d_2)$$

由式(4-2)初算带的基准长度

$$L_0=2a_0+\frac{\pi}{2}(d_1+d_2)+\frac{(d_2-d_1)^2}{4a_0}$$

按表 4-2 圆整成标准基准长度 L_d,实际中心距按下式近似计算

$$a\approx a_0+\frac{L_d-L_0}{2} \qquad (4-21)$$

为了带的安装调整方便,应给中心距留出调整余量,安装时最小中心距 $a_{\min}=a-0.015L_d$,补偿带伸长的最大中心距 $a_{\max}=a+0.03L_d$。

（6）小带轮包角　包角大,带的传动能力大;包角小,带的传动能力小,且易打滑。小带轮包角按式(4-1)计算,即

$$\alpha_1=180°-\frac{d_2-d_1}{a}\times57.3°\geqslant120°$$

若不满足上式,则应加大中心距或加张紧装置。

（7）确定 V 带根数　V 带根数按下式计算

$$Z=\frac{P_c}{(P_0+\Delta P_0)K_qK_aK_L}\qquad(4-22)$$

式中，Z——V 带根数。

（8）确定带的张紧力　为了保证带的传递功率而又不打滑，根据式（4-7）并考虑离心力的影响可得单根带所需张紧力

$$F_0=\frac{F}{2}\left(\frac{e^{f_v\alpha}+1}{e^{f_v\alpha}-1}\right)+F_c$$

将 $F=\dfrac{1000P}{Zv}$，$F_c=qv^2$ 代入上式，并引进包角系数后化简，得

$$F_0=\frac{500P}{Zv}\left(\frac{2.5}{K_a}-1\right)+qv^2\qquad(4-23)$$

（9）作用在轮轴上的压力 Q　作用在轮轴上的压力 Q 是设计带轮轴和轴承的依据，通常按带两边初拉力的合力计算（图 4-11），即

$$Q=2ZF_0\sin\frac{\alpha_1}{2}\qquad(4-24)$$

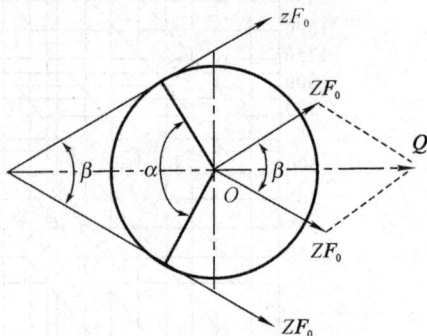

图 4-11　带轮轴的受力分析

4.1.4　V 带轮的张紧装置

带传动在安装时以一定的初拉力紧套在带轮上，但工作一定时间后，其初拉力将随带的伸长而减小，出现松弛现象，使传动能力下降。为保证带传动能正常工作，应设置张紧装置，以定期调整或自动张紧。常见的张紧装置如图 4-12 所示，图 4-12(a)、(b)为中心距可调的定期张紧装置；图 4-12(c)为利用电机自重作用的自动张紧装置；图 4-12(d)为在松边内侧设置张紧轮的装置。

例 4-1　设计一输送机传动装置的 V 带传动。采用 Y 系列电动机，额定功率 $P=7.5\text{kW}$，$n_1=1440\text{r/min}$，$n_2=450\text{r/min}$，载荷变化小，单班制工作。

【解】　（1）确定计算功率 P_c　由表 4-8 查得 $K_A=1.1$，故

$$P_c=K_AP=1.1\times7.5=8.25(\text{kW})$$

（2）选择带型号　按图 4-10，选用 A 型三角带。

（3）确定带轮直径 d_1、d_2　由表 4-3 及图 4-10，选取 $d_1=125\text{mm}$，则

$$d_2=\frac{n_1}{n_2}d_1=\frac{1440}{450}\times125=400(\text{mm})$$

圆整后，取 $d_2=400(\text{mm})$。

（4）验算带速

$$v=\frac{\pi d_1n_1}{60\times1000}=\frac{\pi\times125\times1450}{60\times1000}=9.42(\text{m/s})$$

在推荐带速 5～25m/s 范围内。

（5）计算中心距和带速　按中心距推荐范围 $0.7(d_1+d_2)\leqslant a_0\leqslant2(d_1+d_2)$，即

$$0.7\times(125+400)\leqslant a_0\leqslant2\times(125+400)$$

$$367.5\leqslant a_0\leqslant1050$$

初取 $a_0=480\text{mm}$。则 V 带基准长度

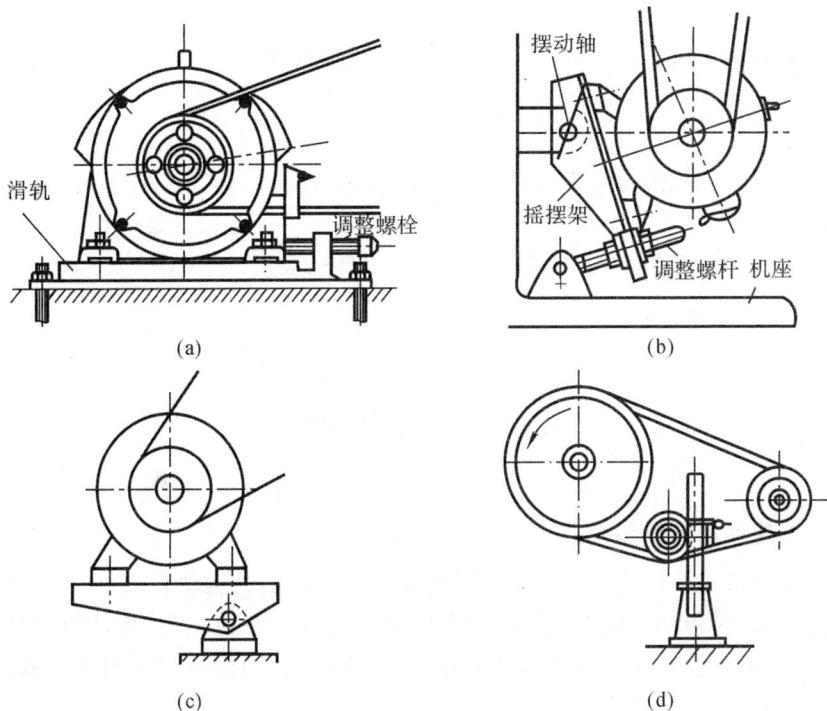

(a)

(b)

(c)

(d)

图 4-12 带传动的张紧装置

$$L_0 = 2a_0 + \frac{\pi}{2}(d_1 + d_2) + \frac{(d_2 - d_1)^2}{4a_0}$$

$$= 2 \times 480 + \frac{\pi}{2}(125 + 400) + \frac{(400 - 125)^2}{4 \times 480} = 1824.06(\text{mm})$$

由表 4-2 查得 $L_d = 1800\text{mm}$。

实际中心距

$$a \approx a_0 + \frac{L_d - L_0}{2} = 480 + \frac{1800 - 1824.06}{2} = 468(\text{mm})$$

（6）验算小带轮包角

$$\alpha = 180° - \frac{d_2 - d_1}{a} \times 57.30°$$

$$= 180° - \frac{400 - 125}{468} \times 57.30° = 138° > 120°$$

故满足要求。

（7）确定 V 带根数

由表 4-4 查得 $P_0 = 1.91\text{kW}$；表 4-5 查得 $K_b = 0.7725 \times 10^{-3}$；由于 $i = \frac{d_2}{d_1} = \frac{400}{125} = 3.2$，

查表 4-7 得 $K_i = 1.14$，故

$$\Delta P = K_b n_1 \left(1 - \frac{1}{K_i}\right) = 0.7725 \times 10^{-3} \times 1440 \left(1 - \frac{1}{1.14}\right) = 0.14(\text{kW})$$

由表 4-6 查得 $K_a = 0.88$；由表 4-2 查得 $K_L = 1.01$；取 $K_q = 1$；则按式（4-22）有

$$Z = \frac{P_c}{(P_0 + \Delta P_0)K_q K_a K_L} = \frac{8.25}{(1.91 + 0.14) \times 1 \times 0.88 \times 1.01} = 4.53(\text{根})$$

取 $Z=5$ 根。

(8)初拉力及轴上作用力　由表 4-1 查得 $q=0.1\mathrm{kg/m}$，则

$$F_0=500\frac{P_c}{Zv}\left(\frac{2.5}{K_\alpha}-1\right)+qv^2$$

$$=500\times\frac{8.25}{5\times9.42}\left(\frac{2.5}{0.88}-1\right)+0.10\times9.42^2=170.1(\mathrm{N})$$

$$Q=2ZF_0\sin\frac{\alpha_1}{2}=2\times5\times170.1\times\sin\frac{138°}{2}=1558(\mathrm{N})$$

(9)带轮结构设计(略)。

4.2　齿轮传动

4.2.1　齿轮传动的特点和类型

(1)齿轮传动的特点　齿轮传动主要用来传递任意两轴间的运动和动力，是应用最广的传动形式。齿轮传动具有传动比恒定、工作平稳、传动速度和功率范围广、传动效率高、寿命长、结构紧凑等优点。但齿轮制造和安装的精度要求高、成本高，同时齿轮传动无过载保护性能，也不适合远距离的两轴间传动。

(2)齿轮传动的类型　齿轮传动的类型很多，按齿轮两轴的相对位置和齿向的不同，齿轮传动分类见图 4-13；按齿轮的工作条件可分为开式齿轮传动、闭式齿轮传动和半开式齿轮传动；按齿轮轮齿的齿廓曲线形状可分为渐开线齿轮传动、摆线齿轮传动和圆弧齿轮传动。这里只讨论应用最广的渐开线齿轮传动。

4.2.2　齿廓啮合基本定律

齿轮传动的基本要求之一是其瞬时传动比必须保持不变，否则，当主动轮等角速度回转时，从动轮的角速度为变数，从而产生惯性力。这种惯性力不仅影响齿轮的寿命，而且还会引起机器的振动和噪声，影响其工作精度。为了使齿轮啮合传动时的瞬时传动比保持不变，轮齿齿廓形状必须遵循一定的规律。

图 4-14 为齿轮 1 和齿轮 2 的齿廓在 K 点接触，两轮的角速度分别为 ω_1 和 ω_2，两齿廓在 K 点的速度分别为

$$v_{k1}=\omega_1\cdot\overline{O_1K}$$

$$v_{k2}=\omega_2\cdot\overline{O_2K}$$

过 K 点作两齿廓的公法线 nn 与两轮的轴心连线 O_1O_2 交于 C 点。为了保证啮合传动时两齿廓不会互相嵌入或分离，v_{k1} 和 v_{k2} 在法线上的分速度应相等，即

$$v_{k1}\cos\alpha_{k1}=v_{k2}\cos\alpha_{k2}$$

或

$$\omega_1\cdot\overline{O_1K}\cos\alpha_{k1}=\omega_2\cdot\overline{O_2K}\cos\alpha_{k2}$$

过 O_1、O_2 点分别作 nn 的垂线交于 N_1、N_2 点，则 $\overline{O_1K}\cos\alpha_{k1}=\overline{O_1N_1}$，$\overline{O_2K}\cos\alpha_{k2}=\overline{O_2N_2}$，又因为 $\triangle O_1CN_1\backsim\triangle O_2CN_2$，故

$$i_{12}=\frac{\omega_1}{\omega_2}=\frac{\overline{O_2N_2}}{\overline{O_1N_2}}=\frac{\overline{O_2C}}{\overline{O_1C}} \tag{4-25}$$

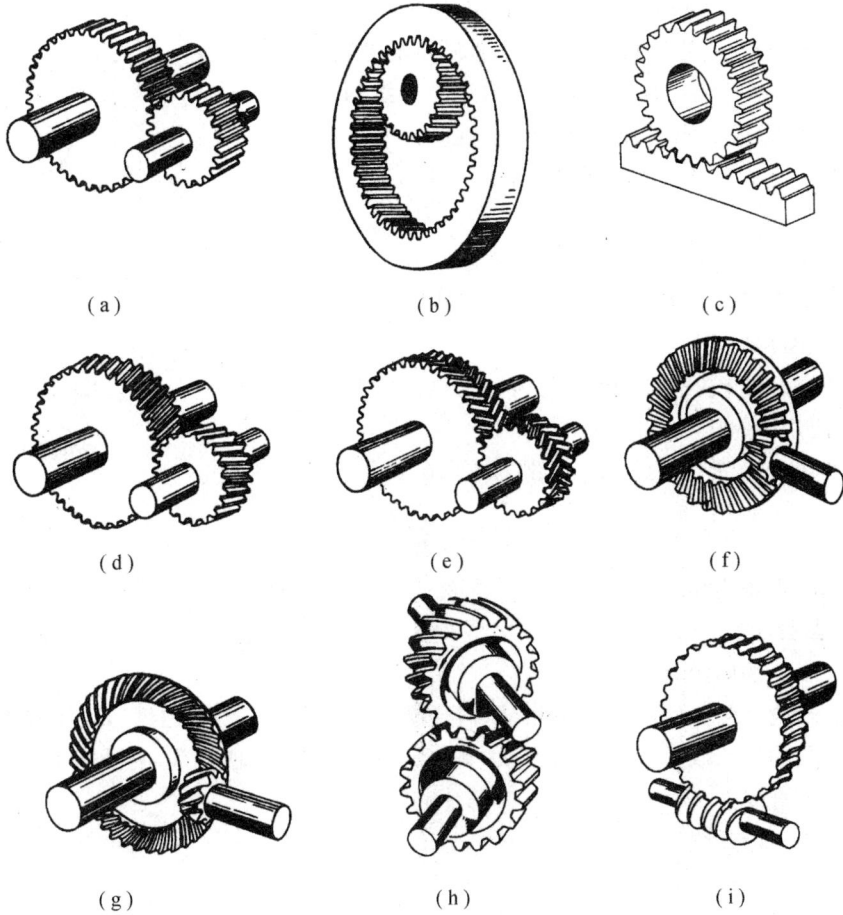

（a）　　　　　　　　　（b）　　　　　　　　　（c）

（d）　　　　　　　　　（e）　　　　　　　　　（f）

（g）　　　　　　　　　（h）　　　　　　　　　（i）

图 4-13　齿轮传动类型

上式表明,两轮的瞬时传动比与两轮连心线被齿廓啮合点的公法线所分得的两线段长度成反比。可以推论,欲使两轮的瞬时传动比不变,必须使 C 点为连心线上的固定点,即要保证啮合传动的传动比不变,则两啮合齿廓不论在哪点接触,过接触点所作的齿廓公法线必须与两轮的轴心线交于一定点 C,这就是齿廓啮合基本定律。C 点称为节点。以 O_1、O_2 为圆心,以 $\overline{O_1 C}$、$\overline{O_2 C}$ 为半径所作的两个相切的圆称为节圆。

4.2.3　渐开线齿廓

能满足齿廓啮合基本定律的一对齿廓称为共轭齿廓。理论上能作为共轭齿廓的齿廓曲线有无穷多种,但是生产中必须考虑制造、安装方便等问题,因此实际使用的共轭齿廓曲线仅有渐开线、摆线、圆弧等少数几种。其中应用最广泛的是渐开线。

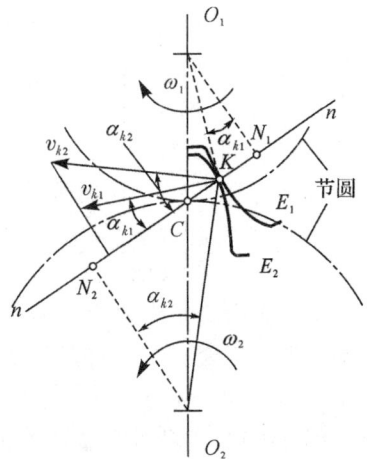

图 4-14　两啮合轮齿

4.2.3.1 渐开线的形成和特性

如图 4-15 所示，当一条直线在半径为 r_b 的圆上做纯滚动时，直线上任意一点 K 的轨迹称为该圆的渐开线，半径为 r_b 的圆称为渐开线的基圆，该直线称为渐开线的发生线。由渐开线的形成可知渐开线具有以下性质：

(1)发生线沿基圆滚过的长度 $\overline{BK}$ 与所滚过的基圆弧长 $\overparen{AB}$ 相等，即 $\overline{BK}=\overparen{AB}$。

(2)发生线与基圆的切点 B 为渐开线上 K 点的曲率中心，故发生线为渐开线上 K 点的法线。渐开线上任一点 K 的法线必与基圆相切。

(3)渐开线齿廓上某点的法线，与齿廓上该点的速度方向线所夹的锐角称为压力角。

由图 4-15 可知，K 点的压力角 α_K 可由下式求出

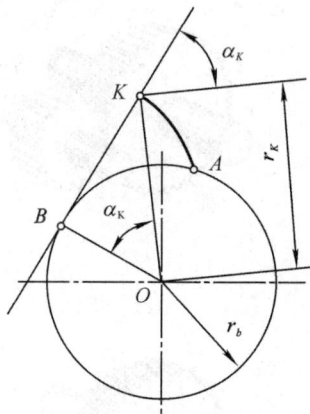

图 4-15　渐开线的形成

$$\cos\alpha_K=\frac{\overline{BO}}{\overline{KO}}=\frac{r_b}{r_K} \tag{4-26}$$

式中，α_K——K 点压力角；

r_b——基圆半径，mm；

r_K——K 点的向径，mm。

上式表明，渐开线上各点的压力角不相等，向径越大(即 K 点离轮心越远)，其压力角越大。

(4)渐开线的形状取决于基圆的大小，基圆半径增大，渐开越平直，当基圆半径趋于无穷大时，渐开线变为直线。

(5)基圆内无渐开线。

4.2.3.2 渐开线齿廓的特点

(1)渐开线齿廓的传动比不变　如图 4-16 所示的一对渐开线齿廓在 K 点啮合，设两轮的基圆半径分别为 r_{b1}、r_{b2}，K 点处的齿廓法线为 nn。由渐开线性质可知，两齿廓曲线在啮合点的公法线就是两基圆的内公切线，而两固定圆的内公切线只有一条，它与两基圆的连心线交点位置不变。即两齿廓全部啮合点所作公法线 nn 与连心线 $\overline{O_1O_2}$ 交于一定点 C，其瞬时传动比为

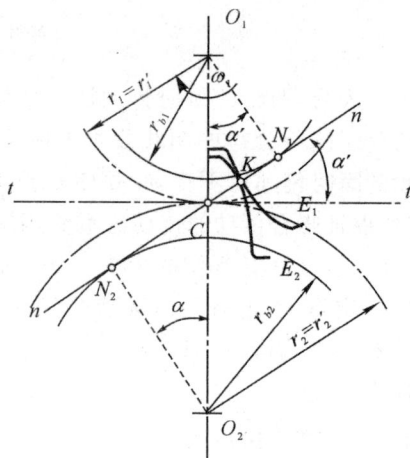

图 4-16　渐开线齿廓啮合

$$i_{12}=\frac{\omega_1}{\omega_2}=\frac{\overline{O_2C}}{\overline{O_1C}}=\frac{r_{b2}}{r_{b1}}=\frac{r_2}{r_1}=常数$$

上式表明渐开线齿廓在啮合过程中，其瞬时传动比恒定不变。当一对渐开线齿轮制成后，基圆半径不变，即使改变了两轮的中心距，其传动比仍将保持恒定，这种性质称为渐开线齿轮传动的可分性。这是渐开线齿轮传动的一大优点，给齿轮制造和安装带来很大方便。

(2)渐开线齿廓的受力方向不变　齿轮传动时，其齿廓接触点的轨迹称为啮合线。对于渐开线齿轮，无论在哪一点接触，接触齿廓的公法线总是两基圆的内公切线 N_1N_2。因此直线

N_1N_2 就是渐开线齿廓的啮合线。

过节点 C 作两节圆的公切线 tt，它与啮合线 N_1N_2 间的夹角称为啮合角。由图 4-16 可见，渐开线齿轮传动中啮合角为常数。由图 4-16 中几何关系可知，啮合角在数值上等于渐开线在节圆上的压力角，啮合角不变，则齿廓间的压力方向不变。若齿轮传递的力矩恒定，则轮齿之间、轴与轴承之间压力和方向均不变，这也是渐开线齿轮传动的一大优点。

4.2.4 渐开线标准直齿圆柱齿轮各部分名称及几何尺寸

图 4-17 为直齿圆柱齿轮的一部分。齿顶所确定的圆称为齿顶圆。相邻两齿之间的空间称为齿槽。齿槽底部所确定的圆称为齿根圆。

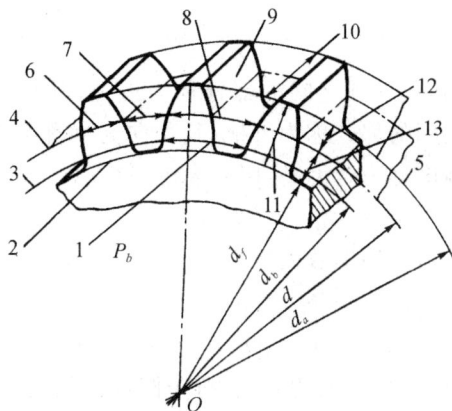

1-基圆齿距；2-齿根圆；3-基圆；4-分度圆；5-齿顶圆；6-齿厚 s；7-齿槽宽 e；
8-齿距 p；9-齿廓曲面；10-齿宽；11-全齿高 h；12-齿顶高 h_a；13-齿根高 h_f

图 4-17 齿轮各部分的名称

为了使齿轮能在两个方向传动，轮齿两侧齿廓是完全对称的。在任意直径 d_K 的圆周上，轮齿两侧齿廓之间的弧长称为该圆上的齿厚，用 s_K 表示；齿槽两侧齿廓之间的弧长称为该圆上的齿槽宽，用 e_K 表示；相邻两齿同侧齿廓之间的弧长称为该圆上的齿距，用 p_K 表示。设 z 为齿数，则根据齿距的定义可得

$$\pi d_K = p_K z$$

故

$$d_K = \frac{p_K}{\pi} z \tag{4-27}$$

由上式可知，在不同直径的圆周上，比值 $\dfrac{p_K}{\pi}$ 是不同的，而且其中还包含无理数 π；又由渐开线特性可知，在不同直径的圆周上，齿廓各点的压力角 α_K 也是不等的。为了便于设计、制造及互换，我们把齿轮某一圆周上的比值 $\dfrac{p_K}{\pi}$ 规定为标准值，并使该圆上的压力角也为标准值，这个圆称为分度圆，直径用 d 表示。分度圆上的压力角简称压力角，以 α 表示，我国规定的标准压力角为 20°。分度圆上的齿距 p 对 π 的比值称为模数，用 m 表示，即

$$m = \frac{p}{\pi} \tag{4-28}$$

式中，m——模数，mm。

齿轮的主要几何尺寸都与模数成正比，模数越大，齿距也越大，轮齿就越大，齿轮的承载能

力也就越大。我国已规定了标准模数系列,表 4-9 列出了其中的一部分。

表 4-9 标准模数系列 单位:mm

第一系列	1 1.25 1.5 2 2.5 3 4 5 6 8 10 12 16 20 25 32 40 50
第二系列	1.75 2.25 2.75 (3.25) 3.5 (3.75) 4.5 5.5 (6.5) 7 9 (11) 14 18 22 28 36 45

注:本表摘自 GB 1357—87;优先采用第一系列,括号内的模数尽量不用。

为简便起见,分度圆上各参数代号都不带下标,如齿距 p、齿厚 s、齿槽宽 e 等。由图 4-17 知

$$p = s + e = \pi m \tag{4-29}$$

$$d = \frac{p}{\pi} z = mz \tag{4-30}$$

在轮齿上,介于齿顶圆和分度圆之间的部分称为齿顶,其径向高度称为齿顶高,用 h_a 表示。介于齿根圆和分度圆之间的部分称为齿根,其径向高度称为齿根高,用 h_f 表示。齿顶圆与齿根圆之间轮齿的径向高度称为全齿高,用 h 表示,故

$$h = h_a + h_f \tag{4-31}$$

齿顶高和齿根高的标准值可用模数表示为

$$h_a = h_a^* m$$
$$h_f = (h_a^* + c^*) m \tag{4-32}$$

式中,h_a^* 和 c^* 分别为齿顶高系数和顶隙系数,对于圆柱齿轮,其标准值按正常齿制和短齿制规定,见表 4-10。

表 4-10 渐开线圆柱齿轮的齿顶高系数和顶隙系数

齿形标准	齿顶高系数 h_a^*	顶隙系数 c^*
正常齿制	1	0.25
短齿制	0.8	0.3

顶隙 $c = c^* m$,它是指一对齿轮啮合时,一个齿轮的齿顶圆到另一个齿轮的齿根圆的径向距离。顶隙有利于润滑油的流动。

若 m、α、h_a^*、c^* 均取标准值,且分度圆上齿厚与齿槽宽相等的齿轮称为标准齿轮。渐开线外啮合标准直齿圆柱齿轮的几何尺寸计算列于表 4-11。

表 4-11 渐开线标准直齿圆柱齿轮几何尺寸计算

名称	代号	计算公式或选择原则
模数	m	根据齿轮强度要求选用标准值
压力角	α	$\alpha = 20°$
齿顶高	h_a	$h_a = h_a^* m$
齿根高	h_f	$h_f = (h_a^* + c^*) m$
全齿高	h	$h = h_a + h_f = (2h_a^* + c^*) m$
齿数	z	根据工作及结构要求确定
分度圆直径	d	$d = mz$
齿顶圆直径	d_a	$d_a = d + 2h_a = (z + 2h_a^*) m$
齿根圆直径	d_f	$d_f = d - 2h_f = (z - 2h_a^* - 2c^*) m$
齿距	p	$p = \pi m$

名称	代号	计算公式或选择原则
分度圆齿厚	s	$s = \dfrac{1}{2}\pi m$
分度圆齿槽宽	e	$e = s = \dfrac{1}{2}\pi m$
基圆直径	d_b	$d_b = d\cos\alpha$
标准中心距	a	$a = \dfrac{1}{2}(d_1 + d_2) = \dfrac{m}{2}(z_1 + z_2)$
径向间隙	c	$c = c^* m$

4.2.5 渐开线直齿圆柱齿轮的啮合

(1)渐开线齿轮的正确啮合条件 齿轮传动时,它的每一对齿仅啮合一段时间便要分离,而由后一对齿接替。如图 4-18 所示,当前一对齿在啮合线上 K 点接触时,其后一对齿应在啮合线上另一点 K' 接触,这样,前一对齿分离时,后一对齿才能不中断地接替传动。为保证前后两对齿有可能同时在啮合线上接触,即正确啮合,轮 1 和轮 2 相邻两齿同侧齿廓沿法线的距离 $\overline{K_1K'_1}$ 和 $\overline{K_2K'_2}$ 应相等,即

$$\overline{K_1K'_1} = \overline{K_2K'_2}$$

由渐开线的性质可知,$\overline{K_1K'_1} = P_{b1}$,$\overline{K_2K'_2} = P_{b2}$,则

$$P_{b1} = P_{b2}$$

又因

图 4-18 渐开线齿轮的啮合传动

$$P_{b1} = \frac{\pi d_{b1}}{z_1} = \frac{\pi d_1\cos\alpha_1}{z_1} = \pi m_1\cos\alpha_1$$

$$P_{b2} = \frac{\pi d_{b2}}{z_2} = \frac{\pi d_2\cos\alpha_2}{z_2} = \pi m_2\cos\alpha_2$$

所以

$$m_1\cos\alpha_1 = m_2\cos\alpha_2$$

由于模数和压力角均已标准化,为使上述关系式成立,必须使

$$m_1 = m_2 = m$$
$$\alpha_1 = \alpha_2 = \alpha \tag{4-33}$$

上式表明:渐开线齿轮正确啮合条件是两轮的模数和压力角必须分别相等。这样,一对齿轮的传动比可表示为

$$i = \frac{\omega_1}{\omega_2} = \frac{d_{b2}}{d_{b1}} = \frac{d_2}{d_1} = \frac{z_2}{z_1} \tag{4-34}$$

(2)渐开线齿轮连续传动的条件 图 4-19 所示为一对相互啮合的齿轮。主动轮 1 的齿根部分与从动轮 2 的齿顶部分在 A 点开始接触,当两齿廓的接触点沿理论啮合线 N_1N_2 移到 E 点时,两齿廓啮合终止。AE 段为点的实际轨迹,称为实际啮合线。如果前一对轮齿啮合于 E 点之前的 A' 点时,后一对轮齿已进入啮合点 A,则传动就能连续进行,即 $\overline{AE} > \overline{AA'}$,否则传动

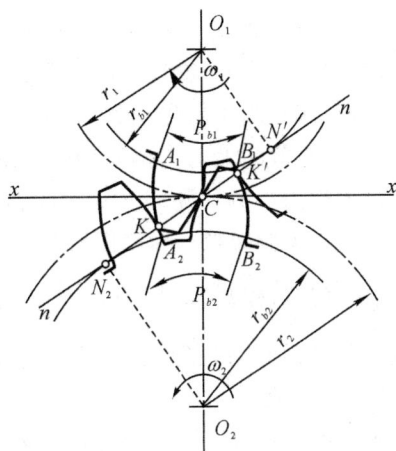

发生中断引起冲击。

由渐开线的性质可知,法向齿距$\overline{AA'}$等于基圆周节,即$AA' = P_{b1} = P_{b2} = P_b$。所以保证连续传动的条件是:实际啮合线长度大于或等于基节,即

$$\overline{AE} \geqslant P_b \text{ 或 } \frac{\overline{AE}}{P_b} \geqslant 1$$

实际啮合长度与基节的比值称为重合度,用ε表示,即

$$\varepsilon = \frac{\overline{AE}}{P_b} \geqslant 1 \qquad (4\text{-}35)$$

$\varepsilon = 1$时,理论上能保证连续传动。但考虑到制造、安装等因素,设计时通常取$\varepsilon > 1$。

(3)渐开线齿轮传动的中心距 一对齿轮传动时,一轮节圆上的齿槽宽与另一轮节圆上的齿厚之差称为齿侧间隙。一对齿轮啮合时,理论上应达到无齿侧间隙。标准齿轮分度圆上的齿槽宽与齿厚相等,模数相同,故$e_1 = s_1 = e_2 = s_2 = \frac{\pi m}{2}$,若令分度圆与节圆重合,即两分度圆相切,如图4-20所示,则$e_1 - s_2 = e_2 - s_1 = 0$,齿侧间隙为零。一对标准齿轮分度圆相切的中心距称为标准中心距,以a表示,即

$$a = r_1 + r_2 = \frac{m(z_1 + z_2)}{2} \qquad (4\text{-}36)$$

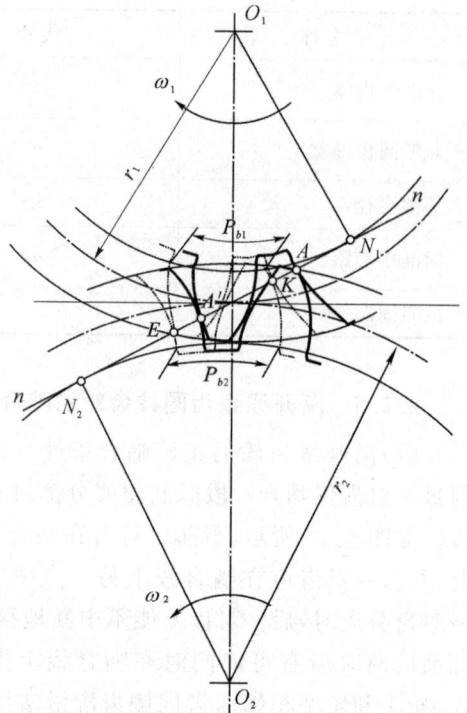

图4-19 渐开线齿轮的连续传动

4.2.6 渐开线齿轮的加工方法和精度选择

(1)渐开线齿轮的加工方法 齿轮的加工方法很多,最常用的是切削加工,此外还有铸造、冲压和热轧等。切削加工齿轮的方法又分为仿形法和展成法两大类。

a.仿形法 仿形法是用与齿槽形状相同的圆盘铣刀或指状铣刀直接铣出齿形。一般加工模数小于10的齿轮,用圆盘铣刀;加工模数大于10的齿轮,用指状铣刀。这种加工方法简单,在铣床上进行,但加工精度低,生产率也低,修配时多采用此法。

b.展成法 展成法是利用一对齿轮(或齿轮和齿条)啮合时,其齿廓曲线互为包络线的原理来切齿的,分插齿、滚齿、磨齿和剃齿等。这种方法加工精度高,生产率也高,是齿轮加工的主要方法。但采用展成法切削齿数过少的齿轮时,会发生根切现象,一般可采用限制最小齿数的方法来避免根切。

(2)齿轮传动精度的选择 高精度的齿轮传动,可保证齿轮传动的质量。选择精度等级,应

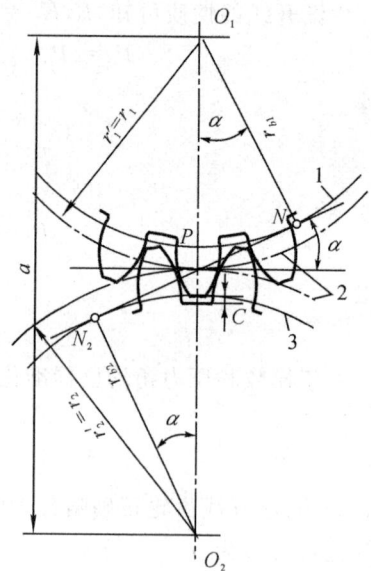

1-齿轮1基圆;2-节圆;3-齿轮2基圆

图4-20 渐开线齿轮传动的中心距

以齿轮传动的用途、工作条件和技术要求为依据。可参阅齿轮精度标准 GB/T 10095.1—2001。

4.2.7　齿轮的失效形式和齿轮材料

4.2.7.1　齿轮的失效形式

齿轮传递的载荷是直接作用在轮齿上的,轮齿因为载荷作用发生折断和齿面损伤而丧失工作能力的现象叫作齿轮失效。齿轮的失效形式主要有以下五种:

(1)轮齿折断　齿轮工作时,载荷作用下的轮齿相当于悬臂梁,齿根处弯曲应力最大,而且有应力集中。轮齿由于多次重复载荷作用所引起的弯曲应力超过材料的疲劳极限时,在齿根处出现疲劳裂纹(图 4-21),裂纹随应力循环次数增加而逐渐扩展,直至轮齿疲劳折断,称疲劳折断。用脆性材料制成的齿轮,轮齿受短时过载或冲击载荷作用时,因为最大弯曲应力超过材料的强度极限而发生轮齿突然折断,称过载折断。

齿宽较小的直齿圆柱齿轮易发生全齿折断。齿宽较大的直齿圆柱齿轮,当载荷沿齿宽方向分布不均时,通常发生局部折断。

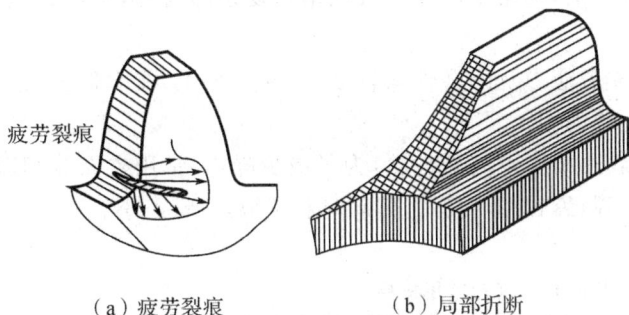

（a）疲劳裂痕　　　　（b）局部折断

图 4-21　轮齿折断

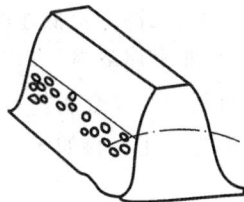

图 4-22　疲劳点蚀

(2)齿面点蚀　齿轮传动过程中,齿面产生脉动循环变化的接触应力。如果齿面接触应力超过材料的接触持久极限,经载荷的多次重复作用后,齿面表层产生细微的疲劳裂纹,裂纹扩展导致齿面小块金属的剥落,形成疲劳点蚀。疲劳点蚀一般发生在节线附近的齿根表面,如图 4-22 所示。

软齿面(HB≤350)的闭式传动中,疲劳点蚀是轮齿失效的主要形式。对于开式传动,由于齿面磨损较快,点蚀还未出现即被磨掉,一般看不到点蚀现象。

轮齿产生点蚀后,影响齿轮的正常工作,产生振动和噪声,破坏传动的平稳性。

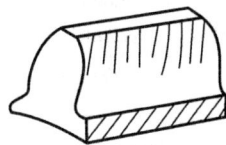

图 4-23　齿面胶合

(3)齿面胶合　高速重载齿轮的轮齿齿面压力大,相对滑动速度高,摩擦引起局部瞬时高温,使润滑油黏度下降致使润滑失败,啮合表面金属软化,造成金属的相互粘连,齿轮继续转动时,较软齿面上的金属沿滑动方向被撕出沟纹,称齿面胶合,如图 4-23所示。在低速重载时,齿面压力大,不易形成油膜,也可能出现胶合。

(4)齿面磨损　齿轮的磨损有两种。一种是因灰尘、金属微粒等侵入齿面而产生的磨粒磨损,如图 4-24 磨损后齿廓变形,侧间隙加大,转动过程中产生冲击和噪声,影响传动的平稳性。另一种是齿面间的相互摩擦而产生的跑合磨损,这种磨损出现在齿轮传动运转的初期,经过一段时间后,磨损就逐渐减少,对齿轮传动并无影响。磨粒磨损在开式传动中是很难避免的,对于闭式传动,减少齿面粗糙度、保持良好的润滑可防止或减轻磨损。

(5)齿面塑性变形 齿面较软的齿轮过载或重载时,轮齿表面沿摩擦力方向产生塑性变形,使齿面失去正确的渐开线形状。齿面塑性变形多发生在低速重载、频繁启动和过载传动中。提高齿面硬度和润滑油黏度可防止或减轻齿面塑性变形。

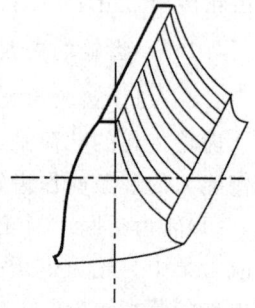

图 4-24 齿面磨损

4.2.7.2 齿轮材料

(1)锻钢 锻钢是制造齿轮最常用的材料,主要用于中小尺寸的齿轮。对于齿面硬度 HB≤350 的软齿面齿轮,常采用中碳钢和中碳合金钢,并采用正火及调质热处理。由于齿面硬度不高,因此可在热处理后进行切齿。这类齿轮制造工艺简单,成本低廉,广泛应用于一般的机械传动。齿面硬度 HB>350 的硬齿面齿轮,齿坯先经正火或调质处理后切齿,切齿后进行表面淬火或渗碳淬火的硬化处理,齿轮齿面硬度一般为 HRC=40~60。这类齿轮制造工艺复杂,成本较高,常用于高速、重载及冲击载荷作用的机械传动。

(2)铸钢 铸钢可以是碳钢或合金钢,常用于尺寸较大或结构复杂的齿轮,其热处理方法有退火、正火及调质等。

(3)铸铁 铸铁的弯曲强度、抗冲击能力及耐磨性均较差,但易于加工,成本低廉,常用于功率不大、无冲击及低速的开式齿轮传动中。

(4)非金属材料 对于高速、轻载及精度不高的齿轮,为了减少噪声,常用夹布胶塑、尼龙等材料制造。非金属材料齿轮常与钢制齿轮配对使用,传动时利于散热,噪声小。

齿轮常用材料如表 4-12 所示。

表 4-12 齿轮常用材料

材料	热处理	力学性能/MPa		硬度	
		σ_b	σ_s	HB	HRC
45	正火	580	290	160~217	
	调质	650	360	217~255	
	表面淬火				40~50
35SiMn	调质	750	450	217~269	
42SiMn	表面淬火				45~55
40MnB	调质	750	450	241~286	
40Cr	调质、表面淬火	700	500	240~286	48~55
20Cr	渗碳、淬火、回火	650	400		56~62
20CrMnTi	渗碳、淬火、回火	1100	850		56~62
ZG310-570	正火	570	310	156~217	
ZG340-640	正火	640	340	169~229	
	调质	700	380	214~269	
HT250		250		170~214	
HT300		300		187~255	
QT50-5	正火	500		147~214	
QT60-2		600		229~302	
夹布胶塑		100		25~35	

4.2.8 标准直齿圆柱齿轮的选用和强度计算

齿轮传动和其他形式的传动相比,有显著的优点,适用于各种传动形式。一般先根据工作条件和工作要求选择开式齿轮传动、闭式齿轮传动或半开式齿轮传动,然后按齿轮可能的失效形式进行强度计算。

由上述可知,齿轮的失效形式有折齿、齿面点蚀、胶合、磨损及塑性变形等。对于齿面胶合、磨损及塑性变形失效,目前尚无比较完善的通用计算方法,主要从选材、制造、使用等方面采取措施。因此,在齿轮设计时,仅考虑齿面点蚀和轮齿折断并分别进行齿面接触疲劳强度计算和弯曲疲劳强度计算。

对于闭式传动的软齿面齿轮,主要失效形式为齿面点蚀,采用齿面接触疲劳强度进行设计计算,然后验算轮齿弯曲疲劳强度。对于硬齿面闭式齿轮,主要失效形式为轮齿折断,故按轮齿弯曲疲劳强度进行设计计算,然后按齿面接触疲劳强度进行验算。对于开式齿轮传动,仅以保证齿根弯曲疲劳强度进行设计计算,考虑到磨损对齿厚的影响,应适当降低开式传动的许用弯曲应力(如将闭式传动的许用应力乘以 0.7~0.8),以便使计算的模数值适当增大。

一对钢制标准齿轮传动的齿面接触强度验算公式如下

$$\sigma_H = 335\sqrt{\frac{(u\pm1)^3 KT_1}{uba^2}} \leqslant [\sigma_H] \tag{4-37}$$

式中,σ_H——齿面接触应力,MPa;

    u——一对齿轮的齿数比;

    K——载荷系数,$K=1.2\sim2$;

    T_1——主动轮传递的扭矩,N·mm;

    b——齿宽,mm;

    a——中心距,mm;

    $[\sigma_H]$——许用接触应力,MPa。

按齿面接触疲劳强度的设计公式为

$$a \geqslant (u\pm1)\sqrt[3]{\left(\frac{335}{[\sigma_H]}\right)^2 \frac{KT_1}{\Psi_a u}} \tag{4-38}$$

式中,a——中心距,mm;

    T_1——主动轮传递的扭矩,N·mm;

    u——一对齿轮的齿数比;

    Ψ_a——齿宽系数,一般 $\Psi_a=0.2\sim0.6$;

    $[\sigma_H]$——许用接触应力,MPa。

齿根弯曲疲劳强度的验算公式为

$$\sigma_F = \frac{2KT_1 Y_F}{bd_1 m} = \frac{2KT_1 Y_F}{bm^2 z_1} \leqslant [\sigma_F] \tag{4-39}$$

式中,σ_F——弯曲应力,MPa;

    K——载荷系数,$K=1.2\sim2$;

    T_1——主动轮传递的扭矩,N·mm;

    b——齿宽,mm;

    m——模数,mm;

    Y_F——齿形系数;

    z_1——主动轮齿数;

    $[\sigma_F]$——弯曲疲劳许用应力,MPa。

轮齿弯曲强度设计公式为

$$m \geqslant \sqrt[3]{\frac{4KT_1Y_F}{\Psi_a(u\pm 1)z_1^2[\sigma_F]}}$$

(4-40)

式中，m——模数，mm；

    K——载荷系数，$K=1.2\sim 2$；

    T_1——主动轮传递的扭矩，N·mm；

    u——一对齿轮的齿数比；

    Y_F——齿形系数；

    $[\sigma_F]$——为弯曲疲劳许用应力，MPa。

4.2.9 斜齿圆柱齿轮传动

斜齿圆柱齿轮的作用和直齿圆柱齿轮一样，主要用来传递两平行轴之间的运动。斜齿圆柱齿轮的形成，可设想将直齿轮沿齿宽方向切成许多薄片，然后将每片依次沿同一方向转过一个角度，便得到阶梯轮，如图 4-25(a)所示，若将薄片数增到无穷多时，就成为斜齿圆柱齿轮了，如图 4-25(b)所示。

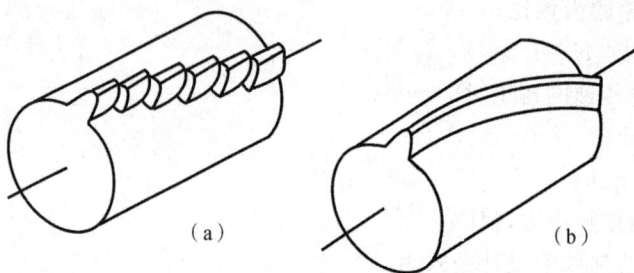

图 4-25　斜齿轮的形成

图 4-26(a)表示直齿轮啮合。两齿廓的啮合线平行于轴线，齿面接触线是突然进入和脱离的，因此会产生冲击、噪声，不适合高速传动；同时参加工作的齿数少，传递功率受限制，不适合重载传动。

图 4-26(b)表示斜齿轮啮合。两齿廓的啮合线与轴线成 β 角，齿面接触线从进入啮合到退出啮合，是点—线—点，故工作平稳。同时其工作的轮齿较多，可提高齿轮的承载能力。斜齿轮常用在高速重载的机器中。

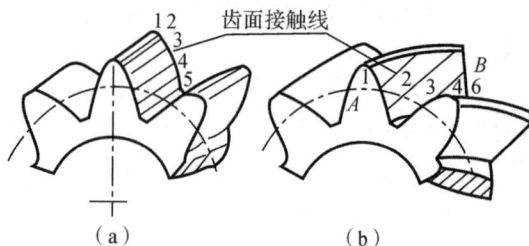

图 4-26　直齿轮和斜齿轮啮合比较

斜齿轮的轮齿相对于轴线倾斜一个螺旋角 β,计算斜齿轮的尺寸时要考虑这个角度的影响。斜齿轮上轮齿的端面与轴线垂直,而与轮齿方向垂直的截面称为法面。所以斜齿轮的基本参数有端面参数和法面参数之分,它们的关系如下

$$m_n = m_t\cos\beta \tag{4-41}$$

$$\tan\alpha_n = \tan\alpha_t\cos\beta \tag{4-42}$$

式中, m_n——法面模数,mm;

m_t——端面模数,mm;

β——螺旋角,(°);

α_n——法面压力角,(°);

α_t——端面压力角,(°)。

因为用铣刀切制斜齿轮时,铣刀的齿形应等于齿轮的法向齿形,所以国标规定斜齿轮的法面参数为标准值,而计算几何尺寸时,需利用直齿轮的几何计算公式和端面参数。

斜齿轮与直齿轮相比较,斜齿轮具有如下特点:①接触情况好,重合度大,运转平稳,因而承载能力高,噪声小,适合于高速重载场合;②中心距可凑,因为改变 β 即可凑出所需中心距;③斜齿轮传动有轴向力产生,因此所选轴承能承受轴向力。由于轴向力随 β 增大而增大,所以设计时一般取 $\beta=8°\sim20°$。

4.2.10 直齿圆锥齿轮传动

圆锥齿轮用于相交两轴之间的传动。与圆柱齿轮相似,一对圆锥齿轮的运动相当于一对节圆锥的纯滚动。除了节圆锥以外,圆锥齿轮还有分度圆锥、齿顶圆锥、齿根圆锥和基圆锥。图 4-27 表示一对标准安装的圆锥齿轮,其节圆锥和分度圆锥重合。设 δ_1 和 δ_2 分别为小齿轮和大齿轮的分度圆锥角,Σ 为两轴线的交角,$\Sigma=\delta_1+\delta_2$,因

$$r_1=\overline{OC}\sin\delta_1, \quad r_2=\overline{OC}\sin\delta_2$$

$$i=\frac{\omega_1}{\omega_2}=\frac{z_2}{z_1}=\frac{\sin\delta_2}{\sin\delta_1} \tag{4-43}$$

当 $\Sigma=\delta_1+\delta_2=90°$ 时,$i=\tan\delta_2=\cot\delta_1$。

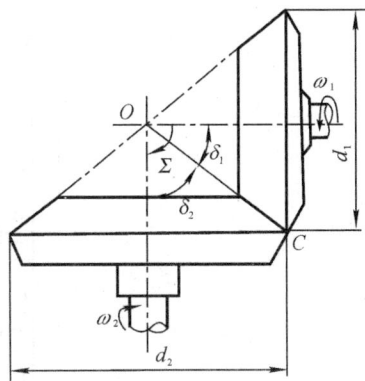

图 4-27 圆锥齿轮传动

圆锥齿轮的轮齿是沿圆锥面分布的,朝锥顶 O 的方向逐渐缩小。为计算和测量方便,直齿圆锥齿轮的几何尺寸计算以大端为基准。大端模数取标准值,大端分度圆上的压力角为标准值。

4.2.11 齿轮结构

直径不大的钢制齿轮,当齿根圆直径与轴径接近时,可以将齿轮和轴做成一体,称为齿轮轴。如果齿轮的直径比轴径大得多,则应把齿轮和轴分开制造。

顶圆直径 $d_a\leqslant500$mm 的齿轮通常可以按图 4-28(a)所示的腹板式结构锻造或铸造。直径较小的齿轮可做成实心式[图 4-28(b)]。

顶圆直径 $d_a\geqslant400$mm 的齿轮常用铸铁或铸钢制成,并采用图 4-29 所示的轮辐式结构。

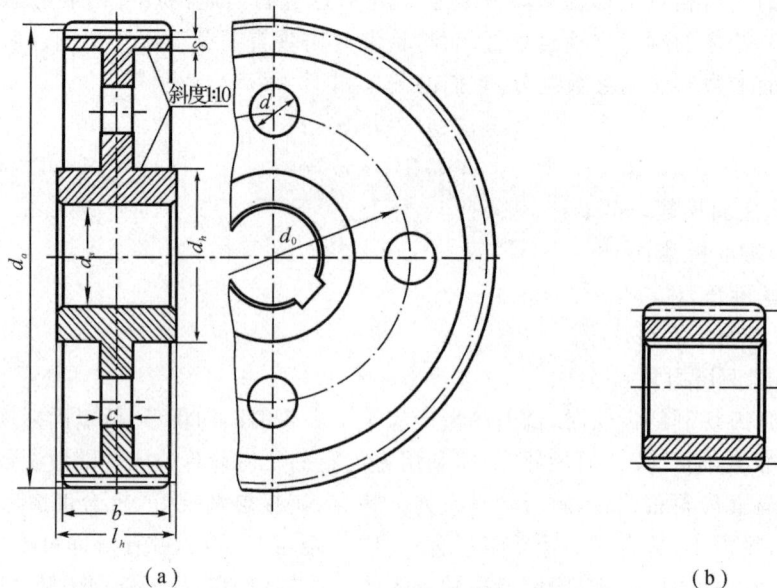

$$d_h = 1.6d_s; l_h = (1.2 \sim 1.5)d_s, 并使\ l_h \geqslant b; c = 0.6b;$$
$$\delta = (2.5 \sim 4)m_n, 但不小于\ 8mm; d_0\ 和\ d\ 按结构取定，当\ d\ 较小时可不开孔$$

图 4-28 腹板式齿轮和实心式齿轮

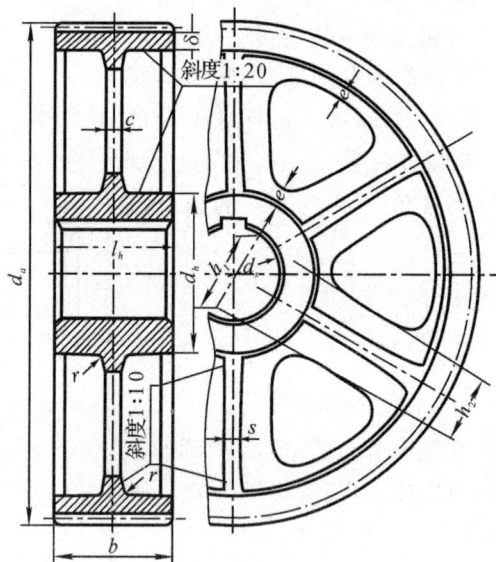

$$d_h = 1.6d_s(铸钢), d_h = 1.8d_s(铸铁); l_h = (1.2 \sim 1.5)d_s, 并使\ l_h \geqslant b; c = 0.2b, 但不小于\ 10mm;$$
$$\delta = (2.5 \sim 4)mm, 但不小于\ 8mm; h_1 = 0.8d_s; h_2 = 0.8h_1; c = 0.6b; s = 0.15h_1, 但不小于\ 10mm; e = 0.8\delta$$

图 4-29 轮辐式齿轮

图 4-30 为腹板式锻造圆锥齿轮结构和带加强筋的腹板式铸造圆锥齿轮结构。

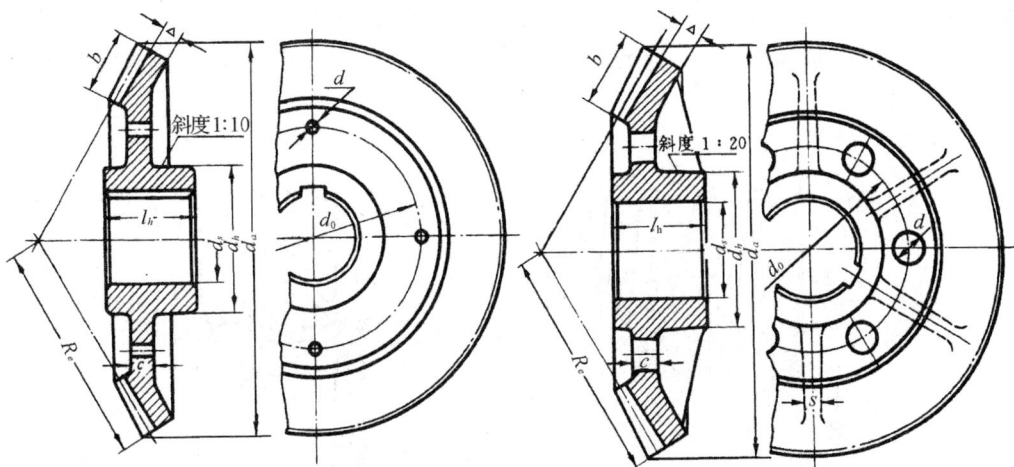

$d_h = 1.6d_s, l_h = (1.2 \sim 1.5)d_s; c = (0.2 \sim 0.3)b;$

$\Delta = (2.5 \sim 4)m_e;$ 但不小于 10mm; d_0 和 d 按结构取定

$d_h = (1.6 \sim 1.8)d_s, l_h = (1.2 \sim 1.5)d; c = (0.2 \sim 0.3)b; s = 0.8c,$

$\Delta = (2.5 \sim 4)m_e,$ 但不小于 10mm; d_0 和 d 按结构取定

图 4-30　圆锥齿轮的结构

4.3　蜗杆传动

4.3.1　蜗杆传动的特点和类型

蜗杆传动是由蜗杆与蜗轮组成的,如图 4-31 所示,它用于传递交错轴之间的回转运动和动力。通常两轴交错角为 90°,传动中一般蜗杆是主动件,蜗轮是从动件。

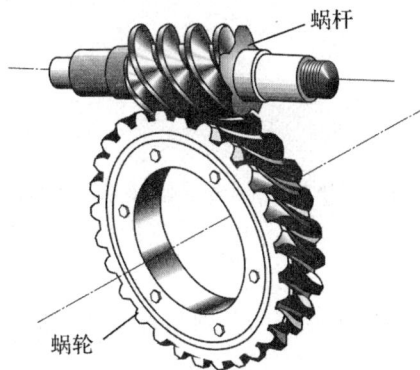

图 4-31　蜗杆与蜗轮

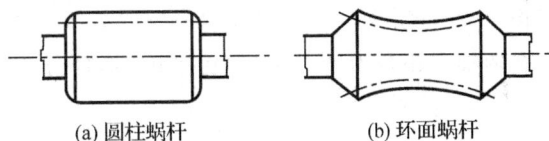

(a) 圆柱蜗杆　　　　　　(b) 环面蜗杆

图 4-32　圆柱蜗杆与环面蜗杆

(1)蜗杆传动的特点　蜗杆传动的主要优点是能得到很大的传动比($i = 8 \sim 80$)、结构紧凑、传动平稳和噪声较小等;但其传动效率较低,磨损严重。为减摩耐磨,蜗轮齿圈常用青铜制造,因而成本较高。

(2)蜗杆传动的类型　按形状不同,蜗杆可分为圆柱蜗杆[图 4-32(a)]和环面蜗杆[图 4-32(b)]。

圆柱蜗杆按其螺旋面的形状又分为普通圆柱蜗杆和渐开线蜗杆等。普通圆柱蜗杆的车削加工与梯形螺纹类似,比较容易,故应用较广。这里主要介绍普通圆柱蜗杆传动。

与螺纹一样,蜗杆有左旋和右旋之分,常用的是右旋蜗杆。

蜗轮的形状很像斜齿轮,为了改善轮齿的接触状况,蜗轮沿齿宽方向制成圆弧形,如图 4-33 所示。

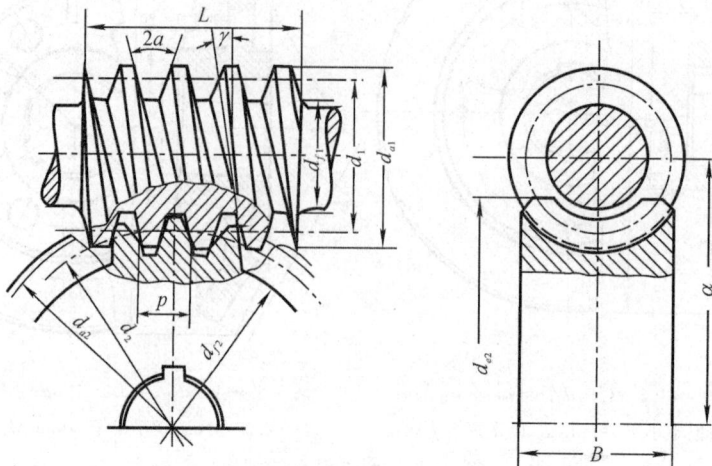

图 4-33 圆柱蜗杆传动的主要参数

4.3.2 蜗杆传动的主要参数和几何尺寸计算

4.3.2.1 圆柱蜗杆传动的主要参数

(1)模数和压力角 如图 4-33 所示,通过蜗杆轴线并垂直于蜗轮轴线的平面,称为中间平面。由于蜗轮是用与蜗杆形状相仿的滚刀,按展成原理加工轮齿的,因而中间平面蜗轮与蜗杆的啮合就相当于渐开线齿轮和齿条的啮合。蜗杆传动的设计计算都以中间平面的参数和几何关系为准。它们正确啮合的条件是:蜗杆轴向模数和轴向压力角应分别等于蜗轮端面模数和端面压力角,即

$$m_{a1} = m_{t2} = m$$

$$\alpha_{a1} = \alpha_{t2} = \alpha$$

模数 m 的标准值,列于表 4-13,压力角标准值为 20°。

在两轴交错角为 90° 的蜗杆传动中,蜗杆分度圆柱上的螺旋升角应等于蜗轮分度圆柱上的螺旋角,且两者的旋向必须相等,即

$$\gamma = \beta$$

(2)传动比、蜗杆头数和蜗轮齿数 设蜗杆头数为 z_1,蜗轮齿数为 z_2,则蜗杆旋转一周,蜗轮将转过 z_1 个轮齿,其传动比为

$$i = \frac{n_1}{n_2} = \frac{z_2}{z_1} \tag{4-44}$$

式中,n_1——蜗杆的转速,r/min;

n_2——蜗轮的转速,r/min。

通常蜗杆头数 $z_1 = 1$、2、4。若要得到大传动比时,可取 $z_1 = 1$,但传动效率较低。传动功率大时,为提高效率可采用多头蜗杆,取 $z_1 = 2$、4。

蜗轮齿数 $z_2 = iz_1$。z_1、z_2 的推荐值列于表 4-14。为了避免根切,z_2 应不小于 26,但也不宜大于 80。若 z_2 过多,会使结构尺寸过大,蜗杆长度也随之增加,使蜗杆刚度和啮合精度下降。

表 4-13 圆柱蜗杆的基本尺寸和参数

m /mm	d_1 /mm	z_1	q	$m^2 d_1$ /mm³	m /mm	d_1 /mm	z_1	q	$m^2 d_1$ /mm³
1	18	1	18.000	18	6.3	63	1、2、4、6	10.000	2500
1.25	20	1	16.000	31.25		112	1	17.778	4445
	22.4	1	17.920	35	8	80	1、2、4、6	10.000	5120
1.6	20	1、2、4	12.500	51.2		140	1	17.500	8960
	28	1	17.500	71.68	10	90	1、2、4、6	9.000	9000
2	22.4	1、2、4、6	11.200	89.6		160	1	16.000	16000
	35.5	1	17.750	142	12.5	112	1、2、4	8.960	17500
2.5	28	1、2、4、6	11.200	175		200	1	16.000	31250
	45	1	18.000	281	16	140	1、2、4	8.750	35840
3.15	35.5	1、2、4、6	11.270	352		250	1	15.625	64000
	56	1	17.778	556	20	160	1、2、4	8.000	64000
4	40	1、2、4、6	10.000	640		315	1	15.750	126000
	71	1	17.750	1136	25	200	1、2、4	8.000	125000
5	50	1、2、4、6	10.000	1250		400	1	16.000	250000
	90	1	18.000	2250					

注:本表取于 GB 10085—1988,本表所列 d_1 数值为国标规定的优先使用值。表中同一模数有两个 d_1 值,当选取较大的 d_1 值时,蜗杆螺旋升角 $\gamma < 3°30'$,有较好的自锁性。

表 4-14 z_1 和 z 的推荐值

公称传动比	7～8	9～13	14～24	25～27	28～40	≥40
蜗杆头数 z_1	4	3～4	2～3	2～3	1～2	1
蜗轮齿数 z_2	28～32	27～52	28～72	50～81	28～80	≥40

(3)蜗杆直径系数和螺旋升角　切制蜗轮时的滚刀,其直径与齿形参数必须与相应的蜗杆相同。如果蜗杆分度圆直径不作限制,刀具品种和数量势必太多,为了减少刀具数量并便于标准化,对每一个模数规定 1～2 个蜗杆的分度圆直径。该分度圆直径与模数的比值称为蜗杆直径系数 q,即

$$q = \frac{d_1}{m} \qquad (4\text{-}45)$$

如图 4-34 所示,蜗杆螺旋面和分度圆柱的交线是螺旋线。设 γ 为蜗杆分度圆柱上的螺旋升角,p_a 为轴向齿距,由图 4-34 得

$$\tan\gamma = \frac{z_1 p_a}{\pi d_1} = \frac{z_1 m}{d_1} = \frac{z_1}{q} \qquad (4\text{-}46)$$

z_1 和 q 值确定后,蜗杆的螺旋升角即可求出。

(4)齿面间滑动速度　蜗杆传动即使在节点 C 处啮合,齿廓之间也有较大的相对滑动,滑

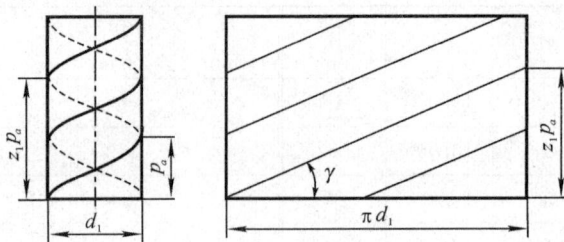

图 4-34 蜗杆导程

动速度 v_s 沿蜗杆螺旋线方向,设蜗杆圆周速度为 v_1,蜗轮圆周速度为 v_2,由图 4-35 可得

$$v_s = \sqrt{v_1^2 + v_2^2} = \frac{v_1}{\cos\gamma}(\text{m/s}) \tag{4-47}$$

滑动速度的大小,对齿面的润滑情况、齿面失效形式、发热及传动效率等都有很大影响。

(5)中心距 当蜗杆节圆与分度圆重合时称为标准传动,其中心距计算式为

$$a = \frac{1}{2}(d_1 + d_2) = \frac{1}{2}m(q + z_2) \tag{4-48}$$

4.3.2.2 圆柱蜗杆传动的几何尺寸计算

设计蜗杆传动时,一般是先根据传动的功用和传动比要求,选择蜗杆头数和蜗轮齿数,然后再按强度计算确定模数和蜗杆直径系数,上述参数确定后,即可根据表 4-15 计算出蜗杆、蜗轮的几何尺寸(两轴交错角为 90°、标准传动)。

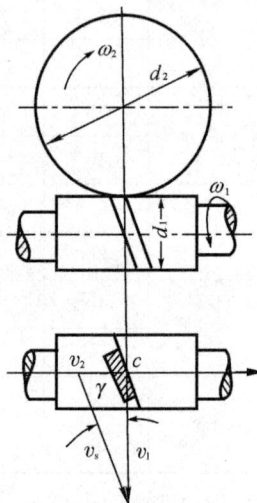

图 4-35 滑动速度

表 4-15 圆柱蜗杆传动的几何尺寸计算(参看图 4-33)

名称	计算公式	
	蜗杆	蜗轮
蜗杆分度圆直径,蜗轮分度圆直径	$d_1 = mq$	$d_2 = mz_2$
齿顶高	$h_a = m$	$h_a = m$
齿根高	$h_f = 1.2m$	$h_f = 1.2m$
蜗杆齿顶圆直径,蜗轮喉圆直径	$d_{a1} = m(q+2)$	$d_{a2} = m(z_2+2)$
齿根圆直径	$d_{f1} = m(q-2.4)$	$d_{f2} = m(z_2-2.4)$
蜗杆轴向齿距,蜗轮端面齿距	$p_{a1} = p_{t2} = p_x = \pi m$	
径向间隙	$c = 0.20m$	
中心距	$a = 0.5(d_1 + d_2) = 0.5m(q + z_2)$	

例 4-2 一搅拌装置采用蜗杆传动,传动比 $i=30$。今现有一右旋蜗杆,$z_1=1$,在蜗杆轴向测量 5 个齿距为 47.5mm,用游标卡尺量得顶圆直径 $d_{a1}=41.95$mm。试确定蜗轮的主要尺寸。

【解】 (1)确定模数 由表 4-15 查得 $p_{a1}=\pi m$,故

$$m = \frac{p_a}{\pi} = \frac{47.5}{5 \times 3.14} = 3.01(\text{mm})$$

圆整为标准模数 $m=3.15\text{mm}$。

(2)确定蜗杆直径系数　由表 4-15 查得 $d_{a1}=m(q+2)$，故

$$q=\frac{d_{a1}}{m}-2=\frac{41.95}{3.15}-2=11.31$$

按表 4-13 圆整成标准值 $q=11.27$。

(3)确定蜗杆螺旋升角和蜗轮螺旋角

$$\tan\gamma=\frac{z_1}{q}$$

$$\gamma=\arctan\frac{z_1}{q}=\arctan\frac{1}{11.27}=4°45'40''=\beta \quad 右旋$$

(4)确定蜗轮齿数

$$z_2=iz_1=30\times1=30$$

(5)确定中心距

$$a=0.5m(q+z_2)=0.5\times3.15(11.27+30)=65(\text{mm})$$

(6)计算蜗轮各部分尺寸

分度圆直径 $d_2=mz_2=3.15\times30=94.5(\text{mm})$，

顶圆直径 $d_{a2}=m(z_2+2)=3.15\times(30+2)=100.8(\text{mm})$，

根圆直径 $d_{f2}=m(z_2-2.4)=3.15\times(30-2.4)=86.94(\text{mm})$，

其他尺寸需查阅有关设计手册进一步确定。

4.3.3　蜗杆传动中蜗轮转向判断、失效及材料选择

(1)蜗轮转向判断　根据蜗杆的螺旋线方向和蜗杆的转向确定蜗轮的转向。具体判断时，可把蜗杆看成螺杆，蜗轮看作螺母来考察其相对运动。根据蜗杆的螺旋线方向，选择左右手，左旋用左手，右旋用右手；判断时，拇指伸直，四指握拳。四指弯曲方向与蜗杆转动方向一致，那么拇指所指的反方向即蜗轮上啮合点的运动方向，从而确定蜗轮的转向，如图 4-36 所示。

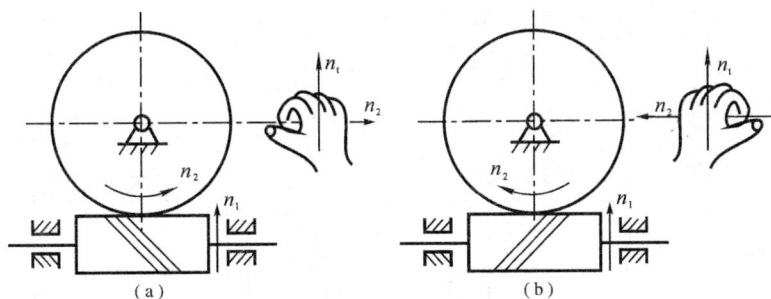

图 4-36　确定蜗轮的转向

(2)蜗杆传动的失效形式　蜗杆传动中，轮齿失效形式与齿轮传动类似，主要失效形式有点蚀、胶合、磨损等。由于蜗杆传动在齿面间有较大的相对滑动，产生热量，润滑油温度升高而变稀，润滑条件变坏，增大了胶合的可能性。在闭式传动中，如不能及时散热，往往因胶合而影响蜗杆传动的承载能力。在开式传动或润滑密封不良的闭式传动中，蜗轮轮齿的磨损就显得突出。

(3)材料选择　蜗杆、蜗轮的材料主要根据传动的相对滑动速度来选择。当蜗杆传动尺寸未确定时，可以初步估计蜗杆传动的滑动速度。由于蜗杆传动的特点，蜗杆副的材料不仅要求

有足够的强度,而且更重要的是要有良好的减摩耐磨性能和抗胶合的能力。

蜗杆一般采用碳素钢或合金钢制造,要求表面光洁并具有较高硬度。对于高速重载的蜗杆常用 20Cr、20CrMnTi(渗碳淬火到 56～62HRC),或 40Cr、42SiMn、45 钢(表面淬火到 45～55HRC)等,并应磨削;普通蜗杆可采用 40、45 等调质碳素钢(硬度为 220～250HBS)。而在低速或人力传动中,蜗杆可不经热处理,甚至可采用铸铁。

在重要的高速蜗杆传动中,蜗轮常用 10-1 锡青铜(ZCuSn10P1)制造,它的抗胶合和耐磨性能好,允许的滑动速度可达 25m/s;且易于切削加工,但价格昂贵;当在滑动速度 $v_s < 12m/s$ 的蜗杆传动中,可采用低含锡量的 5-5-5 锡青铜(ZCuSn5Pb5Zn5);当滑动速度 $v_s < 6m/s$ 时,可选用 10-3 铝青铜(ZCuAl10Fe3)制造蜗轮;而在低速(如 $v_s < 2m/s$)传动中,甚至可用球墨铸铁或灰铸铁制造蜗轮,有时也可用尼龙或增强尼龙材料制造蜗轮。

4.3.4 蜗杆和蜗轮的结构

蜗杆绝大多数和轴制成一体,称为蜗杆轴,如图 4-37 所示。

蜗轮可以制成整体的[图 4-38(a)]。但为了节约贵重的有色金属,对尺寸大的蜗轮通常采用组合式结构,即齿圈用有色金属制造,而轮芯用钢或铸铁制造[图 4-38(b)]。采用组合结构时,齿圈和轮芯间可用过盈连接,为工作可靠,沿接合面圆周装上 4～8 个螺钉。为了便于钻孔,应将螺孔中心线向材料较硬的一边偏移 2～3mm。

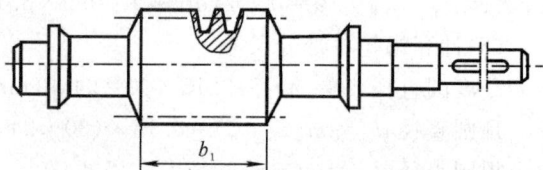

$z_1 = 1$ 或 2 时,$b_1 \geqslant (11 + 0.06z_2)m$

$z_1 = 4$ 时,$b_1 \geqslant (12.5 + 0.09z_2)m$

图 4-37 蜗杆轴

这种结构一般用于尺寸不大且工作温度变化较小的地方。轮圈与轮式也可用铰制孔用螺栓来连接[图 4-38(c)],其装拆方便,常用于尺寸较大或磨损后需要更换齿圈的场合。对于成批制造的蜗轮,常在铸铁轮芯上浇铸出青铜齿圈[图 4-38(d)]。

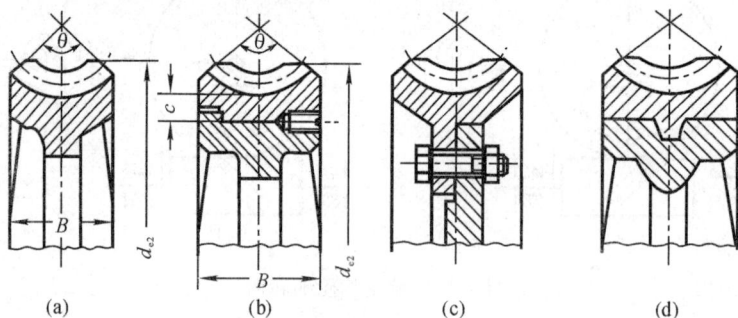

| (a) | (b) | (c) | (d) |

$z_1 = 1, d_{e2} \leqslant d_{a2} + 2m$

$B = 0.75d_{a1}$

$\theta = 90° \sim 130°$

$c = 1.6m + 1.5mm$

$z_1 = 2, d_{e2} \leqslant d_{a2} + 1.5m$

$B = 0.75d_{a1}$

$\theta = 90° \sim 130°$

$c = 1.6m + 1.5mm$

$z_1 = 4, d_{e2} \leqslant d_{a2} + m$

$B = 0.67d_{a1}$

$\theta = 90° \sim 130°$

$c = 1.6m + 1.5mm$

图 4-38 蜗轮的结构

4.4 轴与联轴器

4.4.1 轴和联轴器的类型

（1）轴的类型 轴是机器中的重要零件之一，用来支持旋转的机械零件，如带轮、齿轮、搅拌器等，并传递运动和动力。根据承受载荷的不同，轴可分为心轴、转轴、传动轴。心轴只承受弯矩，如铁路车辆的轴（图 4-39）；转轴既传递扭矩又承受弯矩，如齿轮减速器中的轴（图 4-40）；传动轴只传递转矩而不受弯矩或弯矩很小，如汽车中的传动轴（图 4-39）和图 4-40 中的搅拌轴等。

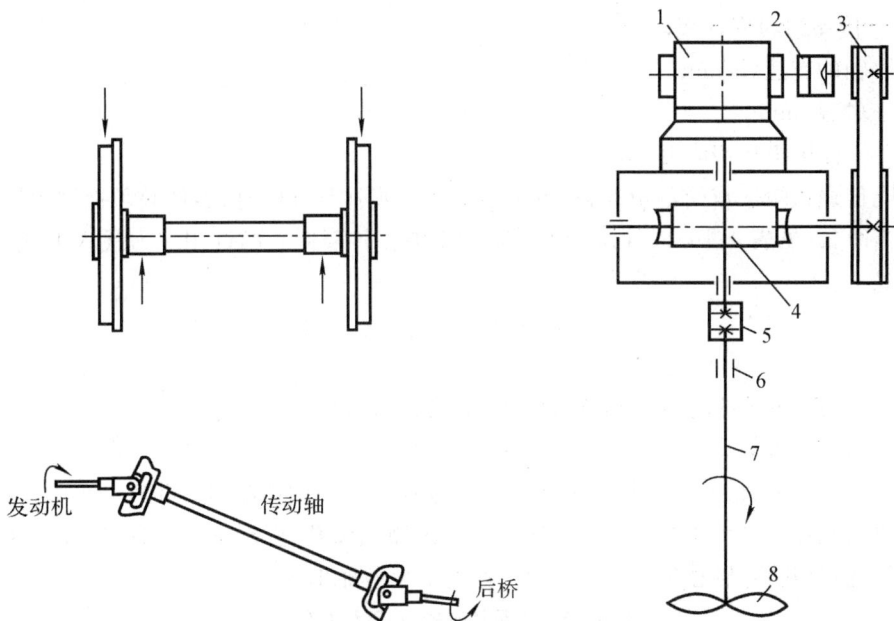

图 4-39 火车中的轴与汽车中的轴

1-电动机；2-移动式联轴器；3-V 带传动；
4-蜗轮减速器；5-固定式联轴器；6-轴承；
7-搅拌轴；8-搅拌器

图 4-40 搅拌轴和减速器的轴

按轴的形状，轴还可分为：光轴和阶梯轴；实心轴和空心轴；直轴和曲轴；圆形截面轴和非圆形截面轴等。

（2）联轴器的类型 轴与轴之间常用联轴器进行连接，使之一起回转并传递扭矩。如图 4-40 中电机轴与带轮轴、减速机轴与搅拌轴之间都采用了联轴器。

联轴器可分为固定式和移动式两种。固定式联轴器不能补偿两轴的相对位移，所以要求被连接的两轴严格对中和工作中不发生移动；移动式联轴器能补偿两轴的相对位移，所以允许两轴有一定的安装误差。

这里仅介绍过程设备上常用的圆形截面阶梯轴和几种常用的标准化的联轴器。

4.4.2 轴的计算

轴的计算主要是确定危险截面处的最小尺寸，进行强度、刚度校核，验算轴的临界转速和挠度,以保证轴的平稳运转。

轴的强度通常按扭转强度或按弯扭组合强度计算。

(1)按扭转强度计算　这种方法适用于只承受转矩的传动轴的精确计算,也可用于既受弯矩又受扭矩的轴的近似计算。

对于只传递扭矩的圆截面轴,其强度条件为

$$\tau = \frac{T}{W_p} = \frac{9.55 \times 10^6 P}{0.2 d^3 n} \leqslant [\tau] \tag{4-49}$$

式中,τ——轴的扭转切应力,MPa;

T——转矩,N·mm;

W_p——抗扭截面模量,mm³,对于圆截面轴;$W_p = \frac{\pi d^3}{16} \approx 0.2 d^3$;

P——传递的功率,kW;

n——轴的转速,r/min;

d——轴径,mm;

$[\tau]$——许用扭转切应力,MPa。

对于既传递扭矩又承受弯矩的轴,也可用上式初步估算轴的直径,但必须把轴的许用扭转剪应力适当降低(见表4-16)以补偿弯矩对轴的影响。将降低后的许用应力代入上式,并改写为设计公式

$$d \geqslant \sqrt[3]{\frac{9.55 \times 10^6}{0.2 [\tau]}} \sqrt[3]{\frac{P}{n}} \geqslant C \sqrt[3]{\frac{P}{n}} \tag{4-50}$$

式中,C——由轴的材料和承载情况确定的常数,见表4-16;

d——轴的直径,mm。

应用上式求出的直径,一般作为轴最细处的直径。如果计算截面上开有一个键槽或浅孔,应将计算出的轴径值增大4%～5%;若开有两个键槽或浅孔,则增加7%～10%;若轴上沿径向开有穿销孔,且孔径/轴径为0.05～0.25,轴径至少增加15%。

表 4-16　常用材料的[τ]值和 C 值

轴的材料	Q235,20 钢	35 钢	45 钢	40Cr,35SiMn
$[\tau]$/MPa	12～20	20～30	30～40	40～52
C	160～135	135～118	118～107	107～98

注:当作用在轴上的弯矩比传递的转矩小或只传递转矩时,C取较小值;否则取较大值。

(2)按弯扭组合强度计算　对于转轴,当轴上零件的位置布置妥当后,外载荷和支承反力的作用位置即可确定,由此可对轴进行受力分析并绘制弯矩图和扭矩图,即可按弯扭组合强度计算轴径。具体计算方法参见本书第1章有关内容。

过程设备中使用的轴大多不是很重要的轴,一般采用式(4-50)确定轴径就可以了。对于重要的轴,则需根据有关资料进行更精确的强度、刚度计算或校核;对于转速较高、跨度较大而刚性较小或外伸端较长的轴,还应进行临界转速的校核计算。

4.4.3　轴的材料与结构

(1)轴的材料　轴的材料常选用碳素钢和合金钢。

a.碳素钢　35、45、50等优质碳素结构钢因具有较高的综合力学性能,常用作轴的材料,

其中 45 号钢用得最为广泛。为了改善其力学性能,应进行正火或调质处理。不重要或受力较小的轴,则可采用 Q235、Q275 等普通碳素结构钢。

b.合金钢　合金钢具有优良的综合力学性能,但价格较贵,故多用于有特殊要求的轴。如装有滑动轴承的高速轴,常用 20Cr、20CrMnTi 等低碳合金钢制造,并经渗碳淬火以提高轴颈耐磨性;常用的合金钢有 20Cr、40Cr、20CrMnTi、35SiMn、40MnB、0Cr18Ni10Ti 等,合金钢一般须进行热处理。但应该注意的是:钢材的种类和热处理对其弹性模量的影响甚小,因此如欲采用合金钢或通过热处理来提高轴的刚度,并无实效。此外,合金钢对应力集中的敏感性较高,因此设计合金钢轴时,更应从结构上避免或减小应力集中,并降低其表面粗糙度。

同时,在某些腐蚀介质中,还应选用耐蚀材料,如不锈钢、耐热钢等,也可选用碳钢并再采取各种防腐蚀措施。一些反应器中的搅拌轴还要考虑其铁离子对产品的污染。

而对于一些形状复杂的轴,如曲轴等,可采用球墨铸铁制造。一方面其成本低廉,吸振性较好;另一方面球墨铸铁对应力集中的敏感性较低,且强度较好。

(2)轴的结构设计　轴的结构设计就是使轴的各部分具有合理的形状和尺寸,主要应满足以下要求:①便于加工,且轴上零件要易于装拆;②轴和轴上零件要有准确的工作位置(定位);③各零件要牢固而可靠地相对固定;④改善受力状况,减小应力集中。

下面逐项讨论这些要求,并结合图 4-41 所示的单级齿轮减速器的高速轴加以说明。

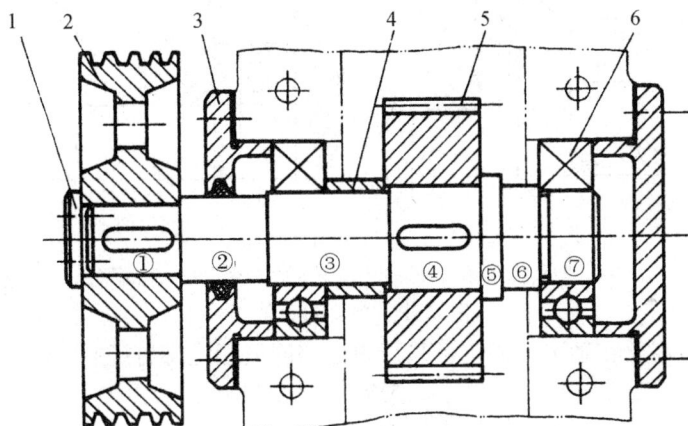

1-轴端挡圈;2-带轮;3-轴承端盖;4-套筒;5-齿轮;6-滚动轴承

图 4-41　轴的结构

a.制造安装要求　为便于轴上零件的装拆,常将轴做成阶梯轴。对于一般剖分式箱体中的轴,它的直径从轴端逐渐向中间增大。如图 4-41 所示,可依次将齿轮、套筒、左端滚动轴承、轴承盖和带轮从轴的左端装拆,另一滚动轴承从右端装拆。为方便轴上零件安装,轴端及各轴段的端部应有倒角。

轴上磨削的轴段,应有砂轮越程槽(图 4-41 中⑥与⑦的交界处);车制螺纹的轴段,应有退刀槽。

在满足使用要求的情况下,轴的形状和尺寸应力求简单,以便于加工。

b.轴上零件的定位　阶梯轴上截面变化处叫作轴肩,起轴向定位作用。在图 4-41 中,④⑤间的轴肩使齿轮在轴上定位;①②间的轴肩使带轮在轴上定位;⑥⑦间的轴肩使右端轴承定位。

c.轴上零件的固定　轴上零件的轴向固定,常采用轴肩、套筒、螺母或轴端挡圈等形式。

在图 4-41 中,齿轮能实现双向固定。齿轮受轴向力时,向右通过④⑤间的轴肩,并由⑥⑦间的轴肩顶在滚动轴承内圈上;向左则通过套筒顶在滚动轴承内圈上。无法采用套筒或套筒太长时,可采用圆螺母加以固定,如图 4-42 所示。带轮的轴向固定是靠①②间的轴肩及轴端挡圈。图 4-43 所示为轴端挡圈的一种型式。

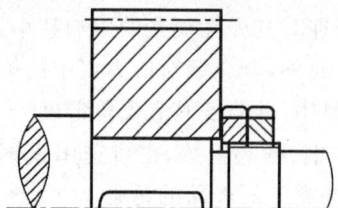

图 4-42　双圆螺母　　　　　　　　　图 4-43　轴端挡圈

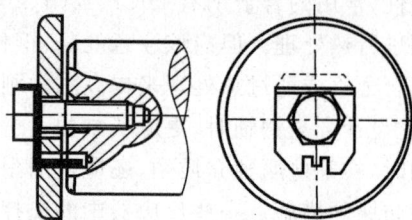

采用套筒、轴端挡圈、螺母作轴向固定时,应将装零件的轴段长度做得比零件轮毂短 2～3mm,以保证套筒、螺母或轴端挡圈能靠紧零件端面。

为了保证轴上零件紧靠定位面(轴肩),轴肩的圆角半径 r 必须小于相配零件的倒角 C_1 或圆角半径 R,轴肩高必须大于 C_1 或 R(图 4-44)。

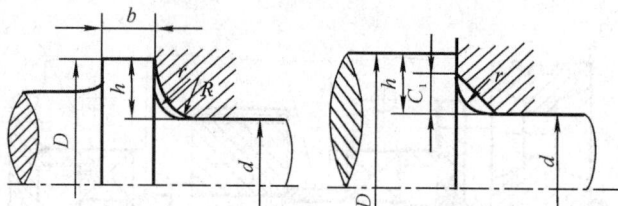

$$h \approx (0.07d + 3 \sim 0.1d + 5)\text{mm}$$

$b \approx 1.4h$(与滚动轴承配合处的 h 和 b 值,见滚动轴承标准)

图 4-44　轴肩和圆角

轴向力较小时,零件在轴上的固定可采用弹性挡圈或紧定螺钉(图 4-45)。

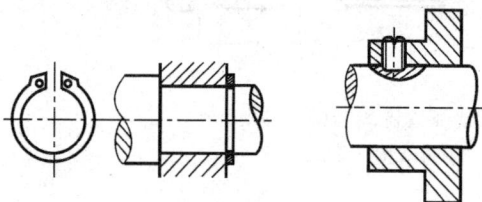

图 4-45　弹性挡圈和紧定螺钉　　　　　　図 4-46　键槽分布

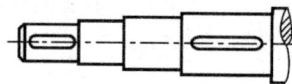

轴上零件的周向固定,大多采用键、花键或过盈配合等连接形式。采用键连接时,为加工方便,各段轴的键槽应设计在同一加工直线上,并应尽可能采用同一规格的键槽截面尺寸,如图 4-46 所示。

(4)减少应力集中　零件截面发生突然变化的地方,受载后都会造成应力集中现象。因此对阶梯轴来说,在截面尺寸变化处应采用圆角过渡,并尽量避免在轴上,特别是应力大的部位开横孔、切口或凹槽。必须开横孔时,孔边要倒角。

例 4-3　试计算如图 4-43 所示的搅拌轴直径。已知:搅拌轴的功率为 1.6kW,轴的转速 $n = 45\text{r/min}$。

【解】 轴的材料为 45 钢,因搅拌轴主要承受扭矩,故由表 4-16 取 C 为较小值,即取 $C=110$。
由式(4-50)得

$$d \geqslant C \sqrt[3]{\frac{P}{n}} = 110 \sqrt[3]{\frac{1.6}{45}} = 36.2 \text{mm}$$

因考虑到搅拌时介质腐蚀作用等影响,故取搅拌轴的最小直径为 40mm。

4.4.4 联轴器的类型与性能

联轴器有固定式与移动式两大类。这里主要介绍搅拌设备上常用的各种联轴器。

4.4.4.1 固定式联轴器

这类联轴器主要用于连接两轴、严格要求对中和不发生相对运动的场合。

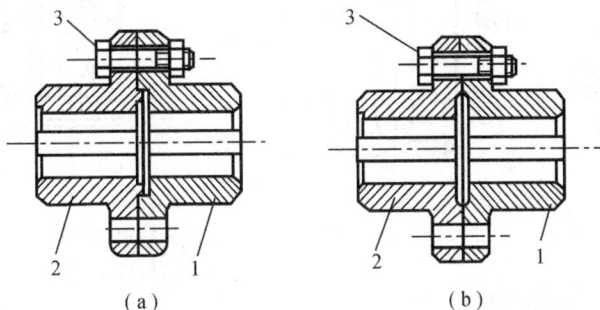

(a)　　　　　　　　(b)

1-右半联轴器;2-左半联轴器;3-螺栓

图 4-47　凸缘联轴器

(1)凸缘联轴器　凸缘联轴器,如图 4-47 所示,主要由两个分别装在两轴上的半联轴器和连接螺栓组成,主要依靠接触面的摩擦力矩传递扭矩。凸缘联轴器因其结构简单、制造方便而又能传递较大的扭矩,因此应用广泛。其缺点是传递载荷时不能缓和冲击和吸收振动,安装要求较高。

凸缘联轴器用于连接传动平稳和刚度较大的轴。联轴器常用的材料是 HT200,一般圆周速度 $v<30$m/s。使用 ZG270-500 或 35 钢时圆周速度 $v<50$m/s。凸缘联轴器按对中方式不同分为 I 型[图 4-47(a)]和 II 型[图 4-47(b)],且已标准化。标准系列的公称扭矩范围为 25 ~100000N·m。凸缘联轴器的基本参数和主要尺寸参见 GB/T 5843—2003。

(2)夹壳联轴器　常用于立式搅拌设备中搅拌轴的连接,如图 4-48 所示。它由两个半圆形的夹壳组成[图 4-48(a)],被连接的上下两轴端部用剖分式的悬吊环定位后[图 4-48(b)]再装入夹壳中用螺栓、螺母锁紧,依靠轴与夹壳间的摩擦力来传递扭矩。有时轴端配有平键,使连接可靠。夹壳联轴器装拆方便,拆卸时不需做轴向移动。

夹壳材料一般使用 HT200,悬吊环选用 Q275 钢。该联轴器适用于低速($v<5$m/s)、直径小于 200mm 的轴,但不宜用于有冲击的重载传动。HG 标准系列传递的公称扭矩范围为 85~9000N·m。

(3)三分式联轴器　立式搅拌设备上的搅拌轴,其轴封装置如果采用机械密封结构,密封处发现泄漏时需要及时更换密封环。采用上述凸缘式和夹壳式联轴器来连接主、从动轴时,轴端间只留有很小的间隙,为此必须大幅度升高主动轴或降低从动轴才能脱卸密封环,装拆十分麻烦。三分式联轴器可以把轴端间留有较大间距的主、从动轴连接起来,它既保留凸缘联轴器容易对中的优点,又兼有夹壳联轴器装拆方便的长处,更主要的是,更换密封环时只需将从动

（a）　　　　　　（b）

悬吊环

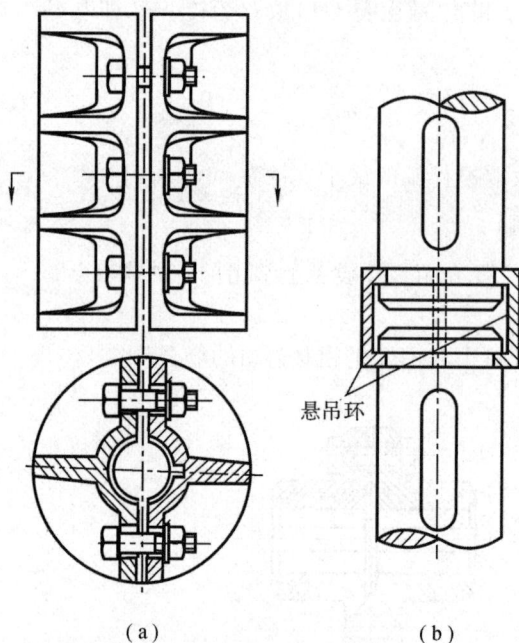

图 4-48　夹壳联轴器

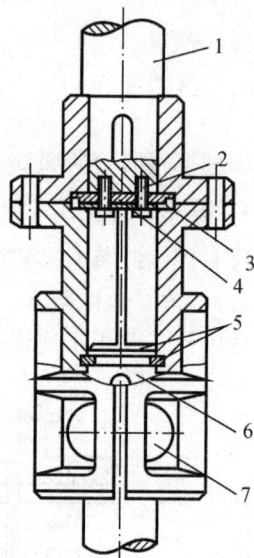

1-主动轴；2-螺钉；3-挡板；4-防松垫板；
5-剖分式挡圈；6-从动轴；7-螺栓螺母

图 4-49　三分式联轴器

轴稍下降即可。

三分式联轴器的结构如图 4-49 所示，上段为凸缘结构，与主动轴以轴端挡板、螺钉及键来固定；下段为夹壳结构，但两半夹壳的顶端均制成半凸缘结构，以便与上段连接，夹壳与从动轴以剖分式环形挡圈和键来定位，用螺栓、螺母夹紧。

三分式联轴器的使用范围与夹壳联轴器相同。

4.4.4.2　移动式联轴器

这类联轴器用于由于制造、安装误差或工作时零件的变形等原因而不可能保证严格对中的两轴连接。

（1）弹性块式联轴器　结构如图 4-50 所示，上方与减速器轴相连的凸半联轴器，有 4～12

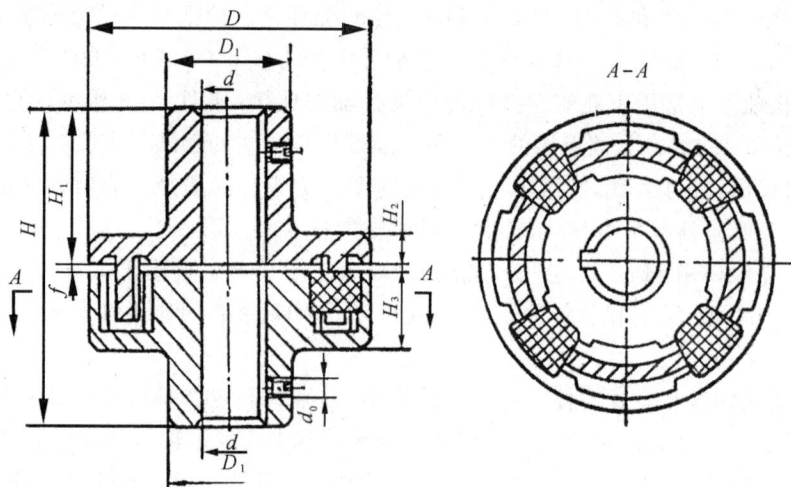

图 4-50　弹性块式联轴器

片弧形凸块。下方与搅拌轴相连的凹半联轴器上则制有凹槽,可以容放相应数量的弹性块和凸半联轴器上的凸块。

联轴器与轴则以固定螺钉和键固定。当主动轴转动时凸半联轴器即通过弹性块来带动凹半联轴器旋转。弹性块式联轴器适用于工作温度 -20~60℃,且有油或有弱酸、弱碱的介质侵蚀的变载荷及频繁启动运转之同心轴的连接,并能缓和一部分冲击,以及补偿少量的轴线偏差。它可补偿不超过 1mm 的径向位移,或小于等于 0.5° 的角位移。联轴器材料常采用铸铁,其性能应好于 HT200;弹性块则采用耐油橡胶制成。弹性块式联轴器已经作为搅拌设备用立式减速器 HG 标准的附件,应用较为广泛。其公称扭矩范围为 108~17150 N·m。

弹性块式联轴器的标准系列规格见表 4-17。

(2)弹性套柱销联轴器 结构如图 4-51 所示,轴上的扭矩是通过键、半联轴器、弹性套、柱销等传递到另一轴上的。尽量采用图 4-51 中左半联轴器与主动轴装

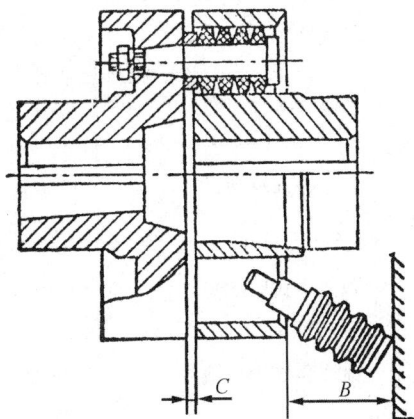

图 4-51 弹性套柱销联轴器

配,并需进行轴的端面固定。图中左半联轴器的下半图形则表示与圆锥形轴端装配的结构;右半联轴器的下半图形则表示必须注意留出安装柱销的空间尺寸 B,以及间隙尺寸 C。

表 4-17 弹性块式联轴器

标定符号	轴径 d/mm	扭矩 N/(N·m)	D_1/mm	D/mm	H/mm	H_1/mm	f/mm	H_2/mm	H_3/mm	螺钉 $d_0 \times l$/mm	橡胶块数量	重量/kg
TK-30	30	108	55	135	122	60	2±1	10	35	M8×12	4	3.9
TK-40	40	343	75	170	162	80	2±1	15	42	M8×18	4	8.8
TK-50	50	843	90	205	202	100	2±1	15	50	M12×25	6	14.2
TK-65	65	2352	120	245	263	130	3±1	20	60	M12×30	8	30.7
TK-80	80	4508	145	285	323	160	3±1	25	62	M12×35	10	44.2
TK-95	95	10290	180	355	384	190	4±1	30	65	M16×45	12	72
TK-110	110	17150	220	420	442	220	4±1	35	70	M16×55	12	147

因为弹性套柱销联轴器装有弹性元件——带梯形凸环的橡胶衬套,所以其具有可移动性,能缓和冲击,吸收振动,并被广泛应用于电动机和机器的连接。它可补偿 0.3mm 的径向位移、2~3mm 的轴向位移和 1° 的角位移。

半联轴器的材料可选用 HT200($v<25$m/s)、ZG270-500 或 30 钢($v<36$m/s);柱销材料性能应不低于 35 钢。LT 型的公称扭矩范围为 6.3~16000N·m。详见标准 GB/T 4323—2002。

4.4.5 联轴器的选用

搅拌设备上常用的几种联轴器,都已有标准系列规格,如无特殊需要,不必专门设计,可选用现成规格。

(1)联轴器类型的选择 首先要按工作条件及各种联轴器的特性,来选择合适的联轴器类型。前面已经讨论过的几种联轴器的特性,已汇总在表 4-18 中,选用时可根据具体情况,参考表中所列特性,进行类型选择。

表 4-18　搅拌设备上常用联轴器的特性

类型		轴径 /mm	扭矩 /N·m	圆周速度 /(m/s)	特点
固定式	夹壳联轴器	30～110	85～9000	<5	拆装方便,不宜用于有冲击的载荷和重载荷的场合
	凸缘联轴器	10～180	25～100000	<50	结构简单,不能缓和冲击和吸收振动
	三分式联轴器	30～110	85～9000	<5	适用于有机械密封结构的立式轴连接,不宜用于重载、有冲击的场合
移动式	弹性块式联轴器	30～110	108～17150	<11	可用于变载荷处,能缓和部分冲击以及补偿少量轴线偏差,不需精加工
	弹性套柱销联轴器	20～170	6.3～16000	<36	有良好的可移性和缓冲、吸振能力
	弹性柱销齿形联轴器	12～850	100～250000	<40	有一定的缓冲、吸振作用和良好的可移性,结构尺寸大

注:表中所列圆周速度系根据有关联轴器标准计算而得。

一般情况下,电机轴与减速器轴以选择弹性套柱销联轴器为宜;搅拌设备上立式蜗轮减速器输出轴与搅拌轴的连接,在搅拌平稳、无大震动时常选用凸缘联轴器;其他立式减速器在轻载时也可选用夹壳联轴器;有机械密封结构时可选用三分式联轴器;如搅拌过程中可能有变载荷,宜选用弹性块式联轴器。有些减速器标准已规定所附联轴器的类型,需要时可在订货时注明。

(2)联轴器型号及尺寸的确定　联轴器类型选定后,即可根据轴的直径、转速及计算扭矩,从有关的标准系列中选择所需的型号和尺寸。

计算扭矩应将机器启动时的惯性力和工作中的过载等因素考虑在内。联轴器的计算扭矩可按下式确定

$$T_c = kT \tag{4-51}$$

式中,T_c——计算扭矩,N·m;

T——名义扭矩,N·m;

k——载荷系数,列于表 4-19 中,对于固定式联轴器取表中较大值,对于移动式联轴器则取较小值。

表 4-19　载荷系数

机械类型	应用举例	载荷系数
扭矩变化极小,平衡运转的机械	胶带输送机、小型离心泵、小型通风机	1～1.5
扭矩有变化的机械	链式运输机、纺织机械、起重机、鼓风机、离心机	1.25～2
中型和重型机械	带飞轮的压缩机、洗涤机、重型升降机	2～3.5
重型机械	制胶粉磨机、带飞轮的往复机、压缩机、水泥磨	2.5～4
扭矩变化很大的重型机械	无飞轮的往复式压缩机、压延机械	3～5

注:本表中载荷系数用于电机驱动的机器。

例 4-4　试选择一个搅拌设备上搅拌轴与减速器轴之间的联轴器,电机容量为 4.0kW,搅拌轴直径为 50mm,搅拌轴转速为 85r/min,工作时扭矩有变化。

【解】 (1)搅拌轴的扭矩有变化,以选择弹性块式联轴器为宜。

(2)搅拌器工作时扭矩有变化,而弹性块式联轴器属于移动式,故按表 4-19 取载荷系数 $k=1.5$。由式(4-51)得

$$T_c=kT=1.5\times9550\frac{N}{n}=1.5\times9550\times\frac{4}{85}=674.1\text{Nm}$$

查表 4-17,取 TK-50 型弹性块式联轴器,其许用最大扭矩为 843N·m$>T_c$,故选用合适。

4.5 轴 承

4.5.1 轴承的功用和类型

(1)轴承的功用 轴承有两大功用:一是支承轴及轴上零件,并保持轴的旋转精度;二是减少转轴与支承之间的摩擦和磨损。

(2)轴承的类型 轴承分为滚动轴承和滑动轴承两大类。滚动轴承具有一系列优点,应用广泛;但在高速、高精度、重载、结构上要求剖分等场合使用受到限制。在上述场合,滑动轴承性能更优异,因而常被选用。此外,在低速且带有冲击的机器中,如搅拌设备、破碎机中也常使用滑动轴承。滑动轴承根据其摩擦状态,又可分为液体摩擦滑动轴承和非液体摩擦滑动轴承。

这里主要介绍搅拌设备上应用较多的非液体摩擦滑动轴承和滚动轴承的类型、选用、润滑及结构设计等问题。

4.5.2 滑动轴承的结构与材料

4.5.2.1 滑动轴承的结构

滑动轴承根据承受载荷的方向,可分为:向心轴承——主要承受径向载荷;推力轴承——承受轴向载荷。

(1)向心滑动轴承的类型及结构 常用的向心滑动轴承分为整体式和剖分式两类。

a.整体式滑动轴承 如图 4-52 所示,由轴承座、轴套、油杯组成。轴承座用螺栓固定在支架上,顶部装有供润滑的油杯,轴承孔内压入用减摩擦材料制成的轴套,轴套上开有油孔并与内表面上的油沟相连。

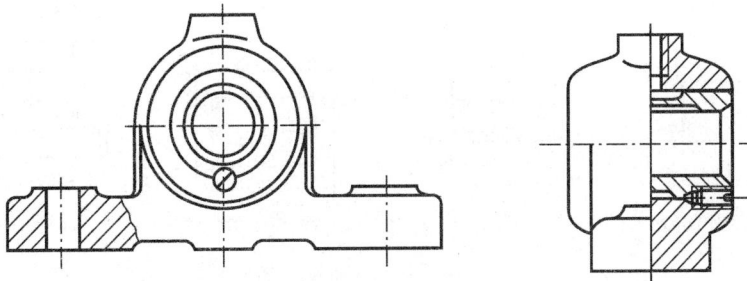

图 4-52 整体式滑动轴承结构

整体式滑动轴承结构简单,制造方便,成本低廉。但磨损后,轴颈和孔之间增大了的径向间隙无法调整,而且轴的装拆不方便,所以只用于低速、轻载等场合。

b. 剖分式滑动轴承 如图 4-53 所示,它由轴承座、轴承盖、剖分轴套及螺栓等组成。轴承盖上的孔用来安装供润滑的油杯,孔下端是轴瓦固定,用于防止轴瓦转动。当轴瓦工作面磨损较大时,通过刮研工作面和适当调整剖分面间预留的垫片厚薄,并拧紧螺栓,可重新获得所需的径向间隙。这种轴承克服了整体式轴承的缺点,因而应用广泛。

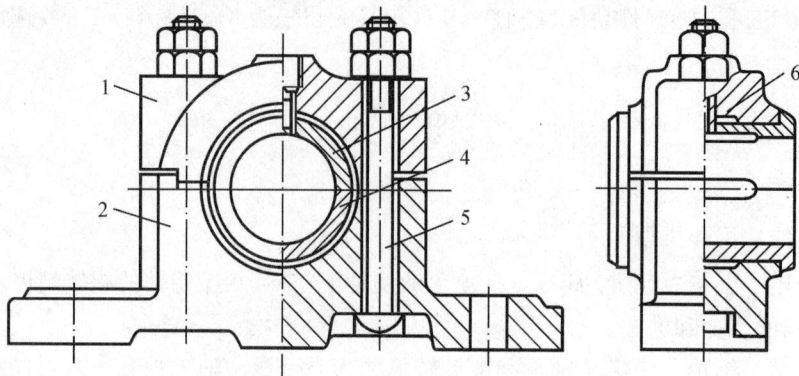

1-轴承盖;2-轴承座;3-上剖分轴套;4-下剖分轴套;5-螺栓;6-轴瓦固定

图 4-53 剖分式滑动轴承结构

整体式和剖分式滑动轴承都已标准化,选用时可查阅有关设计手册。

c. 自动调位滑动轴承 轴承宽度 B 与轴的直径 d 之比称为宽径比。当 $B/d>1.5$ 时,或轴的刚性较小,或两轴承同心度难以保证时,应采用自动调位滑动轴承(图 4-54),它是利用轴套与轴承座间的球面配合,以适应轴的变形。轴承座一般制成剖分式的,以便轴套的安装。轴套内镶有轴承衬,以改善减摩性能,节约贵重金属。

(2)推力滑动轴承 由推力轴颈与轴承座组成。常见的推力轴颈形状如图 4-55 所示。实心端面推力轴颈由于工作时轴心与边缘磨损不均匀,以致轴心部分压强极高,所以极少采用。空心端面推力

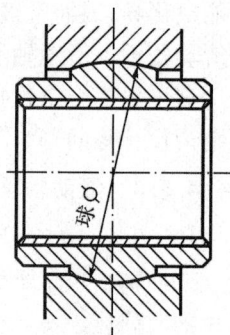

图 4-54 自动调位
滑动轴承

轴颈和环状轴颈工作情况较好。载荷较大时,可采用多环轴颈。它还能承受双向轴向载荷。

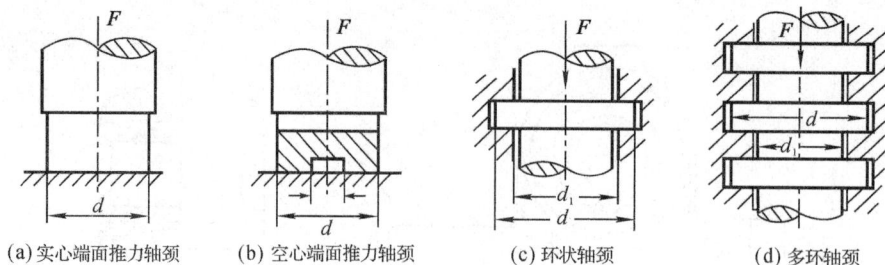

(a)实心端面推力轴颈　(b)空心端面推力轴颈　(c)环状轴颈　(d)多环轴颈

图 4-55 普通推力轴颈

4.5.2.2 轴瓦的结构和材料

(1)轴瓦结构 轴瓦(轴承衬)是与轴颈直径接触的零件,其结构是否合理对滑动轴承的性能有决定性影响,根据安装条件,轴瓦可做成整体式(图 4-56)和剖分式(图 4-57)两种。为防止轴瓦的轴向窜动,常将轴瓦两端做成凸肩(图 4-57)。为了使润滑油能分布到整个工作面

上,轴瓦上要开出油孔和油沟。油孔要开在油膜压力最小的地方,油沟一般沿轴向布置并应有一定的长度,但不能通至端面。

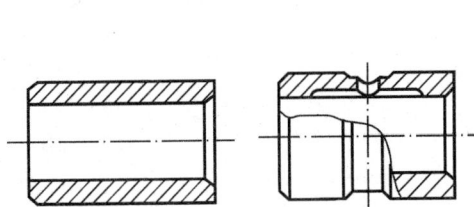

图 4-56　整体式轴瓦

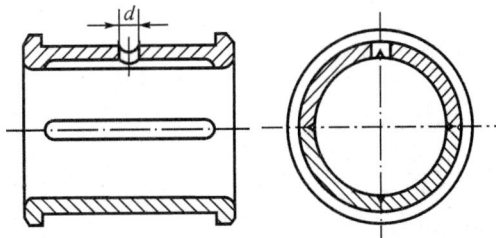

图 4-57　剖分式轴瓦

为了提高轴承性能和节约贵重金属,一些重要轴承的轴瓦上常浇铸一层减摩性很好的轴承合金材料,称为轴承衬,其厚度在 0.5～6mm 范围内。为使轴承衬和轴瓦更好地贴合,轴瓦内表面可预制出各种沟槽(图 4-58)。

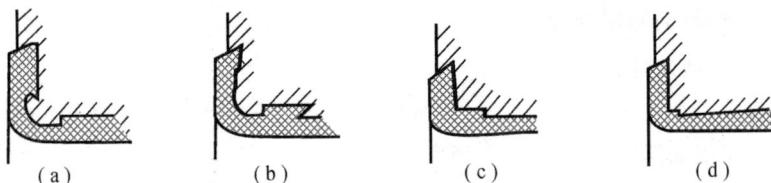

(a)　　　　　(b)　　　　　(c)　　　　　(d)

图 4-58　轴承衬结构

轴套与轴瓦的结构尺寸,可查阅 GB/T 12613—2002 和 GB/T 18324—2001 等。

(2)轴瓦、轴承衬材料　滑动轴承的主要失效形式是与轴颈直接接触的轴瓦或轴承衬表面的磨损或胶合,也可能由于强度不足而出现疲劳破坏。

根据轴承的工作情况,要求轴瓦材料具备下述性能:①摩擦系数小;②导热性好,热膨胀系数小;③耐磨、耐蚀、抗胶合能力强;④有足够的强度和塑性;⑤有良好的工艺性和经济性。

常用的轴瓦、轴承衬材料有轴承合金、青铜、黄铜、铸铁、金属陶瓷以及某些非金属材料。

轴承合金(又称巴氏合金或白合金)的减摩性、跑合性好,抗胶合性能良好,但强度较低,价格较贵,因此常用作轴承衬,将其浇铸在钢、黄铜或铸铁的轴瓦上。

青铜是常用的轴瓦材料,它的强度高,承载能力大,耐磨性与导热性都优于轴承合金,它可以在较高的温度(250℃)下工作。但它的可塑性差,不易跑合,与之相配的轴颈必须淬硬。黄铜也可作轴瓦,但其减摩性、耐磨性不如青铜,所以应用不如青铜广泛。

金属陶瓷由粉末冶金法制成,具有多孔组织,孔隙内可以储存润滑油,常称为含油轴承。这种材料制造容易,成本低,能节约有色金属,但不够坚固。

在不重要的或低速轻载的轴承中,也常用灰铸铁或耐磨铸铁作为轴瓦材料。

橡胶轴承具有较大的弹性,能减轻振动使运转平稳,可以用水润滑,常用于潜水泵、沙石清洗机等有泥沙的场合。

塑料轴承具有摩擦系数小,可塑性、跑合性良好,耐磨、耐蚀,可以用水、油及化学溶液润滑等优点,但它的导热性差,膨胀系数大,容易变形。为改善此缺陷,可将薄层塑料作为轴承衬材料黏附在金属轴瓦上使用。

表 4-20 中给出常用轴瓦及轴承衬材料的压强的许用值 $[p]$、压强和轴圆周速度的许用值 $[pv]$ 等数据。

表 4-20 常用轴瓦及轴承衬材料的性能

材料及其代号	[p] /MPa		[pv] /(MPa·m/s)	HBS 金属型	HBS 砂型	最高工作温度 /℃	轴颈硬度
铸锡锑轴承合金 ZSnSb11Cu6	平稳 25		20	27		150	150HBS
	冲击 20		15				
铸铅锑轴承合金 ZPbSb16Sn16Cu2	15		10	30		150	150HBS
铸锡青铜 ZCuSn10P1	15		15	90	80	280	45HRC
铸锡青铜 ZCuSn5Pb5Zn5	8		15	65	60	280	45HRC
铸铝青铜 ZCuAl10Fe3	15		12	110	100	280	45HRC

4.5.3 滑动轴承的润滑与验算

4.5.3.1 轴承的润滑

轴承润滑的目的在于降低摩擦功耗,减少磨损,同时还起到冷却、吸振、防锈等作用。轴承能否正常工作和选用润滑剂正确与否有很大关系。

(1)润滑剂 滑动轴承常用的润滑剂为润滑油和润滑脂。有些情况下,还使用固体润滑剂(如石墨、二硫化钼)。非金属轴承也可用水润滑。

目前使用的润滑油大部分为矿物油。润滑油的主要性能指标是黏度,它表示流体流动时内摩擦阻力的大小,是影响轴承工作能力的重要因素,也是选择润滑油的主要依据。一般高速轻载时,可选黏度较低的油;低速重载和工作温度高于 60℃ 时,可选黏度较大的油。

润滑脂实际上是稠化了的润滑油,在常温下呈油膏状,由矿物油和稠化剂调制而成。它不易流失,密封简单,但摩擦阻力较大,所以用于低速、重载等场合。

(2)润滑方式和装置 润滑油的润滑方式和装置有很多种,常用的有以下几种。

a.手动润滑 每隔适当时间,用油壶将油注入轴承的油孔中。此方法最简单,仅用于低速、轻载、间歇运动或不重要的轴承上。

b.滴油润滑 这种润滑方法所使用的润滑装置有针阀式油杯和弹簧盖油杯。图 4-59(a)是针阀式油杯,平放手柄时,针杆借助弹簧的推压而堵住底部油孔。直立手柄时,针杆被提起,油孔敞开,于是润滑油自动滴到轴颈上。油量大小可通过螺母调节。图 4-59(b)是 A 型弹簧盖油杯,扭转弹簧将盖紧压在油杯体上,铝管中装有毛线或棉纱绳,依靠毛线或棉纱的毛细管作用,将油杯中的润滑油滴入轴承。这种油杯给油是自动且连续的,但不能调节给油量。图 4-59(c)是润滑脂用的油杯,油杯中填满润滑脂,定期旋转杯盖,使空腔体积减小而将润滑脂注入轴承内,但它只能间歇润滑。上述三种油杯均已列入国家标准,选用时可查阅有关手册。

c.油环润滑 轴颈上套有油环,油环下部浸在油池中,当轴颈旋转时,靠摩擦力带动油环旋转,把油引入轴承,如图 4-60 所示。油环浸在油池内的深度约为其直径的四分之一时,给油量已足以维持液体润滑状态的需要。它常用于大型电机的滑动轴承中。

d.飞溅润滑 在闭式传动中,利用传动件将油池中的油飞溅成油滴或雾状,直接溅入或汇集到油沟中,然后流入轴承,使之得到润滑。采用此法时,对传动转速和浸油深度都有一定的要求。

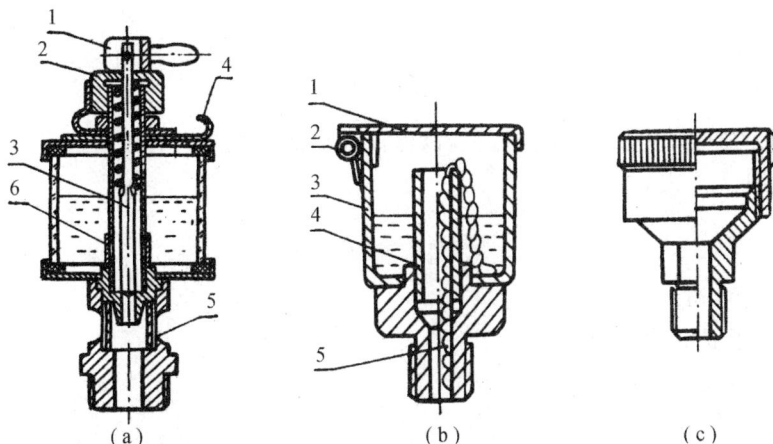

1-手柄;2-螺母;3-针杆;

4-簧片;5-观察孔;6-滤油网

1-杯盖;2-扭转弹簧;

3-油杯体;4-铝管;5-线绳

图 4-59　润滑装置

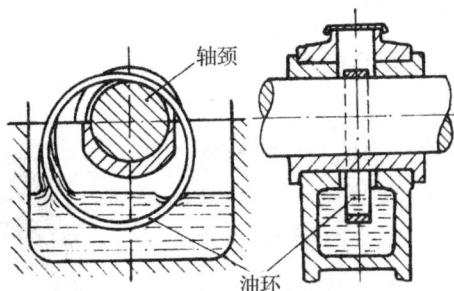

图 4-60　油环润滑

e.压力润滑　它是利用油泵的压力进行循环供油,是一种完善的自动润滑系统,但整个润滑装置的结构较复杂,所以适用于高速、重载和要求连续供油的重要设备中。

4.5.3.2　向心滑动轴承的验算

非液体摩擦滑动轴承的主要失效形式为磨损和胶合。维持边界油膜不遭破坏,是非液体摩擦滑动轴承的设计依据。由于边界油膜的强度和破裂受多种因素影响而十分复杂,其规律尚未完全被人们掌握。因此目前采用的计算方法是间接的、条件性的。实践证明,若能限制压强和压强与轴颈线速度的乘积,那么轴承是能够很好工作的。

验算步骤如下:

设已知轴颈直径 d(mm)、转速 n(r/min)、轴承所受载荷 F(N)。

(1)选择轴瓦材料　根据工作条件和使用要求,确定轴承的结构形式并参考表 4-20 等有关材料选择轴瓦材料。

(2)确定轴承宽度 B　当 B/d 太小时,润滑油容易因两端流失而导致过早磨损;但 B/d 过大时,则润滑油不易流出,散热性差导致温升较高,而且由于轴颈偏斜形成两端磨损严重。故

通常取 $B/d=0.5\sim1.5$；若一定要求 $B/d>1.5\sim1.75$ 时，则应改善润滑条件，并采用自动调位轴承。

（3）轴承验算

a. 验算轴承的压强　限制轴承的压强，以保证润滑油不被过大的压力挤出，从而避免轴瓦产生过度磨损，即

$$p=\frac{F}{Bd}\leqslant[p] \tag{4-52}$$

式中，p——压强，MPa；

　　F——轴承承受的载荷，N；

　　B——轴承宽度，m；

　　d——轴颈直径，m。

b. 验算 pv 值　pv 值与摩擦功率损耗成正比，它简略地表征轴承的发热因素。pv 值越高，轴承温升越高，容易引起边界膜的破裂。pv 值的验算公式为

$$pv=\frac{F}{Bd}\times\frac{\pi dn}{60\times1000}\leqslant[pv] \tag{4-51}$$

当验算结果不能满足要求时，通常可采用下列方法：改用 $[p]$、$[pv]$ 值较大的轴瓦材料，或加大轴承尺寸 B 和 d。

4.5.4　滚动轴承的结构、类型及代号

4.5.4.1　滚动轴承的结构

滚动轴承是标准件，它通常由内圈、外圈、滚动体和保持架组成，如图 4-61 所示。内圈装在轴颈上，外圈装在机座或零件的轴承孔内。内外圈上有滚道，当内外圈相对旋转时，滚动体将沿滚道滚动。滚动体有球形、圆柱形、圆锥形、针形等。保持架的作用是把滚动体均匀隔开。

滚动体与内外圈的材料应具有高的硬度和接触强度、良好的耐磨性和冲击韧性。一般用含铬合金，工作表面须经磨削和抛光。保持架一般用低碳钢板冲压而成，高速轴承的保持架多采用有色金属或塑料制成。

1-内圈；2-外圈；3-滚动体；4-保持架

图 4-61　滚动轴承结构

4.5.4.2　滚动轴承的类型及代号

（1）滚动轴承的基本类型及特点　滚动轴承按其承受载荷的方向可分为：①向心轴承——主要承受径向载荷；②推力轴承——只能承受轴向载荷；③向心推力轴承——能同时承受径向载荷和轴向载荷。

按滚动体的形状，滚动轴承可分为球轴承和滚子轴承。滚子又可分为圆柱滚子、圆锥滚子、球面滚子和滚针等。

表 4-21 列出了滚动轴承的基本类型、特点和应用。

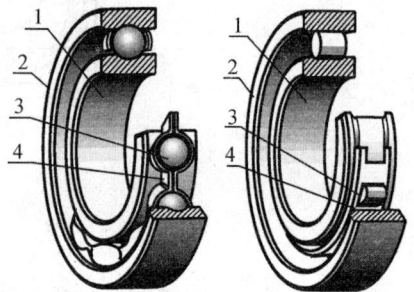

表 4-21　滚动轴承的基本类型、特点和应用

轴承名称、类型及代号	结构简图承载方向	极限转速	允许角偏差	主要特性和应用	标准号
调心球轴承 10000		中	$2°\sim3°$	主要承受径向载荷,同时也承受少量的轴向载荷。因为外圈滚道表面是以轴承中点为中心的球面,故能调心	GB/T 281
调心滚子轴承 20000C		低	$0.5°\sim2°$	能承受很大的径向载荷和少量轴向载荷,承载能力大,具有调心性能	GB/T 288
圆锥滚子轴承 30000		中	$2'$	能同时承受较大的径向、轴向联合载荷,因是线接触,承载能力大于"7"类轴承。内外圈可分离,装拆方便,成对使用	GB/T 297
推力球轴承 50000	a) 单向　b) 双向	低	不允许	公称接触角 $\alpha=90°$,只能承受轴向载荷,而且载荷作用线必须与轴线相重合,不允许有角偏差。有两种类型:单向——承受单向推力双向——承受双向推力高速时,因滚动体离心力大,球与保持架摩擦发热严重,寿命较低,可用于轴向载荷大、转速不高之处	GB/T 301
深沟球轴承 60000		高	$8'\sim16'$	主要承受径向载荷,同时也承受一定量的轴向载荷。当转速很高而轴向载荷不太大时,可代替推力球轴承承受纯轴向载荷。当承受纯轴向载荷时 $\alpha=0°$	GB/T 276
角接触球轴承 70000C($\alpha=15°$) 70000AC($\alpha=25°$) 70000B($\alpha=40°$)		较高	$2'\sim10'$	能同时承受径向、轴向联合载荷,公称接触角越大,轴向承载能力也越大。公称接触角 α 有 15°、25°、40° 三种。通常成对使用,可以分装于两个支点或同装于一个支点上	GB/T 297

续表

轴承名称、类型及代号	结构简图承载方向	极限转速	允许角偏差	主要特性和应用	标准号
推力圆柱滚子轴承 80000		低	不允许	能承受较大的单向轴向载荷	GB/T 4663
圆柱滚子轴承 N0000		较高	$2' \sim 4'$	能承受较大的径向载荷，不能承受轴向载荷。因是线接触，内外圈只允许有极小的相对偏转。除左图所示外圈无挡边（N）结构外，还有内圈无挡边（NU）、外圈单挡边（NF）、内圈单挡边（NJ）等结构形式	GB/T 283
滚针轴承 (a)NA0000 (b)RNA0000	(a) (b)	低	不允许	只能承受径向载荷，承载能力大，径向尺寸特小。一般无保持架，因而滚针间有摩擦，轴承极限转速低。这类轴承不允许有角偏差。左图结构特点是：有保持架，图(a)带内圈，图(b)不带内圈	GB/T 5801

(2)滚动轴承的代号　滚动轴承的类型很多，为了便于生产、设计和使用，国家标准规定了轴承的代号，并打印在轴承端面上，以便识别。滚动轴承的代号由基本代号、前置代号和后置代号构成，其排列顺序列于表4-22。

表4-22　滚动轴承代号的排列顺序

前置代号	基本代号					后置代号
◇	×（◇）	×	×	×	×	◇或加×
成套轴承分部件代号	类型代号	尺寸系列代号		内径代号		内部结构改变、公差等级及其他
		宽（高）度系列代号	直径系列代号			

注：◇代表字母；×代表数字。

a.基本代号　表示轴承的基本类型、结构和尺寸，是轴承代号的基础。按国家标准生产的滚动轴承的基本代号，由轴承类型代号、尺寸系列代号和内径代号构成，见表4-22。

基本代号左起第一位为类型代号，用数字或字母表示，见表4-22。代号为"0"（双列角接触球轴承）则省略。

尺寸系列代号由轴承的宽（高）度系列代号（基本代号左起第二位）和直径系列代号（基本代号左起第三位）组合而成。向心轴承和推力轴承的常用尺寸系列代号如表4-23所列。

图4-62所示为内径相同，而直径系列不同的四种轴承的

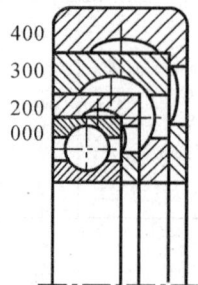

图4-62　直径系列的对比

对比,它们分别应用于不同承载情况的轴的支撑。

内径代号(基本代号左起第四、五位数字)表示轴承公称内径尺寸,按表4-24的规定标注。

表4-23 向心轴承和推力轴承的常用尺寸系列代号

直径系列代号		向心轴承			推力轴承	
		宽度系列代号			高度系列代号	
		(0)	1	2	1	2
		窄	正常	宽	正常	
		尺寸系列代号				
0	特轻	(0)0	10	20	10	—
1		(0)1	11	21	11	
2	轻	(0)2	12	22	12	22
3	中	(0)3	13	23	13	23
4	重	(0)4	-	24	14	24

注:①宽度系列代号为零时,不标出。

②在GB/T 272—1993规定的个别类型中,宽度系列代号"1"和"2"可以省略。

③特轻、轻、中、重为旧标准相应直径系列的名称;窄、正常、宽为旧标准相应宽(高)度系列的名称。

表4-24 轴承内径代号

内径代号	00	01	02	03	04～99
轴承内径尺寸/mm	10	12	15	17	数字×5

注:内径小于10mm和大于495mm的轴承内径代号另有规定。

b.前置代号 用字母表示成套轴承的分部件。前置代号及其含义可参阅GB/T 272—1993。

c.后置代号 用字母(或加数字)表示,置于基本代号的右边,并与基本代号空半个汉字距离或用"—"、"/"分隔。轴承后置代号排列顺序列于表4-25。

表4-25 轴承后置代号排列顺序

后置代号	1	2	3	4	5	6	7	8
含义	内部结构	密封与防尘,套圈变形	保持架及材料	轴承材料	公差等级	游隙	配置	其他

内部结构代号列于表4-26。例如角接触球轴承等随其公称接触角不同而标注不同代号。

表4-26 轴承内部结构常用代号

轴承类型	代号	含义	示例
角接触球轴承	B	$\alpha=40°$	7210B
	C	$\alpha=15°$	7005C
	AC	$\alpha=25°$	7210AC
圆锥滚子轴承	B	接触角加大	32310B
	E	加强型	N207E

公差等级代号列于表4-27。

表 4-27　公差等级代号

代号	省略	/P6	/P6x	/P5	/P4	/P2
公差等级符合标准规定的	0 级	6 级	6x 级	5 级	4 级	2 级
示例	6203	6203/P6	30210/P6x	6203/P5	6203/P4	6203/P2

注:公差等级中 0 级最低,向右依次增高,2 级最高。

例 4-5　试说明轴承代号 62203 和 7312AC/P6 的含义。

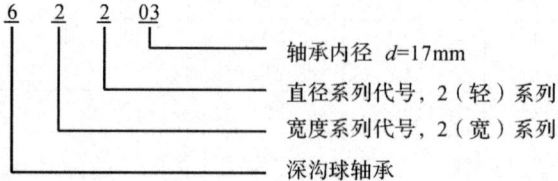

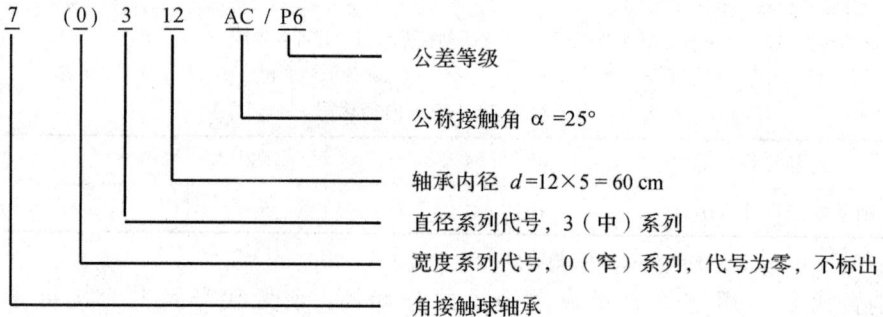

6 2 2 03
- 轴承内径 $d=17$mm
- 直径系列代号,2(轻)系列
- 宽度系列代号,2(宽)系列
- 深沟球轴承

7 (0) 3 12 AC / P6
- 公差等级
- 公称接触角 $\alpha = 25°$
- 轴承内径 $d = 12 \times 5 = 60$ cm
- 直径系列代号,3(中)系列
- 宽度系列代号,0(窄)系列,代号为零,不标出
- 角接触球轴承

4.5.5　滚动轴承的选用和组合

4.5.5.1　滚动轴承的选用

滚动轴承是标准件,选用时主要是进行类型和尺寸型号的选择。

(1)类型的选择　表 4-21 列出了常用各类轴承的特点和应用,可供选择类型时参考。一般可从以下几个方面考虑:

a. 轴承所受载荷的大小、方向和性质　载荷较小而平稳时,宜用球轴承。载荷大,有冲击时宜采用滚子轴承。当轴承上承受纯径向载荷时,可采用向心轴承;当同时承受径向载荷和轴向载荷时,可根据轴向载荷大小,采用向心轴承或向心推力轴承;当承受纯轴向载荷时,一般情况下采用推力轴承。应该注意的是,采用向心推力轴承时,由于轴承的接触角不为零,所以当轴承承受径向载荷时,必然会引起内部的附加轴向力,它使滚动体与外圈滚道接触处有分离的倾向,所以向心推力轴承一般应成对使用,如图 4-63 所示。

b. 轴承的转速　每一型号的滚动轴承都有其极限转速,通常球轴承的极限转速比滚子轴承高,所以在高速时优先采用球轴承。

c. 自动调心要求　对于多支点、挠度较大的轴以及不能精确对中的支承,宜采用具有自动调心性能的轴承。

d. 旋转精度要求　一般来说,球轴承比滚子轴承容易保证较高的旋转精度。

当然,还应考虑供应情况、价格因素及有无其他特殊要求等。

(2)尺寸选择　初步选定滚动轴承类型后,就需进一步确定其内径、外径和宽度,即确定具体型号。轴承的内径通常由轴的结构设计来确定,然后根据载荷大小、方向和性质以及要求的使用寿命等,通过计算来选择其具体型号。对不太重要的设备,往往可以根据载荷情况及支承处的结构,来选择型号。

4.5.5.2 轴承组合与固定

轴承组合固定的目的,是为了使轴和轴上零件在机体内有固定的轴向位置,当受到轴向载荷时,能把载荷传到机座上去而不致引起轴和轴上零件的轴向移动。常用的轴承组合固定方式有两种:

(1)双支点单向固定 如图4-63所示,该组合使轴的两个支点中的每一个支点都能限制轴的单向移动,两个支点合起来就限制了轴的双向移动,这种固定方式称为双支点单向固定。它适用于工作温度变化不大的短轴。考虑到轴因受热而伸长,在轴承盖与轴承的外圈端面间应留出0.2~0.3mm的补偿间隙,如图4-63(a)所示。

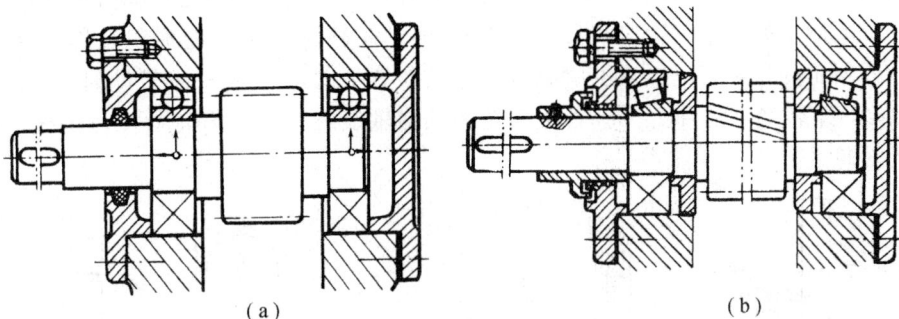

(a)   (b)

图4-63 轴承固定(一)

(2)单支点双向固定 如图4-64所示,这种固定方式是在两个支点中使一个支点能限制轴的双向移动,另一个支点则可移动。可做轴向移动的支承称为游动支承,显然它不能承受轴向载荷。

4.5.5.3 轴承的润滑和密封

良好的润滑和密封是滚动轴承正常工作的重要条件。

(1)润滑 润滑不仅可以降低摩擦阻力、减轻磨损,同时还可以减小轴承上的接触应力、吸振、防锈、散热等。

滚动轴承的润滑可以是脂润滑或油润滑。通常情况下习惯采用脂润滑,这是因为其密封和维护比较简单。但仅用于低速、温度不高处。如安装轴承处有润滑油供应(如齿轮转动溅油或专门供油装置),也可用油润滑。

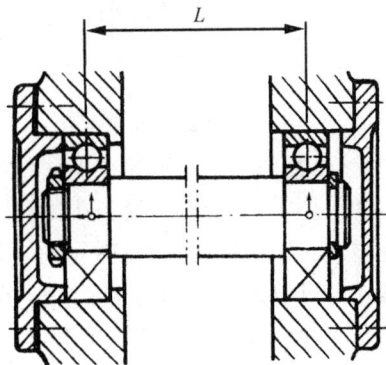

图4-64 轴承固定(二)

(2)密封 密封装置的作用是防止灰尘、杂质、水分的侵入和防止润滑剂的流出。密封装置的种类很多,常用的有毡圈式密封,例如图4-63(a)中左侧轴承盖与轴上套筒间的一圈梯形截面的游毡。图4-63(b)中轴套与轴承盖之间的迷宫式密封,效果较好。

4.6 轮系与减速器

4.6.1 轮系、减速器及其类型

(1)轮系的概念及轮系的类型　由一对齿轮组成的机构是齿轮传动最简单的形式。但是在机械传动中,为了获得较大的传动比,或为了将输入轴的一种转速变换为输出轴的多种转速,常采用一系列互相啮合的齿轮将输入轴和输出轴连接起来。这种由一系列齿轮组成的传动系统称为轮系。

根据轮系传动时各轮几何轴线位置是否固定,可将轮系分为定轴轮系和周转轮系两大类。

如图 4-65 所示的轮系,传动时每个齿轮的几何轴线都是固定的,这种轮系称为定轴轮系。而如图 4-66 所示的轮系,齿轮 2 的几何轴线 O_2 的位置不固定。当 H 杆转动时,O_2 将绕齿轮 1 的几何轴线 O_1 转动。这种至少有一个齿轮的几何轴线绕另一个齿轮的几何轴线转动的轮系,称为周转轮系。

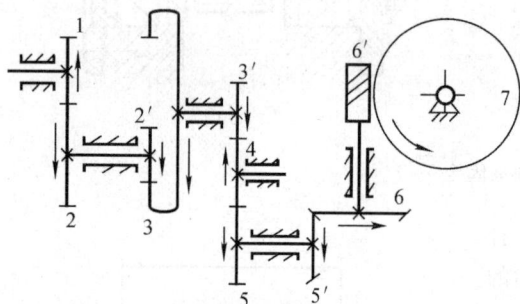

图 4-65　定轴轮系

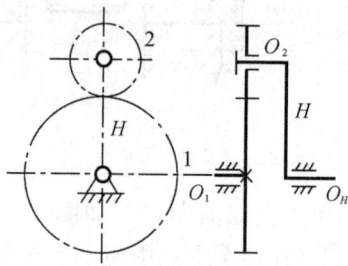

图 4-66　周转轮系

(2)减速器的概念及减速类型　将一对或几对相啮合的齿轮、蜗轮等组成的轮系,装在密封的刚性箱体中,作为机器设备中的一个独立部件,成为原动机和工作机之间用以降低转速并相应地增大转矩的传动装置,称为减速器。在某些场合,也用以增加转速,称为增速器。

减速器可分为齿轮减速器、蜗杆减速器(以上称普通减速器),以及行星减速器。如图 4-67所示为普通减速器中的几种常见型式。

4.6.2 定轴轮系

(1)定轴轮系的主要功用　获得较大的传动比;改变从动轮的转向;在相距较远的两轴间传动;获得多种传动比。

(2)定轴轮系的传动比计算　在轮系中,输入轴与输出轴的角速度(或转速)之比称为轮系的传动比,用 i_{ab} 表示,下标 a、b 为输入轴和输出轴的代号,即 $i_{ab}=\dfrac{\omega_a}{\omega_b}=\dfrac{n_a}{n_b}$。计算轮系传动比不仅要确定它的数值,而且要确定两轴的相对转动方向,这样才能完整表达输入轴与输出轴之间的关系。

由一对圆柱齿轮啮合组成的传动,其传动比为

$$i_{12}=\frac{\omega_1}{\omega_2}=\frac{n_1}{n_2}=\pm\frac{z_2}{z_1}$$

外啮合时见图 4-68(a)，从动轮 2 和主动轮 1 的转向相反，i_{12} 取负号，或在图上以反方向的箭头来表示；内啮合时见图 4-68(b)，两轮转向相同，i_{12} 为正号，或在图上以同方向的箭头来表示。

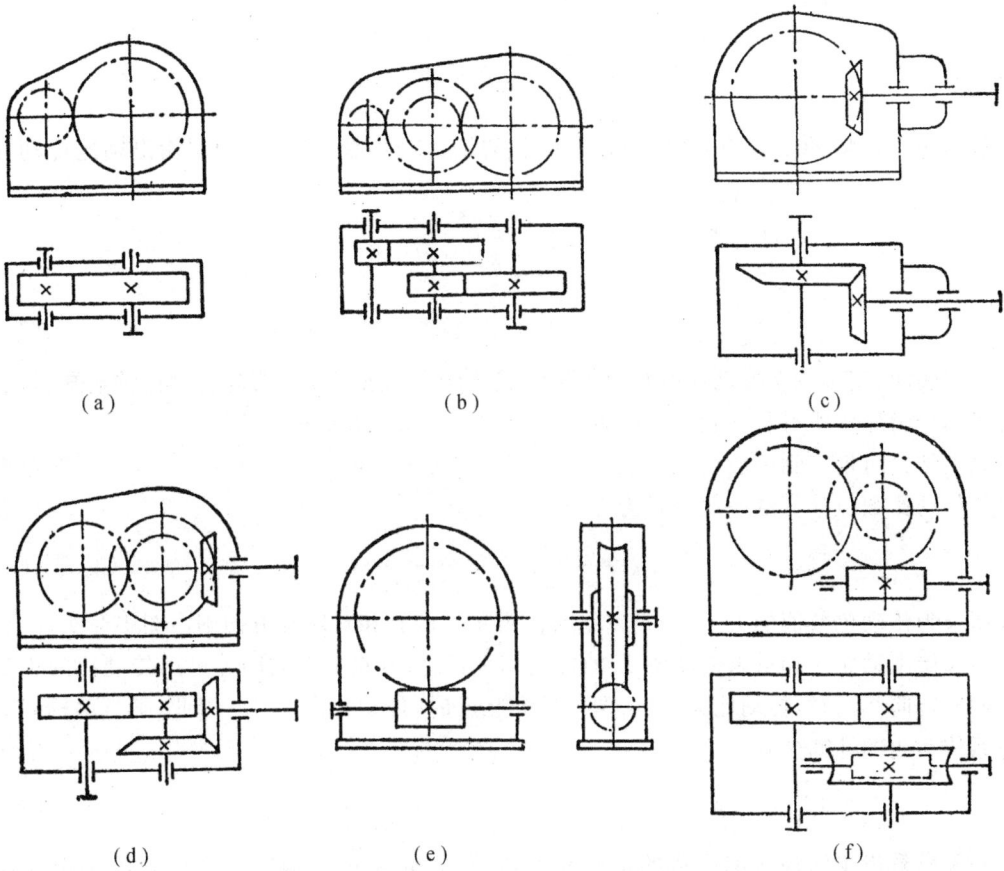

(a)　　　　　　　　　　(b)　　　　　　　　　　(c)

(d)　　　　　　　　　　(e)　　　　　　　　　　(f)

(a)为单级圆柱齿轮减速器；(b)为两级圆柱齿轮减速器；(c)为单级圆锥齿轮减速器；

(d)为两级圆锥圆柱齿轮减速器；(e)为单级蜗杆减速器；(f)为两级蜗杆圆柱齿轮减速器。

图 4-67　减速器

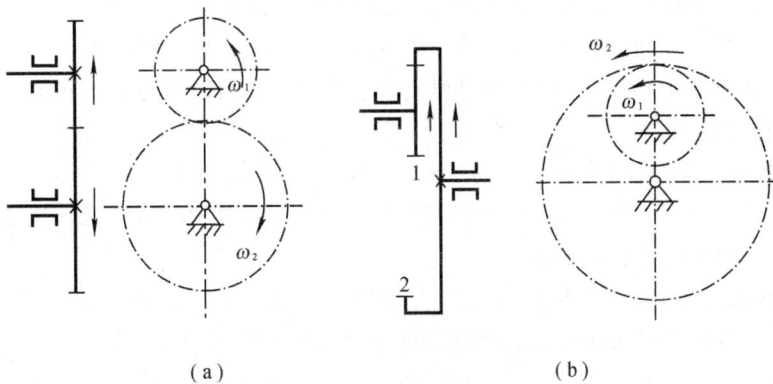

(a)　　　　　　　　　　　　(b)

图 4-68　主、从动轮转向

定轴轮系的传动比数值的计算,以图 4-65 所示轮系为例说明如下:设 z_1、z_2、$z_3\cdots$ 表示各轮的齿数,n_1、n_2、$n_3\cdots$ 表示各轮的转速。因同一轴上的齿轮转速相同,故 $n_2=n_{2'}$,$n_3=n_{3'}$,$n_5=n_{5'}$,$n_6=n_{6'}$。各对啮合齿轮的传动比数值为

$$i_{12}=\frac{n_1}{n_2}=\frac{z_2}{z_1} \qquad i_{23}=\frac{n_2}{n_3}=\frac{n_{2'}}{n_3}=\frac{z_3}{z_{2'}}$$

$$i_{34}=\frac{n_3}{n_4}=\frac{n_{3'}}{n_4}=\frac{z_4}{z_{3'}} \qquad \cdots \qquad i_{67}=\frac{n_6}{n_7}=\frac{n_{6'}}{n_7}=\frac{z_7}{z_{6'}}$$

设与轮 1 固联的轴为输入轴,与轮 7 固联的轴为输出轴,则输入轴与输出轴的传动比数值为

$$i_{17}=\frac{n_1}{n_7}=\frac{n_1}{n_2}\cdot\frac{n_2}{n_3}\cdot\frac{n_3}{n_4}\cdot\frac{n_4}{n_5}\cdot\frac{n_5}{n_6}\cdot\frac{n_6}{n_7}=i_{12}i_{23}i_{34}i_{45}i_{56}i_{67}=\frac{z_2z_3z_4z_5z_6z_7}{z_1z_{2'}z_{3'}z_4z_{5'}z_{6'}}$$

$$=\frac{z_2z_3z_5z_6z_7}{z_1z_{2'}z_{3'}z_{5'}z_{6'}} \tag{4-53}$$

上式表明,定轴轮系传动比的数值等于组成该轮系的各对啮合齿轮传动比的连乘积,也等于各对啮合齿轮中所有从动轮齿数的乘积与所有主动轮齿数乘积之比。

以上结论可推广到一般情况。设轮 1 为起始主动轮,轮 K 为最末从动轮,则定轴轮系始末两轮传动比数值计算的一般公式为

$$i_{1K}=\frac{n_1}{n_K}=\frac{z_2z_3z_4\cdots z_K}{z_1z_{2'}z_{3'}\cdots z_{(K-1)'}} \tag{4-54}$$

上式所求为传动比数值的大小,通常以绝对值表示。两轮相对转动方向则由图中箭头表示。

当起始主动轮 1 和最末从动轮 K 的轴线相平行时,两轮转向的同异可用传动比的正负表达。两轮转向相同时,传动比为"+";两轮转向相反时,传动比为"-"。因此,平行两轴间的定轴轮系传动比的计算公式

$$i_{1K}=\frac{n_1}{n_K}=(\pm)\frac{z_2z_3z_4\cdots z_K}{z_1z_{2'}z_{3'}\cdots z_{(K-1)'}} \tag{4-55}$$

对于所有齿轮的轴线都平行的定轴轮系,可以按轮系中外啮合的次数来确定传动比是"+",还是"-"。传动比可用公式表示如下

$$i_{1K}=\frac{n_1}{n_K}=(-1)^m\frac{z_2z_3z_4\cdots z_K}{z_1z_{2'}z_{3'}\cdots z_{(K-1)'}} \tag{4-56}$$

式中,m——全平行定轴轮系齿轮 1 至齿轮 K 之间外啮合次数。

图 4-65 所示轮系中,齿轮 4 同时和两个齿轮啮合,它既是前一级的从动轮,又是后一级的主动轮,它的齿数不影响传动比,但它使外啮合次数改变,从而改变传动比的符号。这种齿轮称为惰轮或过桥齿轮。

例 4-6 如图 4-65 所示轮系中,已知各轮齿数 $z_1=18$,$z_2=36$,$z_{2'}=20$,$z_3=80$,$z_{3'}=20$,$z_4=18$,$z_5=30$,$z_{5'}=15$,$z_6=30$,$z_{6'}=2$(右旋),$z_7=60$,$n_1=1440\mathrm{r/min}$,其转向如图所示。求传动比 i_{17}、i_{15}、i_{25} 和蜗轮的转速和转向。

【解】 从齿轮 2 开始,顺次标出各对啮合齿轮的转动方向。由图 4-65 可见,1、7 两轮的轴线不平行,1、5 两轮的转向相反,2、5 两轮的转向相同,故由式(4-53)得

$$i_{17}=\frac{n_1}{n_7}=\frac{z_2z_3z_4z_5z_6z_7}{z_1z_{2'}z_{3'}z_4z_{5'}z_{6'}}=\frac{36\times80\times18\times30\times30\times60}{18\times20\times20\times18\times15\times2}=720$$

$$i_{15}=\frac{n_1}{n_5}=(-)\frac{z_2z_3z_4z_5}{z_1z_{2'}z_{3'}z_4}=(-)\frac{36\times80\times18\times30}{18\times20\times20\times18}=-12$$

$$i_{25}=\frac{n_2}{n_5}=\frac{n_{2'}}{n_5}=(+)\frac{z_3 z_4 z_5}{z_{2'} z_{3'} z_4}=(+)\frac{80\times18\times30}{20\times20\times18}=+6$$

$$n_7=\frac{n_1}{i_{17}}=\frac{1440}{720}=2\mathrm{r/min} \quad 转向如图 4\text{-}65 所示。$$

4.6.3 周转轮系

(1)周转轮系的功用 主要为获得更大的传动比;在结构紧凑的件系下实现大功率传功;用作运动的合成或分解;获得可靠的多种传动比等。

图 4-69(a)所示的轮系中,齿轮 1 和 3 以及构件 H 各绕固定的几何轴线 O_1、O_3(与 O_1 重合)及 O_H(也与 O_1 重合)转动;齿轮 2 空套在构件 H 的小轴上。当构件 H 转动时,齿轮 2 一方面绕自己的几何轴线 O_2 转动(自转),同时又随构件 H 绕固定的几何轴线 O_H 转动(公转)。因此,这是一个周转轮系。在周转轮系中,轴线位置变动、既做自转又做公转的齿轮,称为行星轮,支持行星轮自转和公转的构件称为行星架或系杆;轴线位置固定的齿轮则称为中心轮或太阳轮。每个单一的周转轮系具有一个系杆,中心轮的数目不超过两个。应当注意,单一周转轮系中系杆与两个中心轮的几何轴线必须重合,否则便不能传动。

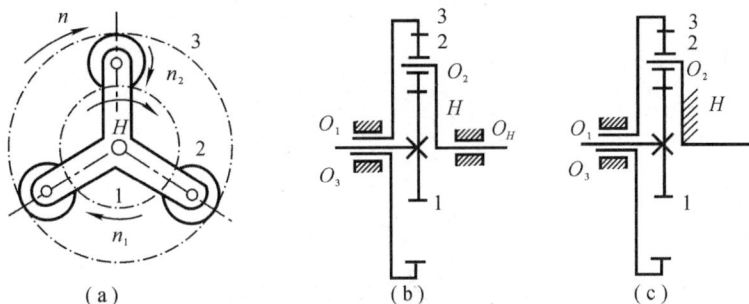

图 4-69 周转轮系

为了使转动时的惯性力平衡,以及减轻齿轮上的载荷,常常采用几个完全相同的行星轮。图 4-69(a)所示为三个均匀地分布在中心轮的周围同时进行传动。因为这种行星轮的个数对研究周转轮系的运动没有任何影响,所以在机构简图中可以只画出一个,如图 4-69(b)所示。

图 4-69(b)所示的周转轮系,它的两个中心轮都能转动,这种周转轮系称为差动轮系。图 4-70 所示的周转轮系,只有一个中心轮能转动,另一个中心轮是固定的,这种周转轮系称为行星轮系。

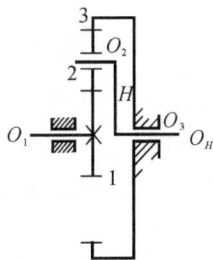

图 4-70 行星轮系

(2)周转轮系传动比计算 由于其中行星轮的运动不是绕固定轴线的简单转动,所以不能用求解定轴轮系传动比的方法来计算周转轮系传动比。但是,如果能使系杆固定不动,并保证周转轮系中各个构件之间的相对运动不变,则周转轮系就转化成为一个假想的定轴轮系,便可由式(4-53)列出该假想定轴轮系传动比计算公式,从而求出周转轮系的传动比。

在图 4-69 所示的周转轮系中,设 n_H 为系杆 H 的转速。根据相对运动原理,当给整个周转轮系加上一个绕轴线 O_H 的公共转速($-n_H$),即大小为 n_H、方向与系杆转向相反的转速后,系杆便静止不动了,而各构件间的相对运动并不改变。这样,所有齿轮的几何轴线的位置全部固定,原来的周转轮系便成了定轴轮系,如图 4-69(c)所示,这一定轴轮系就称为原来周转轮系的转化轮系。现将各构件转化前后的转速列于表 4-28。

表 4-28 转化轮系中的转速

构件	原来的转速	转化轮系中的转速
1	n_1	$n_1^H = n_1 - n_H$
2	n_2	$n_2^H = n_2 - n_H$
3	n_3	$n_3^H = n_3 - n_H$
H	n_H	$n_H^H = n_H - n_H = 0$

转化轮系中各构件的转速 n_1^H、n_2^H、n_3^H 及 n_H^H 的右上方都带有角标 H，表示这些转速各是构件对系杆 H 的相对转速。

既然周转轮系的转化轮系是一个定轴轮系，那么就可应用求解定轴轮系传动比的方法，求出其中任意两个齿轮的传动比。

根据传动比定义，转化轮系中齿轮 1 和齿轮 3 的传动比 i_{13}^H 为

$$i_{13}^H = \frac{n_1^H}{n_3^H} = \frac{n_1 - n_H}{n_3 - n_H}$$

由定轴轮系的传动比计算公式得

$$i_{13}^H = (-1)^1 \frac{z_2 z_3}{z_1 z_2} = -\frac{z_3}{z_1}$$

故

$$\frac{n_1 - n_H}{n_3 - n_H} = -\frac{z_3}{z_1}$$

等式右边的"－"号表示轮 1 和轮 3 在转化轮系中的转向相反。

现将以上讨论推广到一般情况。设 n_G 和 n_K 为周转轮系中任意两个齿轮 G 和 K 的转速，则有

$$i_{GK}^H = \frac{n_G - n_H}{n_K - n_H} = (-1)^m \frac{\text{从齿轮 } G \text{ 至 } K \text{ 间所有从动轮齿数的乘积}}{\text{从齿轮 } G \text{ 至 } K \text{ 间所有主动轮齿数的乘积}} \tag{4-57}$$

式中，m——齿轮 G 至 K 间外啮合的次数。

应用上式时，应令 G 为主动轮，K 为从动轮，中间各轮的主从动地位亦按此假设判断。

必须注意，在推导过程中各构件所加上的公共转速（$-n_H$）与各构件的原来转速是代数相加的，所以 n_G、n_K 和 n_H 必须是平行向量或者说式(4-57)只适用于齿轮 G、K 和系杆的轴线互相平行的场合。

将已知转速代入上式以求解未知转速时，要特别注意转速的正负号，在假定了某一方向为正以后，其相反方向的转速就是负，必须将转速的大小连同它的符号一同代入式(4-57)进行计算。

例 4-7 在图 4-70 所示的行星轮系中，各轮的齿数为 $z_1 = 27$，$z_2 = 17$，$z_3 = 61$。已知 $n_1 = 6000 \text{r/min}$。试求传动比 i_{1H} 和系杆 H 的转速 n_H。

【解】 由式(4-57)得

$$i_{13}^H = \frac{n_1 - n_H}{n_3 - n_H} = -\frac{z_3}{z_1}$$

从图 4-70 中可知 $n_3 = 0$，从而 $\dfrac{n_1 - n_H}{0 - n_H} = -\dfrac{61}{27}$，解得

$$i_{1H} = 1 + \frac{61}{27} \approx 3.26$$

设 n_1 的转向为正,则

$$n_H = \frac{n_1}{i_{1H}} = \frac{6000}{3.26} \approx 1840 \text{r/min}$$

n_H 的转向和 n_1 相同。

利用式(4-57)还可以计算出行星轮 2 的转速 n_2,因为

$$i_{12}^H = \frac{n_1 - n_H}{n_2 - n_H} = -\frac{z_2}{z_1}$$

从而

$$\frac{6000 - 1840}{n_2 - 1840} = -\frac{17}{27}$$

解得 $n_2 \approx -4767 \text{r/min}$,负号表示 n_2 的转向与 n_1 相反。

由定轴轮系和周转轮系或几个单一的周转轮系可以组成为混合轮系。由于整个混合轮系不可能转化成一个定轴轮系,所以不能只用一个公式来求解。计算混合轮系传动比时,首先必须将各个单一的周转轮系和定轴轮系正确区分开来,然后分别列出这些轮系的传动比计算式,最后联立解出所要求的传动比。

4.6.4 减速器

4.6.4.1 普通减速器

普通减速器在工业生产中应用很广泛,为提高质量和降低制造成本,某些类型的减速器已有了标准系列产品,可以根据传动比、工作条件、转速、载荷以及在机械设备总体布置中的要求等,参阅 JB/T 8853—2001 等标准选用。若选用不到适当的标准减速器时,就需自行设计制造了。

(1)减速器的类型 减速器的类型很多,一般可分为齿轮(圆柱齿轮、圆锥齿轮)减速器、蜗杆减速器和齿轮-蜗杆减速器等三类。按照减速器的级数不同,又可分为单级、两级和三级减速器等。另外还有立式和卧式之分。

当传动比 i 在 8 以下时,可采用单级圆柱齿轮减速器;$i = 8 \sim 30$ 时,宜采用两级减速器;$i > 30$ 时,宜采用三级减速器。

输出、输入轴必须布置成相交位置时,可采用圆锥齿轮减速器。如搅拌设备上的传动装置,两级以上常用圆锥圆柱齿轮减速器,由于圆锥齿轮常以悬臂形式装在轴端,为使其受力小些,一般将圆锥齿轮布置在高速级。

蜗杆减速器由于传动比合适($i = 8 \sim 80$),机构紧凑,虽然其传动效率较低,但为满足搅拌设备的传动需要,还专门设计和制造了各种型号的立式蜗杆减速器,以弥补其他结构釜用立式减速器标准型号在输出轴转速和速比值方面的不足。

(2)减速器的构造 单级圆柱齿轮减速器的结构如图 4-71 所示,它由齿轮、轴、轴承、箱体及附件组成。

箱体通常由箱座和箱盖组成,两者之间用螺栓连接。箱体是减速器中用来支承和固定轴及其有关零件,保证传动零件的啮合精度、良好润滑和密封的重要组成部分。箱体本身要具有足够的刚度,以免产生过大的变形。箱体外侧附有的加强筋既可增加箱体刚度,又可增加散热面积。

箱盖上开有视孔,以便检查齿轮啮合情况及往箱内注入润滑油。平时用盖板 6 盖住。盖

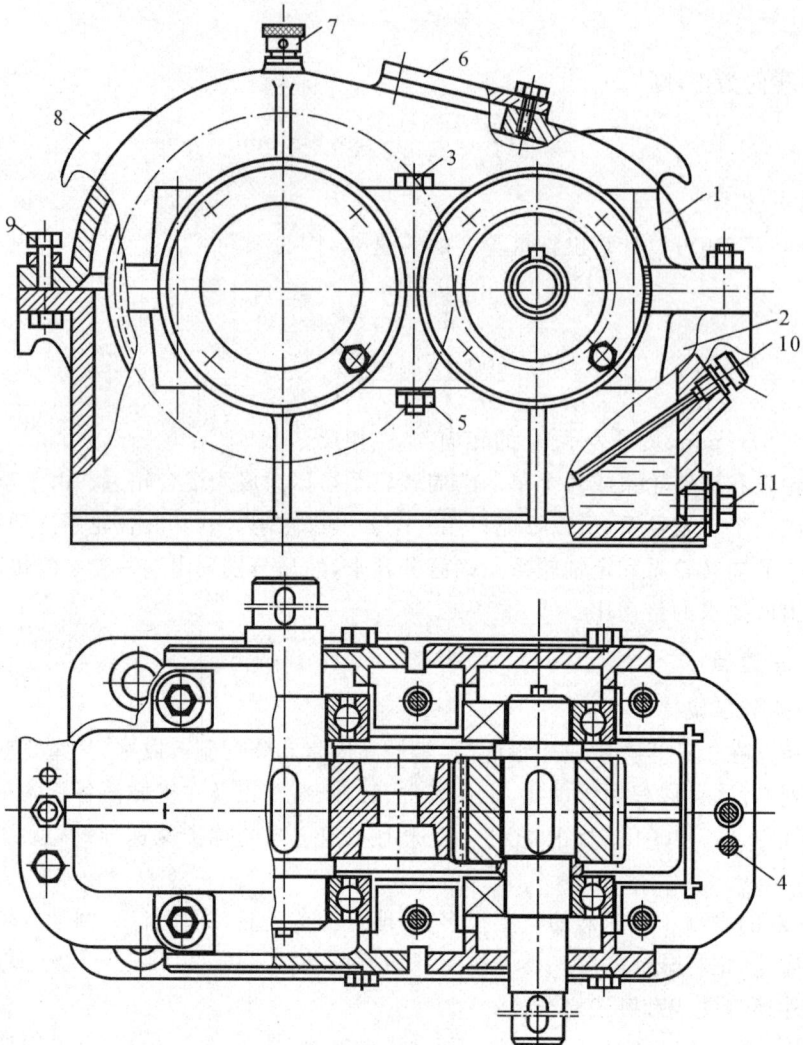

1-箱盖；2-箱座；3-连接螺栓；4-定位螺钉；5-螺母；6-盖板；7-通气帽；

8-起吊钩；9-起盖螺钉；10-油标；11-泄油塞

图 4-71 减速器结构

板下可用垫片密封。为防止工作时温度升高，导致箱内空气体积膨胀而将润滑油从剖分面处挤出，常在箱盖顶部或视孔盖板上开有通气孔，安装通气帽 7，使箱内空气可自由逸出。

减速器一般采用滚动轴承。只有在载荷很大、冲击严重和转速很高时才采用滑动轴承。

4.6.4.2　行星减速器

行星减速器与普通减速器相比，具有体积小、重量轻、承载能力大、效率高和工作平稳等优点。因此在过程设备中，只要条件许可，往往用来替代普通减速器。其缺点是有些结构比较复杂，制造较为困难。但随着制造工艺的改进，行星减速器将在过程生产中日益得到广泛的应用。

(1)行星齿轮减速器　图 4-72 为图 4-70 所示行星轮系的具体结构图。在输入轴上装着太阳轮(中心轮)，当输入轴回转时，由太阳轮将运动传给三个均布的行星轮。行星轮除与太阳轮啮合外，还与固定的内齿轮(固定太阳轮)啮合。这样行星轮一方面绕自身轴线回转(自转)，

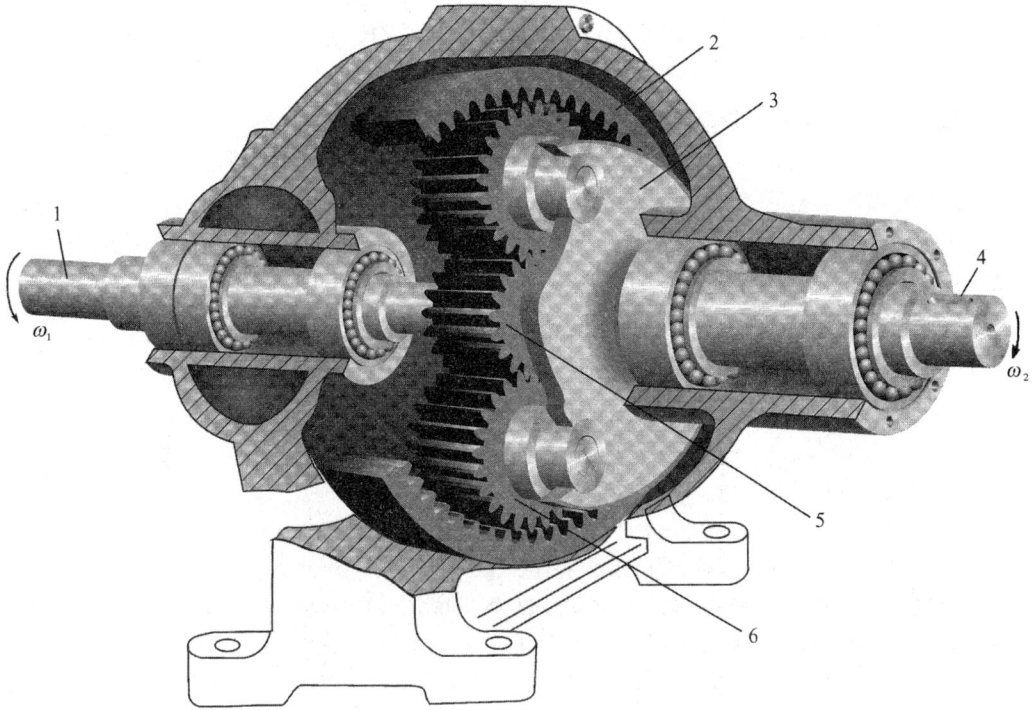

1-输入轴;2-内齿轮;3-行星架(转臂);4-输出轴;5-太阳轮;6-行星轮

图 4-72 行星齿轮减速器结构图

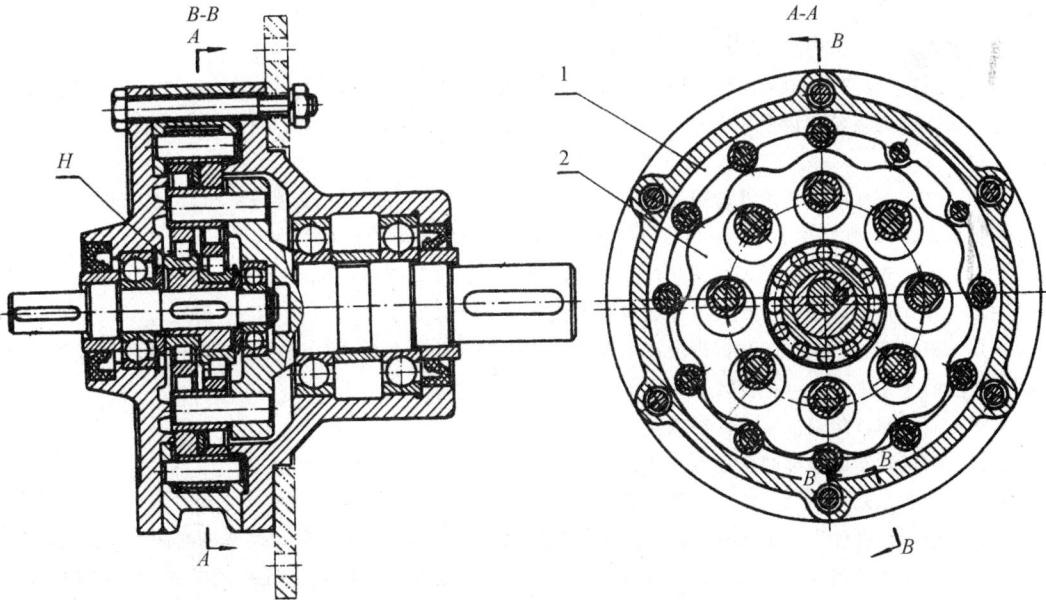

1-内齿轮;2-摆线轮

图 4-73 摆线针轮减速器

另一方面绕太阳轮的轴线回转(公转)。行星轮公转时带动了行星架,行星架运动时又带动与它固连的输出轴回转。输入轴和输出轴都用滚动轴承支承,轴承和齿轮都装在减速器箱体内。NGW 型行星齿轮减速器参看 JB/T 6502—1993 标准。ZK 系列行星齿轮减速器参看 JB/T 9043.1—1999 标准。

(2)摆线针轮减速器　摆线针轮减速器(也称摆线针齿减速器)是一种新型的行星传动,它以摆线齿形代替常用的渐开线齿形,以取得某些普通行星渐开线齿轮减速器所达不到的性能。

摆线针轮减速器已标准化,标准机型分单级和两级两种,其中又分立式和卧式;双轴型和直联型(与电机直联,在电机行业中称为"摆针轮减速电机")。输入功率:单级为 0.6k～75kW,两级为 0.052k～13.41kW。传动比:单级 9～87,共 11 种;两级 121～7569,共 18 种。如图 4-73 所示为一单级双轴型摆线针轮减速器的结构图。

习题与思考题

4-1　简述带传动的工作原理。带传动的失效形式有哪些?

4-2　V 带传动时,带中应力由哪几部分组成? 最大应力出现在什么位置?

4-3　弹性滑动和打滑有何本质上的区别? 为什么说弹性滑动是不可避免的?

4-4　有一 V 带传动用 A 型带 5 根。已知 $n_1=1440$r/min,$d_1=125$mm,$d_2=315$mm,中心距 $a=445$mm,载荷平稳,两班制工作,采用 Y 系列电机驱动。计算此 V 带传动所传递的功率。

4-5　聚乙烯生产中气流干燥塔使用螺旋加料器,一级采用 V 带传动,已知 V 带传动所传递的功率 $P=1.7$kW,转速 $n_1=1450$r/min,$n_2=945$r/min,三班制连续工作,载荷平稳,采用 Y 系列电机驱动。试设计该 V 带传动,并画出小带轮的结构图(小带轮轴径为 45mm)。

4-6　根据渐开线的形成过程,分析渐开线具有的性质。

4-7　简述渐开线齿轮正确传动的条件,并说明为什么要满足这些条件。

4-8　已知某反应釜有标准渐开线直齿轮圆柱齿轮传动,$m=3$,$z_1=23$,$z_2=76$,$\alpha=20°$,试计算这对齿轮的分度圆直径、齿顶圆直径、齿根圆直径、齿顶高、齿根高、全齿高、中心距。

4-9　在技术改造中,拟采用现有的两个标准直齿圆柱齿轮,已测得齿数 $z_1=22$,$z_2=98$,小齿轮齿顶圆直径 $d_{a1}=240$mm,大齿轮的齿全高 $h=22.5$mm(因大齿轮太大,不便测其齿顶圆直径),试判断这两个齿轮能否啮合传动?

4-10　已知一标准渐开线直齿圆柱齿轮,其齿顶圆直径 $d_{a1}=77.5$mm,齿数 $z=29$,现要求设计一个大齿轮与其相啮合,传动安装中心距 $a=145$mm,试计算这对齿轮的主要参数和主要尺寸。

4-11　齿轮轮齿的失效形式有哪几种? 如何避免和减轻这些破坏?

4-12　开式传动和闭式传动其设计观点和方法有什么不同?

4-13　斜齿圆柱齿轮传动与直齿圆柱齿轮传动相比有哪些主要优点? 什么是斜齿轮的端面模数和法面模数? 两者的关系怎样? 哪种模数通常规定为标准模数?

4-14　简述蜗杆传动的主要优缺点。

4-15　蜗杆传动的正确啮合条件是什么?

4-16　什么是蜗杆直径系数? 为什么蜗杆直径系数要标准化?

4-17　蜗杆传动的失效形式和齿轮传动比有何异同? 针对其失效形式应如何选择蜗杆和蜗轮材料?

4-18　有一蜗轮齿数 $z_2=40$,分度圆直径 $d_2=280$mm,实测分度圆螺旋角 $\beta\approx12°10'$,与一双头蜗杆啮合,求蜗杆的轴面模数、蜗杆的轴面齿距、蜗杆的分度圆直径、传动的中心距、传动比。

4-19　试判断蜗轮的回转方向,已知蜗杆主动,其转向如图所示。

4-20　轴的常用材料有哪些?

4-21　常见的轴上零件固定方法有哪些? 各有何特点?

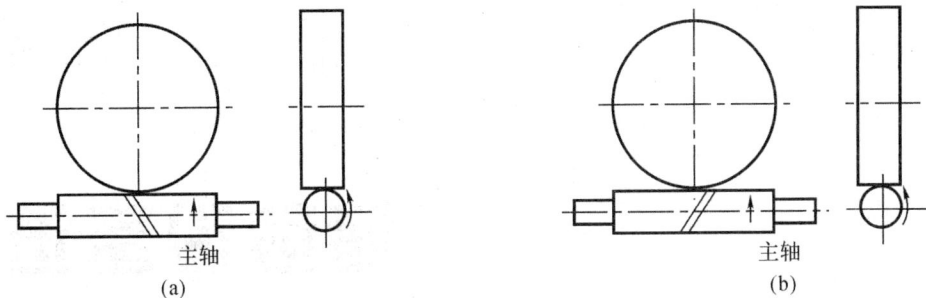

题 4-19 图

4-22 为什么轴常做成阶梯状？应根据什么条件拟定各段直径和长度？

4-23 试校核某搅拌轴的强度。已知：轴的直径 $d=45mm$，材料是 45 钢，转速 $n=100r/min$，传递的功率 $P=4.5kW$。

4-24 试计算某染料生产用高压釜上搅拌轴的直径。该轴由电动机并经蜗轮减速器带动，电动机功率为 4.5kW，转速为 1450r/min，该搅拌轴的材料为 1Cr18Ni9Ti，传递功率为 3.2kW，转速 80r/min。

4-25 固定式联轴器和移动式联轴器有何不同？在什么情况下应用移动式联轴器？

4-26 有一搅拌反应釜，釜内介质无腐蚀性，工作温度为 40℃。操作时搅拌功率为 2.2kW，搅拌轴转速为 100r/min，启动频繁，试确定搅拌轴径并选择联轴器。

4-27 滑动轴承有哪几种主要型式？它们结构如何，各适用于什么场合？

4-28 对轴瓦(轴承衬)材料有什么要求？常用的轴瓦(轴承衬)材料有哪几种？

4-29 轴瓦上的油孔、油沟应布置在什么位置，为什么？

4-30 简述下列滚动轴承代号的含义：6005、N209/P6、7207ACJ、30209/P5。

4-31 选择滚动轴承类型时，主要考虑哪些问题？

4-32 滚动轴承常用的润滑和密封有哪些？

4-33 试验算某胶带输送机滚筒上的滑动轴承。已知作用在轴承上的载荷 $F=8kN$，轴承直径 $d=50mm$，长 $l=80mm$，轴颈转速 $n=125r/min$，两班制工作，轴瓦材料是锡锌铅青铜 ZQSn6-6-3。

4-34 试比较滑动轴承与滚动轴承的特点。

4-35 为什么要用轮系？轮系的类型有哪些？简述它们的区别。

4-36 减速器有哪些主要类型？其特点如何？

4-37 转化轮系是何意义？周转轮系的传动比如何计算？

4-38 试确定图示定轴轮系中的总传动比 i_{15}、蜗轮的转速 n_5 及方向(用箭头表示)。已知 $n_1=1450r/min$，$z_1=z_2=20$，$z_3=60$，$z_{3'}=26$，$z_4=32$，$z_{4'}=2$，$z_5=34$。

4-39 如图所示，已知 $z_1=30$，$z_2=20$，$z_3=70$，$n_1=1450r/min$，求 n_H。

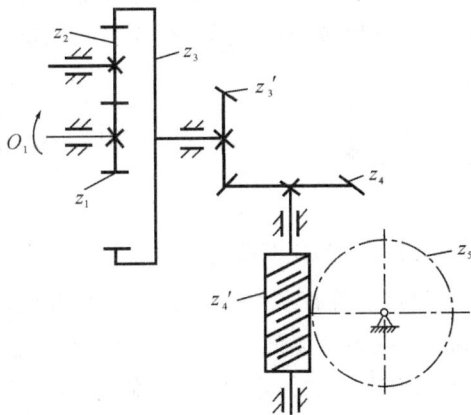

题 4-38

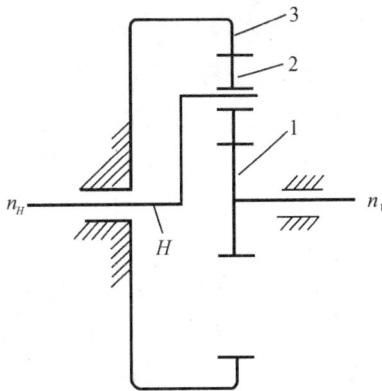

题 4-39 图

第 5 章

储存设备选型

储存设备又称储罐,主要用于储存与盛装气体、液体、液化气体等各类介质,在化工、石化、能源、环保、制药、轻工及食品等行业应用非常广泛。典型的储存设备有液化石油气储罐、液氨储罐、氢气储罐、石油储罐、低温液氧储罐等。本章将着重介绍各类储罐的结构和选用方法等。

5.1 概 述

5.1.1 储存设备的分类

储存设备有多种分类方法,除按几何形状分为立式平底筒形储罐、卧式圆柱形储罐、球形储罐外,还可按温度划分为低温储罐、常温储罐($<90℃$)和高温储罐($90\sim250℃$);按制造材料可划分为非金属储罐、金属储罐和复合材料储罐;按所处的位置又可分为地面储罐、地下储罐、半地下储罐、山洞储罐、矿穴储罐以及海上储罐等。当单罐容积大于 $1000m^3$ 时,可称为大型储罐。钢制焊接储罐是应用最多的一种储存设备,目前最大容量已达到 $20\times10^4m^3$,为建于沙特阿拉伯的大型石油储罐。

5.1.2 储存介质的性质

储存介质的性质,是选择储罐结构形式与储存系统的一个重要因素。介质特性包括闪点、沸点、饱和蒸气压、密度、腐蚀性、毒性程度、化学反应活性(如聚合趋势)等。

储存介质的闪点、沸点以及饱和蒸气压与介质的可燃性密切相关,是选择储罐结构形式的主要依据。

饱和蒸气压是指在一定温度下,储存在密闭容器中的液化气体达到气液两相平衡时,气液分界面上的蒸气压力。饱和蒸气压与储存设备的容积大小无关,仅依赖于温度的变化,随温度的升高而增大;对于混合储存介质,饱和蒸气压还与各组分的混合比例有关,可根据道尔顿定律和拉乌尔定律进行计算。如民用液化石油气就是一种以丙烷和异丁烷为主的混合液化气体,其饱和蒸气压由丙烷和异丁烷的百分比决定。

储存介质的密度,将直接影响罐体载荷分布及应力大小。介质的腐蚀性是选择罐体材料的首要依据,将直接影响制造工艺和设备造价。而介质的毒性程度则直接影响储罐制造与管理的等级和安全附件的配置。

另外,介质的黏度或冰点也直接关系到储存设备的运行成本。这是因为当介质为具有高黏度或高冰点的液体时,为保持其流动性,就需要对储存设备进行加热或保温,使其保持便于输送的状态。

5.1.3 装量系数

当储存设备用于盛装液化气体时,还应考虑液化气体的膨胀性和压缩性。液化气体的体积会随温度的上升而膨胀,随温度的降低而收缩。当储罐装满液态液化气体时,如果温度升高,罐内压力也会升高。压力的变化程度与液化气体的膨胀系数和温度变化量成正比,而与压缩系数成反比。以液化石油气储罐为例,在满液的情况下,温度每升高 1℃,储罐压力就会上升 1～3MPa。不难计算,充满液化石油气的储罐,只要环境温度超过设计温度一定数值,就可能因超压而爆破。为此,液化气体储罐使用过程中,必须严格控制储罐的储存量。液化气体储罐的设计储存量应符合式(5-1)的规定。

$$W = \varphi V \rho_t \qquad (5-1)$$

式中,W——储存量,t;

φ——装量系数,一般取 0.9,对储罐容积经实际测定者,可取大于 0.9,但不得大于 0.95;

V——储罐的容积,m^3;

ρ_t——设计温度下的饱和液体密度,t/m^3。

5.1.4 环境对储存设备的影响

对于无保温措施的固定式液化气体储罐,储罐的金属温度主要受使用环境的气温条件影响,通常最高设计温度取 50℃,最低设计温度可按该地区气象资料,取历年来月平均最低气温的最低值。月平均最低气温是指当月各天的最低气温值相加后除以当月的天数。由于随着温度降低,液化气体的饱和蒸气压呈下降趋势,因而这类储罐的最高工作压力取 50℃时的介质饱和蒸气压。

液化气体常温储罐的设计压力应当以规定温度下的工作压力为基础确定。表 5-1 列出固定式液化气体常温储罐规定温度下的工作压力。

表 5-1 固定式液化气体储罐的设计压力

液化气体临界温度	规定温度下的工作压力/MPa		
	无保冷设施	有可靠保冷设施	
		无试验实测温度	有试验实测最高工作温度且能保证低于临界温度
≥50℃	50℃饱和蒸气压力	可能达到的最高工作温度下的饱和蒸气压力	
<50℃	设计所规定的最大储存量时,温度为 50℃的气体压力	试验实测最高工作温度下的饱和蒸气压力	

常温下盛装液化石油气储罐规定温度下的工作压力,应按照不低于 50℃时混合液化石油气组分的实际饱和蒸气压来确定,设计单位应在设计图样上注明限定的组分和对应的压力;若无实际组分数据或不做组分分析,其规定温度下的工作压力不得低于表 5-2 的规定。

表 5-2　固定式混合液化石油气储罐规定温度下的工作压力

混合液化石油气 50℃时饱和蒸气压力/MPa	规定温度下的工作压力/MPa	
	无保冷设施	有可靠保冷设施
≤异丁烷 50℃饱和蒸气压力	等于 50℃异丁烷的饱和蒸气压力	可能达到的最高工作温度下异丁烷的饱和蒸气压力
>异丁烷 50℃饱和蒸气压力 ≤丙烷 50℃饱和蒸气压力	等于 50℃丙烷的饱和蒸气压力	可能达到的最高工作温度下丙烷的饱和蒸气压力
>丙烷 50℃饱和蒸气压力	等于 50℃丙烯的饱和蒸气压力	可能达到的最高工作温度下丙烯的饱和蒸气压力

　　环境温度也影响设备的热损失大小,故常与工艺温度一起决定储罐是否采取保温措施。当储存设备安装在室外时,还必须考虑风载荷、地震载荷和雪载荷的影响。

5.2　储罐的结构

5.2.1　卧式圆柱形储罐

　　卧式圆柱形储罐简称卧式储罐或卧罐,可分为地面卧式储罐与地下卧式储罐。

　　(1)地面卧式储罐　属于典型的卧式压力容器,基本结构如图 5-1 所示,主要由筒体、封头和支座等六部分组成,支座通常采用第 3 章中介绍的双鞍座。因受运输条件等限制,这类储罐的容积一般在 $100m^3$ 以下,最大不超过 $150m^3$;若是现场组焊,其容积可更大一些。

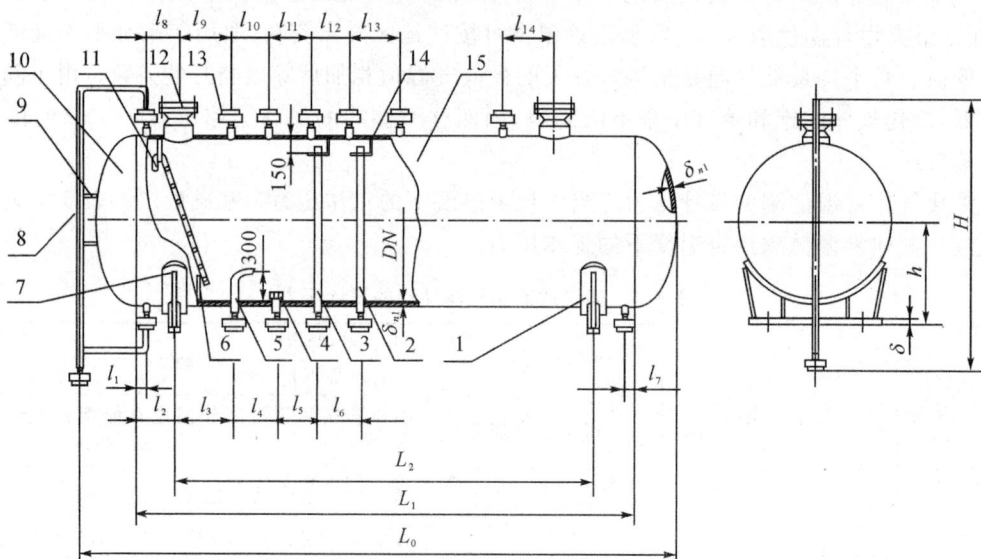

1-活动支座;2-气相平衡引入管;3-气相引入管;4-出液口防涡器;5-进液口引入管;
6-支撑板;7-固定支座;8-液位计连通管;9-支撑;10-椭圆形封头;11-内梯;
12-人孔;13-法兰接管;14-管托架;15-筒体

图 5-1　$100m^3$ 液化石油气储罐结构示意图

　　(2)地下卧式储罐　结构如图 5-2 所示,主要用于储存汽油、液化石油气等液化气体危险物品。将储罐埋于地下,既可以减少占地面积,缩短安全防火间距,也可以避开环境温度对储罐的影响,从而维持地下卧式储罐内介质压力的基本稳定。

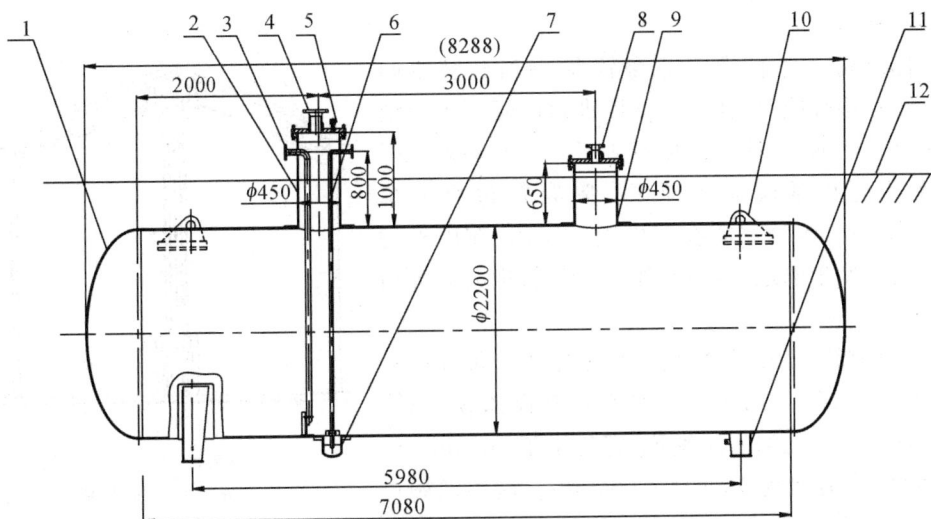

1-罐体;2-人孔Ⅰ;3-液相进口、液相出口、回流口和气相平衡口(共4根管子);4-液面计接口;
5-压力表与温度计借口;6-排污及倒空管;7-聚污器;8-安全阀;9-人孔Ⅱ;10-吊耳;11-支座;12-地平面

图 5-2 30m³ 地下丙烷储罐结构示意图

　　卧式储罐的埋地有两种方法:一种是将卧式储罐安装在地下预先构筑好的空间里,实际上就是把地面罐搬到地下室里;另一种是先对卧式储罐的外表面进行防腐处理,如涂刷沥青防锈漆,设置牺牲阳极保护设施等,然后放置在地下基础上,最后采用地土覆盖埋没并达到规定的埋土深度。

　　地下卧式储罐与地面卧式储罐的形状极为相似,不同之处在于管口的开设位置。为了适应埋地状况下的安装、检修和维护,一般将地下卧式储罐的各种接管集中安放,即设置在 1 个或几个人孔盖板上。图 5-2 中,件 2 在不同方位有 4 根接管,其中液相进口管、液相出口管和回流口管插入液体中,末端距筒体下方内表面约 100mm,气相平衡口管不插入液体,其末端在人孔接管内。

5.2.2 立式平底筒形储罐

　　立式平底筒形储罐属于大型仓储式常压或低压储存设备,主要用于储存压力不大于 0.1MPa 的消防水、石油、汽油等常温条件下饱和蒸气压较低的物料。

　　立式平底筒形储罐按其罐顶结构可分为固定顶储罐和浮顶储罐两大类。

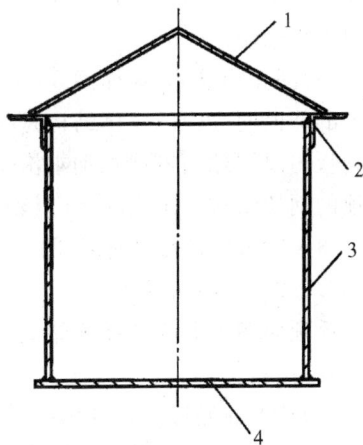

1-锥顶式;2-包边角钢;3-罐壁;4-罐底

图 5-3 自支撑式锥顶储罐简图

5.2.2.1 固定顶储罐

　　固定顶储罐按罐顶的形式可分为锥顶储罐、拱顶储罐、伞形顶储罐和网壳顶储罐。

　　(1)锥顶储罐 锥顶储罐又可分为自支撑式锥顶和支撑式锥顶两种。锥顶坡度最小为 1/16,最大为 3/4。锥形罐顶是一种形状接近于正圆锥体表面的罐顶。

　　自支撑式锥顶其锥顶荷载靠锥顶板周边支撑在罐壁上,如图 5-3 所示。自支撑式锥顶分无加强肋锥顶和有加强肋锥顶两种结构。其储罐容量一般小于 1000m³。

　　支撑式锥顶其锥顶荷载主要靠梁或檩条(桁架)及柱来承担,如图 5-4 所示。其储罐容量可大于 1000m³。

锥顶储罐制造简单,但耗钢量较多,顶部气体空间最小,可减少"小呼吸"损耗。自支撑锥顶储罐还不受地基条件限制。然而,支撑式锥顶不适用于有不均匀沉降的地基或地震荷载较大的地区。除容量很小的罐(200m³以下)外,锥顶储罐在国内很少应用,在国外特别是地震很少发生的地区,如新加坡、英国、意大利等地用得较多。

(2)拱顶储罐 拱顶储罐的罐顶类似于球冠形封头,如图 5-5 所示,其结构一般只有自支撑拱顶一种。自支撑拱顶可分为无加强肋拱顶(容量小于 1000m³)和有加强肋拱顶(容量为 1000~20000m³)。这类储罐可承受较高的剩余压力,蒸发损耗较少,它与锥顶储罐相比耗钢量少但罐顶气体空间较大,制作时需用胎具,是国内外广泛采用的一种储罐结构。国内最大的拱顶储罐容积为 3×10⁴m³,国外拱顶储罐的容积已达 5×10⁴m³。

(3)伞形顶储罐 自支撑伞顶是自支撑拱顶的变种,其任何水平截面都具有规则的多边形。罐顶荷载靠伞顶支撑于罐壁上,其强度接近于拱形顶,但安装较容易,因为伞形板仅在一个方向弯曲。这类储罐在美国、日本应用较多,在国内很少采用。

(4)网壳顶储罐(球面网壳) 如图 5-6 所示,应用在储罐上的球面网壳顶的主体结构是一个与罐壁相连并置于罐顶钢板内单层球面网壳(即网格),类似于近代大型体育馆屋顶的网架结构。国内在 20 世纪 90 年代已建成多台 2×10⁴~3×10⁴m³ 的大型油罐,国外的容积则更大。

5.2.2.2 浮顶储罐

浮顶储罐可分为外浮顶储罐和内浮顶储罐(带盖浮顶罐)。

(1)外浮顶储罐 这种罐的浮动顶(简称浮顶)漂浮在储液面上。浮顶与罐壁之间有一个环形空间,环形空间内装有密封元件,浮顶与密封元件一起构成了储液面上的覆盖层,随着储液上下浮动,使得罐内的储液与大气完全隔开,减少介质储存过程中的蒸发损耗,保证安全,并减少大气污染。

浮顶的形式有单盘式(见图 5-7)、双盘式、浮子式等结构。一般情况下,原油、汽油、溶剂油等需要控制蒸发损耗及大气污染,有火灾危险的液体化学品都可采用外浮顶储罐。

(2)内浮顶储罐 内浮顶储罐是在固定罐的内部再加上一个浮动顶盖。其主要由罐体、内浮盘、密封装置、导向和防转装置、静电导线、通气孔、高液位报警器等组成,如图 5-8 所示。

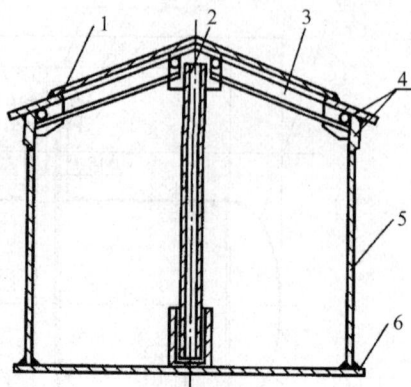

1-锥顶板;2-中间支柱;3-梁;
4-承压圈;4-罐壁;罐底

图 5-4 支撑式锥顶储罐简图

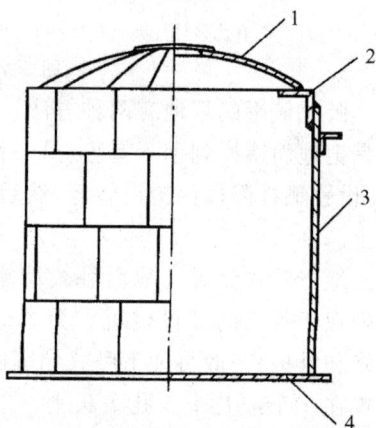

1-拱顶;2-包边角钢;3-罐壁;4-罐底

图 5-5 自支撑拱顶储罐简图

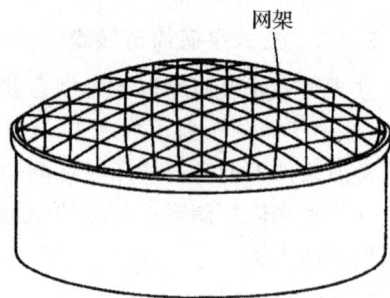

网架

图 5-6 短程线型网壳结构罐顶示意图

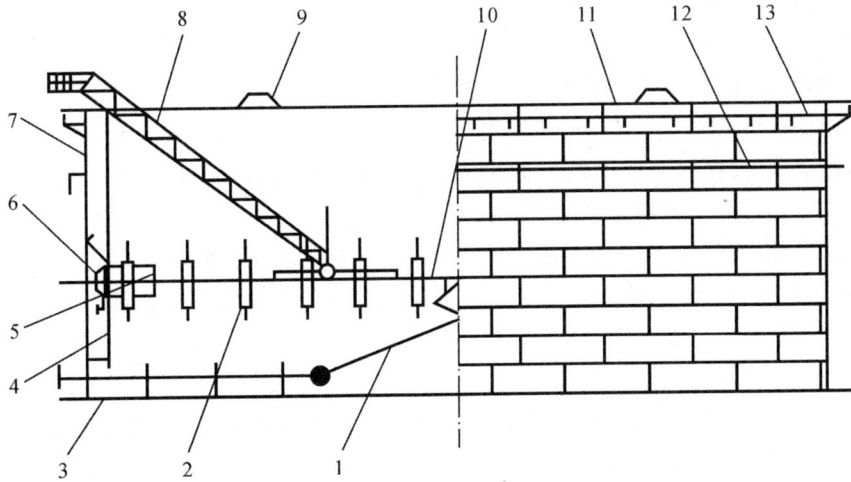

1-中央排水管；2-浮顶立柱；3-罐底板；4-量液管；5-浮船；6-密封装置；7-罐壁；8-转动浮梯；

9-泡沫消防挡板；10-单盘板；11-包边角钢；12-加强圈；13-抗风圈

图 5-7　单盘式浮顶储罐

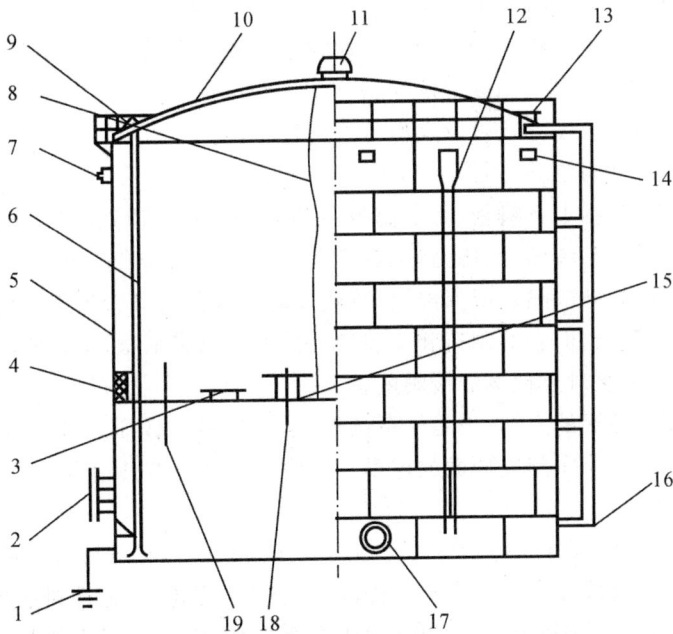

1-接地线；2-带芯人孔；3-浮盘人孔；4-密封装置；5-罐壁；6-量油管；7-高液位报警器；8-静电导线；

9-手工量油口；10-固定罐顶；11-罐顶通气孔；12-消防口；13-罐顶人孔；14-罐壁通气孔；15-内浮盘；16-液面计；

17-罐壁人孔；18-自动通气阀；19-浮盘立柱

图 5-8　内浮顶储罐

与外浮顶储罐相比,内浮顶储罐可大量减少储液的蒸发损耗,降低内浮盘上雨雪荷载,省去浮盘上的中央排水管、转动扶梯等附件,并可在各种气候条件下保证储液的质量,因而有"全天候储罐"之称,特别适用于储存高级汽油和喷气燃料以及有毒易污染的液体化学品。

5.2.3　球形储罐

球形储罐简称球罐,主要用于储存液化石油气、液化天然气、液氧、液氮、氧气、氮气、城市煤气等带压物料。

5.2.3.1　球罐的特点

与常用的圆筒形储罐相比,球罐具有以下特点。

(1)球罐的表面积最小,即在相同容量下球罐所需钢材面积最小。

(2)球罐壳板承载能力比圆筒形储罐大一倍,即在相同直径、相同压力下,采用同样钢板时,球罐的板厚只需圆筒形储罐板厚的一半。

(3)球罐占地面积小,且可向空间高度发展,有利于地表面积的利用。

由于这些特点,再加上球罐基础简单、受风面积小、外观漂亮,球罐的应用得到了很大发展。

5.2.3.2　球罐的分类

球罐可按不同方式分类,如按储存温度高低可分为常温球罐、低温球罐和深冷球罐。

(1)常温球罐　如液化石油气(Liquefied Petroleum Gas,LPG)、氨气、煤气、氮气等球罐。一般情况下,这类球罐的压力较高,且主要取决于液化气体的饱和蒸气压或压缩机的出口压力。

(2)低温球罐　这类球罐的设计温度低于或等于−20℃,但不低于−100℃,压力属于中等(视该温度下介质的饱和蒸气压而定)。

(3)深冷球罐　设计温度在−100℃以下,往往在介质液化点以下储存,压力不高,有时为常压。由于对保冷要求高,常采用双层球壳。

球罐还可以按形状、分瓣方式以及支撑方式进行分类。

5.2.3.3　球罐的结构

球罐主要由球壳(包括上下极板、上下温带板和赤道板)、支座、拉杆、操作平台、盘梯以及各种附件(包括人孔、接管、液面计、压力计、温度计、安全泄放装置等)组成。在某些特殊场合,球罐内还设有内部转梯、外部隔热或保温层、隔热或防火水幕喷淋管等附属设施。

球罐的结构并不复杂,但它的制造和安装较其他形式储罐困难,主要原因是它的壳体为空间曲面,压制成型、安装组对及现场焊接难度较大。

(1)球壳　球壳是球罐的主体,也是储存物料、承受物料工作压力和液柱静压力的重要构件。球壳尺寸较大,由多块压制成球面的球瓣拼焊而成。球壳按其组合方式常分为橘瓣式、足球瓣式和混合式三种。

a.橘瓣式球壳　橘瓣式球壳是指球壳全部按橘子瓣片的形状进行分割成型后再组焊的结构,如图5-9所示。橘瓣式球壳的特点是球壳的拼装焊缝较规则,施焊拼装容易,施工速度快并可对其实施自动焊。由于分块分带对称,便于布置支柱,因此球壳焊接接头受力均匀,质量较可靠。这种球壳适用于各种容量的球罐,为世界各国普遍采用。我国早期自行设计、制造和组焊的球罐也多为橘瓣式结构。

但这类球壳的缺点是球瓣在各带位置尺寸大小不一,只能在本带内或上、下对称的带之间进行互换;下料及成型较复杂,板材的利用率低;球极板往往尺寸较小,当需要布置人孔和众多接管时可能出现接管拥挤,有时焊缝不易错开。

b.足球瓣式球壳　足球瓣式球壳的划分方式与足球壳一样,所有的球壳板片大小相同,它可以由尺寸相同或相似的四边形或六边形球瓣组焊而成。图5-10表示的就是足球瓣式球壳及其附件。这种球壳的优点是每块球壳板尺寸相同,下料成型规格化,材料利用率高,互换性好,组装焊缝较短,焊接及检验工作量小。缺点是焊缝布置复杂,施工组装困难,对球壳板的

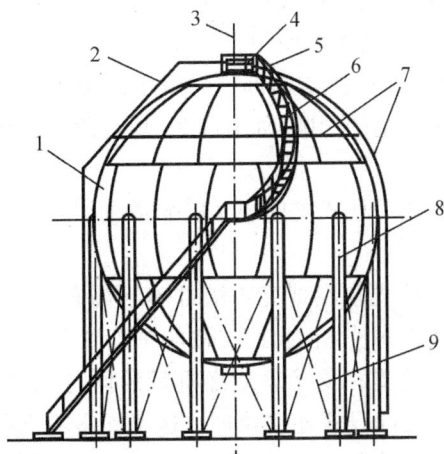

1-球壳；2-液位计导管；3-避雷针；4-安全泄放阀；

5-操作平台；6-盘梯；7-喷淋水管；8-支柱；9-拉杆

图 5-9　橘瓣式球罐

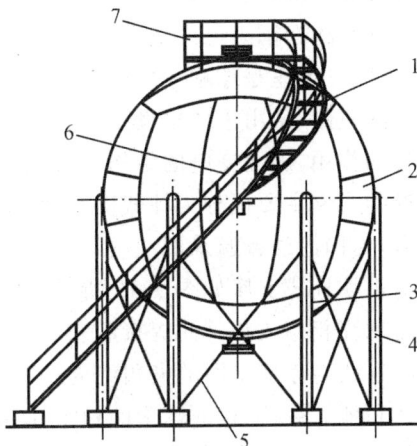

1-顶部极板；2-赤道板；3-底部极板；4-支柱；

5-拉杆；6-扶梯；7-顶部操作平台

图 5-10　足球瓣式球罐

制造精度要求高，由于受钢板规格及自身结构的影响，一般只适用于制造容积小于 $120\mathrm{m}^3$ 的球罐，我国国内目前很少采用足球瓣式球罐。

　　c.混合式球壳　其赤道带和温带采用橘瓣式，而极板采用足球瓣式，图 5-11 为三带混合式球罐结构示意图。由于这种结构取橘瓣式和足球瓣式两种结构之优点，材料利用率较高，焊缝长度缩短，球壳板数量减少，且特别适合于大型球罐；同时其极板尺寸比橘瓣式的大，容易布置人孔及接管，

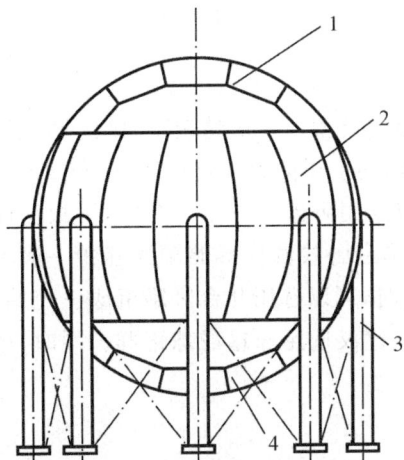

1-上极；2-赤道带；3-支柱；4-下极

图 5-11　混合式球罐

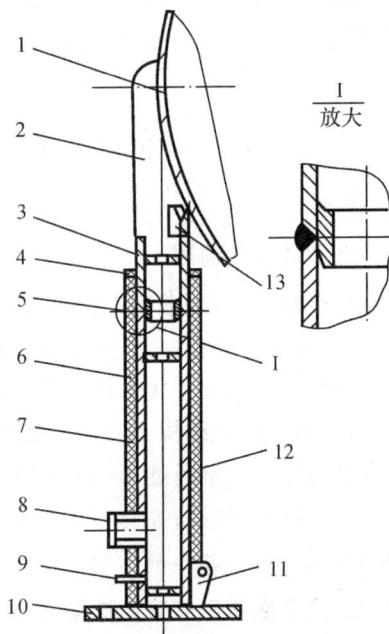

1-球壳；2-上部支柱；3-内部筋板；4-外部端板；

5-内部导环；6-防火隔热层；7-防火层夹子；

8-可熔塞；9-接地凸缘；10-底板；11-下部支耳；

12-下部支柱；13-上部支耳

图 5-12　赤道正切柱式支座

与足球瓣式罐体相比,混合式球罐可避开支柱搭在球壳板焊接接头上,使球壳应力分布比较均匀。该结构在国外已广泛采用,我国近年来也开始逐渐推广使用。

(2)支座 支座是球罐中用以支承本体质量和物料质量的结构部件。由于球罐支座既要支撑较大的重量,又由于球罐设置于室外,需承受各种环境的影响,如风载荷、地震载荷和环境温度变化的作用,因而支座的结构形式比较多。

球罐的支座主要可分为柱式支座和裙式支座两大类。柱式支座中又以赤道正切柱式支座用得最多,为国内外普遍采用。

赤道正切柱式支座如图 5-12 所示,它由多根圆柱状支柱在球壳赤道带等距离布置,支柱中心线与球壳相切或相割而焊接起来。当支柱中心线与球壳相割时,支柱的中心线与球壳交点同球心连线与赤道平面的夹角约为 $10°\sim20°$。为了使支柱支承球罐之重量的同时,还能承受风载荷和地震载荷,保证球罐的稳定性,必须在支柱之间设置连接拉杆。这种支座的优点是受力均匀,弹性好,能承受热膨胀的变形,安装方便,施工简单,容易调整,现场操作和检修也方便。它的缺点主要是球罐重心高,相对而言稳定性较差。

(3)人孔 球罐上设置人孔主要是便于工作人员进出球罐检验与维修。球罐应开设两个人孔,分别设置在上、下极板上;若球罐必须进行焊后整体热处理,则人孔应设置在上、下极板的中心。球罐人孔直径以 DN500 为宜。

(4)附件 为方便工作人员操作、安装和检查,球罐还必须设置相应的梯子平台;同时,为控制球罐内部物料温度和压力,还应按消防要求安装冷却水喷淋装置以及隔热或保冷设施。

作为球罐附件的还有液面计、压力表、安全阀和温度计等,这些压力容器的安全附件,由于型式很多、性能不同、构造各异,在选用时要注意其先进性、安全性和可靠性,并满足有关工艺要求和安全规定。

5.3 储存设备的选型

5.3.1 选型的基本原则

首先应根据储存介质的最高工作压力初步选择储罐类型。一般情况下,卧式圆柱形储罐和球罐可以承受较高的储存压力,而立式平底筒形储罐的承压能力较差;当储存介质的压力不大于 0.1MPa 时,可以选用立式平底筒形储罐,否则应选用卧罐或球罐。其次,再根据库区的容量大小选择合适的储罐结构。受运输能力的限制,单台卧式圆柱形储罐的容积一般不宜大于 150m³,当总的储存容量超过 150m³ 但小于 500m³ 时,可以选用几台卧罐组成一个储罐群,也可以选用一台或两台球罐;如总容量大于 500m³ 时,建议选用球罐或球罐群。同时,还要考虑储存场地的位置、大小和地基承载能力。

5.3.2 立式平底筒形储罐的选型方法

首先根据储液的性质和罐区的容量,确定选用浮顶储罐还是固定储罐。若是常压储存,为了减少蒸发损耗或防止污染环境,保证储液不受空气污染、干净时,宜选用外浮顶储罐或内浮顶储罐。

若是常压或低压储存,蒸发损耗不是主要问题,环境污染也不大,可不必设置浮顶,且需要适当加热储存,宜选用固定顶储罐。

固定顶储罐的选型可参考表 5-3。

表 5-3　固定顶储罐的选型

类型		罐顶表面形状	受力分析	储罐特点及适用范围	备注
锥顶储罐	自支撑式	接近于正圆锥体	荷载靠锥顶板周边支撑于罐壁上	$V_N < 1000\text{m}^3$ 直径不宜过大,制造容易,不受地基条件限制	$1/16 \leqslant$ 坡度 $\leqslant 3/4$,分有加强肋和无加强肋两种锥顶板
	支撑式	接近于正圆锥体	荷载主要由梁或檩条桁架和柱子承担	$V_N \geqslant 1000\text{m}^3$ 坡度较自支撑式小,顶部气体空间最小,可减少"小呼吸"损耗	不适用于有不均匀沉降的地基,耗钢量较自支撑式多
拱顶储罐(一般只有自支撑式)		接近于球形表面拱顶 $R = 0.8 \sim 1.2D$	荷载靠拱顶板周边支撑于罐壁上	受力状况好,结构简单,刚性好,能承受较高的剩余压力,耗钢量最小	气体空间较锥顶大,制造时需胎具,单台成本高
伞形顶储罐(一般只有自支撑式)		一种修正的拱形顶,其任一水平截面都是规则的多边形	荷载靠伞形板周边支撑于罐壁上	强度接近于拱顶,安装较拱顶容易	国内很少采用
网壳顶储罐		一种球面形状	荷载靠网络结构支撑于罐壁上	刚性好,受力好,可用于 $V_N > 2 \times 10^4 \text{m}^3$ 的固定顶储罐	可制造成部件,在现场组装成整体结构

浮顶储罐选型时主要是对浮盘的结构形式进行选择,即是采用单盘式还是双盘式,一般可遵循以下基本原则。

(1)小直径罐(一般直径小于 20m)常采用双盘式;

(2)油品蒸气压高于 103.4kPa 时,一般也应选用双盘式;

(3)由于双盘式浮顶的强度和浮力均比单盘的好,当储罐所在地冬季积雪较厚时,宜选用双盘式。如日本规定在积雪深度 2m 以上的地区,必须采用双盘式浮顶。

(4)如单纯考虑建造费用,单盘式约为双盘式的三分之一。

思考题

5-1　储存介质的性质对储罐选型有何影响?

5-2　立式平底筒形储罐有哪些结构形式?它们各自的结构特点和应用范围是什么?

5-3　球罐有何特点?分别由哪些部件所组成?各种球壳形式又有什么特点?

第6章

搅拌设备选型

搅拌设备使用历史悠久,大量应用于化工、石化、医药、食品、采矿、造纸、涂料、冶金、废水处理等行业,尤其是在化学工业中,很多化工生产或多或少地应用着搅拌操作,且相当一部分是用作化学反应器的。例如,在三大合成材料(合成橡胶、合成纤维、合成塑料)的生产中,采用搅拌设备作反应器的,约占反应器总数的 85% 以上。而在其他应用领域,搅拌设备更多的是用于物料的混合、溶解、传热、传质以及制备乳液、悬浮液等。

搅拌操作按作用方式可分为机械搅拌和气流搅拌两种,本章主要介绍机械搅拌设备的结构和选用方法。

6.1　搅拌的目的

以液体为主体的搅拌操作,常常根据被搅物料分为液-液、气-液、固-液、气-液-固等四种情况。搅拌既可以是一种独立的流体力学范畴的单元操作,以促进混合为主要目的,如进行液-液混合、固-液悬浮、气-液分散、液-液分散和液-液乳化等;又往往是完成其他单元操作的必要手段,以促进传热、传质、化学反应为主要目的,如进行流体的加热与冷却、萃取、吸收、溶解、结晶、聚合等操作。

概括起来,搅拌设备的操作目的主要为以下四个:

(1)使不互溶液体混合均匀,制备均匀混合液、乳化液,强化传质过程;

(2)使气体在液体中充分分散,强化传质或化学反应;

(3)制备均匀悬浮液,促使固体加速溶解、浸取或液-固化学反应;

(4)强化传热,防止局部过热或过冷。

6.2　搅拌设备的基本结构

机械搅拌设备由搅拌容器和搅拌机两大部分组成。搅拌容器包括内容器(釜体)、传热元件、内构件以及各种用途的开孔接管等;搅拌机则包括搅拌器、搅拌轴、轴封、机架及传动装置等部件。其结构构成如图 6-1 所示。

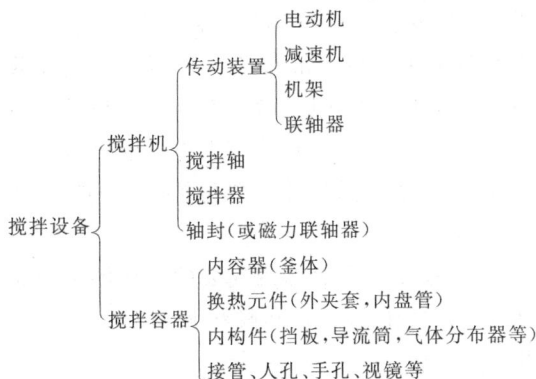

图 6-1　机械搅拌设备的结构构成

图 6-2 是一台通气式搅拌反应器,由电机驱动,经减速机带动搅拌轴及安装在轴上的搅拌器,以一定转速旋转,使流体获得适当的流动场,并在流动场内进行化学反应。为满足工艺的换热要求,内容器上装有夹套。夹套内螺旋导流板的作用是改善传热性能。容器内设置有气体分布器、挡板等内构件。在搅拌轴下部安装有径向流搅拌器,其上层为轴向流搅拌器。

6.3　搅拌容器

6.3.1　内容器

(1)结构　搅拌设备内容器常被称作搅拌釜体(或搅拌槽体),简称釜体。

内容器的作用是为物料搅拌提供合适的空间,包括筒体、封头(或端盖)及各种开孔接管等。其筒体大多是圆柱形的,两端端盖一般采用椭圆形封头、锥形封头或平盖,并以椭圆形封头应用最广。根据工艺需要,内容器上装有各种接管,以满足进料、出料、排气以及测温、测压等要求;上封头上一般焊有凸缘法兰,用于搅拌容器与机架的连接。

搅拌釜体通常是立式安放的,但也有一些是卧式的。立式釜体在常压下操作时,为降低釜体的制造成本,一般可采用平底釜结构;当物料对环境没有污染,且被搅物料对空气中尘埃落入并不敏感时,釜体上部又可设计成敞口形式;当搅拌物料中含有较大颗粒的淤浆时,为便于固体粒子的出料,下封头常采用锥壳。

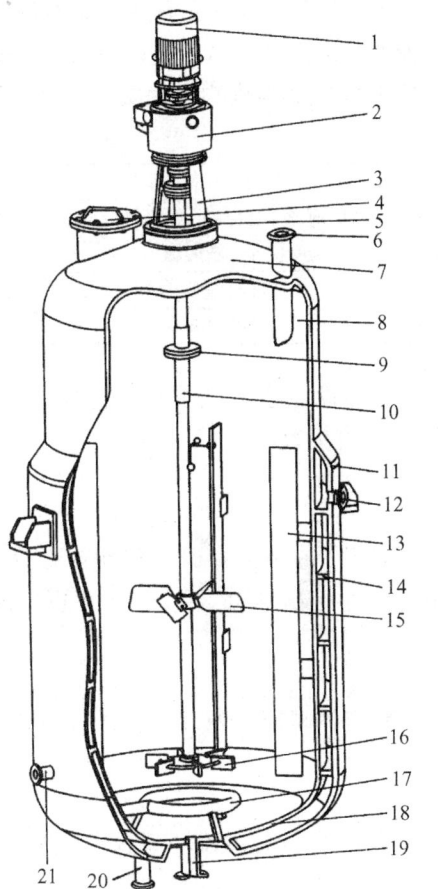

1-电动机;2-减速机;3-机架;4-人孔;5-密封装置;
6-进料口;7-上封头;8-筒体;9-联轴器;10-搅拌轴;
11-夹套;12-载热介质出口;13-挡板;14-螺旋导流板;
15-轴向流搅拌器;16-径向流搅拌器;17-气体分布器;
18-下封头;19-出料口;20-载热介质进口;21-气体进口
图 6-2　通气式搅拌反应器典型结构

当搅拌釜体卧式放置时,大多进行半釜操作。由于卧式釜体与立式釜体相比有更多的气-液接触面积,因而卧式釜体常用于气—液传质过程,如气-液吸收或从高黏度液体中脱除少量易挥发物质;另一方面,卧式釜体的料层较浅,有利于搅拌器将粉末搅动,并可借搅拌器的高速回转使粉体抛扬起来,使粉体在瞬间失重状态下进行混合。

(2)几何尺寸的确定 内容器的几何尺寸主要包括容器的容积 V、简体的高度 H、内直径 D 以及壁厚 δ 等。

确定搅拌容器容积时,应考虑物料在容器内充装的比例即装料系数,其值通常可取 $0.6\sim0.85$。如果物料在搅拌过程中产生泡沫或呈沸腾状态,取 $0.6\sim0.7$;如果物料在搅拌过程中比较平稳,可取 $0.8\sim0.85$。

工艺设计给定的容积,对直立式搅拌设备通常是指简体和下封头两部分容积之和;对卧式搅拌设备则指简体和左右两封头容积之和。搅拌设备中简体的高径比 H/D 主要依据操作时容器的装液高径比 H_L/D 以及装料系数大小而定。根据实践经验,容器的装液高径比(参见表 6-1)又视容器内物料性质、搅拌特征和搅拌器层数而异,一般取 $1\sim1.3$,最大时可达 6。

表 6-1 常用搅拌容器的装液高径比 H_L/D

种类	简体内物料类型	H_L/D
反应釜、混合罐、溶解槽	液-液或液-固体系	$1\sim1.3$
反应釜、分散槽	气-液体系	$1\sim2$
聚合釜	悬浮液、乳化液	$2.08\sim3.85$
发酵搅拌罐	气-液体系	$1.7\sim2.5$

釜体设计过程,首先根据操作时待盛放物料的容积 V_g 及装料系数 η 确定釜体的全容积 V,三者关系为

$$V=\frac{V_g}{\eta} \tag{6-1}$$

确定了釜体全容积 V 和高径比 H/D_i 后,还不能直接计算出釜体的直径 D_i 和高度 H,因为釜体直径 D_i 未知,封头的容积也就未知。因此,为便于计算,先忽略封头的容积,认为

$$V\approx\frac{\pi D_i^2}{4}H \tag{6-2}$$

将釜体高径比 H/D_i 代入式(6-2),得

$$V\approx\frac{\pi D_i^3}{4}\left(\frac{H}{D_i}\right) \tag{6-3}$$

将式(6-1)代入式(6-3),并整理得

$$D_i\approx\sqrt[3]{\frac{4V_g}{\pi\left(\dfrac{H}{D_i}\right)\eta}} \tag{6-4}$$

将式(6-4)计算结果圆整成标准直径,代入下式可得釜体高度:

$$H=\frac{V-V_0}{\dfrac{\pi D_i^2}{4}}=\frac{\dfrac{V_g}{\eta}-V_0}{\dfrac{\pi D_i^2}{4}} \tag{6-5}$$

式中,V_0——封头容积,m^3;

D_i——由式(6-4)计算值圆整后的釜体直径,m。

最后,对式(6-5)算出的釜体高度进行圆整,然后核算高径比 H/D_i 及装料系数 η,大致符合即可。

6.3.2　换热元件

有传热要求的搅拌设备,为维持搅拌混合的最佳温度,通常需要设置换热元件。常用的换热元件有外夹套(简称夹套)和内盘管两种。当夹套的换热面积能够满足传热要求时,应优先选用夹套,以减少容器的内构件,便于清洗,且不占用有效容积。

(1)夹套　所谓夹套就是布置在容器的外侧,用焊接或法兰连接的方式装设各种形状的钢结构,使其与容器外壁形成密闭的空间。在此空间内通入加热或冷却介质,以加热或冷却容器内的物料。夹套的主要结构形式有整体夹套、型钢夹套、半圆管夹套、蜂窝夹套和螺旋板式夹套等,它们各自适用的温度和压力范围列于表 6-2。

表 6-2　各种碳钢夹套的适用温度和压力范围

夹套型式		最高温度/℃	最高压力/MPa
整体夹套 (U 形和圆筒形)		按 GB 150.3《压力容器》的规定	
型钢夹套		200	2.5
半圆管夹套		按 HG/T 20582《钢制化工容器强度计算规定》的规定	
蜂窝夹套	短管支撑式	200	2.5
	折边锥体式	250	4.0
	激光焊接式	250	4.0
螺旋板蜂窝式		250	4.0

整体夹套有圆筒形和 U 形两种。其中,U 形整体夹套是圆筒部分和下封头都包有夹套,因而传热面积大,是最常用的结构,如图 6-3(a)所示。为有利于传热,当夹套用作冷却时,冷却水从夹套的底部进入,夹套的上部排出;当夹套用蒸汽加热时,蒸汽从夹套上部进入,底部出口排出冷凝水。

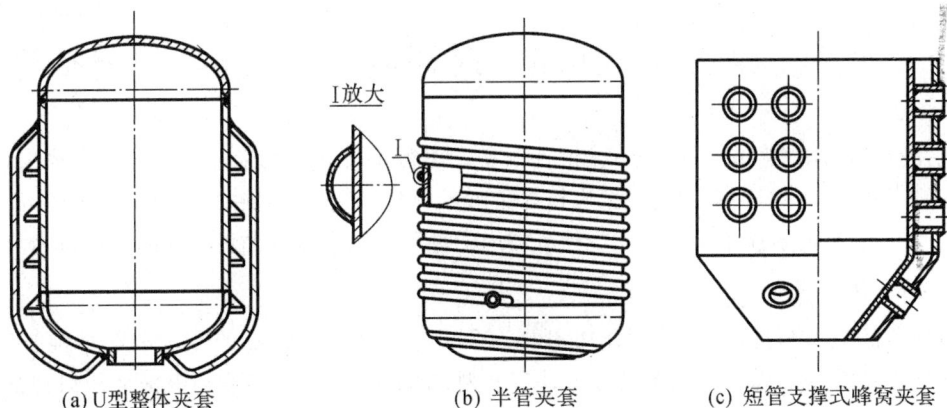

(a)U 型整体夹套　　　　(b) 半管夹套　　　　(c) 短管支撑式蜂窝夹套

图 6-3　常用夹套的结构示意图

型钢夹套一般由角钢与筒体焊接组成,由于型钢的刚度大,因而与整体夹套相比,型钢夹套能承受更高的压力,但其制造难度也相应增加了。

半管夹套通常由半圆管或弓形管制成,如图 6-3(b)所示。半圆管或弓形管一般布置在筒体外壁,既可螺旋缠绕在筒体上,也可沿筒体轴向平行焊在筒体上或沿筒体圆周方向平行焊接在筒体上。半圆管或弓形管一般由带材压制而成,加工方便。当载热介质流量小时宜采用弓形管。半管夹套的缺点是焊缝多,焊接工作量大,且筒体较薄时易造成焊接变形。

蜂窝夹套是以整体夹套为基础,采取折边或短管等加强措施,提高筒体的刚度和夹套的承压能力,从而减小筒体壁厚,同时折边或短管构成的蜂窝增加了流体湍动的程度,强化了传热效果。常用的蜂窝夹套有折边式和拉撑式两种型式。夹套向内折边与筒体贴合好后再进行焊接的结构称为折边式蜂窝夹套;拉撑式蜂窝夹套是用冲压的小锥体或钢管做拉撑体,图 6-3(c)为短管支撑式蜂窝夹套,蜂窝孔在筒体上呈正方形或三角形布置。

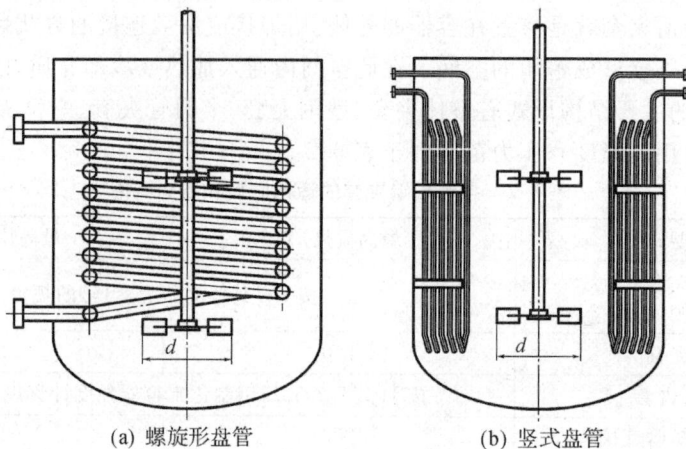

(a) 螺旋形盘管   (b) 竖式盘管

图 6-4　内盘管结构示意图

(2)内盘管　当搅拌设备的热量仅靠外夹套传热,其换热面积不足时常采用内盘管结构。内盘管浸没在物料中,热量损失小,传热效果好,但检修较困难。内盘管可分为螺旋形盘管和竖式盘管,其结构分别如图 6-4(a)、(b)所示。对称布置的几组竖式盘管除传热外,还起到挡板作用。

6.4　搅拌器

搅拌器又称搅拌桨或搅拌叶轮,是搅拌设备的关键部件。其功能是提供过程所需要的能量和适宜的流动状态。搅拌器旋转时把机械能传递给流体,在搅拌器附近形成高湍动的充分混合区,并产生一股高速射流推动液体在搅拌容器内的循环流动。这种循环流动的途径称为流型。

6.4.1　流　型

搅拌器的流型与搅拌效果、搅拌功率的关系十分密切。搅拌器的改进和新型搅拌器的开发往往从流型着手。搅拌器内的流型取决于搅拌器的形式、搅拌容器和内构件几何特征,以及流体性质、搅拌器转速等因素。对于搅拌机顶插式中心安装的立式圆筒,有三种基本流型:

(1)径向流　流体的流动方向垂直于搅拌轴,沿径向流动,碰到容器壁面分成两股流体分别向上、向下流动,再回到叶端,不穿过叶片,在搅拌器上、下形成两个循环流动,如图 6-5(a)所示。

(2)轴向流　流体的流动方向平行于搅拌轴,流体由桨叶推动,使流体向下流动,遇到容器底面再翻上,形成一个循环流,如图 6-5(b)所示。

(3)切向流　无挡板的容器内,流体绕轴做旋转运动,流速高时液体表面会形成漩涡,这种流型称为切向流,如图 6-5(c)所示。此时流体从桨叶周围周向卷吸至桨叶区的流量很小,混合效果很差。

上述三种流型通常同时存在,其中轴向流与径向流对混合起主要作用,而切向流应加以抑制。采用挡板可削弱切向流、增强轴向流和径向流。

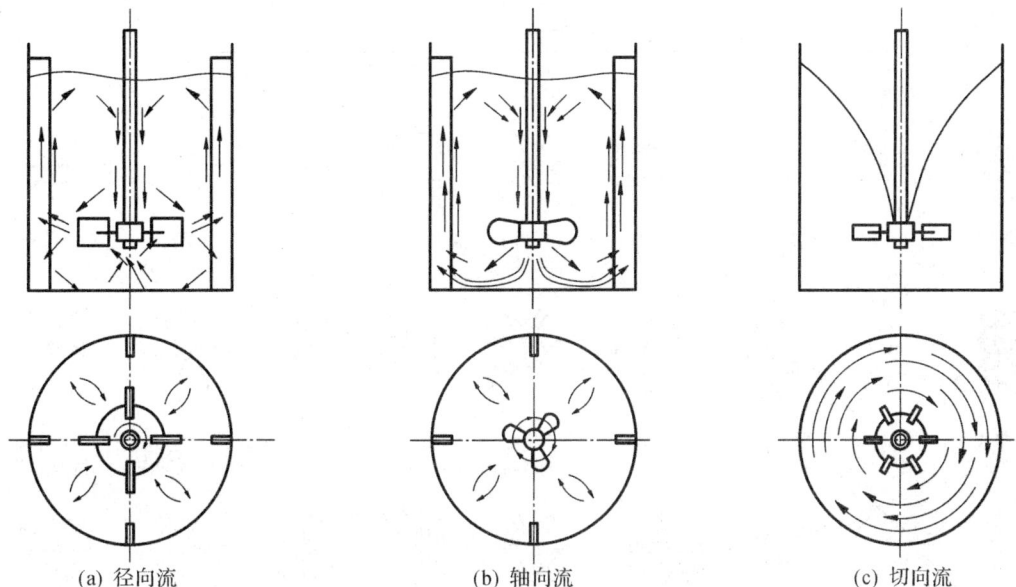

(a) 径向流　　　　　　　　(b) 轴向流　　　　　　　　(c) 切向流

图 6-5　搅拌器的流型

除中心安装的搅拌机外,还有偏心式、底插式、侧插式、斜插式、卧式等安装方式。显然,不同安装方式的搅拌机产生的流型也各不相同。

6.4.2　搅拌器的分类

搅拌器的分类方法很多,主要有以下几种:

(1)按搅拌器的桨叶结构分类　分为平叶、斜(折)叶、弯叶、螺旋面叶式搅拌器。桨式、涡轮式搅拌器都有平叶和斜叶结构;推进式、螺杆式和螺带式的桨叶为螺旋面叶结构(详见表 6-3)。根据安装要求又可分为整体式和剖分式两种结构,对于大型搅拌器,往往做成剖分式,便于把搅拌器直接固定在搅拌轴上而不用拆除联轴器等其他部件。

表 6-3　搅拌桨叶结构分类

叶型	平叶	斜(折)叶	弯叶	螺旋面叶
搅拌器	平桨、直叶开式涡轮、直叶圆盘涡轮、锚式、框式	斜叶桨式、斜叶开式涡轮、斜叶圆盘涡轮	弯叶开式涡轮、弯叶圆盘涡轮、三叶后掠式	推进式、螺杆式、螺带式

(2)按搅拌器的用途分类　分为低黏度流体用搅拌器、高黏度流体用搅拌器。用于低黏度流体的搅拌器有推进式、桨式、开启涡轮式、圆盘涡轮式、布鲁马金式、板框桨式、三叶后弯式等。用于高黏度流体的搅拌器有锚式、框式、锯齿圆盘式、螺旋桨式、螺带式等(详见表 6-4)。

表 6-4　搅拌器的用途分类

黏度	低黏度流体	高黏度流体
搅拌器	推进式、桨式、长薄叶螺旋桨式、开启涡轮式(平叶、斜叶、弯叶)圆盘涡轮式(平叶、斜叶、弯叶)、布鲁马金式、板框桨式、三叶后弯式、MIG 和改进 MIG 等	锚式、框式、锯齿圆盘式、螺旋桨式、螺带式(单螺带、双螺带)、螺杆式-螺带式

（3）**按流体流动形态分类** 分为其轴向流搅拌器和径向流搅拌器。有些搅拌器在运转时，流体既产生轴向流又产生径向流,则称为混合流型搅拌器。推进式搅拌器是轴流型的代表,平直叶圆盘涡轮搅拌器是径流型的代表,而斜叶涡轮搅拌器是混合流型的代表。按流动形态三种型式,常用搅拌器的图谱如图 6-6 所示。

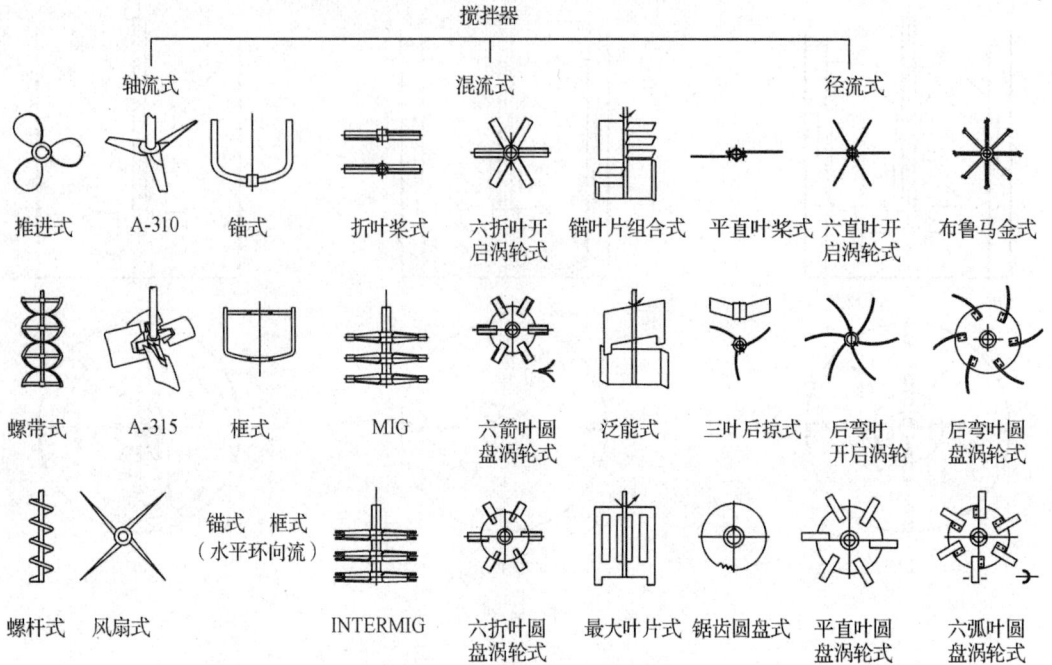

图 6-6　搅拌器的图谱

6.4.3　典型搅拌器的特征及应用

桨式、推进式和涡轮式搅拌器在搅拌设备中应用最为广泛,据统计约占搅拌器总数的 75%～80%。

（1）**桨式搅拌器** 桨式搅拌器是所有搅拌器中结构最简单的一种,通常仅两个叶片,如图 6-7 所示。它采用扁钢制成,叶片焊接或用螺栓固定在轮毂上,叶片型式可分为平直叶式和斜（折）叶式二种。主要应用场合:液-液体系中用于混合,温度均一;固-液体系中多用于防止固体沉降。但桨式搅拌器不能用于以保持气体和以细微化为目的的气—液分散操作中。

桨式搅拌器主要用于流体的循环,由于在同样的排量下,斜（折）叶式比平直叶式的功耗少,操作费用低,因而斜（折）叶式搅拌器使用较多。桨式搅拌器也可用于高黏度流体的搅拌,以促进流体的上下交换,代替价格高昂的螺带式搅拌器,尚能获得良好的效果。桨式搅拌器的桨叶直径 (d) 与容器内直径 (D) 之比一般为 0.35～0.5,对于高黏度液体为 0.65～0.9;转速一般为 20～100r/min,介质黏度最高可达 20Pa·s。

（2）**推进式搅拌器** 推进式搅拌器（又称船用推进器）常用于低黏度流体中,如图 6-8 所示。标准推进式搅拌器为三瓣叶片,其螺距与桨直径相等。搅拌时,流体由桨叶上方吸入,下方以圆筒状螺旋形排出,流体至容器底再沿壁面返至桨叶上方,形成轴向流动。推进式搅拌器搅拌时流体的湍流程度不高,但循环量大。容器内装挡板、搅拌轴偏心安装或搅拌器倾斜时,可防止漩涡形成。推进式搅拌器的直径较小,桨叶直径 (d) 与容器内直径 (D) 之比一般为 0.1～0.3;叶端线速度为 7～10m/s,最高达 15m/s。

推进式搅拌器结构简单,制造方便,适用于黏度低、流量大的场合,利用较小的搅拌功率通过高速转动的桨叶能获得较好的搅拌效果。其主要用于液-液体系混合,温度均一,在低浓度固-液体系中防止淤泥沉降等。推进式搅拌器的循环性能好,剪切作用不大,属于循环型搅拌器。

(3)涡轮式搅拌器 又称透平式叶轮,是应用较广的一种桨叶,能有效地完成几乎所有的搅拌操作,并能处理黏度范围很广的流体。图 6-9 给出一种典型的结构。涡轮式搅拌器可分为开式和盘式两类。开式有平直叶、斜叶、弯叶等,盘式有圆盘平直叶、圆盘斜叶、圆盘弯叶等。开式涡轮其叶片数常用的有 2 叶和 4 叶,盘式涡轮以 6 叶最常见。为改善流动状况,盘式涡轮有时把叶片制成凹形和箭形,分别称为弧叶盘式涡轮和箭叶盘式涡轮。

涡轮式搅拌器有较大的剪切力,可使流体微团分散得很细,适用于低黏度到中等黏度流体的混合、气-液分散、固-液悬浮,以及促进良好的传热、传质和化学反应。

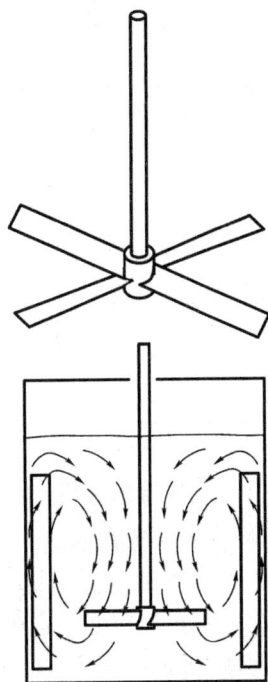

图 6-7 桨式搅拌器

平直叶剪切作用较大,属剪切型搅拌器。弯叶是指叶片朝着流动方向弯曲,可降低功率消耗,适用于含有易碎固体颗粒的流体搅拌。

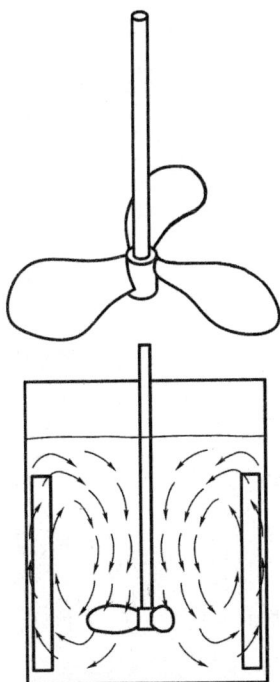

图 6-8 推进式搅拌器

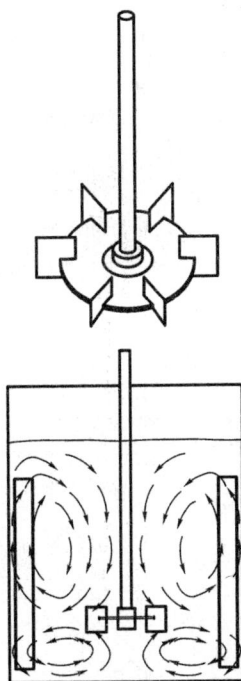

图 6-9 涡轮式搅拌器

表 6-5 列出桨式、推进式、涡轮式搅拌器最适宜的圆周速度。

表 6-5　桨式、推进式、涡轮式搅拌器最适宜的圆周速度

搅拌器型式	被搅拌介质的黏度/(MPa·s)	适宜的搅拌器圆周速度/(m/s)	转速/(r/min)
桨式或各种框式	1~4000 4000~8000 8000~15000	3.0~2.0 2.5~1.5 1.5~1.0	<800
推进式	1~2000	4.8~16.0	<1750
涡轮式	1~5000 5000~15000 15000~25000	7.0~4.2 4.2~3.4 3.4~2.3	<600

6.4.4　搅拌器的选用

搅拌操作涉及流体的流动、传质和传热,其所进行的物理和化学过程对搅拌效果的要求也不同,至今对搅拌器的选用仍带有很大的经验性。搅拌器选型一般从三个方面考虑:搅拌目的、物料黏度和搅拌容器的容积大小。选用时除满足工艺要求外,还应考虑功耗低、操作费用省,以及制造、维护和检修方便等因素。以下简单介绍几种搅拌器的选型方法。

(1)按搅拌目的选型　考虑搅拌目的时,搅拌器的选型参见表 6-6。

表 6-6　搅拌目的与推荐的搅拌器形式

搅拌目的	挡板条件	推荐形式	流动状态
互溶液体的混合及在其中进行化学反应	无挡板	三叶折叶涡轮、六叶折叶开启涡轮、桨式、圆盘涡轮	湍流（低黏度流体）
	有导流筒	三叶折叶涡轮、六叶折叶开启涡轮、推进式	
	有或无导流筒	桨式、螺杆式、框式、螺带式、锚式	层流（高黏度流体）
固-液相分散及在其中溶解和进行化学反应	有或无挡板	桨式、六叶折叶开启涡轮	湍流（低黏度流体）
	有导流筒	三叶折叶涡轮、六叶折叶开启涡轮、推进式	
	有或无导流筒	螺带式、螺杆式、锚式	层流（高黏度流体）
液-液相分散（互溶的液体）及在其中强化传质和进行化学反应	有挡板	三叶折叶涡轮、六叶折叶开启涡轮、桨式、圆盘涡轮式、推进式	湍流（低黏度流体）
液-液相分散（不互溶的液体）及在其中强化传质和进行化学反应	有挡板	圆盘涡轮、六叶折叶开启涡轮	湍流（低黏度流体）
	有导流筒	三叶折叶涡轮、六叶折叶开启涡轮、推进式	
	有或无导流筒	螺带式、螺杆式、锚式	层流（高黏度流体）
气-液相分散及在其中强化传质和进行化学反应	有挡板	圆盘涡轮、闭式涡轮	湍流（低黏度流体）
	有导流筒	三叶折叶涡轮、六叶折叶开启涡轮、推进式	
	有导流筒	螺杆式	层流（高黏度流体）
	无导流筒	锚式、螺带式	

(2)按介质的黏度选型 对于低黏度介质,用小直径高转速的搅拌器就能带动周围的流体循环,并至远处;而高黏度介质的流体则不然,需直接用搅拌器来推动。表 6-7 给出各种搅拌器适用的黏度范围。由表 6-7 可见,对于低黏度液体,用传统的推进式、桨式、涡轮式等搅拌器基本能解决问题。表 6-7 中,锚式和框式搅拌器覆盖了很宽的黏度范围,但在较高黏度时锚式叶轮的混合效果比螺带式差得多,而在低黏度域,它的剪应力不够,轴向循环也很差,且由于其桨径与釜径的比值较大,致使回转部分体积也大,因此只有在搅拌效果要求不高的场合才使用。然而,对于传热是搅拌主要目的的场合,锚式搅拌器还是很适用的。

表 6-7 各种搅拌器适用的黏度范围

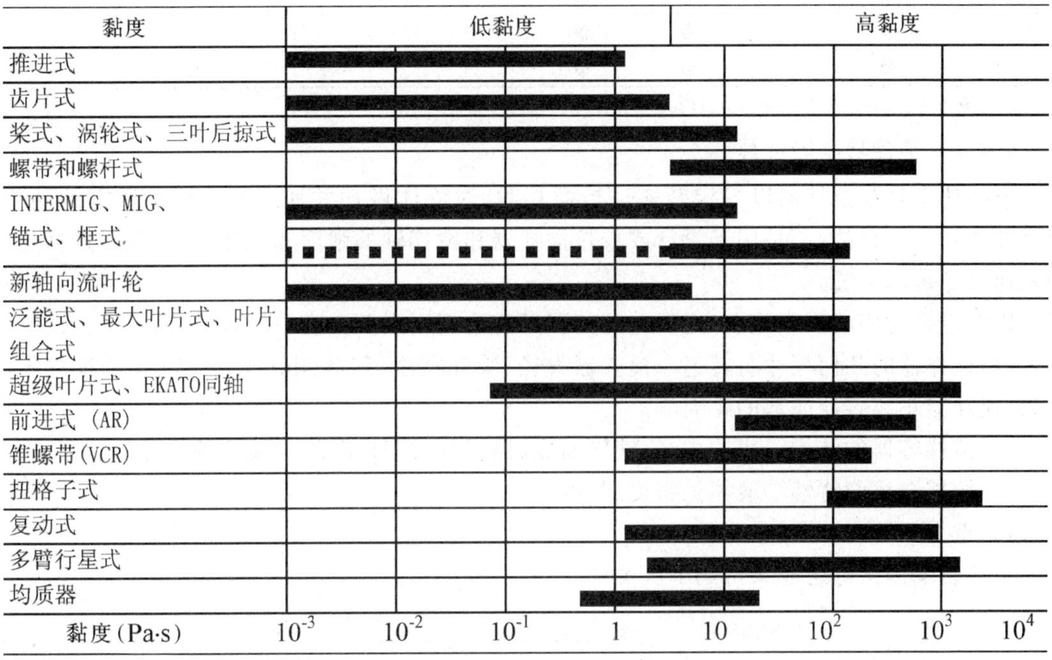

(3)按搅拌器型式和适用条件选型 表 6-8 列出了根据操作目的和搅拌器流动状态选用搅拌器的选用表。由表 6-8 可见,对于低黏度流体的混合,推进式搅拌器由于循环能力强,动力消耗小,可应用到很大容积的釜中;涡轮式搅拌器应用的范围最广,各种搅拌操作都适用,但流体黏度不超过 $50Pa \cdot s$;桨式搅拌器结构简单,在小容积的流体混合中应用较广,对大容积的流体混合,则循环能力不足。对于高黏度流体的混合则以锚式、螺杆式、螺带式更为合适。

表 6-8 搅拌器型式和适用条件

搅拌器型式	流动状态			搅拌目的								釜容积范围 /m³	转速范围 /(r/min)	最高黏度 /Pa·s
	对流循环	湍流扩散	剪切流	低黏度混合	高黏度液体混合传热反应	分散	溶解	固体悬浮	气体吸收	结晶	传热	液相反应			
涡轮式	◆	◆	◆	◆	◆	◆	◆	◆	◆	◆	◆	◆	1～100	10～300	50
桨式	◆	◆	◆	◆		◆	◆	◆		◆	◆	◆	1～200	10～300	50
推进式	◆	◆		◆			◆	◆	◆		◆	◆	◆	1～1000	10～500	2

续表

搅拌器型式	流动状态			搅拌目的									釜容积范围/m³	转速范围/(r/min)	最高黏度/(Pa·s)
	对流循环	湍流扩散	剪切流	低黏度混合	高黏度液混合传热反应	分散	溶解	固体悬浮	气体吸收	结晶	传热	液相反应			
折叶开启涡轮式	◆	◆		◆		◆	◆	◆			◆	◆	1～1000	10～300	50
布鲁马金式	◆	◆	◆	◆	◆		◆				◆	◆	1～100	10～300	50
锚式	◆				◆		◆						1～100	1～100	100
螺杆式					◆		◆						1～50	0.5～50	100
螺带式	◆				◆		◆						1～50	0.5～50	100

注:有◆者为可用,空白者不详或不可用。

6.4.5 搅拌功率的计算

搅拌功率是指搅拌器以一定转速进行搅拌时,对液体做功并使之发生流动所需的功率。计算搅拌功率的目的,一是用于设计或校核搅拌器和搅拌轴的强度和刚度,二是用于选择电机和减速机等传动装置。

影响搅拌功率的因素很多,主要有几何因素和物理因素两大类,包括以下四个方面。

(1)搅拌器的几何尺寸与转速 搅拌器直径、桨叶宽度、桨叶倾斜角、转速、单个搅拌器叶片数、搅拌器距离容器底部的距离等。

(2)搅拌容器的结构 容器内径、液面高度、挡板数、挡板宽度、导流筒的尺寸等。

(3)搅拌介质的特性 液体的密度、黏度。

(4)重力加速度。

上述影响因素综合起来可用下式关联

$$N_P = \frac{P}{\rho n^3 d^5} = K(Re)^r(Fr)^q f\left(\frac{d}{D}, \frac{B}{D}, \frac{h}{D}, \cdots\right) \tag{6-6}$$

式中,B——桨叶宽度,m;

d——搅拌器直径,m;

D——搅拌容器内直径,m;

Fr——弗鲁德准数,$Fr = \frac{n^2 d}{g}$;

h——液面高度,m;

K——系数;

n——搅拌转速,1/s;

N_P——功率准数,无因次;

P——搅拌功率,W;

r, q——指数;

Re——雷诺数,$Re = \frac{d^2 n \rho}{\mu}$;

ρ——密度,kg/m³;

μ——黏度,Pa·s。

一般情况下,弗鲁德准数 Fr 的影响较小,而容器内径 D、挡板宽度 b 等几何参数可归结到

系数 K。由式(6-6)得搅拌功率 P 为

$$P = N_P \rho n^3 d^5 \qquad (6\text{-}7)$$

上式中 ρ、n、d 为已知数,故计算搅拌功率的关键是求得功率准数 N_P。在特定的搅拌装置上,可以测得功率准数 N_P 与雷诺数 Re 的关系。将此关系绘于双对数坐标图上即得功率曲线。图 6-10 为 6 种搅拌器的功率曲线。由图 6-10 可知,功率准数 N_P 随雷诺数 Re 变化。在低雷诺数($Re < 10$)的层流区内,流体不会打漩,重力影响可忽略,功率曲线为斜率为 -1 的直线;当 $10 < Re \leqslant 10000$ 时为过渡流区,功率曲线为一下凹曲线;当 $Re > 10000$ 时,流体进入充分湍流区,功率曲线呈一水平直线,即 N_P 与 Re 无关,保持不变。用式(6-7)计算搅拌功率时,功率准数 N_P 可直接从图 6-10 查得。

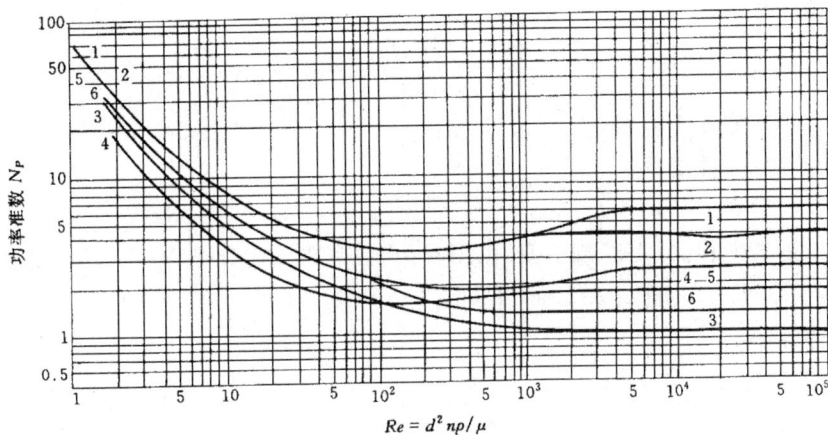

功率曲线

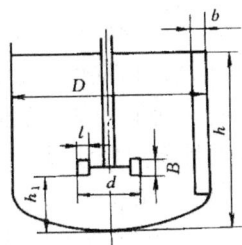

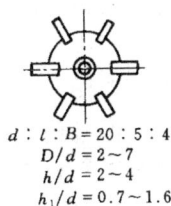

$d : l : B = 20 : 5 : 4$
$D/d = 2 \sim 7$
$h/d = 2 \sim 4$
$h_1/d = 0.7 \sim 1.6$

曲线 1-六直叶圆盘涡轮

$B/d = 1/5$
$D/d = 3$
$h/d = 3$
$h_1/d = 1$

曲线 2-六直叶开式涡轮

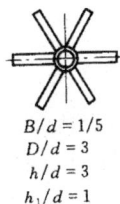

$S/d = 2$
$D/d = 2.5 \sim 6$
$h/d = 2 \sim 4$
$h_1/d = 1$

曲线 3-推进式

$B/d = 1/6$
$D/d = 3$
$h/d = 3$
$h_1/d = 1$

曲线 4-二叶平桨

$B/d = 1/8$
$D/d = 3$
$h/d = 3$
$h_1/d = 1$

曲线 5-六弯叶
开式涡轮

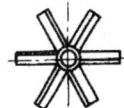

$B/d = 1/8, D/d = 3$
$h/d = 3$
$h_1/d = 1$
$\theta = 45°$

曲线 6-六斜叶
开式涡轮

图 6-10　6 种搅拌器的功率曲线(全挡板条件)

需要指出图 6-10 所示的功率曲线只适用于图示 6 种搅拌器的几何比例关系。如果比例关系不同,则功率准数 N_P 也不同。

上述功率曲线是在单一液体下测得的。对于非均相的液-液或液-固系统,用上述功率曲线计算时,需用混合物的平均密度 $\bar{\rho}$ 和修正黏度 $\bar{\mu}$ 代替式(6-7)中的 ρ、μ。

计算气-液两相系统搅拌功率时,搅拌功率与通气量的大小有关。通气时,气泡的存在降低了搅拌液体的有效密度,与不通气相比,其搅拌功率要低得多。

例 6-1 一搅拌设备的筒体内直径为 1800mm,采用六直叶圆盘涡轮式搅拌器,搅拌器直径 600mm,搅拌轴转速 160r/min。容器内液体的密度为 1300kg/m³,黏度为 0.12Pa·s。试求:

(1)搅拌功率;(2)改用推进式搅拌器后的搅拌功率。

【解】 已知 $\rho=1300\text{kg/m}^3$,$\mu=0.12\text{Pa·s}$,$d=600\text{mm}$,$n=160\text{r/min}=2.667$(s^{-1})

(1)计算雷诺数 Re

$$Re=\frac{\rho n d^2}{\mu}=\frac{1300\times2.667\times0.6^2}{0.12}=10401.3$$

由图 6-10 功率曲线 1 查得,$N_P=6.3$。

按式(6-7)计算搅拌功率

$$P=N_P\rho n^3 d^5=6.3\times1300\times2.667^3\times0.6^5=12.08\text{kW}$$

(2)改用推进式搅拌器,雷诺数不变,由图 6-10 功率曲线 3 查得 $N_P=1.0$。搅拌功率为

$$P=N_P\rho n^3 d^5=1.0\times1300\times2.667^3\times0.6^5=1.92(\text{kW})$$

6.4.6 搅拌附件

搅拌附件是指为了改善搅拌容器内液体的流动状态而增设的构件。搅拌设备的附件很多,有挡板、导流筒、稳定器以及插入容器内的进出料管、温度计、气体分布器等,这里主要介绍对搅拌效果影响较大的前两种附件。

(1)挡板 当搅拌器沿容器中心线安装,搅拌物料的黏度不大,且搅拌转速较高时,液体将随着桨叶旋转方向一起运动,容器中间部分的液体在离心力作用下涌向内壁面并上升,中心部分液面下降,形成漩涡,通常称为"打漩区"[图 6-5(c)]。随着搅拌转速的增加,漩涡中心下凹到与桨叶接触,此时外面的空气进入桨叶被吸到液体中,液体混入气体后密度减小,从而降低了混合效果。为消除这种现象,通常可加入一定数量的挡板。安装在筒体内壁的挡板可把回转的切向流改变为径向流和轴向流,较大地增加了流体的剪切强度,从而改善搅拌效果。因而,设置挡板主要是为了消除漩涡,改善主体循环;增大湍动程度,改善搅拌效果;同时还能降低搅拌载荷的波动,使功率消耗保持稳定。

一般在容器内壁面均匀安装 4 块挡板,其宽度为容器直径的 1/12～1/10。当再增加挡板数和挡板宽度,功率消耗不再增加时,此时的条件称为全挡板条件。全挡板条件与挡板的数量和宽度有关,具体公式为

$$\left(\frac{b}{D_i}\right)^{1.2}\cdot n=0.35 \tag{6-8}$$

式中,D_i——釜体内径,mm;

b——挡板宽度,mm;

n——挡板数量。

挡板的结构形式有竖式挡板、底挡板和指形挡板三种。竖式挡板的安装见图 6-11。搅拌容器中的传热蛇管可部分或全部代替挡板,装有垂直换热管时一般可不再安装挡板。

(2)导流筒 在搅拌容器内,流体可沿各个方向流向搅拌器,流体的行程长短不一,在需要

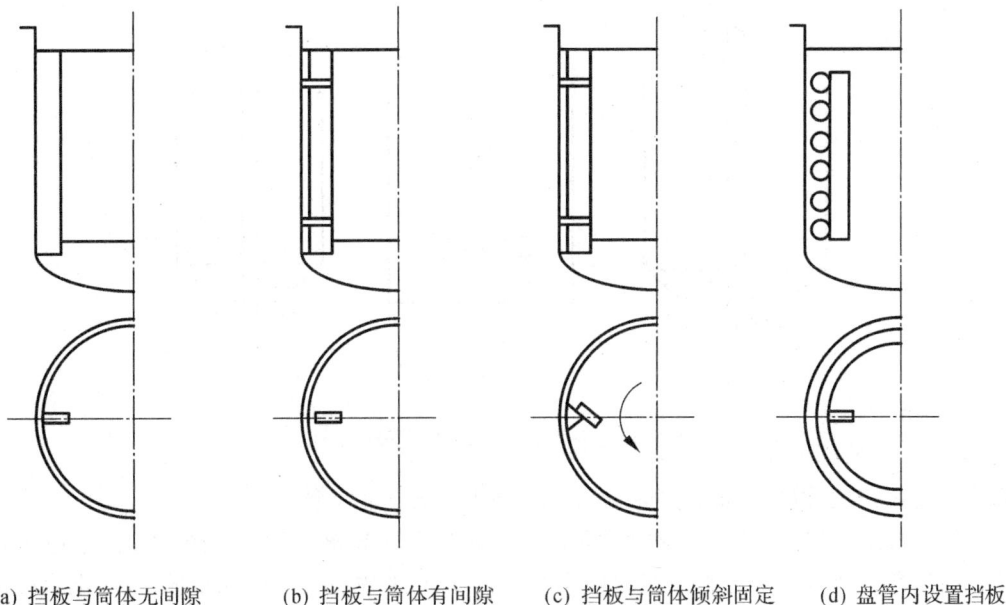

(a) 挡板与筒体无间隙   (b) 挡板与筒体有间隙   (c) 挡板与筒体倾斜固定   (d) 盘管内设置挡板

图 6-11　竖式挡板的结构及安装位置示意图

控制回流的速度和方向,用于确定某一流况时可使用导流筒。

　　导流筒是上下开口的圆筒,安装于容器内,在搅拌混合中起导流作用,既可提高容器内流体的搅拌强度,加强搅拌器对流体的直接剪切作用,又可造成一定的循环流,使容器内流体均可通过导流筒内强烈混合区,提高混合效率。安装导流筒后,限定了循环路径,减少了流体短路的机会。导流筒主要用于推进式、螺杆式以及涡轮式搅拌器的导流。

　　图 6-12 为导流筒的结构及安装示意图,搅拌器排出的液体在导流筒内部和外部形成上下循环流动,获得高速涡流,增加了循环流量并能控制流型。被搅拌液体的流向一般是在导流筒内向下,在导流筒外向上。对于涡轮式搅拌器或桨式搅拌器,导流筒刚好置于桨叶的上方。对于推进搅拌器,导流筒套在桨叶外面,或略高于桨叶[图 6-12(a)与(b)]。通常导流筒的上端都低于静液面,且筒身上开孔或槽,当液面降落后流体仍可从孔或槽进入导流筒。导流筒将搅拌容器截面分成面积相等的两部分,即导流筒的直径约为容器直径的 70%。当搅拌器置于导流筒之下,且容器直径又较大时,导流筒的下端直径应缩小,使下部开口小于搅拌器的直径[图 6-12(c)]。

6.5　搅拌轴

　　搅拌轴通常自搅拌釜顶部中心垂直插入釜内,有时也采用侧面插入、底部伸入或侧面伸入方式,应依据不同的搅拌要求选择不同的安装方式。

　　由于搅拌设备中电机输出的动力是通过搅拌轴传递给搅拌器的,因此搅拌轴必须有足够的强度和刚度。同时,搅拌轴既要与搅拌器连接,又要穿过轴封、轴承和联轴器等零件,所以搅拌轴还应有合理的结构、较高的加工精度和配合公差。

　　搅拌轴的设计主要是确定危险截面处轴的最小尺寸,进行强度、刚度计算或校核、验算轴

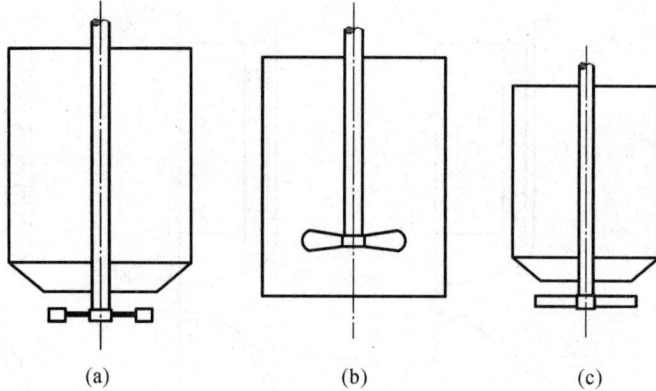

图 6-12　导流筒的结构及安装示意图

的临界转速和挠度,以便保证搅拌轴能安全平稳地运转。

一般情况下,搅拌轴轴径 d 必须满足强度和临界转速要求,当有特殊要求时,还应满足扭转或径向位移的要求。确定轴的实际直径时,通常还得考虑材料的腐蚀裕量,最后把直径圆整为标准轴径。

6.6　轴　封

轴封是搅拌设备的一个重要组成部分。轴封属于动密封,其作用是保证搅拌设备内处于一定的正压或真空状态,防止被搅物料逸出和杂质的渗入,因而不是所有的转轴密封形式都能用于搅拌设备。在搅拌设备中,最常用的轴封为填料密封和机械密封。

6.6.1　填料密封

填料密封又称填料箱,是搅拌设备较早采用的一种转轴密封结构,具有结构简单、制造要求低、维护保养方便等优点。但其填料易磨损,密封可靠性较差,一般只适用于常压或低压低转速、非腐蚀性和弱腐蚀性介质,并允许定期维护的搅拌设备。

(1)结构及工作原理　填料密封的结构如图6-13所示,它由底环、本体、油环、填料、螺柱、压盖及油杯等组成。在压盖压力作用下,装在搅拌轴与填料箱本体之间的填料,对搅拌轴表面产生径向压紧力。由于填料中含有润滑剂,因此,在对搅拌轴产生径向压紧力的同时,形成一层极薄的液膜,一方面使搅拌轴得到润滑,另一方面阻止设备内流体的逸出或外部流体的渗入,达到密封的目的。虽然填料中含有润滑剂,但在运

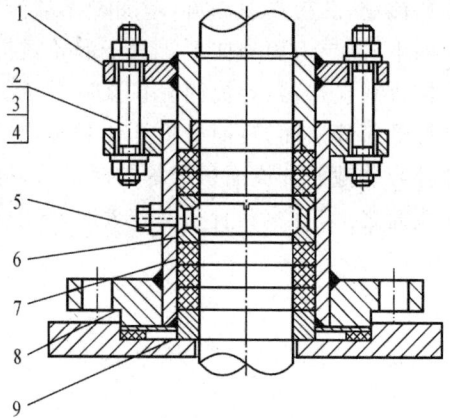

1-压盖;2-双头螺柱;3-螺母;4-垫圈;5-油杯;
6-油环;7-填料;8-本体;9-底环
图 6-13　填料密封的结构

转中润滑剂不断被消耗,故应在填料中间设置油环。使用时可从油杯加油,保持轴和填料之间的润滑。但填料密封不可能绝对不漏,这是由于压紧力过大,会使填料紧压在转动轴上,加速轴与填料间的磨损,使密封更快失效。所以操作过程中应适当调整压盖的压紧力,并需定期更换

填料。

(2)填料密封的选用　选择填料密封时一般应遵循以下基本原则。

a. 优先选用标准填料密封　现行标准填料密封适用于操作压力为 $-0.03\sim1.6$ MPa、介质温度 $\leqslant300$ ℃ 的使用条件。

b. 根据设计压力、设计温度及介质腐蚀性选用　当介质为非易燃、易爆、有毒的一般物料且压力不高时，按表 6-9 选用填料密封。

表 6-9　标准填料箱的允许压力、温度

材料	公称压力 /MPa	允许压力范围 /MPa	允许温度范围 /℃	转轴线速度 /(m/s)
碳钢填料箱	常压	<0.1	<200	
	0.6	$-0.03\sim0.6$	$\leqslant200$	<1
	1.6	$-0.03\sim1.6$	$-20\sim300$	
不锈钢填料箱	常压	<0.1	<200	
	0.6	$-0.03\sim0.6$	$\leqslant200$	<1
	1.6	$-0.03\sim1.6$	$-20\sim300$	

c. 根据填料的性能选用　当密封要求不高时，可选用一般石棉或油浸石棉填料；当密封要求较高时，宜选用膨体聚四氟乙烯、柔性石墨等填料。各种填料材料的性能、适用条件列于表 6-10，供选用时参考。

表 6-10　填料材料的性能

填料名称	介质极限温度/℃	介质极限压力/MPa	线速度 /(m/s)	适用条件(接触介质)
油浸石棉填料	450	6		蒸汽、空气、工业用水、重质石油产品、弱酸液等
聚四氟乙烯纤维编结填料	250	30	2	强酸、强碱、有机溶剂
聚四氟乙烯石棉盘根	260	25	1	酸碱、强腐蚀性溶液、化学试剂等
石棉线或石棉线与尼龙线浸渍聚四氟乙烯填料	300	30	2	弱酸、强碱、各种有机溶剂、液氨、海水、纸浆废液等
柔性石墨填料	$250\sim300$	20	2	醋酸、硼酸、柠檬酸、盐酸、硫化氢、乳酸、硝酸、硫酸、硬脂酸、水钠、溴、矿物油料、汽油、二甲苯、四氯化碳等
膨体聚四氟乙烯石墨盘根	250	4	2	强酸、强碱、有机溶液

6.6.2　机械密封

机械密封是把转轴的密封面从轴向改为径向，通过动环和静环两个端面的相互贴合，并做相对运动达到密封的装置，又称端面密封。机械密封的泄漏率低，密封性能可靠，功耗小，使用寿命长，无须经常维修，且能满足生产过程自动化和高温、低温、高压、高真空、高速以及各种易燃、易爆、腐蚀性、磨蚀性介质和含固体颗粒介质的密封要求。

(1)结构与工作原理　机械密封的结构如图 6-14 所示。它由固定在轴上的动环及弹簧压紧装置、固定在设备上的静环以及辅助密封圈组成。当转轴旋转时，动环和固定不动的静环紧密接触，并经轴上弹簧压紧力的作用，阻止容器内介质从接触面上泄漏。图 6-14 中有四个密封点，A 点是动环与轴之间的密封，属静密封，密封件常用 O 形环，B 点是动环和静环做相对旋转运动时的端面密封，属动密封，是机械密封的关键。两个密封端面的平面度和粗糙度要求较高，依靠介质的压力和弹簧力使两端面保持密紧接触，并形成一层极薄的液膜起密封作用。C 点是静环与静环座之间的密封，属静密封。D 点是静环座与设备之间的密封，属静密封。通常设备凸缘做成凹面，静环座做成凸面，中间用垫片密封。动环和静环之间的摩擦面称为密封面。密封面上单位面积所受的力称为端面比压，它是动环受介质压力和弹簧力的共同作用，紧压在静环上引起的，是操作时保持密封所必需的净压力。端面比压过大，将造成摩擦面发热使摩擦加剧，功率消耗增加，使用寿命缩短；端面比压过小，密封面因压不紧而泄漏，密封失效。

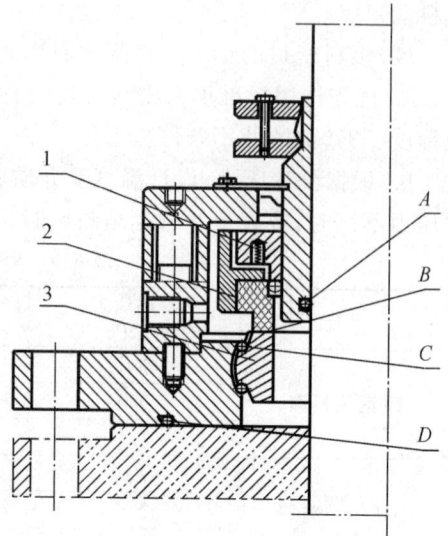

1-弹簧；2-动环；3-静环

图 6-14 机械密封的结构

(2)机械密封的特点　与填料密封相比，机械密封具有以下特点：

a. 密封可靠，在长期运转中密封状态稳定，泄漏量很小，其泄漏量仅为填料密封的 1% 左右；

b. 使用寿命长，在油、水介质中一般可达 1~2 年或更长，在化工介质中一般能工作半年以上；

c. 摩擦功率消耗低，其摩擦功率仅为填料密封的 10%~50%；

d. 轴或轴套基本上不磨损；

e. 维修周期长，端面磨损后可自动补偿，一般情况下不需经常性维修；

f. 抗振性好，对旋转轴的振动、偏摆以及轴对密封腔的偏斜不敏感；

g. 适用范围广，能用于高温、低温、高压、真空、不同旋转频率，以及各种腐蚀性介质和含磨粒介质的密封。

(3)机械密封的分类　根据工作参数的不同，机械密封有多种分类方法，如按密封腔温度可分为高温、中温、普温和低温机械密封；按密封腔压力分为超高压、高压、中压和真空机械密封等；而按其结构特点，机械密封又可以分为单端面与双端面、平衡式和非平衡式、内置式和外置式、内流式和外流式等多种型式。下面简单介绍其中两类。

a. 单端面与双端面　由一对密封端面组成的为单端面机械密封(图 6-15)；由两对密封端面组成的为双端面机械密封。单端面机械密封结构简单，制造和安装容易，一般用于介质本身润滑性好和允许有微量泄漏的场合，是最常用的机械密封型式。但当介质有毒、易燃、易爆以及对泄漏有严格要求时，不宜使用。双端面机械密封适用于介质本身润滑性差、有毒、易燃、易爆、易挥发、含磨粒及气体等场合，但其结构复杂，制造、拆装比较困难，需一套封液输送装置，且不便于维修。

b. 平衡式与非平衡式　能使作用在密封端面上的介质压力卸载的为平衡式机械密封；不能卸载的为非平衡式机械密封。按卸载程度不同，平衡式机械密封又可分为部分平衡式(部分卸载)和过平衡式(全部卸载)。平衡式机械密封端面上所受的力随介质压力的升高变化较小，因此适用于较高压力的密封；非平衡式机械密封端面所受的力随介质压力的变化较大，因此只

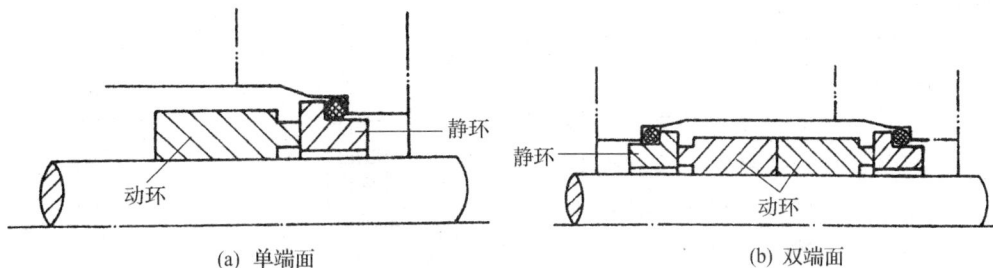

(a) 单端面   (b) 双端面

图 6-15　单端面和双端面机械密封

适用于低压机械密封。图 6-16(a)为平衡式机械密封,图 6-16(b)为非平衡式机械密封。

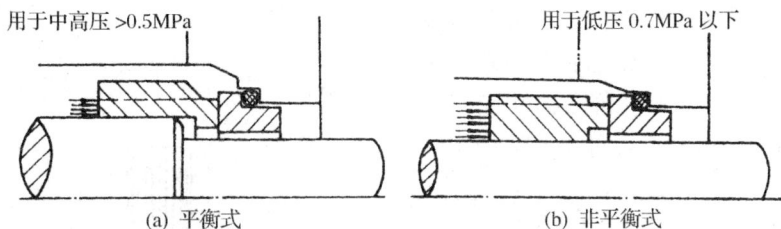

(a) 平衡式   (b) 非平衡式

图 6-16　平衡式和非平衡式机械密封

平衡式机械密封能降低端面上的摩擦和磨损,减小摩擦热,承载能力大。但其结构较复杂,一般需在轴或轴套上加工出台阶,成本较高。非平衡式结构简单,常用于介质压力小于0.7 MPa 的场合。

(4)机械密封的选用　机械密封的结构选型主要依据密封的工作参数、介质特性、泄漏量和寿命要求,以及安装密封的有效空间位置。此外,还要考虑安装维修的难易程度和密封的价格等因素。

机械密封已标准化,其使用的压力和温度范围见表 6-11。

表 6-11　机械密封许用的压力和温度范围

密封面对数	压力等级/MPa	使用温度/℃	最大线速度/m/s	介质端材料
单端面	0.6	−20～150	3	碳钢
双端面	1.6	−20～300	2～3	不锈钢

设计压力小于 0.6MPa 且密封要求一般的场合,可选用单端面非平衡式机械密封;当设计压力大于 0.6MPa 时,建议选用平衡式机械密封。

密封要求较高、搅拌轴承受较大径向力时,应选用带内置轴承的机械密封,但机械密封的内置轴承不能作为轴的支点;当介质温度高于 80℃,搅拌轴的线速度超过 1.5m/s 时,机械密封应配置循环保护系统。

6.6.3　全封闭密封——磁力传动搅拌装置

当介质为剧毒、易燃、易爆、昂贵的物料或高纯度介质且在高真空下操作,密封要求很高且采用填料密封和机械密封均无法满足时,可选用全封闭的磁力传动搅拌装置。如图 6-17 所示为磁力传动搅拌装置结构示意图,它主要由磁力联轴器、搅拌设备的筒体、搅拌轴、搅拌器、轴承、夹壳式联轴器和电动机等组成。上述部件中,除磁力联轴器之外,其余均与惯用的搅拌设备相同。

(1)磁力传动密封的工作原理 套装在输入机械能转子上的外磁钢(转子)和套装在搅拌轴上的内磁钢(转子),用隔离套使内外转子隔离,并利用永久磁体异极相吸、同极相斥的原理,依靠内外磁场进行传动,其中隔离套起到全封闭密封作用。套在内外轴上的涡磁转子称为磁力联轴器。

(2)磁力传动密封的特点 与传统的轴封相比,采用磁力搅拌装置最突出的优势是可完全消除搅拌设备内的气体通过轴封向外泄漏的问题。但磁力传动装置可传递的功率一般较小,目前主要用于功率不超过 10kW 的中小型搅拌设备中。

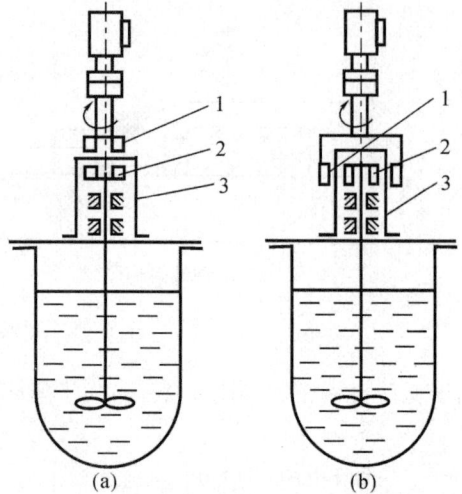

1-外磁钢;2-内磁钢;3-隔离套
图 6-17 磁力传动搅拌装置结构示意图

6.7 传动装置

搅拌设备的传动装置包括电动机、减速机、联轴器、搅拌轴、机架及凸缘法兰等,如图6-18 所示。

6.7.1 电动机的选型

电动机的型号应根据功率、工作环境等因素选择;工作环境包括防爆、防护等级和腐蚀环境等。同时在选用电动机时,应特别考虑与减速机匹配的问题。在很多场合,电动机与减速机一并配套供应,设计时可根据选定的减速机选用配套的电动机。

电动机功率包括搅拌功率及传动装置和密封系统功率损耗,可按式(6-9)计算。

$$PN = \frac{P + P_s}{\eta} \qquad (6-9)$$

式中,PN——电动机功率,kW;

P——搅拌功率,kW;

P_s——轴封消耗功率,kW;

η——传动系统的机械效率。

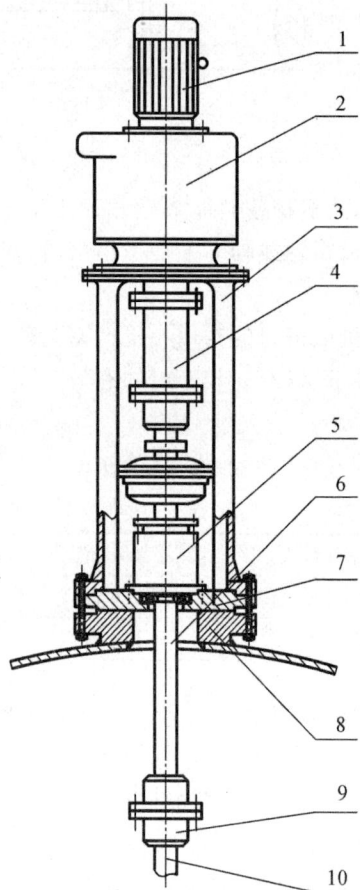

1-电动机;2-减速机;3-单支点机架;
4-(釜外)带短节联轴器;5-轴封;6-传动轴;
7-安装底盖;8-凸缘法兰;9-(釜内)联轴器;
10-搅拌轴
图 6-18 传动装置

6.7.2 减速机选型

减速机是用于电动机和工作机之间独立的闭式传动装置,其主要功能是降低转速,并相应增大扭矩。由于搅拌轴运转速度大多为 30～600r/min,小于电动机的额定转速,因而在电动机出口端大多需设置减速机。

在众多减速机品种中,搅拌设备应用最多的是立式结构,其结构和技术性能也与普通减速机有所区别。这是因为搅拌设备用减速机必须能够适用于各种工业环境的工艺要求,同时能够承担各种搅拌操作过程产生的工作负载和稳定支承问题,而且外观上要求尽可能少地占用高度空间。鉴于此,我国于 1978 年专门制定并颁布了釜用立式减速机的行业标准,即 HG/T 3139～3142—1978;2001 年在原标准基础上进行了全面修订,标准内容给予大范围扩充,形成了 HG/T3139.1～12《釜用立式减速机》标准族。新标准总共包括了三大类减速机,68 种机型,共 3800 多个规格的产品。

常用的釜用立式减速机有行星摆线针轮减速机、齿轮减速机和带传动减速机,其主要特点、应用条件等基本特性列于表 6-12。一般应根据功率、转速来选择减速机,并尽可能遵循以下基本原则。

表 6-12　釜用立式标准减速机的基本特性

特性	减速机类型		
	摆线针轮减速机	齿轮减速机	带传动减速机
传动比 i	87～11	12～6	4.53～2.96
输出轴转速 /(r/min)	17～160	65～250	200～500
输入功率/kW	0.04～245	0.55～数万	0.55～200
传动效率	0.9～0.95	0.95～0.995	0.95～0.96
传动原理	利用少齿差内啮合行星传动	两级同中距并流式斜齿轮传动	单级三角皮带传动
主要特点	该机具有体积小、质量轻、传动比大、传动效率高、故障少、使用寿命长、运转平稳可靠、拆卸方便、容易维修,以及承载能力强、耐冲击、惯性力矩小、适用于起动频繁和正反转的场合等特点	该机具传动比准确,使用寿命长;在相同速比范围内,较之于其他传动装置,具有体积小、效率高、制造成本低、结构简单、装配检修方便等特点	该机具结构简单,过载时会产生打滑现象,因此能起到安全保护作用;但皮带滑动也使其不能保证精确的传动比
应用条件	对过载和冲击有较强承受能力,可短期过载 75%,起动转矩为额定转矩的 2 倍,允许正反旋转,可用于有防爆要求的场合,与电动机直连供应,可依轴承寿命来计算容许的轴向力	允许正反旋转,可采用夹壳联轴器或弹性块式联轴器与搅拌轴连接;不允许承受外加轴向载荷或只允许在搅拌轴向力较小的场合使用,可用于防爆要求的场合,与电动机直连供应	允许正反旋转,适用环境温度为 −20～60℃,适宜的环境相对湿度为 50%～80%;但不能用于有防爆要求的场合,也不允许在使传动胶带受油、酸、碱、有机溶剂接触或污染的环境下使用

(1)应优先选用标准减速机以及专业厂生产的产品。

(2)应考虑减速机在振动和载荷变化情况下工作的平稳性,并连续工作。一般选择传动效率较高的齿轮或行星摆线针轮减速机。

(3)出轴旋转方向要求正反双向传动的,不宜选用蜗轮蜗杆减速机。

(4)对于易燃、易爆的工作环境,一般不采用皮带传动减速,否则必须有防静电措施。

（5）搅拌的轴向力原则上不应由减速机轴承承受,若必须由减速机承受时,则须经验算核定。

（6）减速机额定功率应大于或等于正常运行中减速机输出轴的传动功率(输出轴传动功率包括搅拌轴功率、轴封处摩擦损耗功率以及机架上传动轴承损耗等功率之总和),同时还必须满足搅拌设备开车时启动轴功率增大的要求。

（7）输入轴转速应与电动机转速相匹配,输出轴转速应与工作要求的搅拌转速相一致。当不一致时,可在满足工艺过程要求的前提下相应改变搅拌转速。

6.7.3 机 架

立式搅拌设备传动装置是通过机架安装在搅拌容器封头上的,机架内应留有足够的位置,以容纳联轴器、轴封装置等部件,并保证安装操作所需要的空间。大多数情况下,机架中间还要安装中间轴承装置,以改善搅拌轴的支承条件。

机架型式可分为无支点机架、单支点机架(图 6-19)和双支点机架(图 6-20)。无支点机架一般仅适用于传递小功率和较小的轴向载荷的条件。单支点机架适用于电动机或减速机可作为一个支点,或容器内可设置中间轴承和底轴承的情况。双支点机架适用于悬臂轴。

搅拌轴的支承有悬臂式和单跨式。考虑到筒体内不设置中间轴承或底轴承时,维护检修方便,特别是对卫生要求高的生物反应器,减少了筒体内的构件,因此应优先采用悬臂轴。

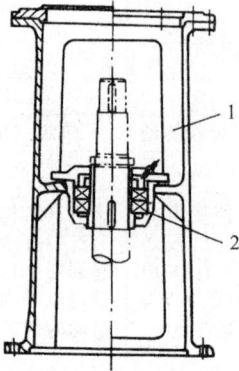

1-机架;2-轴承
图 6-19 单支点机架

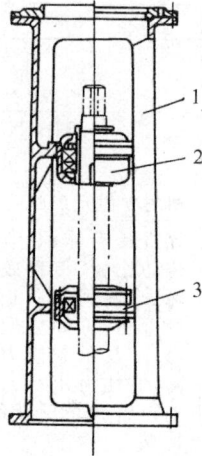

1-机架;2-上轴承;3-下轴承
图 6-20 双支点机架

6.8 机械搅拌设备的设计简介

搅拌设备的机械设计是在工艺设计之后进行的,针对工艺提出的要求和条件开展设计。工艺条件一般包括全容积、最大工作压力、工作温度、介质腐蚀性、传热面积、搅拌形式、转速和功率、工艺接管尺寸方位等。通常这些条件会以表格形式反映在搅拌设备的设计任务书中。

6.8.1 设计步骤

依据设计任务书,按以下内容和步骤进行搅拌设备的机械设计。

(1)总体结构设计　根据工艺要求并考虑制造、安装和维护检修的方便,确定各部分结构形式,如封头形式、传热面布置、传动类型、轴封和各种附件的结构形式。

(2)搅拌容器的设计　首先,根据工艺参数确定各部件几何尺寸;其次,考虑压力、温度、腐蚀因素,选择釜体和夹套材料;最后,对釜体、夹套进行强度与稳定性计算、校核,确定壁厚。

(3)传动系统设计　包括选择电动机,确定传动类型,选择减速机,联轴器,机架及底座设计等。

(4)确定并选择轴封类型及有关零部件。

(5)绘图　包括总装配图、部件图和零件图。如果选用标准零部件,可只写出标准号及标记,不必绘图。

(6)编制技术要求　提出制造、装配、检验和试车等方面的要求。

6.8.2　设计标准简介

机械搅拌设备在设计、选型及制造、检验过程需要满足很多规范标准的要求。就承压的机械搅拌设备而言,首先应符合 TSG R0004—2009《固定式压力容器安全技术监察规程》、GB 150—2011《压力容器》的相关规定,并尽量参照 HG/T 20569—2013《机械搅拌设备》进行搅拌设备的机械设计。

HG/T 20569—2013《机械搅拌设备》是目前我国颁布的关于机械搅拌设备的推荐性行业标准,规定了搅拌设备的设计、制造、检验和验收的要求,适用于化工、石油化工装置以及其他类似装置中的搅拌设备。

习题与思考题

6-1　机械搅拌设备是由哪些主要部件组成的?

6-2　搅拌容器内筒体的高径比与哪些因素有关?

6-3　搅拌容器的传热元件有哪几种? 各有什么特点?

6-4　搅拌轴的密封装置有几种? 各有什么特点?

6-5　一搅拌发酵罐的内直径为 $\phi 3000mm$,容器的上下封头为标准椭圆封头,高径比为 2.2。试确定搅拌容器的筒体高度,该发酵罐的容积是多少?

6-6　搅拌反应釜的筒体内直径为 $\phi 1200mm$,液深为 $1800mm$,容器内均布四块挡板,搅拌器采用直径为 $\phi 400mm$ 的推进式以 $320r/min$ 转速进行搅拌,反应液的黏度为 $0.1Pa \cdot s$,密度为 $1050kg/m^3$,试求:

(1)搅拌功率;

(2)改用六直叶圆盘涡轮式搅拌器,其余参数不变时的搅拌功率;

(3)如反应液的黏度改为 $25Pa \cdot s$,搅拌器采用六斜叶开式涡轮,其余参数不变时的搅拌功率。

第 7 章

换热设备选型

7.1 概　述

换热设备是一种实现物料之间热量传递的通用设备,在石油、化工、冶金、电力、医药、轻工、食品等行业应用广泛。据测算,在炼油、化工装置中,换热设备约占全部工艺设备数量的20%～40%,占总投资的30%～40%。近年来,随着绿色循环经济的快速发展,其应用领域不断扩大。利用换热设备进行高低温能量回收不仅可带来显著的经济效益,而且有利于保护地球资源,改善生态环境。

本章重点介绍目前应用最为广泛的管壳式换热器的结构及选用方法。

7.1.1　过程对换热设备的基本要求

在生产过程中,换热设备主要用于完成热量传递,如反应过程的冷却与加热、分离设备的气化与冷凝等;除此之外,换热设备还可以同时完成其他任务,如完成反应、分离过程甚至压缩气体等。生产过程的目的和要求不同,换热设备的设计选型也不尽相同,但是过程对换热设备的基本要求主要有以下几点:

(1)必须满足所规定的工艺条件　就化工过程而言,其工艺条件有传热量、流体热力学参数和物理化学性质等。依据工艺条件通过热力学和流体力学计算,得到换热设备尽可能小的传热面积以及在单位时间内传递尽可能多的热量。

(2)安全可靠　换热设备是一种典型的压力容器,为了确保过程设备安全可靠运行,其安全性同样非常重要。依据 GB/T 151《热交换器》等规范的要求,换热设备应具有足够的能力来承受全寿命周期内可能遇到的各种载荷。必须确保设备材料强度、韧性,材料与介质相容,其结构具有足够的刚度和抗失稳能力,密封性能好,防止介质或空气泄漏。

(3)安装、检修方便　在设备结构设计前就应考虑到,一台优良的换热设备可以实现在制造厂和现场的快速准确安装。若碰到定期检验、更换易损零部件、清洗结垢表面等问题时,可方便地清洗、装拆和检修。

(4)经济合理　综合经济性是衡量一台设备优劣的重要指标。如果综合经济性差,设备就缺乏市场竞争。

当然,完全满足上述要求是比较困难的。例如,管壳式换热器具有制造容易、生产成本低、选材范围广、清洗方便、处理量大、工作可靠及适应高温高压等一系列优点;但它在结构紧凑性、传热强度和单位传热面的金属消耗量等方面却无法与板式等新型高效换热器相比。

7.1.2 换热设备分类及其特点

随着节能技术的飞速发展,换热设备的种类不断更新,出现了各种不同用途的结构形式。若按热传递原理或传热方式,换热设备可分为以下几种形式。

(1)直接接触式换热器 亦称混合式换热器,如图 7-1 所示。它是冷、热流体直接接触(混合)进行热量交换的设备。常见的有洗涤冷却塔、凉水塔等。该换热器中接触面积直接影响传热量,为了使两种流体具有尽可能大的接触面积,常在设备中放置填料或栅板,促进流体之间的热交换。直接接触式换热器具有传热效率高、单位容积提供的传热面积大、设备结构简单、价格低廉等优点,但前提必须是工艺上允许两种流体混合的场合。

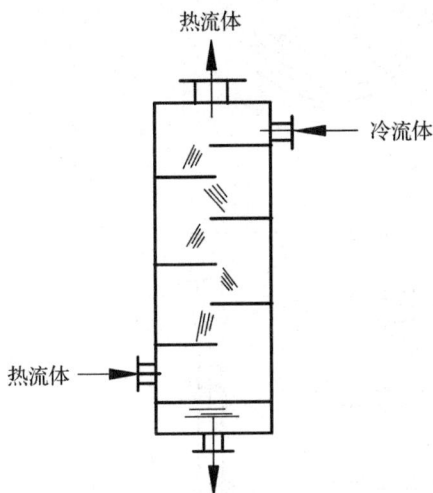

图 7-1 直接接触式换热器

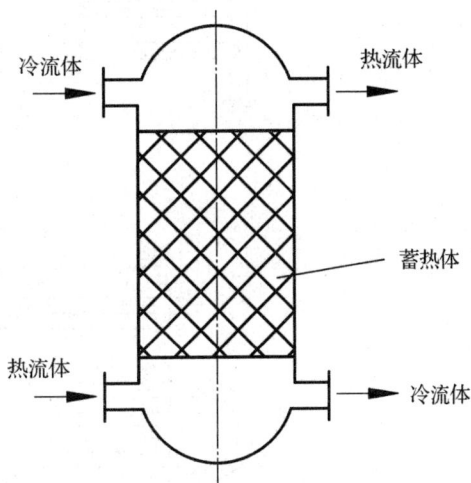

图 7-2 蓄热式换热器

(2)蓄热式换热器 亦称回热式换热器,如图 7-2 所示,其热量的传递是借助蓄热体(如固体填料或多孔性格子砖等)完成的。在换热器内,热流体将热量积蓄在蓄热体中,随后当冷流体通过时蓄热体把热量释放给冷流体,使之达到传递热量的目的。两种流体交替与蓄热体直接接触,因此不可避免地会使两种流体少量混合,对于冷热流体不允许混合的场合,则不宜采用该结构。

蓄热式换热器结构紧凑、价格便宜、单位体积传热面大,适用于气-气热交换的场合。

(3)间壁式换热器 亦称表面式换热器,是进行热交换的冷热两种流体通过间壁(金属或非金属)隔开,互不接触,且通过间壁将热量由热流体传递给冷流体的设备。

间壁式换热器是目前应用最为广泛的换热器,按照壁面的形状与结构特点又分为管式换热器、板面式换热器等多种类型。图 7-3 为常见间壁式换热器示意图,表 7-1 列出常见间壁式换热器特点及应用场合。

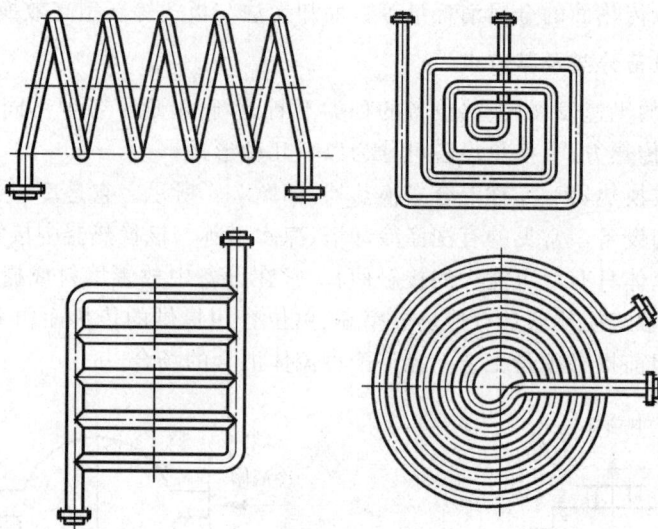

（a）沉浸式蛇管示意图

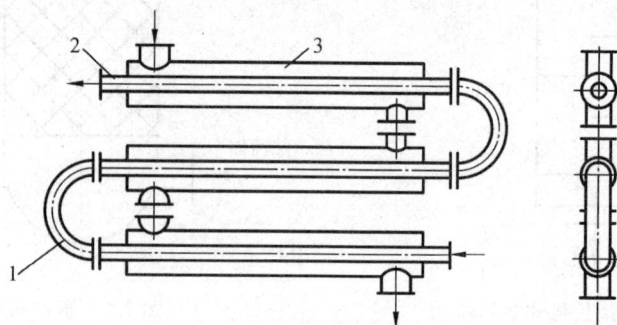

1-型肘管;2-内管;3-外管

（b）套管式换热器示意图

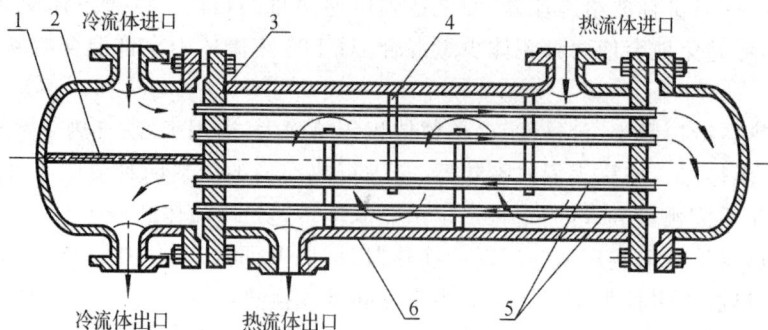

1-封头;2-隔板;3-管板;4-挡板;5-管子;6-外壳体

（c）管壳式换热器示意图

图 7-3 常见间壁式换热器

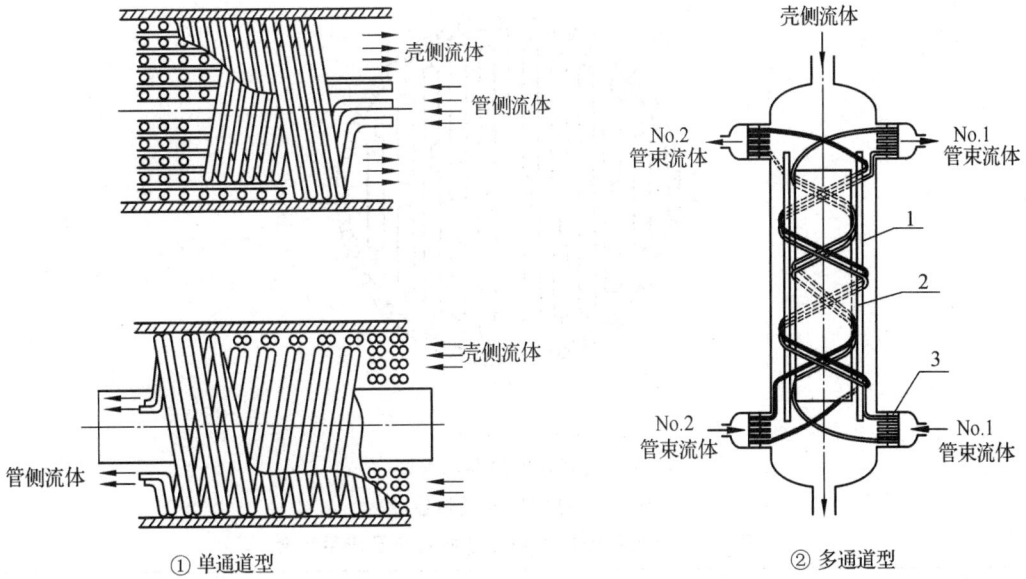

壳侧流体
管侧流体

壳侧流体
管侧流体

① 单通道型

壳侧流体

No.2 管束流体
No.1 管束流体

1
2
3

No.2 管束流体
No.1 管束流体

② 多通道型

（d）缠绕管式换热器示意图

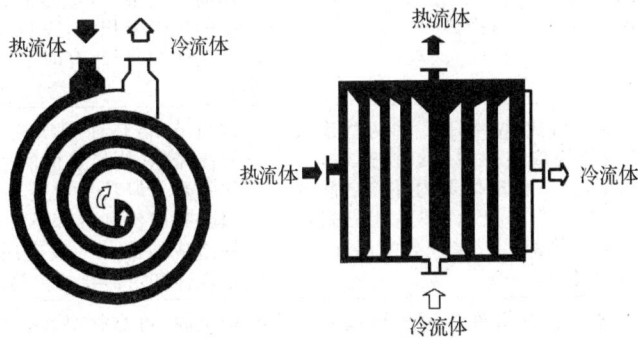

热流体　冷流体

热流体　冷流体

冷流体

热流体

冷流体

（e）螺旋板式换热器示意图

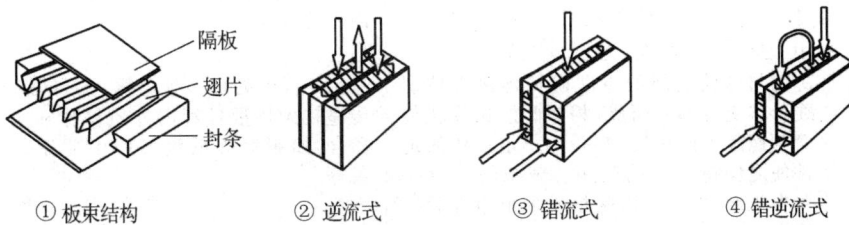

隔板
翅片
封条

① 板束结构

② 逆流式

③ 错流式

④ 错逆流式

（f）板翅式换热器示意图

图 7-3　常见间壁式换热器(续 1)

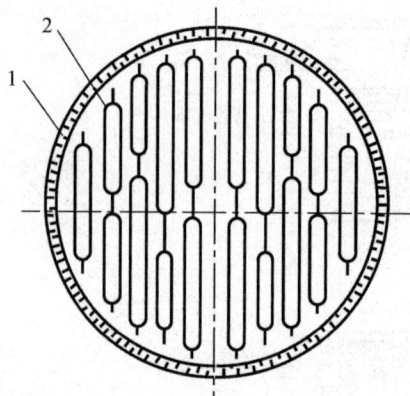

1-壳体;2-板束

(g)板壳式换热器示意图

图 7-3　常见间壁式换热器(续 2)

表 7-1　常见间壁式换热器结构特点及应用场合

型式	结构简介	特点及应用场合
沉浸式蛇管 图 7-3 (a)	用金属管子弯绕而成,或由弯头、管件和直管连接组成,可制成各种形状。使用时沉浸在盛有被加热或被冷却介质的容器中,两种流体分别在管内、外进行换热	结构简单,造价低廉,操作敏感性较小,管子可承受较大的流体介质压力。但由于管外流体的流速很小,传热系数小,传热效率低,需要的传热面积大,设备显得笨重。常用于高压流体的冷却,有时也用作搅拌设备的传热元件
套管式换热器 图 7-3 (b)	由两根同心管组装成,两端用 U 形弯管连接成排,并排列组合成传热单元。换热时,一种流体走内管,另一种流体走内外管之间的环隙,内管的壁面为传热面,按逆流方式进行换热。两种流体都可以在较高的温度、压力、流速下进行换热	结构简单,传热面积增减方便,两侧流体均可提高流速,使传热面的两侧都可有较高的传热系数。但其单位传热面的金属消耗量大,检修、清洗和拆卸不方便,在可拆连接处容易造成泄漏。一般适用于高温、高压、小流量流体和所需的传热面积不大的场合
管壳式换热器 图 7-3 (c)	在圆筒形壳体中放置由许多管子组成的管束,管子的两端(或一端)固定在管板上。在壳程内隔安装多块折流板(或其他新型折流元件),用拉杆和定距管将其与管子组装在一起。壳体上和两侧的端盖上装有流体的进出口,设置检查孔,以及为安装测量仪表用的接口管、排液孔和排气孔等	结构坚固、可靠性高、适应性广、易于制造、处理能力大、生产成本低、选用的材料范围广、换热表面的清洗比较方便、高温和高压下亦能应用。但在传热效率、结构的紧凑性以及单位换热面积所需金属的消耗量等方面有待改善
缠绕管式换热器 图 7-3 (d)	在芯筒与外筒之间的空间内将传热管按螺旋线形状交替缠绕而成,相邻两层螺旋状传热管的螺旋方向相反,并采用一定形状的定距件使之保持一定的间距。缠绕管可以采用单根绕制,也可采用两根或多根组焊后一起绕制	适用于同时处理多种介质、在小温差下需要传递较大热量且管内介质操作压力较高的场合,如制氧等低温过程中使用的换热设备等
螺旋板式换热器 图 7-3 (e)	由两张平行钢板卷制成的具有两个螺旋通道的螺旋体构成,并在其上安有端盖(或封板)和接管。螺旋通道的间距靠焊在钢板上的定距柱来保证	结构紧凑,单位体积内的传热面积大,传热效率高;制造简单;材料利用率高;流体单通道螺旋流动,有自冲刷作用,不易结垢;可呈全逆流流动,传热温差小。适用于液—液、气—液流体换热,高黏度流体的加热或冷却,含有固体颗粒的悬浮液的换热。承压能力较差

型式	结构简介	特点及应用场合
板翅式换热器 图 7-3 (f)	在两块平行金属板(隔板)之间放置一种波纹状的金属导热翅片,在其两侧边缘以封条密封而组成单元体;对各个单元体进行不同的组合和适当的排列,并用钎焊焊牢,组成板束;再把若干板束按需要组装在一起,便构成逆流、错流、错逆流板翅式换热器,冷、热流体分别流过间隔排列的冷流层和热流层实现热量交换	是目前世界上传热效率最高的换热设备之一,结构紧凑、轻巧,单位体积内的传热面积一般都能达到 $2500\sim4370m^2$;适应性广,可用作气—气、气—液和液—液的热交换,亦可用作冷凝和蒸发,同时适用于多种不同的流体在同一设备中操作,特别适用于低温或超低温的场合。但结构复杂,造价高;流道小,易堵塞,不易清洗,难以检修等
板壳式换热器 图 7-3 (g)	主要由板束和壳体两部分组成,介于管壳式和板式换热器之间的一种换热器。板束相当于管壳式换热器的管束,每一板束元件相当于一根管子,由板束元件构成的流道称为板壳式换热器的板程,相当于管壳式换热器的管程;板束与壳体之间的流通空间则构成板壳式换热器的壳程。板束元件的形状可以是多种多样的	具有管壳式和板式换热器两者的特点。结构紧凑,单位体积包含的换热面积较管壳式换热器增加 70%;传热效率高,压力降小;与板式换热器相比,由于没有密封垫片,较好地解决了耐温、耐压与高效率之间的矛盾;容易清洗,但焊接技术要求高。板壳式换热器常用于加热、冷却、蒸发、冷凝等过程

7.2 管壳式换热器

管壳式换热器以其高度的可靠性和广泛的适应性,在各工业领域中得到广泛应用。近年来,尽管受到了其他新型换热设备的挑战,但这些反过来也促进了其自身的发展。在现代工业装置向高参数、大型化发展的今天,管壳式换热器仍占据主导地位。本节将重点介绍这一类换热器的基本类型、结构特点、工作特性等内容。

7.2.1 基本类型与特点

管壳式换热器是把若干根换热管与管板连接形成管束,再与壳体组装起来的一种换热器。根据其结构形式的不同,可分为固定管板式、浮头式、U 形管式、填料函式和釜式重沸器等五大类,如图 7-4 所示。

(1)固定管板式换热器 典型结构如图 7-4(a)所示,两端管板与壳体焊接连接固定,管束连接在管板上。同其他形式的管壳式换热器相比,其具有结构简单、紧凑,能承受较高的压力,造价低,管程清洗方便,管子损坏时易于堵管或更换等优点。但当管束与壳体的壁温或材料的线膨胀系数相差较大时,会产生较大的热应力,此时应考虑在壳体上设置膨胀节。膨胀节是一

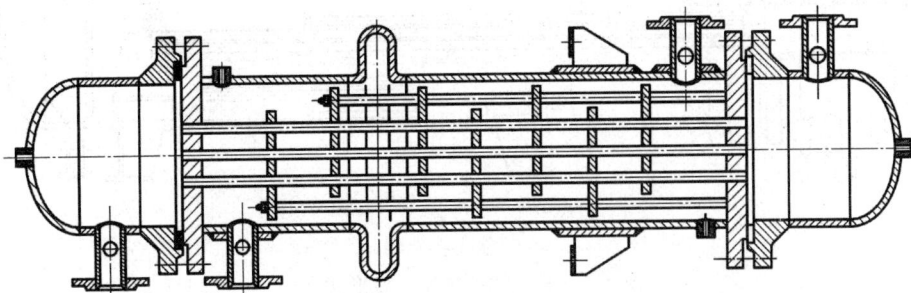

(a)固定管板式换热器

图 7-4 管壳式换热器主要形式

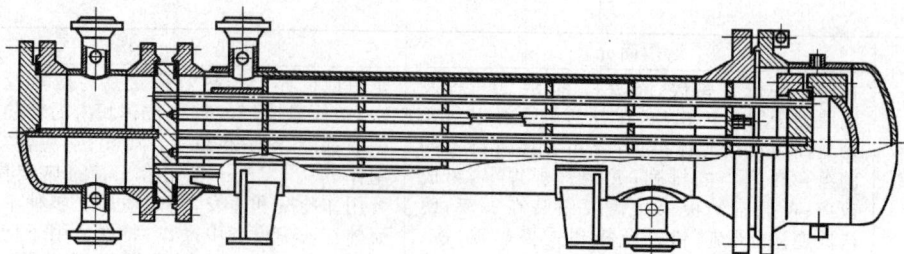

（b）浮头式换热器

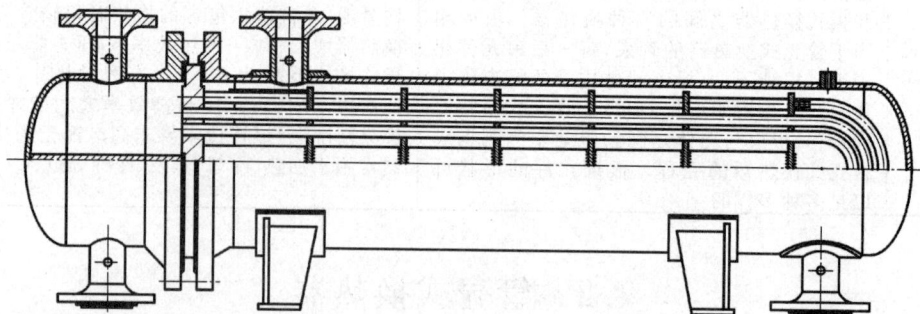

（c）U形管式换热器

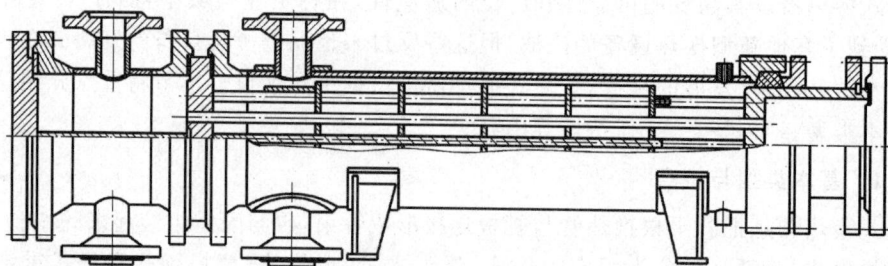

（d）填料函式双壳程换热器

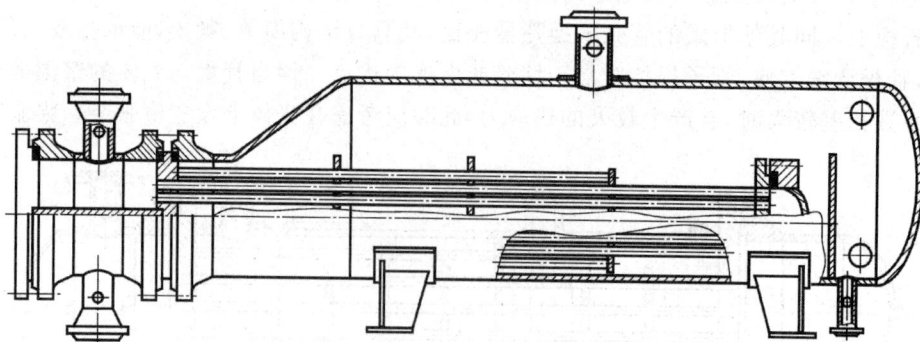

（e）釜式重沸器

图 7-4　管壳式换热器主要形式（续）

种能自由伸缩的弹性补偿元件，通过对管子与壳体的膨胀变形差进行补偿，来消除或减少不利的温差应力。同时，这类换热器的管外表面无法进行机械清洗，因此这种换热器适用于壳侧介质清洁且不易结垢并能进行溶解清洗的场合,或是管、壳程两侧温差不大或温差较大但壳侧压力不高场合。

(2)浮头式换热器　典型结构如图 7-4(b)所示,两端管板中一端通过螺栓夹紧在壳体法兰与管箱法兰之间,另一端相对于壳体轴向自由移动(称为浮头)。浮头由浮头管板、钩圈和浮头端盖组成,是可拆连接结构,管束可从壳体内抽出。由于管束与壳体的热变形是自由的,因此不会有热应力产生。

浮头式换热器的结构复杂,造价比固定管板式换热器高,设备笨重,金属消耗量大,且浮头端盖部件在操作中无法检查,因此制造时对密封要求较高。但此类设备管间和管内清洗方便,不会产生热应力,适用于壳体和管束之间壁温温差较大或壳程介质易结垢的场合。

(3)U 形管式换热器　典型结构如图 7-4(c)所示,由多根换热管弯成 U 形管组成管束,且管束的两端固定在同一块管板上。管子可以自由伸缩,管箱设置分程隔板,壳体与换热管分开,不用考虑热膨胀。

由于受结构的限制,其换热管排布数量较少,管束最内层管间距大,管板的利用率较低,壳程流体易形成短路,对传热不利;且当管子泄漏损坏时,只有管束外围处的 U 形管可方便更换,内层换热管通常只能堵死。而坏一根 U 形管相当于坏两根管,故报废率较高。

U 形管式换热器结构比较简单,弥补了浮头式换热器结构复杂的缺点,且承压能力强,适用于管、壳壁温差较大或壳程介质易结垢需要清洗,又不适宜采用其他形式换热器的场合。特别适用于管内走清洁而不易结垢的高温、高压、腐蚀性大的流体。

(4)填料函式换热器　典型结构如图 7-4(d)所示,浮头部分露在壳体以外,在浮头与壳体的滑动接触面处采用填料函式密封结构,管束可以自由伸缩,不会产生热应力。其结构特点与浮头式换热器相类似,但较浮头式换热器简单,加工制造方便,节省材料,造价比较低廉,且管束从壳体内可以抽出,管内、管间都能进行清洗,维修方便。

由于受填料密封条件的限制,该结构一般适用于 4.0MPa 以下的工作条件,且不适用于易挥发、易燃、易爆、有毒及贵重介质。使用温度也受填料的物性限制,因而,填料函式换热器现在已很少采用。

(5)釜式重沸器　典型结构如图 7-4(e)所示。此类换热器的管束可以为浮头式、U 形管式和固定管板式结构,因而具有浮头式、U 形管式换热器的特性。结构上与其他换热器不同之处在于其壳体上部有蒸发空间,蒸发空间的大小由产气量和所要求的蒸气品质所决定。

该换热器与浮头式、U 形管式换热器一样,清洗维修方便,可处理不清洁、易结垢的介质,并能承受高温、高压。

7.2.2　管壳式换热器的结构

管壳式换热器中流体流经换热管内的通道及与其相贯通部分称为管程,基本构件有管箱、管板、换热管等;流体流经换热管外的通道及与其相贯通部分称为壳程,基本构件有壳体、折流板或折流杆、支撑板、纵向隔板、拉杆、防冲挡板等。

7.2.2.1　管束分程

在管内流动的流体从管子的一端流到另一端,称为一个管程。在管壳式换热器中,最常用也是最简单的是单管程换热器。当工艺需要增加换热面积,可以采用增加管长或管数的方法实现。但前者受到加工、运输、安装以及维修等方面的限制,后者由于介质在管束中的流速随着换热管数量的增多而下降,结果反而使流体的传热系数降低。如果把管束分成若干程数,使流体依次流过各程管子,既可以增加流体速度,又可以提高传热系数。管束分程可采用多种不同的组合方式,但每一程中的管数应大致相等,且跨程温度相差不宜过大,以不超过 20℃ 左右为宜,否则在管束与管板中将产生很大的热应力。

表 7-2 列出了几种管束分程布置形式。从制造、安装、操作等角度考虑,偶数管程有更多的方便之处,最常用的程数为 2、4、6。

对于 4 管程的分法,有平行和工字形两种。一般为了接管方便,选用平行分法较合适,同时平行分法亦可使管箱内残液放尽。工字形排列法的优点是比平行法密封线短,且可排列更多的管子。

表 7-2　管束分程布置图

管程数	1	2	4			6	
流动顺序		1 / 2	1/2/3/4	1 2 / 4 3	1 / 2 3 / 4	2 3 / 5 4 / 6	2 1 / 3 4 / 6 5
管箱隔板							
介质返回侧隔板							
图序	a	b	c	d	e	f	g

7.2.2.2　管箱

管箱位于管壳式换热器的两端,其作用是将管道输送过来的流体均匀地分布到各换热管中,同时把管内流体汇集到一起送出换热器。管箱由封头、管箱短节、法兰连接和分程隔板等零件组成。当换热器一端或两端管箱内分别安置一定数量的隔板后,可将其分为多管程,通过管箱可以改变流体流向。

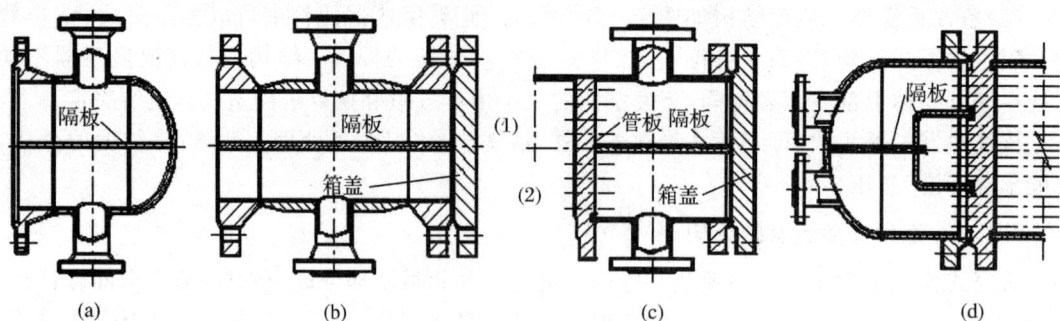

图 7-5　管箱结构形式

管箱的结构形式主要以换热器是否需要清洗或管束是否需要分程等因素决定。图 7-5 为管箱的几种结构形式。图 7-5(a) 的结构适用于较清洁的介质工况,因为在检查及清洗换热管时,必须将连接管道一起拆下,很不方便。图 7-5(b) 的结构用材较多,但检查及清洗管子时将平盖拆除即可而不需拆除连接管道,容易清洗和检查,目前设计中较多采用。图 7-5(c) 形式是将管箱与管板焊成一体,从结构上看,可以完全避免在管板密封处的泄漏,但管箱不能单独拆下,检修、清理不方便,所以在实际使用中很少采用。图 7-5(d)为一种多程隔板的安置形式。

7.2.2.3 管板

管板是管壳式换热器最重要的零部件之一,用来排布换热管,分隔管程和壳程的流体,并同时承受管程、壳程压力和温度的作用。

(1)管板材料 管板材料选择除考虑力学性能外,还应考虑管程和壳程流体的腐蚀性,以及管板和换热管之间的电位差对腐蚀的影响。

当流体无腐蚀性或有轻微腐蚀性时,管板一般采用压力容器专用碳素钢、低合金钢板加工或低合金钢锻造。当流体有腐蚀性,管板应该采用不锈钢、铜、铝、钛等耐腐蚀材料制造。当某种单一的材料不能同时抵抗两侧换热介质的腐蚀时,可选用双金属板,有时虽然只有一种介质具有强烈腐蚀作用,但是由于管板尺寸较大,那么采用整体贵重材料制造管板不如采用复合板经济。工程上常采用不锈钢+碳钢、钛+碳钢、铜+碳钢等复合板,或在普通碳钢管板表面堆焊不锈钢衬里。

(2)管板结构 依据管壳式换热器的结构,管板形式可以分为:

a. 固定式管板 一般中、低压换热器采用固定式管板,被夹持在两法兰之间的固定管板,都是结构简单的平管板,如图 7-4(a)所示。

b. 浮头式管板 一般指具有钩圈的内浮头(即不能连同浮头盖一起从壳体抽出的浮头型),如图 7-4(b)所示。

c. U 形式管板 管板通过螺栓和两侧的热片夹紧在管箱法兰和壳体法兰之间,如图 7-4(c)所示。

d. 填料式管板 如图 7-4(d)所示的后管箱结构。

e. 薄管板 当换热器承受高温、高压时,温度与压力载荷对管板的要求是矛盾的。增大管板厚度,可以提高承压能力,但当管板两侧流体温差很大时,管板内部沿厚度方向的热应力增大;减薄管板厚度,可以降低热应力,但承压能力也降低。此外,在开车、停车时,由于厚管板的温度变化慢,换热管的温度变化快,在换热管和管板连接处会产生较大的热应力。当迅速停车或进气温度突然变化时,热应力往往会导致管板和换热管在连接处发生破坏。因此,在满足强度的前提下,应尽量减小管板厚度。

薄管板换热器在设计时,可省去烦琐的管板计算及解决厚管板材料的供应困难,特别是对不锈钢和贵重金属而言,采用薄管板可节约材料 70%~80%,当压力较高时甚至可达到 90%,因而薄管板换热器是一种很有发展前景的换热设备。

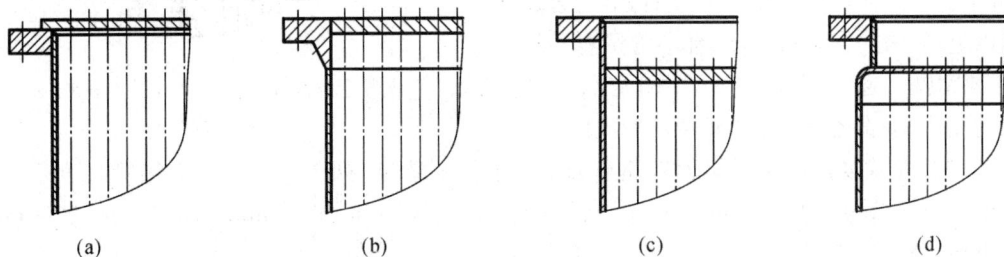

(a)　　　　(b)　　　　(c)　　　　(d)

图 7-6　薄管板结构形式

图 7-6 为薄管板的四种结构形式,其中图 7-6(a)结构,管板贴于法兰表面上;图 7-6(b)结构,薄管板嵌入法兰内,表面车平;图 7-6(c)结构,管板在法兰下面与筒体焊接;图 7-6(d)为挠

性薄管板结构,管板与壳体之间有一个很薄的圆弧过渡连接,管板具有一定弹性,可补偿管束与壳体之间的热膨胀,而过渡圆弧能有效降低管板边缘的应力集中。

从管板强度分析,图 7-6(c)和图 7-6(d)结构中管板离开了法兰,减少了法兰力矩对管板的影响,可降低管板因法兰引起的应力,因而具有较大的灵活性。从防腐蚀要求考虑,图 7-6(c)和图 7-6(d)结构各有优缺点:当壳程流体通入腐蚀性介质时,法兰不会受到腐蚀,可采用普通碳钢制造;而图 7-6(a)结构较适用于管程通过腐蚀性介质,由于密封槽开在管板上,法兰不与管程介质接触,不必采用耐腐蚀材料。

图 7-7 为椭圆形管板结构示意图,管板的结构如同椭圆形封头,与换热器壳体焊接在一起。由于椭圆形管板的受力情况比平管板好得多,所以可以做得很薄,有利于降低热应力,故适用于高压、大直径的换热器。

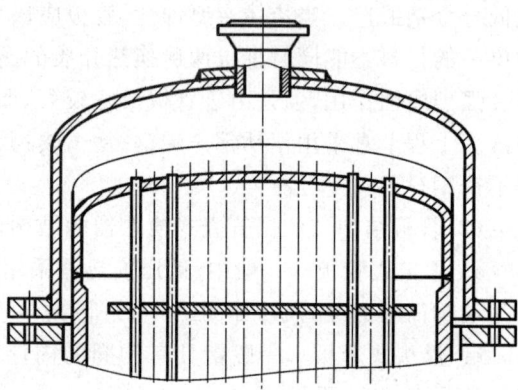

图 7-7　椭圆形管板结构示意图

f. 双管板结构　当工艺要求严格禁止管程与壳程中的介质互相混合时,可采用双管板结构。一般有普通型和整块式两种结构形式,实际工程中常用普通型双管板,如图 7-8 所示。管子分别固定在两块管板上,两块管板保持一定间距。如果管子与管板连接处有少量流体漏出,可让其从两管板之间的空隙泄放至外界,也可利用一薄壁圆筒(短节)将此空隙封闭起来,充入惰性介质,使其压力高于管程和壳程的压力,以达到避免两种介质混合的目的。

7.2.2.4　换热管的选用及其与管板的连接

(1)换热管的选用　换热管构成了管壳换热器的传热面,管子的尺寸和形状对传热有很大的影响。采用小直径管子时,换热器单位体积的换热面积较大,设备较紧凑,单位传热面积的金属消耗量少,传热系数也较高。据估算,将同直径换热器中的换热管由 $\phi25mm$ 改为 $\phi19mm$,其传热面积可增加 40% 左右,节约金属 20% 以上;但增加了制造难度,且小管子容易结垢,不易清洗。通常,大直径管子用于黏性大或污浊的流体,小直径管子用于较清洁的流体。

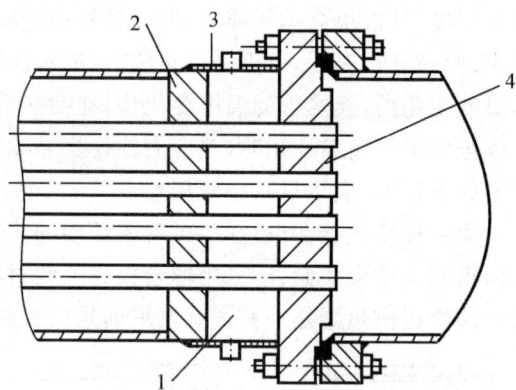

1-空隙;2-壳程管板;3-短节;4-管程管板
图 7-8　双管板结构

我国管壳式换热器常用的无缝钢管规格(外径×壁厚)列于表 7-3。换热管长度规定为 1500mm、2000mm、2500mm、3000mm、4500mm、5000mm、6000mm、7500mm、9000mm、12000mm 等。

表 7-3　换热管直径规格　　　　　　　单位:mm

碳素钢、低合金钢	$\phi19\times2$	$\phi25\times2.5$	$\phi32\times3$	$\phi38\times3$
不锈钢	$\phi19\times2$	$\phi25\times2$	$\phi32\times2.5$	$\phi38\times2.5$

换热管常用结构形式为光管,取材容易,价格低廉,但它强化传热的性能稍差。特别是当流体表面给热系数较低时,其传热系数将会很低。为了强化传热,研发了各种各样的强化传热管,如异形管(图 7-9)、翅片管(图 7-10 与图 7-11)、螺纹管(图 7-12)等。须注意的是:当管内外两侧给热系数相差较大时,翅片管的翅片应布置在给热系数较低的一侧。

换热管的常用材料有碳素钢管、低合金钢管、高合金钢管、奥氏体不锈钢焊接钢管、铜管、铝及其合金管、钛管等,也允许使用螺纹管和波纹管等强化传热管。此外还有一些非金属材料管,如石墨、陶瓷、聚四氟乙烯等。设计时应根据工作压力、温度和介质腐蚀性等选用合适的材料。

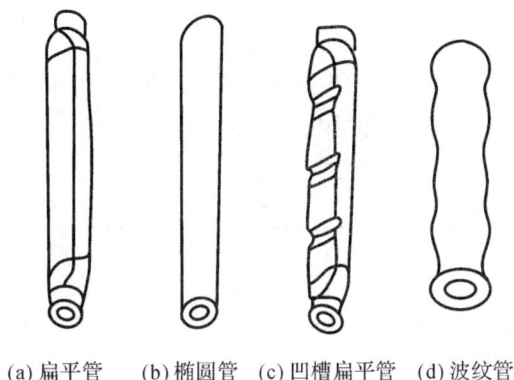

(a) 扁平管　(b) 椭圆管　(c) 凹槽扁平管　(d) 波纹管

图 7-9　几种异形管

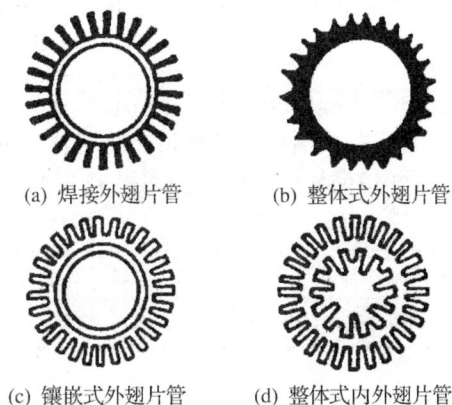

(a) 焊接外翅片管　　(b) 整体式外翅片管

(c) 镶嵌式外翅片管　　(d) 整体式内外翅片管

图 7-10　纵向翅片管

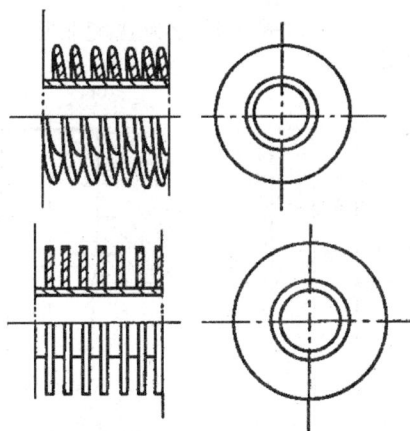

图 7-11　径向翅片管

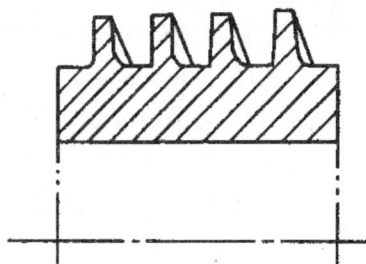

图 7-12　螺纹管

(2)换热管排列形式及中心距　换热管应在整个换热器的截面上均匀地排列,要考虑换热效率、流体性质(是否需要经常清洗)、制造难易等多方面因素。

如图 7-13 所示,换热管在管板上的排列形式主要有正三角形、正方形、转角正三角形和转角正方形。正三角形排列形式使用最为普遍,由于管距都相等,可以在同样的管板面积上排列最多的管数。但因管外不易清洗,其使用场合受到限制,主要适用于壳程介质污垢少,且不需要进行机械清洗的场合。而采用正方形或转角正方形排列的管束,能够使管间小桥形成一条直线通道,便于管外机械清洗。

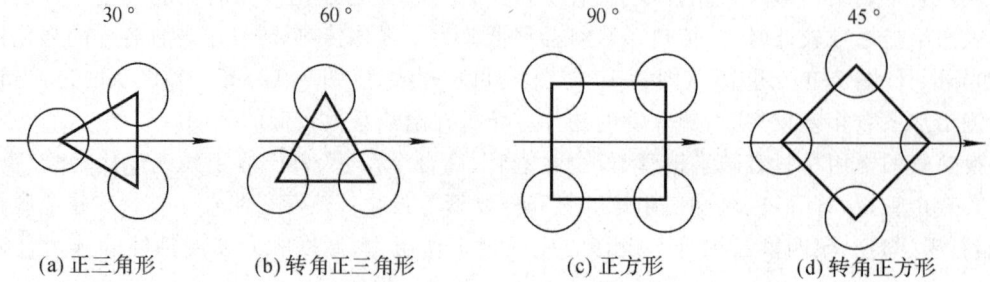

(a) 正三角形　　　(b) 转角正三角形　　　(c) 正方形　　　(d) 转角正方形

注:图中流向箭头垂直于折流板切边

图 7-13　换热管排列形式

换热管中心距要保证管子与管板连接时,管桥(相邻两管间的净空距离)有足够的强度和刚度。管间需要清洗时还要留有进行清洗的通道。换热管中心距一般不小于 1.25 倍的换热管外径,常用的换热管中心距列于表 7-4。

表 7-4　常用换热管中心距　　　　　　　　　　　　单位:mm

换热管外径 d_o	12	14	19	25	32	38	45	57
换热管中心距	16	19	25	32	40	48	57	72

(3)换热管与管板的连接　换热管与管板的连接,在管壳式换热器制造过程中,是一个比较重要的部分。它不仅加工量大,而且还必须保证每个连接处在设备运行中无介质相互渗漏且具备一定的承压能力。

换热管与管板的连接方式根据换热器的使用条件、加工方式不同分为强度胀接、强度焊接、胀焊并用(强度焊接+贴胀、强度胀接+密封焊)、内孔焊。

a. 强度胀接　是指为保证换热管与管板连接的密封性能及抗拉脱强度的胀接。这种连接方法是利用胀管器挤压伸入管板孔中的管子端部,使管端发生塑性变形,管板孔同时产生弹性变形,当去掉胀管器后,管板孔弹性收缩,管板与管子间就产生一定的挤紧压力,紧密地贴在一起,达到密封紧固连接的目的。图 7-14 示出胀管前后管径增大的情况。

温度和压力对胀接效果影响较大。随着温度的升高,接头间的残余应力会逐渐消失,使管端失去密封和紧固能力。所以胀接结构一般用在换热

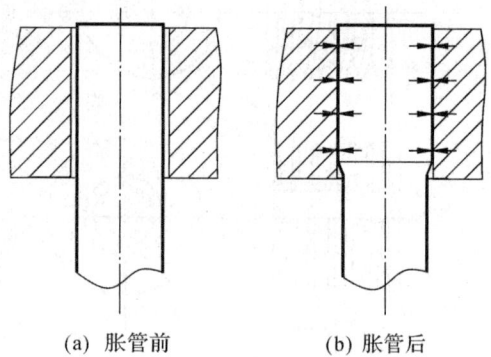

(a) 胀管前　　　(b) 胀管后

图 7-14　胀管前后示意图

管为碳素钢,管板为碳素钢或低合金钢,设计压力不超过 4.0MPa,设计温度在 300℃ 以下,操作中无剧烈振动、无过大的温度波动及无明显的应力腐蚀等场合。

常用的胀接有非均匀胀接(机械滚珠胀接)和均匀胀接(液压胀接、液袋胀接、橡胶胀接和爆炸胀接等)两大类。

b. 强度焊接　是指保证换热管与管板连接的密封性能及抗拉脱强度的焊接。焊接连接比胀接连接有更大的优越性:在高温高压条件下,焊接连接能保证连接的紧密性;管板孔加工

要求低,可节省孔的加工工时;焊接工艺比胀接工艺简单;在压力不太高时可使用较薄的管板。但换热管与管板连接处在焊接时存在的残余热应力与应力集中,在运行时可能引起应力腐蚀与疲劳破坏;同时管子与管板间存在间隙,如图 7-15 所示,该间隙内的不流动液体与间隙外的液体有着浓度上的差别,很容易造成"间隙腐蚀"。

除了存在较大振动及有间隙腐蚀的场合外,只要材料可焊性好,强度焊接可用于其他任何场合。

c. 胀焊并用 虽然在高温下采用焊接连接较胀接连接可靠,但管子与管板之间往往因存在间隙而产生间隙腐蚀,而且焊接应力也容易引起应力腐蚀。特别是高温高压换热器的管子与管板连接处,在操作中受到反复的热冲击、热变形、腐蚀及介质压力作用,工作环境极其严酷,很容易发生破坏。无论采用胀接或焊接均难以满足要求,通常的

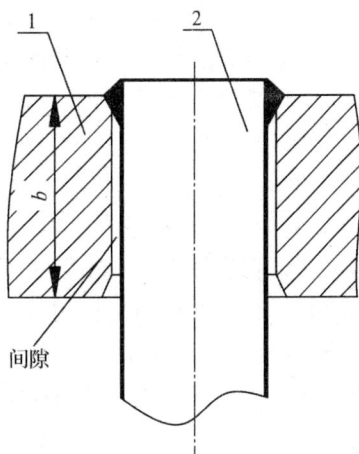

1-管板;2-换热管

图 7-15 焊接间隙示意图

做法是采用胀焊并用,该方式不仅能提高连接处的抗疲劳性能,而且还可消除应力腐蚀和间隙腐蚀,延长使用寿命。

胀焊并用连接主要有强度焊接加贴胀和强度胀接加密封焊等两种方式。所谓"贴胀"是指仅为消除换热管与管孔之间缝隙并不承担拉脱力的轻度胀接,而"密封焊"是指保证换热管与管板连接密封性能的焊接,不保证强度。当强度胀接与密封焊相结合时,胀接承受拉脱力,焊接保证紧密性;强度焊接与贴胀相结合时,则焊接承受拉脱力,胀接消除管子与管板间的间隙。

在胀焊并用的连接中先采用胀接还是焊接,没有统一的标准或规定。但一般认为以先焊后胀为宜。这是因为采用胀管器胀接时需用润滑油,胀后难以洗净,在焊接时存在于缝隙中的油污高温下会生成气体从焊面逸出,导致焊缝产生气孔,严重影响焊缝的质量。

胀焊并用主要用于密封性能要求较高,承受振动或疲劳载荷,有间隙腐蚀,需采用复合管板等的场合。

d. 内孔焊 在一些特殊情况下,上述的连接方式无法确保管板与换热管连接的可靠性时,可采用内孔焊的连接形式。采用内孔焊,换热管与管板之间在壳程侧以对接焊缝形成对接头或锁底焊接接头,如图 7-16 所示。

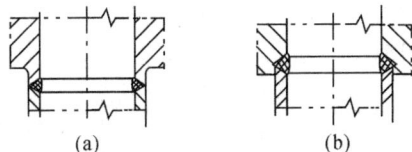

(a)   (b)

图 7-16 内孔焊示意图

7.2.2.5 壳体及其与管板的连接

(1)壳体 换热器壳体一般是圆筒,在壳壁上焊有接管,供壳程流体进出之用。为了防止流体直接冲刷管束而造成腐蚀或振动,在壳程进口接管处常装有缓冲板。当壳体法兰采用高颈法兰或壳程进出口接管直径比较大或采用活动管板时,由于进出口接管位置距管板较远,流体停滞区过大,靠近两端管板的传热面积利用率很低,此时可通过采用导流筒结构来减小流体的停滞区。

(2)壳体与管板的连接 管板与壳体圆筒(或是管箱圆筒)的连接有两类形式:一类是不可拆形式,如固定管板式换热器的管板与壳体的连接采用焊接结构;另一类是可拆式,如浮头式及 U 形管式等换热器,其管板本身不直接与壳体连接,而通过壳体上法兰和管箱法兰夹持固定。详细连接结构形式参见 GB/T 151。

7.2.2.6 折流板

在对流传热的换热器中,壳程设置折流板的目的是对流体折流,提高其流速,增加湍动程度,并使壳程流体垂直冲刷管束,从而改善传热效果。对于卧式换热器,折流板还有支撑管束的作用,但其主要作用是折流。

折流板的结构要根据工艺过程及要求来确定,常用的折流板形式有弓形和圆盘-圆环形两种,如图 7-17 所示。或者根据需要也可采用其他形式的折流板,如矩形折流板等。

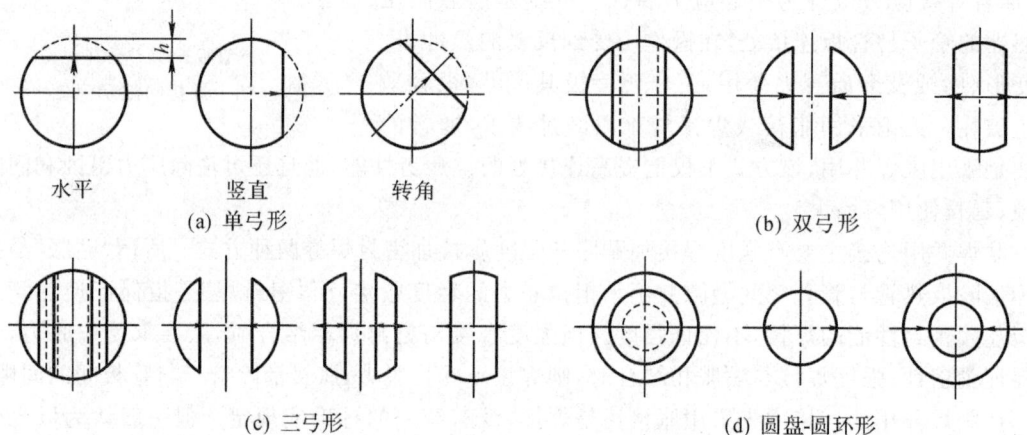

水平　　　　竖直　　　　转角
(a) 单弓形　　　　　　　　　　　　　　　(b) 双弓形

(c) 三弓形　　　　　　　　　　　(d) 圆盘-圆环形

图 7-17　折流板形式

弓形折流板是一种普遍使用的结构,其缺口弦高一般取 0.20~0.45 倍的圆筒内直径,最常用的是 0.25 倍筒体内直径。

弓形折流板的布置很重要,如卧式换热器壳程为无相变介质时,折流板缺口应水平上下布置。若气体中含有少量液体时,则在缺口朝上的折流板最低处开设通液口,见图 7-18(a);若液体中含有少量气体时,则应在缺口朝下的折流板最高处开通气口,如图 7-18(b)所示。卧式换热器壳程介质为气-液相共存或含有固体颗粒的液体时,折流板缺口应垂直左右布置,并在折流板最低处开通液口,如图 7-18(c)所示。

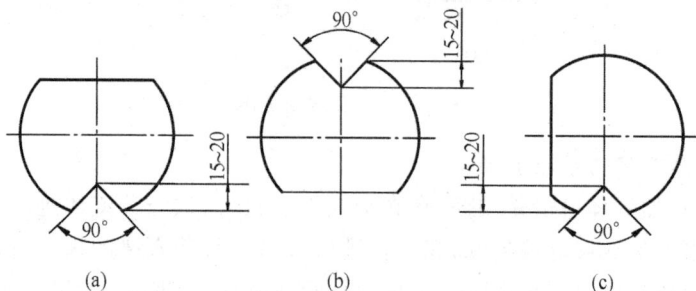

(a)　　　　　　　　(b)　　　　　　　　(c)

图 7-18　折流板缺口布置

折流板还起着支撑换热管的作用。当工艺上没有要求安装折流板,且管子比较细长时,应该设置一定数量的支持板,以便于安装和防止管子变形过大。支持板的形状与尺寸均按折流板规定来处理。

折流板一般应按等间距布置,管束两端的折流板应尽量靠近壳程进、出口接管。折流板的最小间距应不小于壳体内直径的 1/5,且不小于 50mm;其最大间距不得超过表 7-5 的规定,且相邻两块折流板间距不得大于壳体内直径。

表 7-5　折流板和支持板最大间距　　　　　　　　　　　　单位:mm

换热管外直径		10	12	14	16	19	25	32	38	45	57
最大无支撑跨距	钢管	—	—	1100	1300	1500	1850	2200	2500	2750	3200
	有色金属管	750	850	950	1100	1300	1600	1900	2200	2400	2800

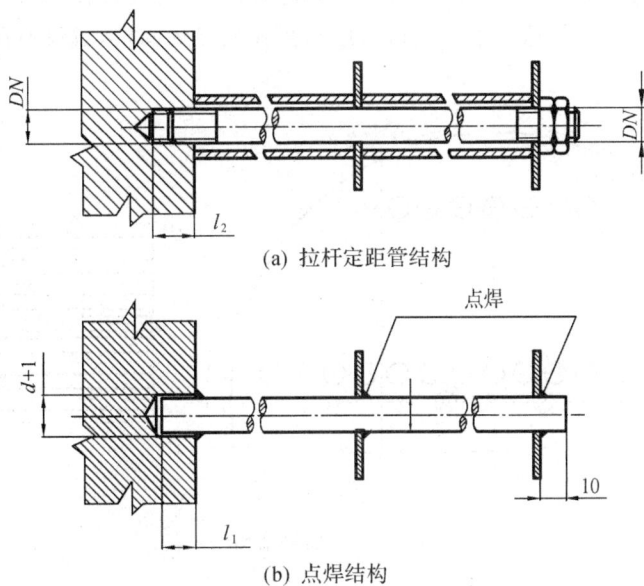

(a) 拉杆定距管结构

(b) 点焊结构

图 7-19　拉杆结构

折流板与支持板的固定是通过拉杆和定距管来实现的,拉杆和定距管的连接如图 7-19(a)所示。拉杆是一根两端皆有螺纹的长杆,一端拧入管板,折流板就穿在拉杆上,各板之间则用套在拉杆上的定距管来保持板间距离。当换热管外径小于或等于 φ14mm 时,可将折流板与拉杆点焊在一起而不用定距管,如图 7-19(b)所示。

7.2.2.7　防短路结构

壳程流体流动存在短路问题,会影响传热效率,需采用防短路结构。常用的防短路结构主要有旁路挡板、挡管、中间挡板等。

(1)旁路挡板　当壳体与管束之间存在较大间隙时,如浮头式、U 形管式和填料函式换热器,可在管束上增设旁路挡板,以迫使壳程流体通过管束与管程流体进行热交换。旁路挡板可用钢板或扁钢制成,其厚度一般与折流板相同。旁路挡板嵌入折流板槽内,并与折流板焊接,如图 7-20 所示。通常,当壳体公称直径 $DN \leqslant 500$mm 时,应增设一对旁路挡板;当 500mm$< DN <$1000mm 时,应增设两对旁路挡板;当 $DN \geqslant 1000$mm 时,应至少增设三对旁路挡板。

(2)挡管　当换热器设置管箱分程隔板对管程进行分程后,其管中心(或在每程隔板中心的管间)会因不排列换热管而引起管间短路,影响传热效率。为此,常通过安排挡管来解决该问题,即在换热器分程隔板槽背面两管板之间设置两端堵死的管子,如图 7-21 所示。挡管规格一般与换热管相同,可与折流板点焊固定,也可用拉杆(带定距管或不带定距管)代替。挡管宜每隔 3~4 排换热管设置一根,但不应设置在折流板缺口处。

(3)中间挡板　在 U 形管式换热器中,管

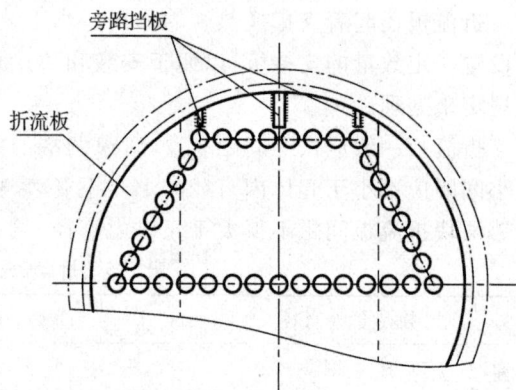

图 7-20　旁路挡板结构

束中心部分存在较大间隙,容易造成短路而影响传热效率。为此常在 U 形管束的中间通道处设置中间挡板,如图 7-22 所示。中间挡板一般与折流板点焊固定,数量不宜多于 4 块。

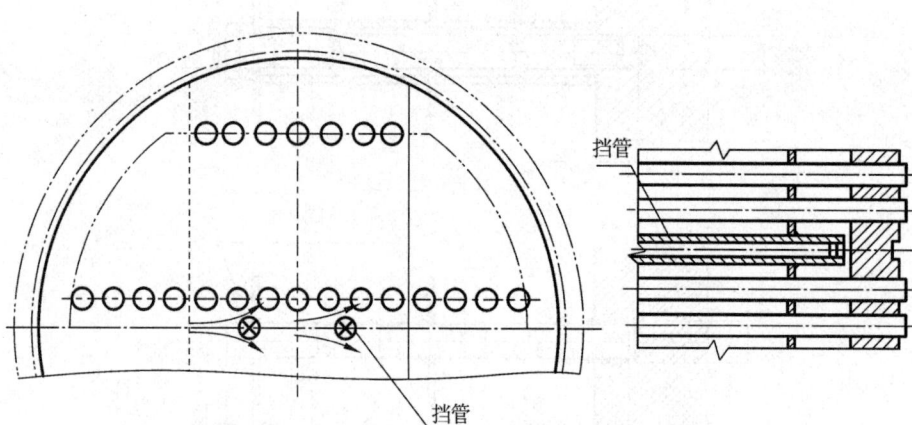

图 7-21　挡管结构

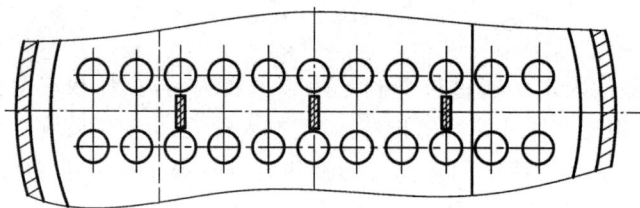

图 7-22　中间挡板

7.2.2.8　膨胀节的结构与设置

(1)膨胀节的作用与结构　固定管板式换热器的管束与壳体刚性连接,在热交换过程中,如果管束与壳体间有一定的温差存在且达到某一温度值时,往往会引起壳体的破坏或造成管束弯曲。因此,当温差较大时,应优先选用浮头式换热器、U 形管式换热器或填料函式换热器。但上述三种换热器常受工艺状况的限制且造价高,较少使用。该工况下若继续选用固定管板式换热器时,则必须设置温差补偿元件——膨胀节。

膨胀节是安装在固定管板式换热器上的一种能自由伸缩的挠性构件,其特点是受轴向力后容易变形,这种变形可以对管子与壳体的膨胀变形差进行补偿,以此来消除或减少不利的温差应力。在壳体上设置膨胀节可以降低由管束和壳体间热膨胀差所引起的管板应力、换热管与壳体的轴向应力以及管板与换热管间的拉脱力。

膨胀节的结构形式较多,一般有波形(U形)膨胀节、Ω形膨胀节、平板膨胀节等。其中波形(U形)膨胀节使用最普遍,如图7-23所示;其次是Ω形膨胀节。前者一般用于补偿量较大的场合,后者则多用于压力较高的场合。

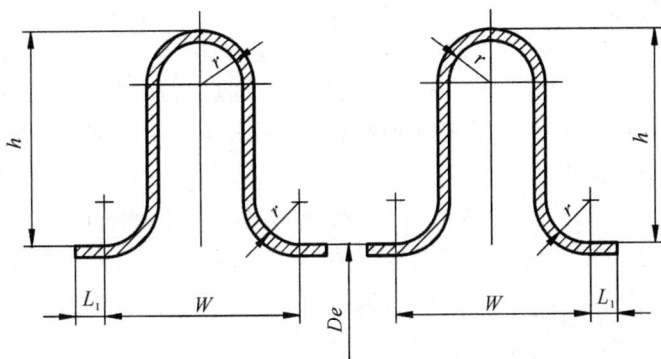

图 7-23　波形(U形)膨胀节结构示意图

(2)是否设置膨胀节的判断　设计固定管板式换热器时,是否设置膨胀节主要取决于设计条件(如设计压力、设计温度、壳程和管程的金属温度及材料等)下换热器各元件的实际应力状况等因素。当管束与壳体间热膨胀差引起的应力较小时,就不必设置膨胀节,一旦应力达到一定数值,壳体本身补偿不了这种变形差,就要考虑用膨胀节给予补偿。关于膨胀节的设计计算参见 GB 16749《压力容器波形膨胀节》。

需要指出的是,当换热器存在较大温差应力时,首先应考虑调整材料或某些元件尺寸,或改变连接方式(如胀接改为焊接),或考虑采用管束和壳体可以自由膨胀的换热器,如U形管式换热器、浮头式换热器等,使之满足强度条件。

7.3　换热器设计与选型简介

换热设备有多种结构形式,每种结构形式的换热设备都有其不同的工作特性和应用范围。例如,有些结构形式在某一操作工况下使用效果很好,但用于其他工况时,却不太合适,或者根本就不能使用。因而,只有熟悉和掌握这些特点,并根据生产工艺的具体情况,才能进行合理的选型和正确的设计。

7.3.1　换热器设计

换热器与一般压力容器不同,尤其是与储存容器比较,其工艺设计在换热器设计中占主导地位。而机械设计除保证强度要求外还要实现工艺计算中的传热和压降的要求。下面结合管壳式换热器的设计,介绍其工艺设计和机械设计中应注意的问题。

7.3.1.1 设计要点

自 20 世纪 80 年代以来，国内设计单位开始直接采用国际先进的传热软件进行工艺设计。如做投标文件时，被广泛认可的软件有美国传热研究公司的 HTRI(Heat Transfer Research，Inc)、美国传热与流体服务中心提供的 HTFS(Heat Transfer and Fluid Flow Service)。

设计过程中，应该根据工艺过程所规定的条件，如流体的热力学参数（温度、压力）和传热量等进行热力学和流体力学计算，以满足规定的工艺条件。通过比较优化，使设计的换热设备具有尽可能小的传热面积，在单位时间内传递尽可能多的热量。下面列举一些管壳式换热器工艺设计中的关键要素。

(1)温度 冷却水的出口温度不宜高于 $60℃$，以免结垢严重；高温端的温差不应小于 $20℃$，低温端的温差不应小于 $5℃$；当在两工艺流体之间进行热交换时，低温端的温差不应小于 $20℃$；当采用多管程、单壳程的管壳式换热器，并用水作为冷却剂时，冷却剂的出口温度不应高于工艺流体的出口温度。

在冷却或冷凝工艺流体时，冷却剂的入口温度应高于工艺流体中易结冻组分的冰点，一般应高于 $5℃$；当冷凝带有惰性气体的工艺流体时，冷却剂的出口温度应低于工艺流体的露点，一般低于 $5℃$；在冷却反应物时，为了控制反应，应维持反应流体和冷却剂之间的温差不低于 $10℃$。

换热器的设计温度一般应高于最高使用温度 $15℃$ 以上。

(2)压力降 管壳式换热器工作时，增加工艺流体的流速，可相应增加传热膜系数，从而提高总的传热系数，使换热器结构更紧凑。但流速增加后将相应增大换热器的压力降，从而加剧换热器的磨蚀和振动破坏等；同时，压力降的增大也使得换热器运行过程中的动力消耗增大。因此，一般应限制管壳式换热器的最大压力降，表 7-6 列出允许的压力降范围。

表 7-6 允许的压力降范围 单位：MPa

工艺流体的压力	允许压力降，Δp
真空	0.01
0.1~0.17	0.004~0.034
>0.17	≥0.034

(3)流体空间的选择 为使管壳式换热器正常而有效地工作，应慎重地选择流体的走向。

a. 当两流体温差大，高温流体一般走管程。可以节省保温层和减少壳体厚度；有时为了便于高温流体的散热，也可以使高温流体走壳程，但为了保证操作人员的安全，需设置保温层。

b. 较高压力的流体走管程，以减少壳体厚度。

c. 腐蚀性较强的流体宜走管程，以节省耐腐蚀材料。

d. 较脏和易结垢的流体尽可能走管程，以便于清洗和控制结垢。如必须走壳程，则应采取正方形排列，并采用可拆式（浮头式、填料函式、U 形管式）的换热器。

e. 黏度较大的流体应走壳程，以得到较高的传热系数。

f. 流量较小的流体应走壳程，以使流体形成湍流状态，从而增加传热系数。

换热器的工艺尺寸确定后，如果选择标准系列的换热器，此时结构尺寸随之而定，否则要进行结构和机械设计。根据工艺及设备要求，将设备功能逐步分解至零部件，并确定各部件尺寸。如管壳式换热器：壳体、封头、管箱厚度；换热管在管板上固定、管板强度、管板与壳体连接结构、是否需要温差补偿装置、折流板与隔板的固定、端盖与法兰的设计、各部件的公差及技术条件等。

7.3.1.2 换热器设计标准简介

换热器在设计、选型及制造检验中需要满足许多规范标准的要求。就管壳式换热器而言应符合 TSG 21《固定式压力容器安全技术监察规程》、GB 150《压力容器》和 GB/T 151《热交换器》等有关规定和图样上的特殊要求。

GB/T 151《热交换器》是目前我国颁布的关于管壳式换热器的国家标准,管壳式换热器的设计、制造、检验和验收都必须遵循这一规定。该标准适用的换热器参数为:公称直径 $DN \leqslant$ 4000mm;公称压力 $PN \leqslant 35$MPa;公称直径(mm)和公称压力(MPa)的乘积不大于 27000。

7.3.2 换热器选型

由于各类换热器的结构形式差异很大,可适用的范围亦各不相同,因此选型前必须考虑各种因素的影响,通过综合分析比较来选择某一种合适的结构形式。影响换热器选型的各种因素有:

(1)运行参数:运行压力和温度;

(2)流体性质:决定换热器材质、抗腐蚀和抗损坏能力;

(3)性能参数:热效率和压降;

(4)流量;

(5)结垢程度及除垢性能;

(6)制造加工、安装和检修方便程度;

(7)总经济性:投资费用、回收费用。

从实际工程角度出发,一台给定的换热器不可能完全满足所有条件,通常在满足生产工艺的前提下,仅考虑某几个重要影响因素进行选型。

首先,流体的种类、导热系数、黏度等物理性质,以及腐蚀性、热敏性等化学性质,对换热器选型有很大的影响。例如冷却湿氯气时,湿氯气的强腐蚀性决定了设备必须选用聚四氟乙烯等耐腐蚀材料,从而也限制了可能采用的换热器的结构形式;对于处理热敏性流体的换热器,则要求能有效地控制加热过程中的温度和停留时间;而对于易结垢的流体,则应首选易清洗的换热器。

其次,运行参数亦是换热器选型的主要依据。换热介质的压力、温度等参数是选型时必须重点考虑的因素,例如,在高温、高压下操作的大型换热器,需要承受较高的温度与压力载荷,可选用管壳式换热器;若操作温度和压力都不高,处理的量又不大,处理的物料具有腐蚀性,则可选用板面式换热器;又如,当压力低于 3MPa,且温度低于 200℃时,板面式换热器为首选。因为板面式换热器具有传热效率高、结构紧凑和金属材料消耗低等优点。

最后,作为设备制造或使用单位,选型时还应考虑材料的价格、制造成本、动力消耗费及使用寿命等因素,力求使换热器在整个使用寿命内最经济地运行。

传统的选型方法是客户组织经验丰富的技术人员,根据换热介质的温度、压力、流量等参数进行热力学计算,完成初步设计后与换热器生产厂商联系,确定是否有符合条件的结构形式和规格。但这种选型方式效率低、周期长且费用高。近年来,随着计算机技术的迅速发展,国内外一些研究单位采用数值模拟技术,开发出换热器辅助设计与选型软件,使换热设备的选型更趋于合理、高效。

附录 3 中,列出了一些常见的管壳式换热器的基本参数,供设计和选型时参考。

思考题

7-1 换热设备有哪几种主要形式？

7-2 间壁式换热器有哪几种主要形式？各有什么特点？

7-3 管壳式换热器主要有哪几种形式？各有何优缺点？

7-4 换热管与管板之间有哪几种连接方式？各自的适用范围是什么？

7-5 换热管在管板上排列的标准形式有哪些？各适用于什么场合？

7-6 折流板的作用是什么？有哪些常用结构？

7-7 为防止管壳式换热器壳程流体短路，通常可采取哪些防短路结构？

7-8 选择换热设备时，主要应考虑哪些影响因素？

第8章

塔设备选型

塔设备是化工、石化、医药、食品及环境保护等工业生产中最重要的单元操作设备之一。它可使气(汽)—液或液—液两相之间进行紧密接触,达到相际传质及传热的目的。可在塔设备中完成的单元操作主要有蒸馏、吸收、解吸(气提)和萃取等;此外,还包括工业气体的冷却与回收、气体的湿法净制和干燥,以及兼有气—液两相传质和传热的增湿、减湿等。

工业生产中,塔设备的应用面广、量大。据统计,塔设备无论是其投资费用还是所消耗的钢材重量,在整个工艺设备中所占的比例都相当高,表8-1所示为几个典型的应用实例。同时,塔设备的性能对于整个装置的产品质量、产量、生产能力和成本以及环境保护、三废处理等都有重大的影响。

表 8-1　塔设备的投资及重量在工艺设备中所占的比例

行业名称	塔设备投资的比例/%	装置名称	塔设备重量的比例/%
化工及石油化工	25.39	60万吨,120万吨/年催化裂化	48.9
炼油及煤化工	34.85	11.5万吨及30万吨/年乙烯	25.00～28.30
人造纤维	44.90	8万吨/年氯乙烯	33.30

8.1　塔设备的分类及总体结构

8.1.1　塔设备的分类

经过长期的发展,塔设备已经具有多种结构形式。为了便于比较和研究,应首先对塔设备进行分类。常见的分类方法有:

(1)按操作压力可分为加压塔、常压塔及减压塔;

(2)按单元操作可分为精馏塔、吸收塔、解吸塔、萃取塔、反应塔和干燥塔。

(3)按塔的内件结构可分为填料塔和板式塔,这是目前最常用的分类方法。

本章着重介绍填料塔和板式塔的结构及选用方法。

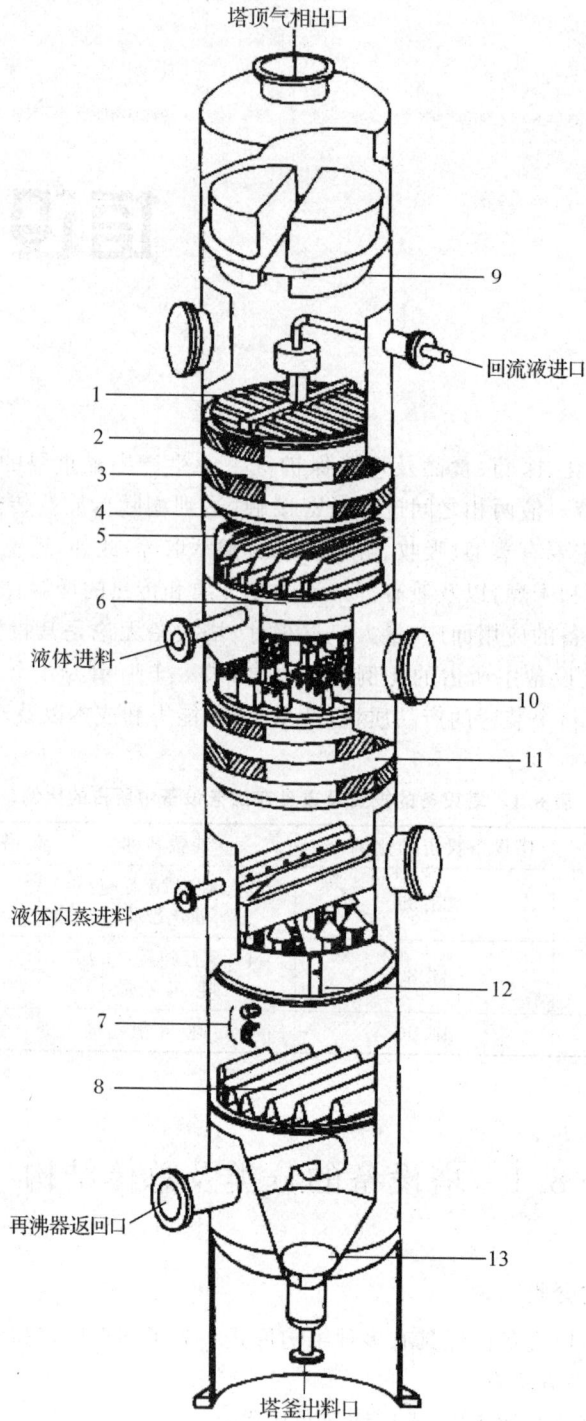

塔顶气相出口

9

回流液进口

1

2

3

4

5

6

液体进料

10

11

液体闪蒸进料

12

7

8

再沸器返回口

13

塔釜出料口

1-排管式液体分布器;2-床层定位器;3-规整填料;4-填料支承栅板;5-液体收集器;
6-集液管;7-散装填料;8-填料支承装置;9-除雾器;10-槽式液体分布器;11-规整填料;
12-盘式液体分布器;13-防涡流器
图 8-1 填料塔的总体结构

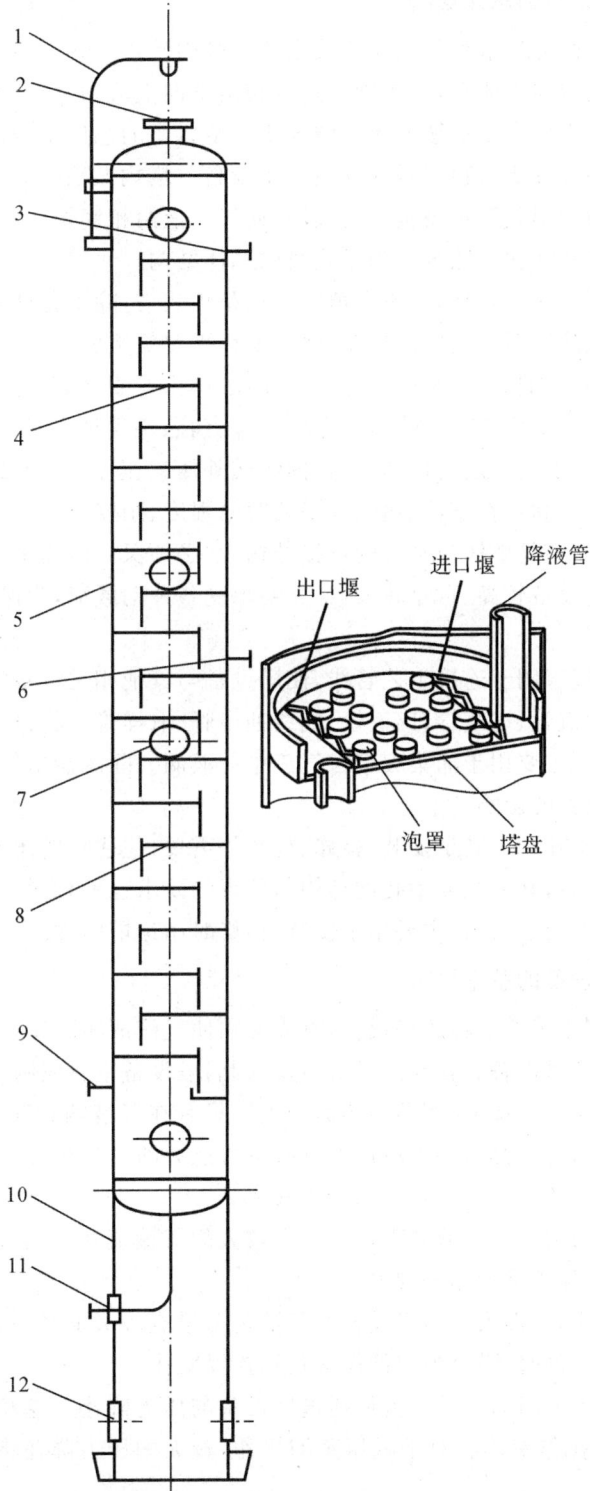

图 8-2　板式塔的总体结构

1-吊柱;2-气体出口;3-回流液入口;4-精馏段塔盘;5-壳体;6-料液进口;
7-人孔;8-提馏段塔盘;9-气体入口;10-裙座;11-釜液出口;12-出入口

8.1.2 塔设备的总体结构

填料塔属于微分接触型的气液传质设备。塔内装填一定段数和一定高度的填料层,液体沿填料表面呈膜状向下流动,气体则呈连续相由下向上流动,与液体逆流传质和传热。两相的组分浓度或温度沿塔高呈连续变化。图 8-1 为填料塔的总体结构。

板式塔是一种逐级(板)接触的气液传质设备。塔内装有一定数量的塔盘,气体自塔底向上以鼓泡或喷射的形式穿过塔板上的液层,使气—液两相密切接触而进行传质与传热,两相的组分浓度呈阶梯式变化。图 8-2 为板式塔的总体结构。

由图 8-1 及图 8-2 可见,无论是填料塔还是板式塔,除了各种内件之外,它们均由塔体、支座、人孔或手孔、除沫器、接管、吊柱及扶梯、操作平台等组成。

(1)塔体 塔体即塔设备的外壳,常见的塔体由等直径、等壁厚的筒体及上下封头组成。对于大型塔设备,为了节省材料也有采用不等直径、不等壁厚的塔体。塔设备通常安装在室外,因而塔体除了承受一定的操作压力(内压或外压)、温度外,还要考虑风载荷、地震载荷、偏心载荷。此外还要满足在试压、运输及吊装时的强度、刚度要求。

(2)支座 支座是塔体与基础的连接结构,它必须保证塔体坐落在确定的位置上进行正常的工作。由于塔设备较高、重量较大,且又要承受各种动载荷,为保证其足够的强度及刚度,通常采用裙式支座。

(3)接管 接管用于连接工艺管线,使塔设备与其他相关设备相连接。按其用途可分为进液管、出液管、回流管、进气管、出气管、侧线抽出管、取样管、仪表接管、液位计接管等。

(4)除沫器 主要用于捕集夹带在气流中的液滴。除沫器工作性能的好坏对除沫效率、分离效果都具有较大的影响。

(5)人孔及手孔 为满足安装、检修、检查等需要,往往在塔体上设置一定数量的人孔或手孔。不同的塔设备,其人孔或手孔的结构与位置的要求也不相同。

(6)吊柱 安装于塔顶,主要用于安装、检修时吊运塔内件。

8.1.3 塔设备的基本要求

作为主要用于传质过程的塔设备,首先必须使气液两相能充分接触,以获得较高的传质效率;同时还应保证塔设备有较高的经济性。为此,塔设备主要应满足以下基本要求。

(1)气液两相充分接触,相际传热面积大 只有在气液两相充分接触的情况下,相际的传质才能有效地进行。为此,要求塔设备具有尽可能大的两相接触面积,并使这些接触面积能有效地被充分利用,才可能得到较高的传质效率。

(2)生产能力大 即气液处理量大。在较大的气液流速下,仍不致发生大量的雾沫夹带、拦液或液泛等破坏正常操作的现象。

(3)操作稳定,弹性大 当塔设备的气液负荷量有较大波动时,仍能在较高的传质效率下进行稳定的操作;同时,塔设备应能保证长期连续操作。

(4)流体流动的阻力小 即流体通过塔设备的压力降小。这将大大节省生产中的动力消耗,以降低经常操作费用。对于减压蒸馏操作,较大的压力降还将使系统无法维持必要的真空度。

(5)结构简单、材料耗用量少、制造与安装容易 这可以减少基建过程中投资费用。

(6)耐腐蚀和不易堵塞。

8.2 填料塔

填料塔具有结构简单、压力降小、传质效率高,且可用各种材料制造等优点。在处理容易产生泡沫的物料以及用于真空操作时,有其独特的优越性。过去,由于填料本体及塔内构件不够完善,填料塔大多局限于处理腐蚀性介质或不适宜安装塔板的小直径塔。近年来,随着填料结构的不断改进,以及新型的高效、高负荷填料的开发,极大地提高了填料塔的通过能力和分离效能,同时又保持了压力降小及性能稳定的特点,因此填料塔已被推广到所有大型气(汽)—液操作中。在某些场合,甚至还代替了传统的板式塔,并在增加产量、提高产品质量、节能等方面取得了巨大的成效。

8.2.1 填 料

(1)填料简介 填料是填料塔的核心元件,它提供了气液两相接触传质与换热的表面,与塔内件一起决定了填料塔的性能。目前,填料的开发与应用仍沿着散装填料与规整填料两个方向进行,常用填料的分类情况列于表 8-2。

表 8-2 常用填料的分类与名称

填料类型			填料名称
散装填料	环型	拉西环形	拉西环,环,十字环,内螺旋环,短拉西环
		开孔环型	鲍尔环,改进型鲍尔环,阶梯环,扁环
	鞍形		弧鞍形,矩鞍形,改进矩鞍形
	环鞍形		金属环矩鞍形,金属双弧形,纳特环,共轭环
	其他新型		塑料球型,花环型,麦勒环型,海尔环型
规整填料	波纹型	垂直波纹形	网波纹型,板波纹型
		水平波纹形	斯普雷帕克型(Spraypak),帕纳帕克型(Panapak)
	非波纹型	珊格型	格里奇珊板(Glitsch Grid)
		板片型	压延金属板,多孔金属板
		绕圈型	古德洛型,海泊菲尔型(Hyperfil)

各类填料的性能、特点在化工原理已有详细介绍,这里就不赘述。

(2)填料的选用 选择填料时应首先满足生产工艺的技术要求,同时综合考虑填料的品种、材质和尺寸,使设备的投资和操作费用最低或较低。应尽量选用技术资料齐全、使用性能成熟的新型填料。对性能相近的填料,应根据它们的特点进行技术和经济的综合评价,既要考虑到填料的费用,又要考虑到塔体的造价与分布器的成本,选用总费用最低的填料塔。

效率、通量和压降是评价填料性能的三个重要指标,也决定塔的大小和操作费用高低。通常,比表面积(单位体积填料中填料的表面积,m^2/m^3)较小的填料空隙率大,可用于高通量、大液量以及物料较脏的场合;而比表面积大的填料,一般通量小,塔径大,而且对液体分布器的要求较高。

对于初始设计,一般推荐选用中等比表面积的填料,如 $DN50$ 鲍尔环、$DN38$ 阶梯环等填料;大比表面积填料可用于一些分离要求高、塔高受限制的场合;高压塔的塔径大,塔壁厚,一般选择比表面积较小、通量大的填料以缩小塔径,降低设备造价;有时在同一塔的不同位置选用不同规格的填料。

与散装填料相比,规整填料可使用薄板材制造,分离能力较大,单位分离能力的填料重量较小,经济性较好。同一类填料,比表面积大者虽然分离能力较大,但其单位分离能力的重量和比表面积也较大,因而费用也高。

填料的材质主要有陶瓷、金属和塑料。瓷质填料具有很好的耐腐蚀性,价格便宜,应用面广,可在高温、低温场合下使用。但是,瓷质填料质脆、易碎。金属填料的壁薄,空隙率大,与瓷质填料相比,具有通量大、阻力小等优点,特别适于真空精馏,适于处理热敏性、易分解、易聚合、易结炭的物料。塑料填料质轻,具有良好的韧性,耐冲击,不易破碎,可以制成格状结构,具有通量大、压降低、耐腐蚀性能好等优点。塑料填料多用于操作温度较低的吸收、洗涤、除尘等过程。但塑料填料表面不易被液体润湿,不能在较高温度下使用。

8.2.2 填料塔内件的结构

填料塔内件是整个填料塔的重要组成部分。内件的作用是为了保证气液更好地接触,以便发挥填料塔的最大效率和生产能力。因此内件的好坏直接影响到填料性能的发挥和整个填料塔的效率。

8.2.2.1 填料的支承装置

填料的支承装置安装在填料层的底部。其作用是防止填料穿过支承装置而落下;支承填料层的重量;保证足够的开孔率,使气液两相能自由通过。因此不仅要求支承装置具备足够的强度及刚度,而且要求其结构简单,便于安装,所用的材料耐介质的腐蚀。

(1)栅板型支承 填料支承栅板是结构最简单、最常用的填料支承装置,如图 8-3 所示。它由相互垂直的栅条组成,放置于焊接在塔壁的支撑圈上。塔径较小时可采用整块式栅板,大型塔则可采用分块式栅板。

栅板支承的缺点是:如将散装填料直接乱堆在栅板上,则会将空隙堵塞从而减少其开孔率,故这种支承装置主要用于规整填料塔。有时在栅板上先放置一盘板波纹填料,然后再装填散装填料。

图 8-3　栅板型支承装置

(2)气液分流型支承 气液分流型支承属于高通量、低压降的支承装置。其特点是为气体及液体提供了不同的通道,避免了栅板型支承中气液从同一孔槽中逆流通过。这样既避免了液体在板上的积聚,又有利于液体的均匀再分配。

a. 波纹式 波纹式气液分流型支承由金属板加工的网板冲压成波形,然后焊接在钢圈上,如图 8-4 所示。网孔呈菱形,且波形沿菱形的长轴冲制。目前使用的网板最大厚度,碳钢

图 8-4　波纹式气液分流型
支承装置

为 8mm,不锈钢为 6mm。菱形长轴 150mm,短轴 60mm,波纹高度为 $25\sim50$mm,波距一般大于 50mm。

b. 驼峰式 驼峰式支承装置是组合式的结构,其梁式单元体宽 290mm,高 300mm,各梁式单元体之间用定距凸台保持 10mm 的间隙供排液用。驼峰上具有条形侧孔,如图 8-5 所示。图 8-5 中各梁式单元体由钢板冲压成型。板厚为:不锈钢 4mm,碳钢 6mm。

这种支承装置的特点是:气体通量大,液体负荷高,液体不仅可以从盘上的开孔排出,而且可以从单元体之间的间隙穿过,最大液体负荷可达 $200\text{m}^3/(\text{m}^2 \cdot \text{h})$。它是目前性能最优的散装填料的支承装置,主要适用于大型塔。对于直径大于 3000mm 的大塔,中间沿与驼峰轴线

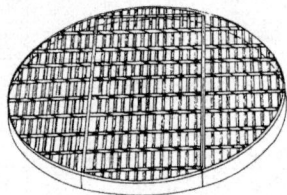

的垂直方向应加工字钢梁支承以增加其刚度。

c. 孔管式 孔管式填料支承装置,如图 8-6 所示。其特点是将位于支承板上的升气管上口封闭,在管壁上开长孔,因而气体分布较好,液体从支承板上的孔中排出,特别适用于塔体用法兰连接的小型塔。

8.2.2.2 液体分布器

液体分布器安装于填料上方,它将液相加料及回流液均匀地分布到填料的表面上,形成液体的初始分布。在填料塔的操作中,因为液体的初始分布对填料塔的影响最大,所以液体分布器是填料塔最重要的塔内件。

为了保证液体初始分布均匀,应保证液体分布点的密度即单位面积上的喷淋点数。由于实际设备结构上的限制,液体分布点不可能太多。常用填料塔的喷淋点数可参考下列指标确定。

当 $\phi 400\text{mm} < D \leqslant \phi 400\text{mm}$ 时,每 30cm^2 的塔截面设一个喷淋点;当 $\phi 400\text{mm} < D \leqslant \phi 750\text{mm}$ 时,每 60cm^2 的塔截面设一个喷淋点;当 $\phi 750\text{mm} < D \leqslant \phi 1200\text{mm}$ 时,每 240cm^2 的塔截面设一个喷淋点。

图 8-5 驼峰式支承装置

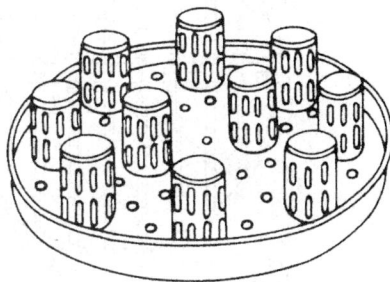

图 8-6 孔管式填料支承装置

对于规整填料,因其填料效率较高,故对液体的均布要求也高。根据填料效率的高低及液量的大小,可按每 $20 \sim 50\text{cm}^2$ 的塔截面设置一个喷淋点。

液体分布器的安装位置,通常须高于填料层表面 $150 \sim 300\text{mm}$,以提供足够的空间,让上升气流不受约束地穿过分布器。

总之,一个理想的液体分布器,应该是液体分布均匀,自由面积大,操作弹性宽,能处理易堵塞、有腐蚀、易起泡的液体,各部件可通过人孔进行安装和拆卸。

液体分布器根据其结构形式,可分为管式、槽式、喷洒式及盘式等。

(1)管式液体分布器 管式液体分布器分重力型和压力型两种。

图 8-7 为重力型排管式液体分布器。该分布器的最大优点是塔在风载荷作用产生摆动时,液体不会溅出。此外,液体管中有一定高度的液位,故安装时水平度误差不会对从小孔流出的液体有较大的影响,因而可达到较高的分布质量。其常用于中等以下液体负荷及无污物进入的填料塔中,特别是波网填料塔。

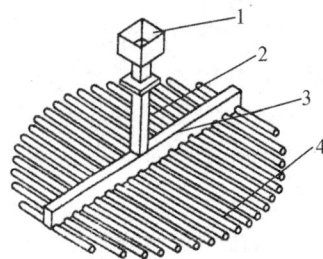

1-进液口;2-液位管;3-液体分布器;4-布液管

图 8-7 重力型排管式液体分布器

压力型管式液体分布器是靠泵的压头或高液位通过管道与分布器相连,将液体分布到填料上,根据管子安排的方法不同,又可分为排管式和环管式,如图 8-8 所示。

压力型管式液体分布器结构简单,易于安装,占用空间小,适用于带有压力的液体进料,值得注意的是压力型管式液体分布器只能用于液体单相进料,操作时必须充满液体。

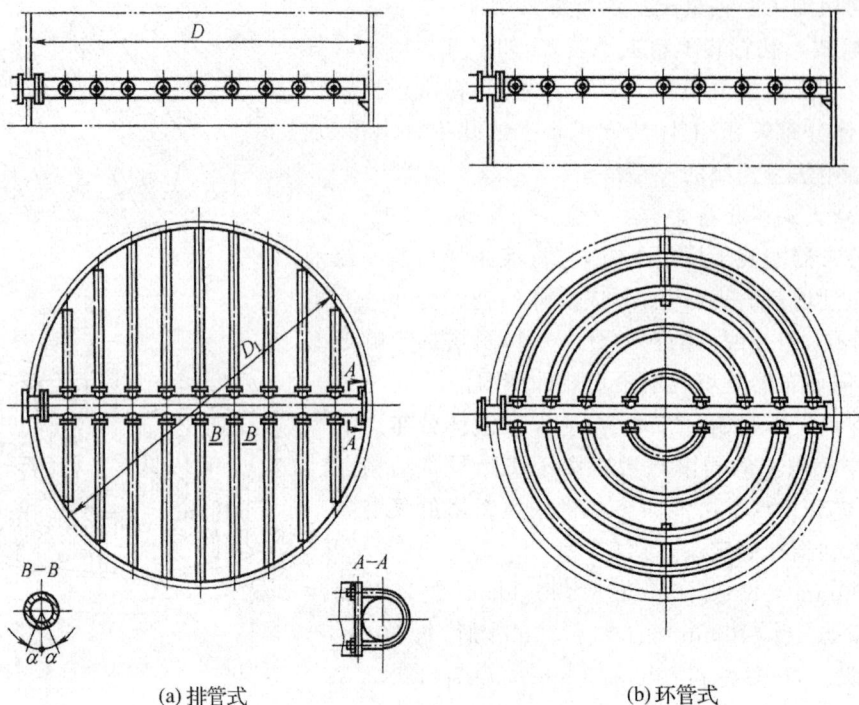

(a)排管式　　　　　　　　　(b)环管式

图 8-8　压力型管式液体分布器

（2）槽式液体分布器　　槽式液体分布器属于重力型分布器,它是靠液位(液体的重力)分布液体。就结构而言,可分为孔流型与溢流型两种。

图 8-9 为槽式孔流型液体分布器,它由主槽和分槽组成。主槽为矩形截面敞开式的结构,长度视塔径及分槽的尺寸而定,高度取决于操作弹性,一般取 200～300mm。主槽的作用是将液体通过其底部的布液孔均匀稳定地分配到各分槽中。分槽将主槽分配的液体,均匀地分布到填料的表面上。分槽的长度由塔径及排列情况确定,宽度由液体量及要求的停留时间确定,一般取 30～60mm,高度通常为 250mm 左右。

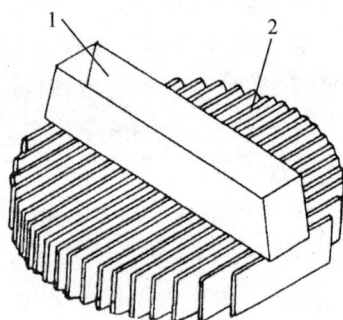

1-主槽；2-分槽

图 8-9　槽式孔流型液体分布器

槽式溢流型液体分布器与槽式孔流型液体分布器结构上有相似之处,它是将槽式孔流型液体分布器的底孔改成侧向溢流孔。溢流孔一般为倒三角形或矩形,如图 8-10 所示。它适用于高液量或物料内有脏物易被堵塞的场合。液体先进入主槽,靠液位由主槽的矩形或三角形溢流孔分配至各分槽中,然后再依靠分槽中的液位从三角形或矩形溢流孔流到填料表面上。主槽可设置 1 个或多个,视塔径而定,直径 2m 以下的塔可设置 1 个主槽,直径 2m 以上或液量很大的塔可设 2 个或多个主槽。

这种分布器常用于散装填料塔中,由于其分布质量不如槽式孔流型液体分布器,故在高效规整填料塔中应用不多。分槽宽度一般为 100～120mm,高度为 100～150mm,分槽中心距为 300mm 左右。

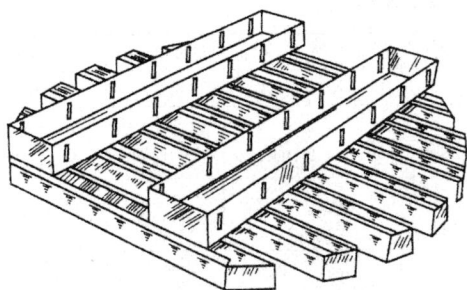

图 8-10　槽式溢流型液体分布器

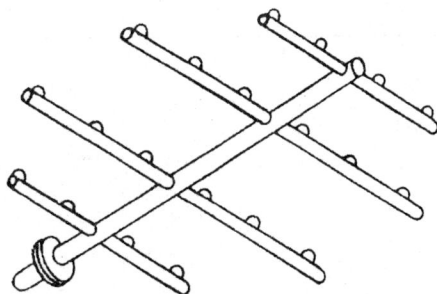

图 8-11　喷洒式液体分布器

(3)喷洒式液体分布器　喷洒式液体分布器的结构与压力型管式液体分布器相似,它是在液体压力下,通过喷嘴(而不是管式液体分布器的喷淋孔)将液体分布在填料上,其结构如图8-11 所示。

喷洒式液体分布器的关键是喷嘴的设计,包括喷嘴的结构、布置、喷射角度、液体的流量及喷嘴的安装高度等。喷嘴喷出的液体呈锥形,为了达到均匀分布,锥底需有部分重叠,重叠率一般为 30%～40%,喷嘴安装于填料上方约 300～800mm 处,喷射角度约 120°。

喷洒式分布器结构简单、造价低、易于支承;同时气体处理量大,液体处理量的范围比较宽,但雾沫夹带较严重,需安装除沫器,且压头损失也比较大。使用时要避免液体直接喷到塔壁上,产生过大的壁流,进料中不能含有气相及固相。

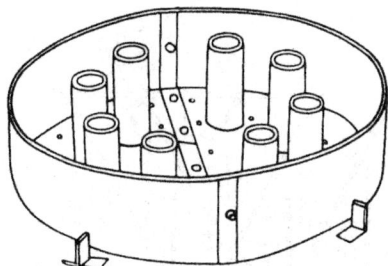

图 8-12　小直径塔用盘式孔流式液体分布器

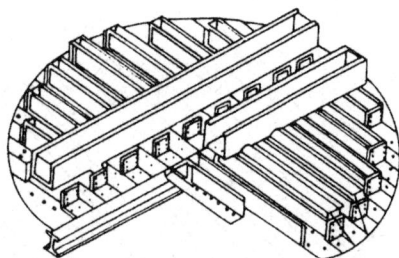

图 8-13　大直径塔用盘式孔流式液体分布器

(4)盘式液体分布器　盘式液体分布器分为孔流式和溢流式两种。

盘式孔流式液体分布器是在底盘上开有液体喷淋孔并装有升气管。气液的流道分开:气体从升气管上升,液体在底盘上保持一定的液位,并从喷淋孔流下。升气管截面可为圆形,也可为锥形,高度一般在 200mm 以下;当塔径在 1.2m 以下时,可制成具有边圈的结构,如图 8-12所示。分布器边圈与塔壁间的空间可作为气体通道。

对于大直径塔,可用如图 8-13 所示的盘式孔流式分布器,它采用支承梁将分布器分为 2～3 个部分,设计时注意支承梁在载荷作用下每米的最大挠度应小于 1.5mm,两个分液槽安装在矩形升气管上,并将液体加入到盘上。

选择液体分布器时,一般情况下,对于金属丝网填料及非金属丝网填料,应选用管式液体分布器;对于分批精馏的塔,应选用高弹性分布器;当物料较脏时,则应优先选用槽式液体分布器。表 8-3 列出各种液体分布器性能的比较。

表 8-3　液体分布器的性能比较

	管式		喷洒式	槽式孔流	槽式溢流	盘式孔流	盘式溢流
	重力	压力	压力	重力	重力	重力	重力
液体分布质量	高	中	低～中	高	低～中	高	低～中
处理能力/m³/m²·h	0.25～10	0.25～2.5	范围较宽	范围宽	范围宽	范围宽	范围宽
塔径/m	任意	＞0.4	任意	任意,通常＞0.6	任意,通常＞0.6	＜1.2	＜1.2
留堵程度	高	高	中～高	中	低	中	低
气体阻力	低	低	低	低	低～高	高	高
对水平度要求	低	无	无	低载荷时高	高	低载荷时高	高
腐蚀的影响	中	大	大	大	小	大	小
液相夹带重量	低	高	高	低	低	低	低
	低	低	低	中	中	高	高

8.2.2.3　液体收集再分布器

当液体沿填料层向下流动时,具有流向塔壁而形成"壁流"的倾向,其后果是造成液体分布不均匀,降低传质效率,严重时使塔中心的填料不能被液体湿润而形成"干锥"。为此,必须将填料分段,在各段填料之间需要将从上一段填料下来的液体收集,再分布。液体收集再分布器的另一作用是当塔内气、液相出现径向浓度差时,将上层填料流下的液体完全收集、混合,然后均分到下层填料,并将上升的气体均匀分布到上层填料以消除各自的径向浓度差。

（1）液体收集器

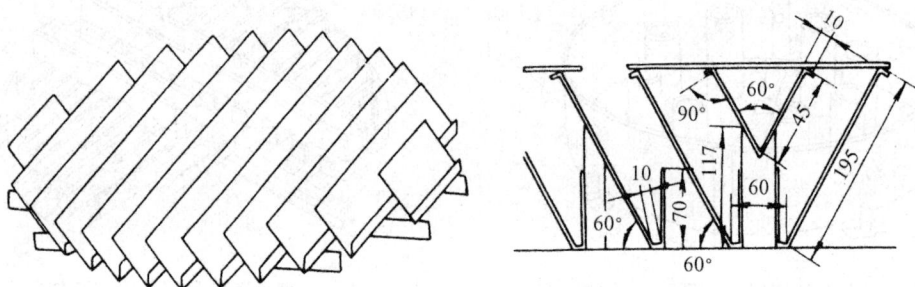

图 8-14　斜板式液体收集器

a. 斜板式液体收集器　斜板式液体收集器如图 8-14 所示。上层填料下来的液体落到斜板上后沿斜板流入下方的导液槽中,然后进入底部的横向或环形集液槽。再由集液槽中心管流入再分布器中进行液体的混合和再分布。斜板在塔截面上的投影必须覆盖整个截面并稍有重叠。安装时将斜板点焊在收集器筒体及底部的横槽及环槽上即可。

斜板式液体收集器的特点是自由面积大,气体阻力小,一般不超过 2.5mm 水柱,因此特别适用于真空操作。

b. 升气管式液体收集器　升气管式液体收集器,其结构与盘式液体分布器相同,只是升气管上端设置挡液板,以防止液体从升气管落下,其结构如图 8-15 所示。这种液体收集器是把填料支承和液体收集器合二为一,故占据空间小,气体分布均匀性好,可用于气体分布性能要求高的场合。其缺点是阻力较斜板式液体收集器大,且填料容易挡住收集器的布液孔。

（2）液体再分布器

a. 组合式液体再分布器　将液体收集器与液体分布器组合起来即构成组合式液体再分布器，而且可以组合成多种结构形式的再分布器。图 8-16（a）为斜板式液体收集器与液体分布器的组合，可用于规整填料及散装填料塔；图 8-16（b）为气液分流式支承板与盘式液体分布器的组合。两种再分布器相比，后者的混合性能不如前者，且容易漏液，但它所占据的塔内空间小。

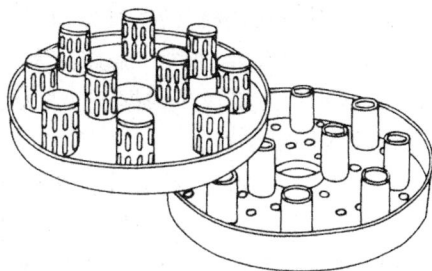

图 8-15　升气管式液体收集器

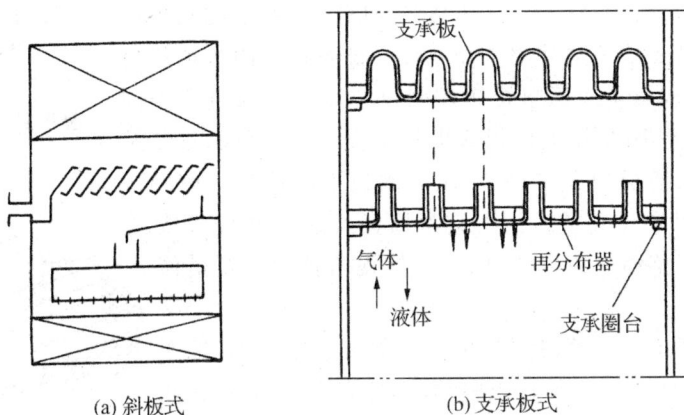

| (a) 斜板式 | (b) 支承板式 |

图 8-16　组合式液体再分布器

b. 盘式液体再分布器　盘式液体再分布器其结构与升气管式液体收集器相同（详见图 8-15），只是在盘上打孔以分布液体。其开孔的大小、数量及分布由填料种类及尺寸、液体流量及操作弹性等因素确定。

c. 壁流收集再分布器　分配锥是最简单的壁流收集再分布器，如图 8-17（a）所示。它将沿塔壁流下的液体用再分配锥导出至塔的中心。圆锥小端直径 D_1 通常为塔径 D_t 的 0.7～0.8 倍。分配锥一般不宜安装在填料层里，而适宜安装在填料层分段之间，作为壁流的液体收集器用。这是因为分配锥若安装在填料内则使气体的流动面积减少，扰乱了气体的流动。同时分配锥与塔壁间又形成死角，填料的安装也困难。分配锥上具有通孔的结构，是分配锥的改进结构，如图 8-17（b）所示。通孔使通气面积增加，且使气体通过时的速度变化不大。

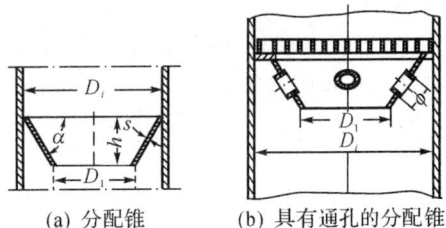

| (a) 分配锥 | (b) 具有通孔的分配锥 |

图 8-17　分配锥

图 8-18 为玫瑰式壁流收集再分布器，其与上述分配锥相比，具有较高的自由截面积、较大的液体处理能力，不易被堵塞；分布点多且均匀，不影响填料的操作及填料的装填，它将液体收集并通过突出的尖端分布到填料中。

应当注意的是上述壁流收集再分布器，只能消除壁流，而不能消除塔中的径向浓度差。因此适用于直径小于 600～1000mm 的小型散装填料塔。

8.2.2.4　填料的压紧和限位装置

当气速较高或压力波动较大时，会导致填料层的松动从而造成填料层内各处的装填密度产生差异,引起气、液相的不良分布,严重时会导致散装填料的流化,造成填料的破碎、损坏、流失。为了保证填料塔的正常、稳定操作,在填料层上部应当根据不同材质的填料安装不同的填料压紧器或填料层限位器。

一般情况下,陶瓷、石墨等脆性散装填料使用填料压紧器,而金属、塑料制散装填料及各种规整填料则使用填料层限位器。

(1)填料压紧器 填料压紧器又称填料压板。将其自由放置于填料层上部,靠其自身的重量压紧填料。当填料层移动并下沉时,填料压板即随之一起下落,故散装填料的压板必须有一定的重量。常用的填料压板有栅条式,其结构与图8-3所示的栅板型支承板类似,只是要求其空隙率大于70%;栅条间距约为填料直径的0.6~0.8倍,或是底面垫金属丝网以防止填料通过栅条间隙。其次是如图8-19所示的网板式填料压板,它由钢圈、栅条及金属网制成,如果塔径较大,简单的压紧网板不能达到足够的压强,设计时可适当增强其重量。无论是栅板式还是网板式填料压板,均可制成整体式或分块结构,具体视塔径大小及塔体结构而定。

(2)填料层限位器 填料层限位器又称床层定位器,用于金属、塑料制散装填料,及所有规整填料,它的作用是防止高气速、高压降或塔的操作出现较大波动时,填料向上移动而造成填料层出现空隙,从而影响塔的传质效率。

图 8-18 玫瑰式壁流收集再分布器

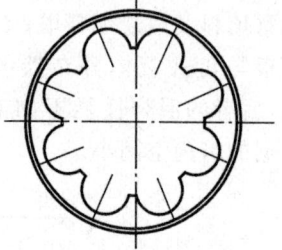

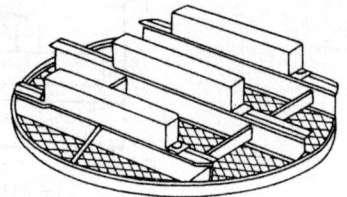

图 8-19 网板式填料压板

对于金属及塑料制散装填料,可采用如图8-19所示的网板结构作为填料层限位器。因为这种填料层限位器具有较好的弹性,且不会破碎,故一般不会出现下沉,所以填料层限位器需要固定在塔壁上。对于小塔,可用螺钉将网板式填料层限位器的外圈顶于塔壁,而大塔,则用支耳固定。

对于规整填料,因其具有比较固定的结构,因此限位器也比较简单,使用栅条间距为100~500mm的栅板即可。

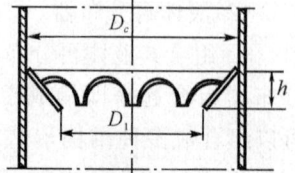

8.3　板式塔

8.3.1　板式塔的分类

板式塔是分级接触型气液传质设备,种类繁多,通常可按如下方法分类。

(1)按塔板的结构可分为泡罩塔、筛板塔、浮阀塔、舌形塔等。据统计,目前使用最多的是筛板塔与浮阀塔。

(2)按气液两相流动方式可分为错流板式塔和逆流板式塔,或称有降液管的塔板和无降液管的塔板。它们的工作情况如图8-20所示,其中有降液管的塔板应用较广。

(3)按液体流动型式可分为单溢流型和双溢流型等,如图8-21所示,单溢流型塔板应用最为广泛,它的结构简单,液体行程长,有利于提高塔板效率;但当塔径或液量较大时,塔板上液位梯度较大,有可能导致气液分布不均或降液管过载。双溢流型塔板则适用于塔径及液量较大的情况,这是因为采用双溢流塔板后,液体分流为两股,减小了塔板上的液位梯度,也减少了降液管的负荷。缺点是降液管要相间地置于塔板的中间或两边,多占了一部分塔板的传质面积。

8.3.2 板式塔的结构

(1)泡罩塔 泡罩塔是工业应用最早的板式塔,而且在相当长的一段时期内是板式塔中较为流行的一种塔型。随着化工和石化工业的迅速发展,生产对塔设备提出了越来越高的要求。从 20 世纪 50 年代以来,由于各种新型塔板的出现,泡罩塔几乎已被浮阀塔和筛板塔所代替。泡罩塔的优点是操作弹性大,因而在负荷波动范围较大时,仍能保持塔的稳定操作及较高的分离效率;气液比的范围大,不易堵塞等。其缺点是结构复杂、造价高、气相压降大,以及安装维修麻烦等。目前,只有在生产能力变化大、操作稳定性要求高、有相当稳定的分离能力等特殊要求时,才考虑使用泡罩塔。

泡罩塔盘的结构主要由泡罩、升气管、溢流堰、降液管及塔板等部分组成,如图 8-22 所示。液体由上层塔板通过左侧降液管经下部 A 处流入塔盘,然后横向流过塔盘上布置泡罩的区段 B-C,此区域为塔盘上有效的气液接触区,C-D 段用于初步分离液体中夹带的气泡,然后液体越过出口堰板并流入左侧的降液管。在堰板上方的液层高度称为堰上液层高度,液体流入降液管内后经静止分离。蒸气上升返回塔盘,清液则流入下层塔板。蒸气由下层塔盘上升进入泡罩的升气管内,经过升气管与泡罩间的环形通道,穿过泡罩的齿缝分散到泡罩间的液层中去。蒸气从齿缝中流出时,形成气泡,搅动了塔盘上的液体,并在液面上形成泡沫层。气泡离开液面时破裂而形成带有液滴的气体,小液滴相互碰撞形成大液滴而降落,回到液层中。如上所述,蒸气从下层塔盘进入上层塔盘的液层并继续上升的过程中,与液体充分接触,并进行传热与传质。

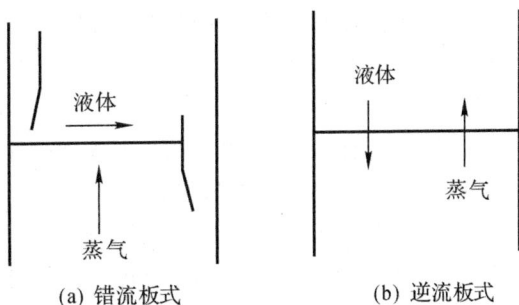

图 8-20 错流板式和逆流板式塔

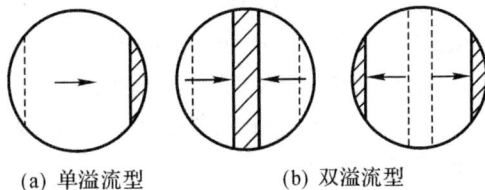

图 8-21 液体的流型

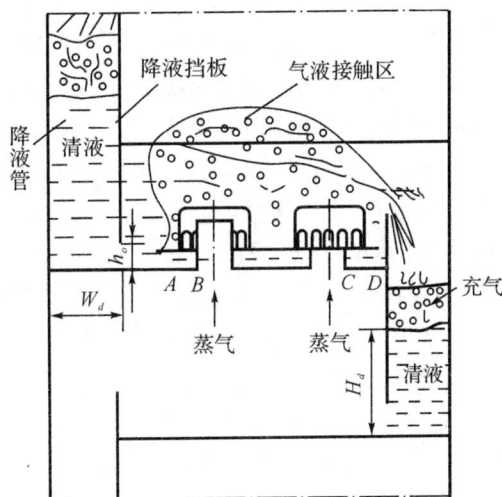

图 8-22 泡罩塔盘上的气液接触

(2)浮阀塔 浮阀塔是 20 世纪 50 年代前后开发和应用的,并在石油、化工等工业部门代替了传统使用的泡罩塔,成为当今应用最广泛的塔型之一,并因具有优异的综合性能,在设计和选用塔型时常作为首选的板式塔。

浮阀塔之所以广泛应用,是由于它具有以下特点。

a. 处理能力大 浮阀在塔盘上可以安排得比泡罩更紧凑,因此浮阀塔盘的生产能力比泡罩塔提高 20%～40%。

b. 操作弹性大 在较宽的气相负荷范围内,塔板效率变化较小,其操作弹性较筛板塔大得多。

c. 塔板效率较高 由于气液接触状态良好,且蒸气以水平方向吹入液层,故雾沫夹带较少。因此塔板效率较高,一般情况下比泡罩塔高 15% 左右。

d. 压力降小 气流通过浮阀时,只有一次收缩、扩大及转弯,故其干板压力降比泡罩塔低。在常压塔中每层塔盘的压力降一般为 400～666.6Pa。

e. 结构简单,投资低 塔板结构及安装较泡罩简单,重量较轻,制造费用低,仅为泡罩塔的 60%～80%。

但浮阀塔也存在如下缺点:①在气速较低时,仍有塔板漏液,故低气速时板效率有所下降;②浮阀阀片有卡死和吹脱的可能,这会导致操作运转及检修的困难;③塔板压力降较大,妨碍了它在高气相负荷及真空塔中的应用。

浮阀塔操作时,气液两相的流程与泡罩塔相似,蒸气从阀孔上升,顶开阀片,穿过环形缝隙,然后以水平方向吹入液层,形成泡沫。浮阀能随气速的增减在相当宽的气速范围内自由升降,以保持稳定的操作。

浮阀是浮阀塔的气液传质元件。目前国内应用最为普遍的是 F_1 型浮阀,F_1 型浮阀分为轻阀和重阀两种,轻阀采用1.5mm薄板冲压而成,重约 25g,重阀则采用2mm薄板冲压,重约 33g。由于轻阀漏液较大,除真空操作时选用外,一般情况下都选用重阀。浮阀的阀片及三个阀腿是整体冲压的,如图 8-23 所示。

(3)筛板塔 筛板塔也是很早出现的一种板式塔。20 世纪 50 年代起,对筛板塔进行了大量工业规模的研究,逐步掌握了筛板塔的性能,并形成了较完善的设计方法,使筛板塔成为应用较广的一种塔型。与泡罩塔相比,筛板塔结构简单,成本低(比泡罩塔少 40% 左右),板效率比泡罩塔提高 10%～15%,安装维修方便。近年来,又发展了大筛孔(孔径达 20～25mm)、导向筛板等多种筛板塔。

筛板塔结构及气液接触状况如图 8-24 所示。筛板塔塔盘分为筛孔区、无孔区、溢流堰及降液管等部分。其气液接触情况与泡罩塔类似,液体从上层塔盘的降液管流下,横向流过塔盘,越过溢流堰经溢流管流入下一层塔盘,塔盘上依靠溢流堰的高度保持其液层高度。蒸气自下而上穿过筛孔时,被分散成气泡,在穿越塔盘上液层时,进行气液两相间的传热与传质。

(4)无降液管塔 无降液管塔是一种典型的气—液逆流式塔,这种塔的塔盘上无降液管。但开有栅缝或筛孔作为气相上升和液相下降的通道。在操作时,蒸气由栅缝或筛孔上升,液体

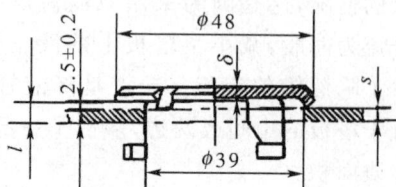

图 8-23 F_1 型浮阀

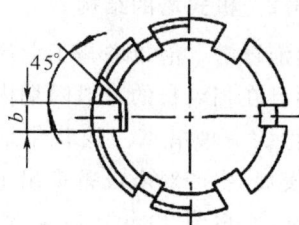

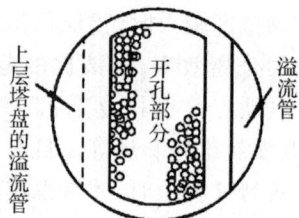

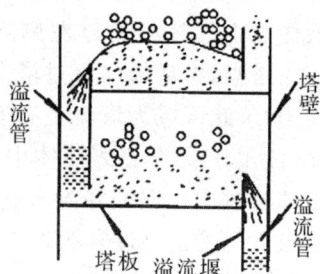

图 8-24 筛板塔结构及气液接触状况

在塔盘上被上升的气体阻挠,形成泡沫。两相在泡沫中进行传热与传质。与气相密切接触后的液体又不断从栅缝或筛孔流下,气液两相同时在栅缝或筛孔中形成上下穿流。因此其又称为栅板或筛板塔。

图 8-25 为穿流式栅板塔的简图,这种塔具有以下优点。

a. 没有降液管,结构简单,加工容易,安装维修方便,投资少。

b. 因节省了降液管所占的塔截面(一般约为塔盘截面的 15%~30%),允许通过更多的蒸气量,因此生产能力比泡罩塔提高 20%~100%。

c. 因为塔盘上开孔率大,栅缝或筛孔处的气速比溢流式塔盘小,所以,压力降较小,比泡罩塔低 40%~80%,可用于真空蒸馏。

(5)导向筛板塔 导向筛板塔是在普通筛板塔的基础上,对筛板做了两项有意义的改进:一是在塔盘上开有一定数量的导向孔,通过导向孔的气流对液流有一定的推动作用,有利于推进液体并减小液面梯度;二是在塔板的液体入口处增设了鼓泡促进结构,也称鼓泡促进器,有利于液体一进入塔板就迅速鼓泡,达到良好的气液接触,以提高塔板的利用率,使液层减薄,压降减小。使用这种塔盘,压降可下降

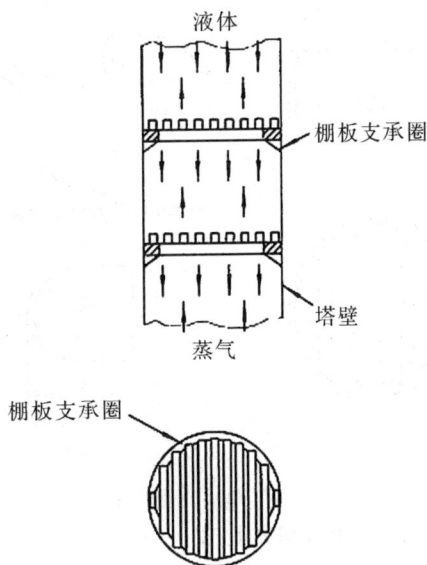

图 8-25 穿流式栅板塔

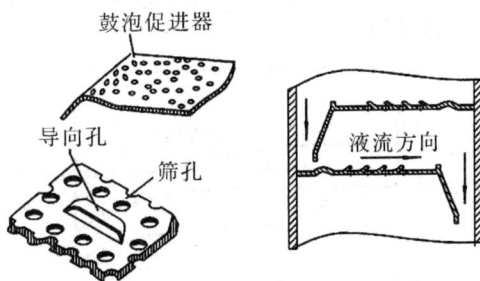

图 8-26 导向筛板的结构

15%,板效率可提高 13%左右,可用于减压蒸馏和大型分离装置。其结构示意图如图 8-26 所示。

(6)斜喷型塔 一般情况下,塔盘上气流垂直向上喷射(如筛板塔),这样往往造成较大的雾沫夹带,如果使气流在盘上沿水平方向或倾斜方向喷射,则可以减轻夹带,同时通过调节倾斜角度还可改变液流方向,减小液面梯度和液体返混。

a. 舌形塔 舌形塔是应用较早的一种斜喷型塔。其气体通道为在塔盘上冲出的以一定方式排列的舌片。舌片开启一定的角度,舌孔方向与液流方向一致,如图 8-27(a)所示。因此,气相喷出时可推动液体,使液面梯度减小,液层减薄,处理能力增大,并使压降减小。舌形塔结构简单,安装检修方便,但这种塔的负荷弹性较小,塔板效率较低,因而使用受到一定限制。

舌孔有两种,三面切口[图 8-27(b)]及拱形切口[图 8-27(c)]。通常采用三面形切口的舌孔。舌片的大小有 25mm 和 50mm 两种,一般采用 50mm[如图 8-27(d)],舌片的张角常用 20°。

b. 浮动舌形塔 浮动舌形塔是 20 世纪 60 年代研制的一种定向喷射型塔板。它的处理能力大,压降小,舌片可以浮动。因此,塔盘的雾沫夹带及漏液均较小,操作弹性显著增加,板效率也较高,但其舌片容易损坏。

浮动舌片的结构如图 8-28 所示,其一端可以浮动,最大张角约 20°。舌片厚度一般 1.5mm,重约 20g。

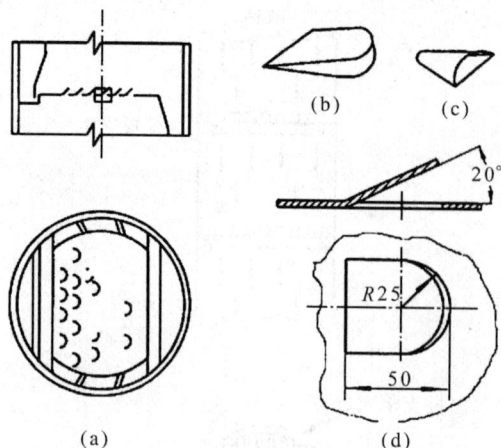

图 8-27 单溢流舌形塔

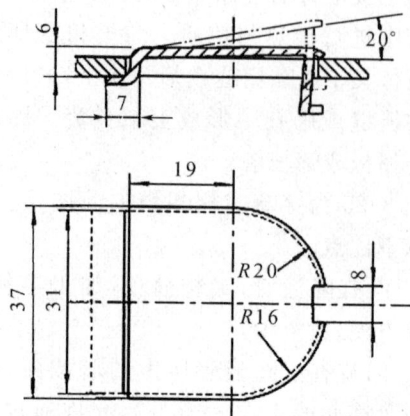

图 8-28 浮动舌形塔的舌片

8.3.3 板式塔的比较

塔盘结构在一定程度上决定了它在操作时的流体力学状态及传质性能,如它的生产能力,塔的效率,在保持较高效率下塔的操作弹性,气体通过塔盘时的压降,造价,操作维护是否方便等。虽然满足所有这些要求是困难的,但用这些基本性能进行评价,在相互比较的基础上进行选用是必要的。

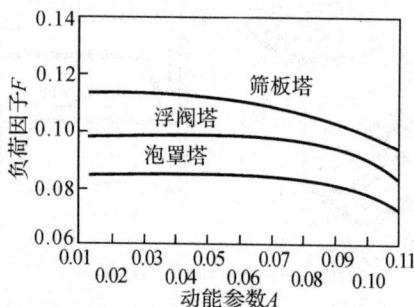

图 8-29 板式塔生产能力的比较

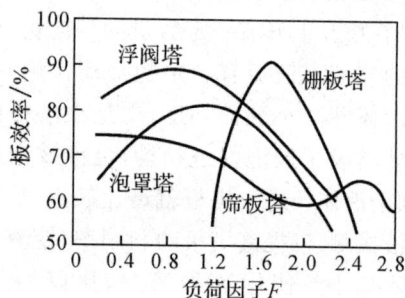

图 8-30 板式塔板效率的比较

图 8-29、图 8-30 及图 8-31 分别为常用的几种板式塔的操作负荷(生产能力)、效率及压力降的比较。表 8-4 则为常用板式塔的性能比较。由上述图表可以看出,浮阀塔在蒸气负荷、操作弹性、效率方面与泡罩塔相比都具有明显的优势,因而目前获得了广泛的应用;筛板塔的压降小,造价低,生产能力大,除操作弹性较小外,其余均接近于浮阀塔,故应用也较广;而栅板塔操作范围比较窄,板效率随负荷的变化较大,应用受到一定限制。

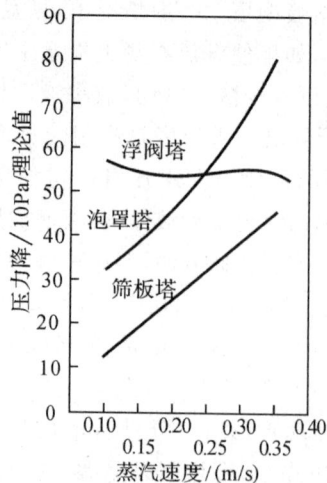

图 8-31 板式塔压力降的比较

表 8-4　板式塔性能的比较

塔型	与泡罩塔相比的相对气相负荷	效率	操作弹性	85%最大负荷时的单板压降/mm 水柱	与泡罩塔相比的相对价格	可靠性
泡罩塔	1.00	良	超	45～80	1.0	优
浮阀塔	1.30	优	超	45～60	0.7	良
筛板塔	1.30	优	良	30～50	0.7	优
舌形塔	1.35	良	超	40～70	0.7	良
栅板塔	2.00	良	中	25～40	0.5	中

8.3.4　板式塔塔盘的结构

如前所述,板式塔的塔盘可分为两大类,即溢流型和穿流型。溢流型塔盘有降液管,塔盘上的液层高度由溢流堰高度调节。因此,操作弹性较大,并且能保持一定的效率。穿流型塔盘,气液两相同时穿过塔盘上的孔,因而处理能力大,压力降小,但其操作弹性及效率较差。下面仅介绍溢流型塔盘的结构。

溢流型塔盘,由塔板、降液管、受液盘、溢流堰和气液接触元件等部件组成。

8.3.4.1　塔盘

塔盘按其塔径的大小及塔盘的结构特点可分为整块式塔盘及分块式塔盘。当塔径 $DN \leqslant 700mm$ 时,采用整块式塔盘;当塔径 $DN \geqslant 800mm$ 时,宜采用分块式塔盘。

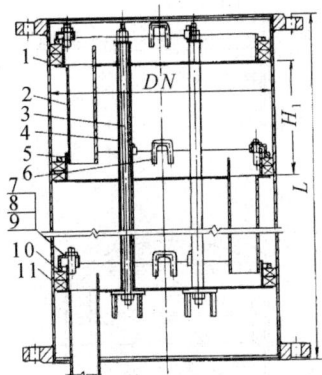

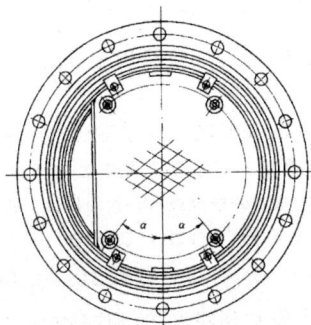

1-塔盘板;2-降液管;3-拉杆;4-定距管;5-塔盘圈;6-吊耳;
7-螺栓;8-螺母;9-压圈;10-压圈;11-石棉绳

图 8-32　定距管式塔盘结构

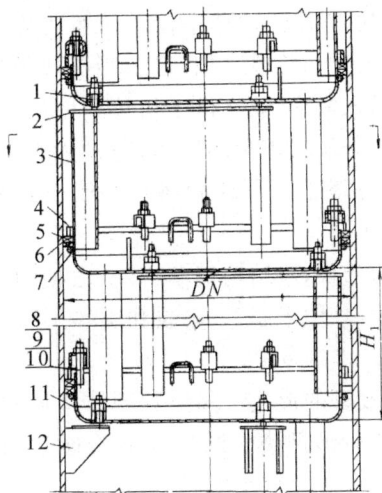

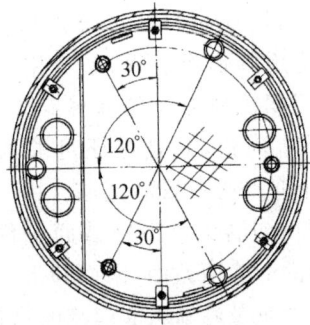

1-调节螺栓;2-支承板;3-支柱;4-压圈;5-塔盘圈;6-填料;
7-支承圈;8-压板;9-螺母;10-螺柱;11-塔盘板;12-支座

图 8-33　重叠式塔盘结构

(1)整块式塔盘　整块式塔盘根据组装方式不同可分为定距管式及重叠式两类。采用整块式塔盘时,塔体由若干个塔节组成,每个塔节中装有一定数量的塔盘,塔节之间采用法兰连接。

a. 定距管式塔盘　该结构采用定距管和拉杆将同一塔节内的几块塔盘支承并固定在塔节内的支座上,定距管起支承塔盘和保持塔盘间距的作用。塔盘与塔体之间的间隙,以软填料密封并用压圈压紧,如图 8-32 所示。

对于定距管式塔盘,其塔节高度随塔径而定,一般情况下,塔节高度随塔径的增大而增加。通常,当塔径 $DN=300\sim500mm$ 时,塔节高度 $L=800\sim1000mm$;当塔径 $DN=600\sim700mm$ 时,塔节高度 $L=1200\sim1500mm$。为了安装的方便起见,每个塔节中的塔盘数以 $5\sim6$ 块为宜。

b. 重叠式塔盘　这类塔盘是在每一塔节的下部焊有一组支座,底层塔盘支承在支座上,然后依次装入上一层塔盘,塔盘间距由其下方的支柱保证,并可用三只调节螺钉来调节塔盘的水平。塔盘与塔壁之间的间隙,同样采用软填料密封,然后用压圈压紧,其结构详见图 8-33。

确定整块式塔盘的结构尺寸时,塔盘圈高度 h_1 一般可取 70mm,但不得低于溢流堰的高度。塔圈上密封用的填料支承圈用 $\phi8\sim10mm$ 的圆钢弯制并焊于塔盘圈上。塔盘圈外表面与塔内壁面之间的间隙一般为 $10\sim12mm$。圆钢填料支承圈距塔盘圈顶面的距离 h_2,一般可取 $30\sim40mm$,视需要的填料层数而定。

(2)分块式塔盘　直径较大的板式塔,为便于制造、安装与检修,可将塔盘板分成数块,通过人孔送入塔内,装在焊于塔体内壁的塔盘支承件上。分块式塔盘的塔体,通常为焊制整体圆筒,不分塔节。分块式塔盘的组装结构,详见图 8-34。

塔盘的分块,应结构简单、装拆方便,具有足够的刚性,且便于制造、安装和维修。

8.3.4.2　降液管

(1)降液管的形式　降液管的结构形式可分为圆形和弓形两类。圆形降液管通常用于液体负荷低或塔径较小的场合[图 8-35(a)与(b)]。采用圆形还是长圆形降液管[图 8-35(c)],或如使用圆形降液管,是采用一根还是几根,则应根据流体力学的计算结果而确定。为了增加溢流周边,并且保证足够的分离空间,可在降液管前方设置溢流堰。由于这种结构其溢流堰所包含的弓形区截面中仅有一小部分用于有效的降液截面,因而圆形降液管不

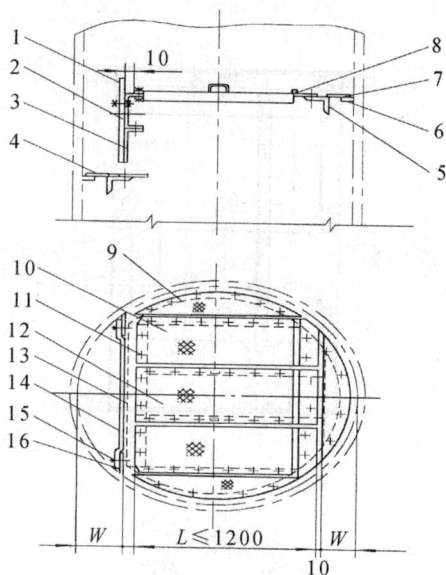

1-出口堰;2-上段降液板;3-下段降液板;4-受液盘;
5-支撑梁;6-支撑圈;7-受液盘;8-入口堰;
9-塔盘边板;10-塔盘板;11-紧固件;12-通道板;
13-降液板;14-出口堰;15-紧固件;16-连接板

图 8-34　分块式塔盘的组装结构

适宜用于大液量及容易引起泡沫的物料。弓形降液管将堰板与塔体壁面间所组成的弓形区全部截面用作降液面积,如图 8-35(d)所示。对于采用整块式塔盘的小直径塔,为了尽量增大降液截面积,可采用固定在塔盘上的弓形降液管,如图 8-35(e)所示。弓形降液管适用于大液量及大直径的塔,塔盘面积的利用率高,降液能力大,气液分离效果好。

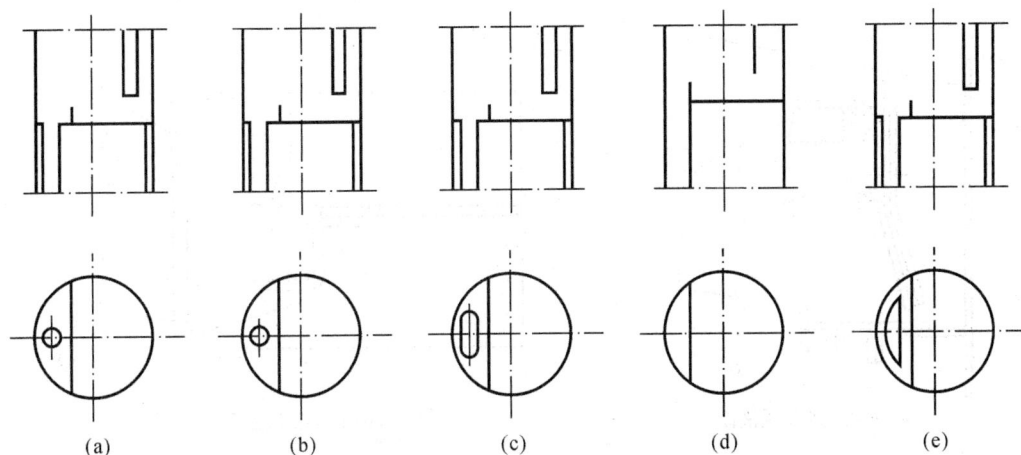

图 8-35　降液管的形式

(2)降液管的尺寸　在确定降液管的结构尺寸时,应该使夹带气泡的液流进入降液管后具有足够的分离空间,能将气泡分离出来,从而仅有清液流往下层塔盘,为此在设计降液管结构尺寸时,应遵守以下几点:

a. 液体在降液管内的流速为 $0.03 \sim 0.12 \mathrm{m/s}$;

b. 液流通过降液管的最大压降为 $250 \mathrm{Pa}$;

c. 液体在降液管内的停留时间为 $3 \sim 5 \mathrm{s}$,通常 $< 4 \mathrm{s}$;

d. 降液管内清液层的最大高度不超过塔板间距的一半;

e. 液体越过溢流堰降落时抛出的距离,不应射及塔壁;降液管的截面积占塔盘总面积的比例,通常为 $5 \% \sim 25 \%$。

为了防止气体从降液管底部窜入,降液管必须有一定的液封高度 h_w,详见图 8-36。降液管底端到下层塔盘受液盘面的间距 h_0 应低于溢流堰高度 h_w,通常取 $(h_w - h_0) = 6 \sim 12 \mathrm{mm}$;大型塔则不小于 $38 \mathrm{mm}$。

降液管的具体结构可参见有关设计手册。

8.3.4.3　受液盘

为了保证降液管出口处的液封,塔盘上应设置受液盘。受液盘有平形和凹形两种。受液盘的形式和性能直接影响到塔的侧线取出、降液管的液封和流体流入塔盘的均匀性等。

平形受液盘适用于物料容易聚合的场合,因为可以避免在塔盘上形成死角。平形受液盘的结构分为可拆式和焊接固定式两种,图 8-37(a)为可拆式平形受液盘的一种。

当液体通过降液管与受液盘的压力降大于 25mm 水柱,或使用倾斜式降液管时,应采用凹形受液盘,如图 8-37(b)所示。因为凹形受液盘对液体流动有缓冲作用,可降低塔盘入口处的液封高度,使液流平稳,有利于塔盘入口区更好地鼓泡。凹型受液盘的深度一般大于 50mm,但不超过塔板间距的三分之一,否则应加大塔板间距。

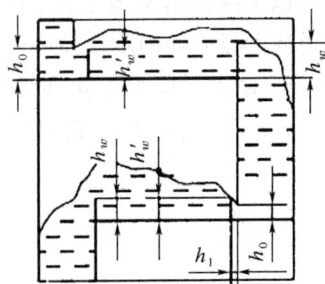

图 8-36　降液管的液封结构

同时,在塔或塔段的最底层塔盘降液管末端还应设置液封盘,以保证降液管出口处的液封。其具体结构参见有关设计手册。

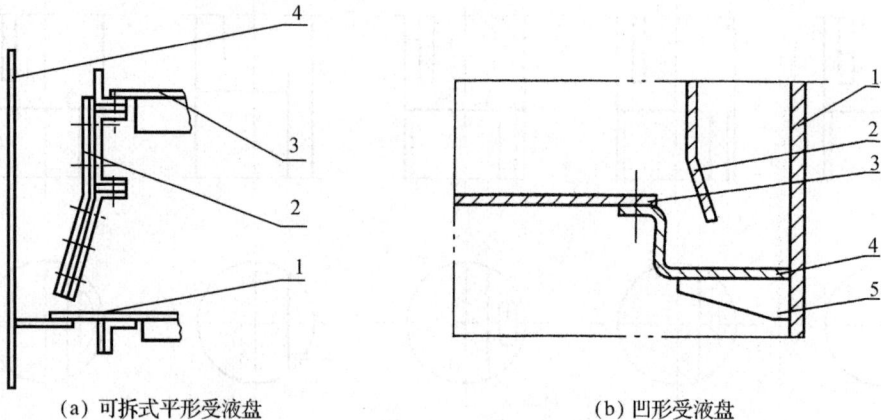

<table>
<tr><td>(a) 可拆式平形受液盘</td><td>(b) 凹形受液盘</td></tr>
<tr><td>1-受液盘;2-降液盘;3-塔盘板;4-塔壁</td><td>1-塔壁;2-降液板;3-塔盘板;4-受液盘;5-筋板</td></tr>
</table>

图 8-37　受液盘结构

8.3.4.4　溢流堰

溢流堰根据它在塔盘上的位置,可分为进口堰及出口堰。当塔盘采用平形受液盘时,为保证降液管的液封,使液体均匀流入下层塔盘,并减少液流在水平方向的冲击,故在液流进入端设置进口堰。而出口堰的作用是保持塔盘上液层的高度,并使流体均匀分布。通常,出口堰上的最大溢流强度不宜超过 $100 \sim 130 \mathrm{m}^3/(\mathrm{h \cdot m})$。根据其溢流强度,可确定出口堰的长度,对于单流型塔盘,出口堰的长度 $L_w = (0.6 \sim 0.8)D_i$,双流型塔盘,出口堰长度 $L_w = (0.5 \sim 0.7)D_i$(其中 D_i 为塔的内径)。出口堰的高度 h_w,由物料的性能、塔型、液体流量以及塔板压力降等因素确定。进口堰的高度 h'_w 按以下两种情况确定:当出口堰高度 h'_w 大于降液管底边至受液盘板面的间距 h_o 时,可取 $6 \sim 8 \mathrm{mm}$,或与 h_o 相等;当 $h_w < h_o$ 时,h'_w 应大于 h_o 以保证液封。进口堰与降液管的水平距离 h_1 应大于 h_o 值,如图 8-38 所示。

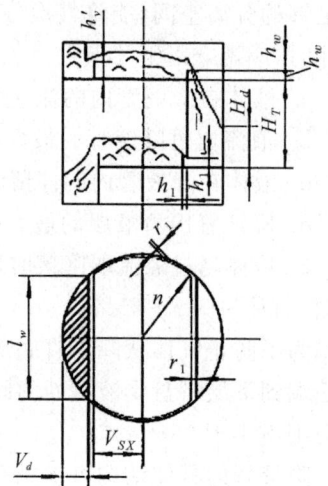

图 8-38　溢流堰的结构尺寸

8.4　塔设备的附件

8.4.1　除沫器

在塔内操作气速较大时,会出现塔顶雾沫夹带现象,这不但会造成物料的流失,也会使塔的效率降低,同时还可能造成环境的污染。为了避免这种情况,需在塔顶设置除沫装置,从而减少液体的夹带损失,确保气体的纯度,保证后续设备的正常操作。

常用的除沫装置有丝网除沫器、折流板除沫器以及旋流板除沫器。此外,还有多孔材料除沫器及玻璃纤维除沫器。在分离要求不严格的情况下,也可用干填料层作除沫器。

(1)丝网除沫器　丝网除沫器具有比表面积大,重量轻,空隙率大以及使用方便等优点。

由于它具有除沫效率高、压力降小的特点，因而是应用最广泛的除沫装置。

丝网除沫器适用于清洁的气体，不宜用于液滴中含有或易析出固体物质的场合（如碱液、碳酸氢钠溶液等），以免液体蒸发后留下固体堵塞丝网。当雾沫中含有少量悬浮物时，应注意经常冲洗。

合理的气速是除沫器取得较高的除沫效率的重要因素。气速太低，雾滴没有撞击丝网；气速太大，聚集在丝网上的雾滴不易降落，又被气流重新带走。实际使用中，常用的设计气速取 $1\sim3m/s$。丝网层的厚度按工艺条件由试验确定。当金属网丝直径为 $0.076\sim0.4mm$，网层重度为 $480\sim5300N/m^3$ 时，在上述适宜气速下，丝网层的蓄液厚度为 $25\sim50mm$，此时取网层厚度为 $100\sim150mm$，可获得较好的除沫效果。如除沫要求严格，可取厚一些或采用两段丝网。当采用合成纤维丝网，且纤维直径为 $0.005\sim0.03mm$ 时，制成的丝网层应压紧到重度为 $1100\sim1600\ N/m^3$，网层厚度一般取 $50mm$。

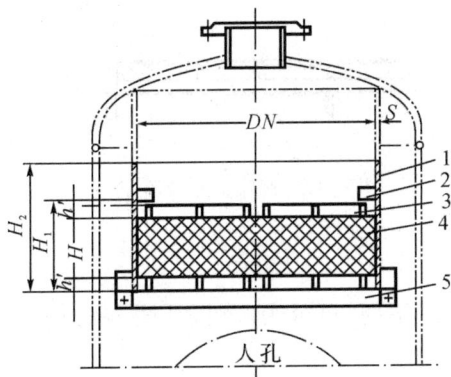

1-升气管；2-挡板；3-格栅；4-丝网；5-梁

图 8-39　升缩径型丝网除沫器

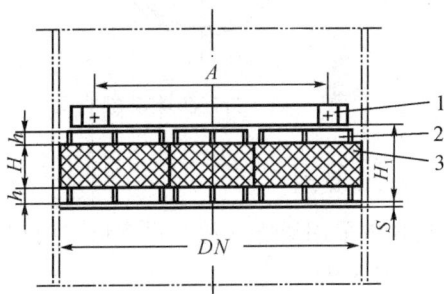

1-压条；2-格栅；3-丝网

图 8-40　全径型丝网除沫器

丝网除沫器的网块结构有盘形和条形两种。盘形结构采用波纹形丝网缠绕至所需要的直径。网块的厚度等于丝网的宽度。条形网块结构是采用波纹形丝网一层层平铺至所需的厚度，然后上、下各放置一块隔栅板，再使用定距杆使其连成一整体。图 8-39 为用于小径塔的缩径型丝网除沫器，这种结构其丝网块直径小于设备内直径，需要另加一圆筒短节（升气管）以安放网块。图 8-40 为可用于大直径塔设备的全径型丝网除沫器。丝网与上、下栅板分块制作，每一块都应能保证穿过人孔在塔内安装。

（2）折流板除沫器　折流板除沫器，如图 8-41 所示。折流板由 50mm×50mm×3mm 的角钢制成。夹带液体的气体通过角钢通道时，由于碰撞及惯性作用而达到截留及惯性分离。分离下来的液体由导液管与进料一起进入分布器。这种除沫装置结构简单，不易堵塞，但金属消耗量大，造价较高。一般情况下，它可除去 $5\times10^{-5}m$ 以上的液滴，压力降为 $50\sim100Pa$。

（3）旋流板除沫器　旋流板除沫器，如图 8-42 所示。它由固定的叶片组成风车状。夹带液滴的气体通过叶片时产生旋转和离心运动。在离心力的作用下将液滴甩至塔壁，从而实现气液分离。其除沫效率可达 95%。

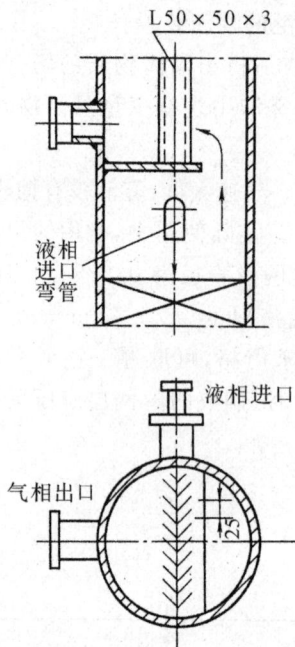

图 8-41　折流板除沫器

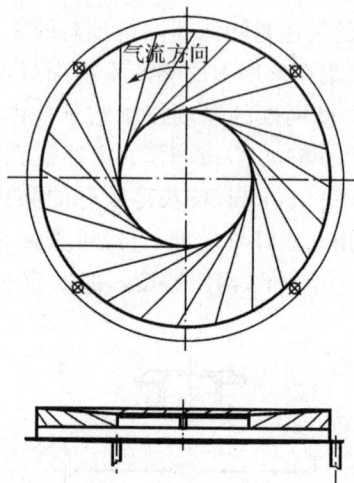

图 8-42　旋流板除沫器

8.4.2　裙座

塔体常采用裙座支承。裙座形式根据承受载荷情况不同,可分为圆筒形[图 8-43(a)]和圆锥形[图 8-43(b)]两种。

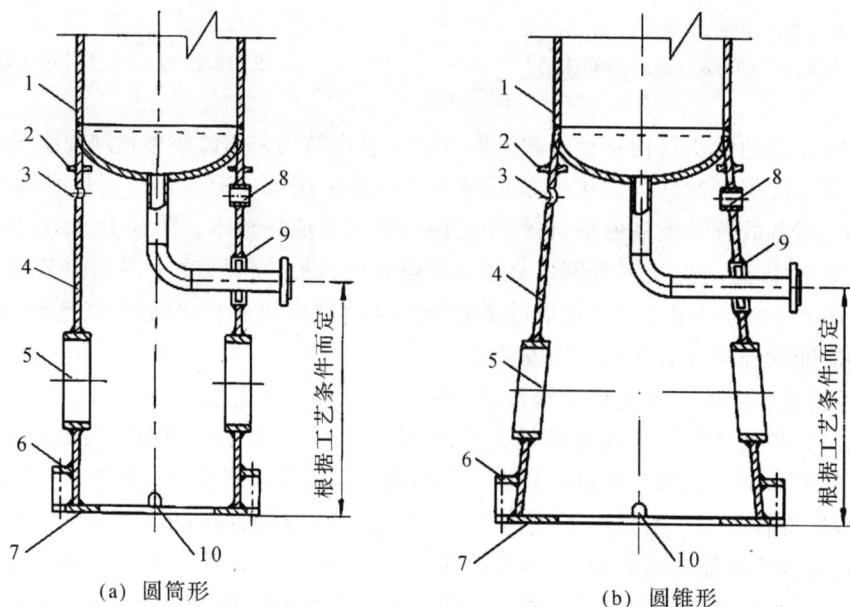

（a）圆筒形　　　　（b）圆锥形

1-塔体;2-保温支承圈;3-无保温时排气孔;4-裙座筒体;5-人孔;6-螺栓座;
7-基础环;8-有保温时排气孔;9-引出管通道;10-排液孔

图 8-43　裙座的结构

圆筒形裙座制造方便,经济上合理,故应用广泛。但对于受力情况比较差、直径小且高径比大的塔(如 $DN<1\text{m}$,且 $H/DN>25$;或 $DN>1\text{m}$,且 $H/DN>30$ 时),为防止风载或地震载荷引起的弯矩造成塔翻倒,则需要配置较多的地脚螺栓及具有足够大承载面积的基础环。此时,圆筒形裙座的结构尺寸往往满足不了这么多地脚螺栓的合理布置,因而只能采用圆锥形裙座。

(1)裙座的结构 裙座的结构如图 8-43 所示。不管是圆筒形还是圆锥形裙座,均由裙座筒体、基础环、地脚螺栓座、人孔、排气孔、引出管通道、保温支承圈等组成。

(2)裙座的材料 裙座虽不直接与塔内介质接触,也不承受塔内介质的压力,但对整个塔设备而言是个至关重要的元件,它支撑塔设备的本体,它的破坏直接影响塔设备的正常使用。而且裙座材料耗费不多,因而要求裙座壳体用钢按受压元件用钢要求选取,一般与塔体材料相同。

8.5 塔设备的选型

塔设备选型时,应首先满足生产工艺的技术要求,并综合考虑填料塔与板式塔两种塔型的优缺点。若选用的两种塔型在技术上没有太大的差别时,可从设备投资、操作费用、维护便利程度等方面进行分析与比较;有时还要考虑生产工艺中的一些特殊要求。

8.5.1 填料塔与板式塔的比较

填料塔与板式塔的比较是一个复杂的问题,涉及的因素很多,难以用比较简便的方法明确地做出对比。

(1)塔内气液两相传质机理比较 板式塔与填料塔塔内的流体流动和传质机理不同。板式塔属于逐级接触逆流操作,其传质是通过上升的气体穿过塔板,与塔板上的液体接触来实现的,传质通常只发生在塔板上,塔板提供稳定的液池。而填料塔属于连续接触逆流操作,液体靠重力沿填料表面下降,与上升的气体接触,从而实现传质,填料提供所需的传质面积;填料充满塔内的有效空间,空间利用率很高。由于板式塔和填料塔的传质机理不同,因此两者的性能有较大的差异。

(2)填料塔与板式塔性能比较 表 8-5 列出了填料塔与板式塔的性能对比,供选用时参考。

表 8-5 填料塔与板式塔的比较

塔型 项目	填 料 塔	板 式 塔
塔径	适宜于大、小塔径的塔,但对于大塔要解决液体再分布问题	一般推荐使用于塔径大于 800mm 的大塔
压力降	压力降小,较适于要求压力降小的场合	压力降一般比填料塔大
空塔气速	空塔气速较大	空塔气速大
塔效率	分离效率较高,塔径 $\phi1.5\text{m}$ 以下效率高;效率常随塔径增大而下降	效率较稳定,大塔板效率比小塔板有所提高
液气比	对液体喷淋量有一定要求	适用范围较大
持液量	较小	较大
安装、检修	较困难	较容易
材料	可用非金属耐腐蚀材料	一般用金属材料
造价	$\phi800\text{mm}$ 以下,一般比板式塔便宜,直径增大,造价显著增加	直径大时一般比填料塔造价低
重量	较重	较轻

8.5.2 塔型选择的一般原则

填料塔和板式塔都可用于蒸馏、吸收等气—液传质过程,在两种塔型中做出合理的选择应考虑多方面因素,如物料性质、操作条件、塔设备的性能,以及塔的制造、安装、运转和维修等。精馏过程若只考虑操作压力,可分为真空精馏、常压精馏和加压精馏三种类型。对于真空精馏和常压精馏,通常填料塔的效率优于板式塔,应优先考虑选用填料塔。其原因在于填料充分利用了塔内空间,提供的传质面积较大,使得气液两相可以充分接触传质。而对于加压精馏,若没有特殊情况(如塔径小于800mm),一般不宜采用填料塔。这是因为填料塔的投资大,耐波动性能差。

同样,吸收过程也分为液膜控制的吸收、气膜控制的吸收以及介于两者之间的气液膜共同控制的吸收三种类型。气膜控制的吸收与真空精馏相似,应优先考虑选用高效规整填料塔;液膜控制的吸收与加压精馏相似,往往选用板式塔或气液湍动大、持液量高的散装填料塔;介于气膜控制与液膜控制之间的气液膜共同控制的吸收,为了提高传质效率,必须兼顾气液两膜阻力的降低,设备的持液量、液体的湍动以及气液接触面积等,因而宜采用比表面积大、持液量高、液相湍动大的填料塔,一般多采用散装填料塔。

表8-6列出塔型选用表,由于选型的影响因素很多,故仅供参考。

表 8-6 填料塔与板式塔塔型的选择

塔型 对比条件	板式塔		散装填料塔	规整填料塔
	浮阀、筛板、泡罩	MD塔板		
腐蚀性介质	B	B	A	C
易发泡物料	D	D	B	A
热敏性物料	D	D	B	A
高黏性物料	C	C	A	B
含有固体颗粒的物料	A	A	C	B
难分离或产品纯度 要求很高的物料	C	C	B	A
气膜控制的吸收	C	D	B	A
液膜控制的吸收	C	B	A	D
真空精馏	C	D	B	A
常压精馏	A	D	C	B
加压精馏	B	A	C	D
液相负荷很高	B	A	C	D
液相负荷很低	B	D	C	A
液气比波动大	A	B	C	D
塔的直径小	C	D	A	B
塔的直径大	A	A	B	A
塔内换热多	A	B	C	D
间歇精馏	C	D	B	A
节能操作	D	D	B	A
老塔改造	D	B	C	A
多进料多出料精馏	A	B	C	C

注:A为优,B为良,C为中,D为差。

8.5.3 塔设备设计标准的简介

我国现行的塔设备设计标准为 NB/T 47041《塔式容器》。该标准规定了金属制塔式容器的设计、制造、检验与验收等要求。该标准正文部分包括范围、规范性引用文件、术语和定义、通用要求、材料、结构、计算、制造及检验与验收 8 个章节;附录有符合性声明、塔式容器高振型计算、塔式容器挠度计算、计算数据、地震载荷的底部剪力法等内容。

该标准适用范围为:(1)钢制塔式容器设计压力不大于 35MPa,其他金属材料制塔式容器设计压力按相关标准规定;(2)设计温度范围按金属材料允许的使用温度范围;(3)高度 H 与平均直径 D 之比大于 5 的裙座自支承金属制塔式容器。对于高度 H 与平均直径 D 之比小于 5 的裙座自支承金属制塔式容器,不在本标准适用范围内,但仍可以参考该标准中附录 E 进行设计。

使用该标准设计时,应考虑以下载荷:

a. 内压、外压或最大压差;

b. 液柱静压力,当液柱静压力小于设计压力的 5% 时,可忽略不计;

c. 塔式容器的自重(包括内件和填料等),以及正常工作条件下或耐压试验状态下内装介质的重力载荷;

d. 附属设备及隔热材料、衬里、管道、扶梯、平台等的重力载荷;

e. 风载荷(包括顺风向载荷和横风向载荷)和地震载荷;

需要时,还应考虑下列载荷:

a. 连接管道和其他部件的作用力;

b. 温度梯度或热膨胀量不同引起的作用力;

c. 冲击载荷,包括压力急剧波动引起的冲击载荷、液体冲击引起的反力等;

d. 运输或吊装时的作用力。

在该标准的计算部分及相关的附录中,就上述载荷作用下塔设备的强度给出了相关的计算公式和规范性的要求。

在结构设计章节中,对塔体、裙座壳、裙座与塔壳的连接、排气孔(管)和隔气圈、引出孔、检查孔、地脚螺检座、吊柱及吊耳等结构的设计进行了规定。

思考题

8-1 塔设备由哪几部分组成? 各部分的作用是什么?

8-2 塔设备主要用于哪些场合? 塔设备的基本要求是什么?

8-3 填料可分为哪两大类? 各有什么特点?

8-4 填料塔中液体分布器的作用是什么?

8-5 板式塔按结构分类主要有哪几种常用形式? 各有什么特点?

8-6 比较填料塔与板式塔的主要特点。

8-7 板式塔和填料塔选型时,主要应考虑哪些因素?

型钢参数表

附表 1-1　热轧工字钢(摘自 GB/T 706—2008)

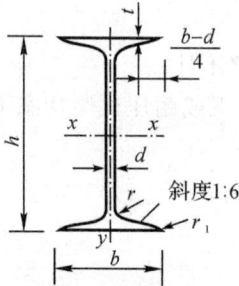

符号意义：

h——高度；　　　　　　r_1——腿端圆弧半径；

b——腿宽度；　　　　　I——惯性矩；

d——腰厚度；　　　　　W——截面系数；

t——平均腿厚度；　　　i——惯性半径；

r——内圆弧半径；　　　S——半截面的静力矩

型号	尺寸 /mm						截面面积 /cm²	理论重量 /(kg·m⁻¹)	参考数值						
									x-x				y-y		
	h	b	d	t	r	r_1			I_x /cm⁴	W_x /cm³	i_x /cm	$I_x:S_x$ /cm	I_y /cm⁴	W_y /cm³	i_y /cm
10	100	68	4.5	7.6	6.5	3.3	14.345	11.261	245	49.0	4.14	8.59	33.0	9.72	1.52
12.6	126	74	5.0	8.4	7.0	3.5	18.118	14.223	488	77.5	5.20	10.8	46.9	12.7	1.61
14	140	80	5.5	9.1	7.5	3.8	21.516	16.890	712	102	5.76	12.0	64.4	16.1	1.73
16	160	88	6.0	9.9	8.0	4.0	26.131	20.513	1130	141	6.58	13.8	93.1	21.2	1.89
18	190	94	6.5	10.7	8.5	4.3	30.756	24.143	1660	185	7.36	15.4	122	26.0	2.00
20a	200	100	7.0	11.4	9.0	4.5	35.578	27.929	2370	237	8.15	17.2	158	31.5	2.12
20b	200	102	9.0	11.4	9.0	4.5	39.578	31.069	2500	250	7.96	16.9	169	33.1	2.06
22a	220	110	7.5	12.3	9.5	4.8	42.128	33.070	3400	309	8.99	18.9	225	40.9	2.31
22b	220	112	9.5	12.3	9.5	4.8	46.528	36.524	3570	325	8.78	18.7	239	42.7	2.27
25a	250	116	8.0	13.0	10.0	5.0	48.541	38.105	5020	402	10.2	21.6	280	48.3	2.40
25b	250	118	10.0	13.0	10.0	5.0	53.541	42.030	5280	423	9.94	21.3	309	52.4	2.40
28a	280	122	8.5	13.7	10.5	5.3	55.404	43.492	7110	508	11.3	24.6	345	56.6	2.50
28b	280	124	10.5	13.7	10.5	5.3	61.004	47.888	7480	534	11.1	24.2	379	61.2	2.49
32a	320	130	9.5	15.0	11.5	5.8	67.156	52.717	11100	692	12.8	27.5	460	70.8	2.62
32b	320	132	11.5	15.0	11.5	5.8	73.556	57.741	11600	726	12.6	27.1	502	76.0	2.61
32c	320	134	13.5	15.0	11.5	5.8	79.956	62.765	12200	760	12.3	26.8	544	81.2	2.61
36a	360	136	10.0	15.8	12.0	6.0	76.480	60.037	15800	875	14.4	30.7	552	81.2	2.69
36b	360	138	12.0	15.8	12.0	6.0	83.680	65.689	16500	919	14.1	30.3	582	84.3	2.64
36c	360	140	14.0	15.8	12.0	6.0	90.880	71.341	17300	962	13.8	29.9	612	87.4	2.60
40a	400	142	10.5	16.5	12.5	6.3	86.112	67.598	21700	1090	15.9	34.1	660	93.2	2.77
40b	400	142	12.5	16.5	12.5	6.3	94.112	73.878	22800	1140	15.6	33.6	692	96.2	2.71
40c	400	146	14.5	16.5	12.5	6.3	102.112	80.158	23900	1190	15.2	33.2	727	99.6	2.65
45a	450	150	11.5	18.0	13.5	6.8	102.446	80.420	32200	1430	17.7	38.6	855	114	2.89
45b	450	152	13.5	18.0	13.5	6.8	111.446	87.485	33800	1500	17.4	38.0	894	118	2.84
45c	450	154	15.5	18.0	13.5	6.8	120.446	94.550	35300	1570	17.1	37.6	938	122	2.79
50a	500	158	12.0	20.0	14.0	7.0	119.304	93.654	46500	1860	19.7	42.8	1120	142	3.07
50b	500	160	14.0	20.0	14.0	7.0	120.304	101.504	48600	1940	19.4	42.4	1170	146	3.01
50c	500	162	16.0	20.0	14.0	7.0	139.304	109.354	50600	2080	19.0	41.8	1220	151	2.96
56a	560	166	12.5	21.0	14.5	7.3	135.435	106.316	65600	2340	22.0	47.7	1370	165	3.18
56b	560	168	14.5	21.0	14.5	7.3	146.635	115.108	68500	2450	21.6	47.2	1490	174	3.16
56c	560	170	16.5	21.0	14.5	7.3	157.835	123.900	71400	2550	21.3	46.7	1560	183	3.16
63a	630	176	13.0	22.0	15.0	7.5	154.658	121.407	93900	2980	24.5	54.2	1700	193	3.31
63b	630	178	15.0	22.0	15.0	7.5	167.258	131.298	98100	3160	24.2	53.5	1810	204	3.29
63c	630	180	17.0	22.0	15.0	7.5	179.858	141.189	102000	3300	23.8	52.9	1920	214	3.27

附表 1-2 热轧槽钢(摘自 GB/T 706—2008)

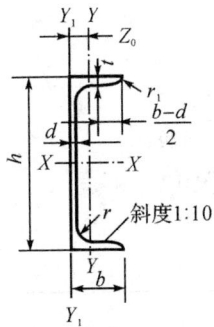

符号意义:

h——高度; r_1——腿端圆弧半径;

b——腿宽度;   I——惯性矩;

d——腰厚度;   W——截面系数;

t——平均腿厚度;   i——惯性半径;

r——内圆弧半径; Z_0——YY 轴与 Y_1Y_1 轴间距

型号	尺寸/mm						截面面积/cm²	理论重量/(kg/m)	参考数值							
									X-X			Y-Y			Y_1-Y_1	Z_0
	h	b	d	t	r	r_1			W_X/cm³	I_X/cm⁴	i_X/cm	W_Y/cm³	I_Y/cm⁴	i_Y/cm	I_{Y1}/cm⁴	/cm
5	50	37	4.5	7.0	7.0	3.5	6.928	5.438	10.4	26.0	1.94	3.55	8.30	1.10	20.9	1.35
6.3	63	40	4.8	7.5	7.5	3.8	8.451	6.634	16.1	50.8	2.45	4.50	11.9	1.19	28.4	1.36
8	80	43	5.0	8.0	8.0	4.0	10.248	8.045	25.3	101	3.15	5.79	16.6	1.27	37.4	1.43
10	100	48	5.3	8.5	8.5	4.2	12.748	10.007	39.7	198	3.95	7.80	25.6	1.41	54.9	1.52
12.6	126	53	5.5	9.0	9.0	4.5	15.692	12.318	62.1	391	4.95	10.2	38.0	1.57	77.1	1.59
14a	140	58	6.0	9.5	9.5	4.8	18.516	14.535	80.5	564	5.52	13.0	53.2	1.70	107	1.71
14b	140	60	8.0	9.5	9.5	4.8	21.316	16.733	87.1	609	5.35	14.1	61.1	1.69	121	1.67
16a	160	63	6.5	10.0	10.0	5.0	21.962	17.240	108	866	6.28	16.3	73.3	1.83	144	1.80
16	160	65	8.5	10.0	10.0	5.0	25.162	19.752	117	935	6.10	17.6	83.4	1.82	161	1.75
18a	180	68	7.0	10.5	10.5	5.2	25.699	20.174	141	1270	7.04	20.0	98.6	1.96	190	1.88
18	180	70	9.0	10.5	10.5	5.2	29.299	23.000	152	1370	6.84	21.5	111	1.95	210	1.84
20a	200	73	7.0	11.0	11.0	5.5	28.837	22.637	178	1780	7.86	24.2	128	2.11	244	2.01
20	200	75	9.0	11.0	11.0	5.5	32.837	25.777	191	1910	7.64	25.9	144	2.09	268	1.95
22a	220	77	7.0	11.5	11.5	5.8	31.846	24.999	218	2390	8.67	28.2	158	2.23	298	2.10
22	220	79	9.0	11.5	11.5	5.8	36.246	28.453	234	2570	8.42	30.1	176	2.21	326	2.03
25a	250	78	7.0	12.0	12.0	6.0	34.917	27.410	270	3370	9.82	30.6	176	2.24	322	2.07
25b	250	80	9.0	12.0	12.0	6.0	39.917	31.335	282	3530	9.41	32.7	196	2.22	353	1.98
25c	250	82	11.0	12.0	12.0	6.0	44.917	35.260	295	3690	9.07	35.9	218	2.21	384	1.92
28a	280	82	7.5	12.5	12.5	6.2	40.034	31.427	340	4760	10.9	35.7	218	2.33	388	2.10
28b	280	84	9.5	12.5	12.5	6.2	45.634	35.823	366	5130	10.6	37.9	242	2.30	428	2.02
28c	280	86	11.5	12.5	12.5	6.2	51.234	40.219	393	5500	10.4	40.3	268	2.29	463	1.95
32a	320	88	8.0	14.0	14.0	7.0	48.513	38.083	475	7600	12.5	46.5	305	2.50	552	2.24
32b	320	90	10.0	14.0	14.0	7.0	54.913	43.107	509	8140	12.2	49.2	336	2.47	593	2.16
32c	320	92	12.0	14.0	14.0	7.0	61.313	48.131	543	8690	11.9	52.6	374	2.47	643	2.09

附表 1-3　热轧等边角钢（摘自 GB/T 706—2008）

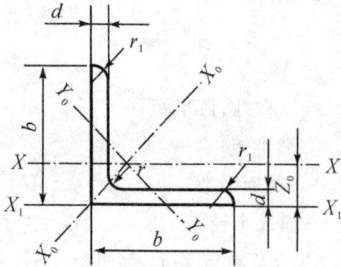

符号意义：

b——边宽度；　　　　　I——惯性矩；

d——边厚度；　　　　　W——截面系数；

r——内圆弧半径；　　　i——惯性半径；

r_1——边端内圆弧半径；Z_0——重心距离

型	尺寸/mm			截面面积 /cm²	理论重量 /(kg/m)	外表面积 /(m²/m)	参考数值												
							X-X			X_0-X_0			Y_0-Y_0			X_1-X_1	Z_0 /cm
号	d	D	r				I_X /cm⁴	i_X /cm	W_X /cm³	I_{X0} /cm⁴	i_X /cm	W_{X0} /cm³	I_{Y0} /cm⁴	i_{Y0} /cm	W_Y /cm³	I_{X1} /cm⁴	
2	20	3	3.5	1.132	0.889	0.078	0.40	0.59	0.29	0.63	0.75	0.45	0.17	0.39	0.20	0.81	0.60
		4		1.459	1.145	0.077	0.50	0.58	0.36	0.78	0.73	0.55	0.22	0.38	0.24	1.09	0.64
2.5	25	3		1.432	1.124	0.098	0.82	0.76	0.46	1.29	0.95	0.73	0.34	0.49	0.33	1.57	0.73
		4		1.859	1.459	0.097	1.03	0.74	0.59	1.62	0.93	0.92	0.43	0.48	0.40	2.11	0.76
3.0	30	3		1.749	1.373	0.117	1.46	0.91	0.68	2.31	1.15	1.09	0.61	0.59	0.51	2.71	0.85
		4		2.276	1.786	0.117	1.84	0.90	0.87	2.92	1.13	1.37	0.77	0.58	0.62	3.63	0.89
3.6	36	3	4.5	2.109	1.656	0.141	2.58	1.11	0.99	4.09	1.39	1.61	1.07	0.71	0.76	4.68	1.00
		4		2.756	2.163	0.141	3.29	1.09	1.28	5.22	1.38	2.05	1.37	0.70	0.93	6.25	1.04
		5		3.382	2.654	0.141	3.95	1.09	1.56	6.24	1.36	2.45	1.65	0.70	1.09	7.84	1.07
4	40	3		2.359	1.852	0.157	3.59	1.23	1.23	5.69	1.55	2.01	1.49	0.79	0.96	6.41	1.09
		4		3.068	2.422	0.157	4.60	1.22	1.60	7.29	1.54	2.58	1.91	0.79	1.19	8.56	1.13
		5		3.791	2.976	0.156	5.53	1.21	1.96	8.76	1.52	3.10	2.30	0.78	1.39	10.74	1.17
4.5	45	3	5	2.659	2.088	0.177	5.17	1.40	1.58	8.20	1.76	2.58	2.14	0.89	1.24	9.12	1.22
		4		3.486	2.736	0.177	6.65	1.38	2.05	10.56	1.74	3.32	2.75	0.89	1.54	12.18	1.26
		5		4.292	3.369	0.176	8.04	1.37	2.51	12.74	1.72	4.00	3.33	0.88	1.81	15.25	1.30
4.5	36	6		5.076	3.985	0.176	9.33	1.36	2.95	14.76	1.70	4.64	3.89	0.88	2.06	18.36	1.33
5	50	3	5.5	2.971	2.332	0.197	7.18	1.55	1.96	11.37	1.96	3.22	2.98	1.00	1.57	12.50	1.34
		4		3.897	3.059	0.197	9.26	1.54	2.56	14.70	1.94	4.16	3.82	0.99	1.96	16.69	1.38
		5		4.803	3.770	0.196	11.21	1.53	3.13	17.79	1.92	5.03	4.64	0.98	2.31	20.90	1.42
4.5	36	6		5.688	4.465	0.196	13.05	1.52	3.68	20.68	1.91	5.85	5.42	0.98	2.63	25.14	1.46
5.6	56	3	6	3.343	2.624	0.221	10.19	1.75	2.48	16.14	2.20	4.08	4.24	1.13	2.02	17.56	1.48
		4		4.390	3.446	0.220	13.18	1.73	3.24	20.92	2.18	5.28	5.46	1.11	2.52	23.43	1.53
		5		5.415	4.251	0.220	16.02	1.72	3.97	25.42	2.17	6.42	6.61	1.10	2.98	29.33	1.57
		8		8.367	6.568	0.219	23.63	1.68	6.03	37.37	2.11	9.44	9.89	1.09	4.16	47.24	1.68
6.3	63	4	7	4.978	3.907	0.248	19.03	1.96	4.13	30.17	2.46	6.78	7.89	1.26	3.29	33.35	1.70
		5		6.143	4.822	0.248	23.17	1.94	5.08	36.77	2.45	8.25	9.57	1.25	3.90	41.73	1.74
		6		7.288	5.721	0.247	27.12	1.93	6.00	43.03	2.43	9.66	11.20	1.24	4.46	50.14	1.78
		8		9.515	7.469	0.247	34.46	1.90	7.75	54.56	2.40	12.25	14.33	1.23	5.47	67.11	1.85
		10		11.657	9.151	0.246	41.09	1.88	9.39	64.85	2.36	14.56	17.33	1.22	6.36	84.31	1.93
7	70	4	8	5.570	4.372	0.275	26.39	2.18	5.14	41.80	2.74	8.44	10.99	1.40	4.17	45.74	1.86
		5		6.875	5.397	0.275	32.21	2.16	6.32	51.08	2.73	10.32	13.34	1.39	4.95	57.21	1.91
		6		8.160	6.406	0.275	37.77	2.15	7.48	59.93	2.71	12.11	15.61	1.38	5.67	68.73	1.95
		7		9.424	7.398	0.275	43.09	2.14	8.59	68.35	2.69	13.81	17.82	1.38	6.34	80.29	1.99
		8		10.667	8.373	0.274	48.17	2.12	9.68	76.37	2.68	15.43	19.98	1.37	6.98	91.92	2.03
7.5	75	5	9	7.412	5.818	0.295	39.97	2.33	7.32	63.30	2.92	11.94	16.63	1.50	5.77	70.56	2.04
		6		8.797	6.905	0.294	46.95	2.31	8.64	74.38	2.90	14.02	19.51	1.49	6.67	84.55	2.07

附表 1-4　热轧不等边角钢(摘自 GB/T 706—2008)

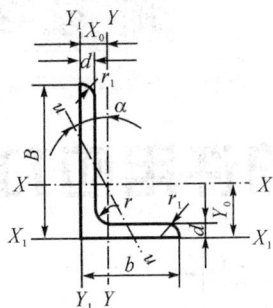

符号意义：

B——长边宽度；　　　　I——惯性矩；
b——短边宽度；　　　　W——截面系数；
d——边厚度；　　　　　i——惯性半径；
r——内圆弧半径；　　　X_0——重心距离；
r_1——边端内圆弧半径；Y_0——重心距离

型号	尺寸/mm				截面面积/cm²	理论重量/(kg/m)	外表面积/(m²/m)	参考数值														
								X-X			Y-Y			X_1-X_1		Y_1-Y_1		u-u			
	B	b	d	r				I_X/cm⁴	i_X/cm	W_X/cm³	I_Y/cm⁴	i_Y/cm	W_Y/cm³	I_{X1}/cm⁴	Y_0/cm	I_{Y1}/cm⁴	X_0/cm	I_U/cm⁴	i_U/cm	W_U/cm³	tanα
2.5/1.6	25	16	3	3.5	1.162	0.912	0.080	0.70	0.78	0.43	0.22	0.44	0.19	1.56	0.86	0.43	0.42	0.14	0.34	0.16	0.392
			4		1.499	1.176	0.079	0.88	0.77	0.55	0.27	0.43	0.24	2.09	0.90	0.59	0.46	0.17	0.34	0.20	0.381
3.2/2	32	20	3	3.5	1.492	1.171	0.102	1.53	1.01	0.72	0.46	0.55	0.30	3.27	1.08	0.82	0.49	0.28	0.43	0.25	0.382
			4		1.939	1.522	0.101	1.93	1.00	0.93	0.57	0.54	0.39	4.37	1.12	1.12	0.53	0.35	0.42	0.32	0.374
4/2.5	40	25	3	4	1.890	1.484	0.127	3.08	1.28	1.15	0.93	0.70	0.49	5.39	1.32	1.59	0.59	0.56	0.54	0.40	0.385
			4		2.467	1.936	0.127	3.93	1.26	1.49	1.18	0.69	0.63	8.53	1.37	2.14	0.63	0.71	0.54	0.52	0.381
4.5/2.8	45	28	3	5	2.149	1.687	0.143	4.45	1.44	1.47	1.34	0.79	0.62	9.10	1.47	2.23	0.64	0.80	0.61	0.51	0.383
			4		2.806	2.203	0.143	5.69	1.42	1.91	1.70	0.78	0.80	12.13	1.51	3.00	0.68	1.02	0.60	0.66	0.380
5/3.2	50	32	3	5.5	2.431	1.908	0.161	6.24	1.60	1.84	2.02	0.91	0.82	12.49	1.60	3.31	0.73	1.20	0.70	0.68	0.404
			4		3.177	2.494	0.160	8.02	1.59	2.39	2.58	0.90	1.06	16.65	1.65	4.45	0.77	1.53	0.69	0.87	0.402
5.6/3.6	56	36	3	6	2.743	2.153	0.181	8.88	1.80	2.32	2.92	1.03	1.05	17.54	1.78	4.70	0.80	1.73	0.79	0.87	0.408
			4		3.590	2.818	0.180	11.45	1.79	3.03	3.76	1.02	1.37	23.39	1.82	6.33	0.85	2.23	0.79	1.13	0.408
			5		4.415	3.466	0.180	13.86	1.77	3.71	4.49	1.01	1.65	29.25	1.87	7.94	0.88	2.67	0.78	1.36	0.404
6.3/4	63	40	4	7	4.058	3.185	0.202	16.49	2.02	3.87	5.23	1.14	1.70	33.30	2.04	8.63	0.92	3.12	0.88	1.40	0.398
			5		4.993	3.920	0.202	20.02	2.00	4.74	6.31	1.12	2.71	41.63	2.08	10.86	0.95	3.76	0.87	1.71	0.396
			6		5.908	4.638	0.201	23.36	1.96	5.59	7.29	1.11	2.43	49.98	2.12	13.12	0.99	4.34	0.86	1.99	0.393
			7		6.802	5.339	0.201	26.53	1.98	6.40	8.24	1.10	2.78	58.07	2.15	15.47	1.03	4.97	0.86	2.29	0.389
7/4.5	70	45	4	7.5	4.547	3.570	0.226	23.17	2.26	4.86	7.55	1.29	2.17	45.92	2.24	12.26	1.02	4.40	0.98	1.77	0.410
			5		5.609	4.403	0.225	27.95	2.23	5.92	9.13	1.28	2.65	57.10	2.28	15.39	1.06	5.40	0.98	2.19	0.407
			6		6.647	5.218	0.225	32.54	2.21	6.95	10.62	1.26	3.12	68.35	2.32	18.58	1.09	6.35	0.98	2.59	0.404
			7		7.657	6.011	0.225	37.22	2.20	8.03	12.01	1.25	3.57	79.99	2.36	21.84	1.13	7.16	0.97	2.94	0.402
(7.5/5)	75	50	5	8	6.125	4.808	0.245	34.86	2.39	6.83	12.61	1.44	3.30	70.00	2.40	21.04	1.17	7.41	1.10	2.74	0.435
			6		7.260	5.699	0.245	41.12	2.38	8.12	14.70	1.42	3.88	84.30	2.44	25.37	1.21	8.54	1.08	3.19	0.435
			8		9.467	7.431	0.244	52.39	2.35	10.52	18.53	1.40	4.99	112.50	2.52	34.23	1.29	10.87	1.07	4.10	0.429
			10		11.590	9.098	0.244	62.71	2.33	12.79	21.96	1.38	6.04	140.80	2.60	43.43	1.36	13.10	1.06	4.99	0.423
8/5	80	50	5	8	6.375	5.005	0.255	41.96	2.56	7.78	12.82	1.42	3.32	85.21	2.60	21.06	1.14	7.66	1.10	2.74	0.388
			6		7.560	5.935	0.255	49.49	2.56	9.25	14.95	1.41	3.91	102.53	2.65	25.41	1.18	8.85	1.08	3.20	0.387
			7		8.724	6.848	0.255	56.16	2.54	10.58	16.96	1.39	4.48	119.33	2.69	29.82	1.21	10.18	1.08	3.70	0.384
			8		9.867	7.745	0.254	62.83	2.52	11.92	18.85	1.38	5.03	136.41	2.73	34.32	1.25	11.38	1.07	4.16	0.381
9/5.6	90	56	5	9	7.212	5.661	0.287	60.45	2.90	9.92	18.32	1.59	4.21	121.32	2.91	29.53	1.25	10.98	1.23	3.49	0.385
			6		8.557	6.717	0.286	71.03	2.88	11.74	21.42	1.58	4.96	145.59	2.95	35.58	1.29	12.90	1.23	4.13	0.384
			7		9.880	7.756	0.286	81.01	2.86	13.49	24.36	1.57	5.70	169.60	3.00	41.71	1.33	14.67	1.22	4.72	0.382
			8		11.183	8.779	0.286	91.03	2.85	15.27	27.15	1.56	6.41	194.17	3.04	47.93	1.36	16.34	1.21	5.29	0.380

钢制压力容器常用材料的许用应力

附表 2-1　钢板许用应力

钢号	钢板标准	使用状态	厚度/mm	室温强度指标 R_m/MPa	室温强度指标 R_{eL}/MPa	≤20	100	150	200	250	300	350	400	425	450	475	500	525	550	575	600
碳素钢板																					
Q235B	GB/T 3274	热轧	3~16	375	235	116	113	108	99	88	81										
			>16~30	375	225	116	108	102	94	82	75										
Q245C	GB/T 3274	热轧	3~16	375	235	123	120	114	105	94	86										
			>16~40	375	225	123	114	108	100	87	79										
Q245R	GB 713	热轧、控轧、正火	3~16	400	245	148	147	140	131	117	108	98	91	85	61	41					
			>16~36	400	235	148	140	133	124	111	102	93	86	84	61	41					
			>36~60	400	225	148	133	127	119	107	98	89	82	80	61	41					
			>60~100	390	205	137	123	117	109	98	90	82	75	73	61	41					
			>100~150	380	185	123	112	107	100	90	80	73	70	67	61	41					
低合金钢板																					
Q345R	GB 713	热轧、控轧、正火	3~16	510	345	189	189	189	183	167	153	143	125	93	66	43					
			>16~36	500	325	185	185	183	170	157	143	133	125	93	66	43					
			>36~60	490	315	181	181	173	160	147	133	123	117	93	66	43					
			>60~100	490	305	181	181	167	150	137	123	117	110	93	66	43					
			>100~150	480	285	178	173	160	147	133	120	113	107	93	66	43					
			>150~200	470	265	174	163	153	143	130	117	110	103	93	66	43					
Q370R	GB 713	正火	10~16	530	370	196	196	196	196	190	180	170									
			>16~36	530	360	196	196	196	193	183	173	163									
			>36~60	520	340	193	193	193	180	170	160	150									
16MnDR	GB 3531	正火、正火加回火	6~16	490	315	181	181	180	167	153	140	130									
			>16~36	470	295	174	174	167	157	143	130	120									
			>36~60	460	285	170	170	160	150	137	123	117									
			>60~100	450	275	167	167	157	147	133	120	113									
			>100~120	440	265	163	163	153	143	130	117	110									

续表

高合金钢钢板

钢号	钢板标准	厚度/mm	在下列温度（℃）下的许用应力/MPa																				
			≤20	100	150	200	250	300	350	400	450	500	525	550	575	600	625	650	675	700	725	750	775	800
S11306	GB 24511	1.5~25	137	126	123	120	119	117	112	109														
S11348	GB 24511	1.5~25	113	104	101	100	99	97	95	90														
S30408	GB 24511	1.5~80	①137	137	137	130	122	114	111	107	103	100	98	91	79	64	52	42	32	27				
			137	114	103	96	90	85	82	79	76	74	73	71	67	62	52	42	32	27				
S30403	GB 24511	1.5~80	120	120	118	110	103	98	94	91	88													
			120	98	87	87	81	73	69	67	65													
S30409	GB 24511	1.5~80	①137	137	137	130	122	114	111	107	103	100	98	91	79	64	52	42	32	27				
			137	114	103	96	90	85	82	79	76	74	73	71	67	62	52	42	32	27				
S31008	GB 24511	1.5~80	①137	137	137	137	134	130	125	122	119	115	113	105	84	61	43	31	23	19	15	12	10	8
			137	121	111	105	99	96	93	90	88	85	84	83	81	61	43	31	23	19	15	12	10	8
S31608	GB 24511	1.5~80	①137	137	137	137	125	118	113	111	109	107	106	105	96	81	65	50	38	30				
			137	117	107	99	93	87	84	82	81	79	78	78	76	73	65	50	38	30				
S31603	GB 24511	1.5~80	120	120	117	108	100	95	90	86	84													
			120	98	87	80	74	70	67	64	62													

注：①该行许用应力仅适用于允许产生微量永久变形的元件，对于法兰或其他有微量永久变形就引起泄漏或故障的场合不能适用。

附表 2-2　钢管许用应力

碳素钢钢管

钢号	钢板标准	使用状态	壁厚/mm	R_m/MPa	R_{eL}/MPa	在下列温度（℃）下的许用应力/MPa										
						≤20	100	150	200	250	300	350	400	425	450	475
10	GB/T 8163	热轧	≤10	335	205	124	121	115	108	98	89	82	75	70	61	41
10	GB 9948	正火	≤16	335	205	124	121	115	108	98	89	82	75	70	61	41
10	GB 9948	正火	>16-30	335	195	124	117	111	105	95	85	79	73	67	61	41
20	GB/T 8163	热轧	≤10	410	245	152	147	140	131	117	108	98	88	83	61	41
20	GB 9948	正火	≤16	410	245	152	147	140	131	117	108	98	88	83	61	41
20	GB 9948	正火	>16-30	410	235	152	140	133	124	111	102	93	83	78	61	41

低合金钢钢管

钢号	钢板标准	使用状态	壁厚/mm	R_m/MPa	R_{eL}/MPa	在下列温度（℃）下的许用应力/MPa										
						≤20	100	150	200	250	300	350	400	425	450	475
16Mn	GB 6479	正火	≤16	490	320	181	181	180	167	153	140	130	123	93	66	43
16Mn	GB 6479	正火	>16-40	490	310	181	181	173	160	147	133	123	117	93	66	43

高合金钢钢管

钢号	钢板标准	厚度/mm	在下列温度（℃）下的许用应力/MPa																
			≤20	100	150	200	250	300	350	400	450	500	525	550	575	600	625	650	675	700
0Cr18Ni9 (S30408)	GB 13296	≤14	①137	137	130	122	114	111	107	103	100	98	91	83	79	71	64	52	42	32
0Cr18Ni9 (S30408)	GB/T 14976	≤28	137	137	114	103	96	90	85	82	79	76	73	71	67	58	44	33	25	18
00Cr19Ni10 (S30403)	GB 13296	≤14	①117	117	110	103	98	94	91	88	85	83	81	79	76	74	71	67	62	52
00Cr19Ni10 (S30403)	GB/T 14976	≤28	117	117	97	87	81	76	73	69	67	65								
0Cr18Ni10Ti (S32168)	GB 13296	≤14	①137	137	130	122	114	111	108	105	103	101		83	58	44	33	25	18	13
0Cr18Ni10Ti (S32168)	GB/T 14976	≤28	137	114	103	96	85	82	80	78	78	76	75	74	58	44	33	25	18	13
0Cr17Ni12Mo2(S31608)	GB 13296	≤14	①137	137	134	125	118	113	111	109	107	106	105	96	81	65	50	38	30	30
0Cr17Ni12Mo2(S31608)	GB/T 14976	≤28	137	137	117	99	93	87	84	81	79	78	78	76	73	73	65	50	38	30

注：①该许用应力仅适用于允许产生微量永久变形之元件，对于法兰或其他有微量永久变形就会引起泄漏或故障的场合不能适用。

附表2-3　锻件许用应力

钢号	钢锻件标准	使用状态	公称厚度/mm	室温强度指标 R_m/MPa	室温强度指标 R_{eL}/MPa	在下列温度（℃）下的许用应力/MPa ≤20	100	150	200	250	300	350	400	425	450	475	500	525	550	575	600
碳素钢锻件																					
20	NB/T 47008	正火、正火加回火	≤100	410	235	152	140	133	124	111	102	93	86	84	61	41					
20	NB/T 47008	正火、正火加回火	>100~200	400	225	148	133	127	119	107	98	89	82	80	61	41					
20	NB/T 47008	正火、正火加回火	>200~300	380	205	137	123	117	109	98	90	82	75	73	61	41					
35	NB/T 47008	正火、正火加回火	≤100	510	265	177	157	150	137	124	115	105	98	85	61	41					
35	NB/T 47008	正火、正火加回火	>100~300	490	245	163	150	143	133	121	111	101	95	85	61	41					
低合金钢锻件																					
16Mn	NB/T 47008	正火、正火加回火、调质	≤100	480	305	178	178	167	150	137	123	117	110	93	66	43					
16Mn	NB/T 47008	正火、正火加回火、调质	>100~200	470	295	174	174	163	147	133	120	113	107	93	66	43					
16Mn	NB/T 47008	正火、正火加回火、调质	>200~300	450	275	167	167	157	143	130	117	110	103	93	66	43					
20MnMo	NB/T 47008	调质	≤300	530	370	196	196	196	196	196	190	183	173	167	131	84					
20MnMo	NB/T 47008	调质	>300~500	510	350	189	189	189	189	187	180	173	163	157	131	84	49				
20MnMo	NB/T 47008	调质	>500~700	490	330	181	181	181	181	180	173	167	157	150	131	84	49				
20MnMoNb	NB/T 47008	调质	≤300	620	470	230	230	230	230	230	230	230	230	230	177	117					
20MnMoNb	NB/T 47008	调质	>300~500	610	460	226	226	226	226	226	226	226	226	226	177	117					
16MnD	NB/T 47009	调质	≤100	480	305	178	178	178	150	137	123	117									
16MnD	NB/T 47009	调质	>100~200	470	295	174	174	163	147	133	120	113									
16MnD	NB/T 47009	调质	>200~300	450	275	167	167	157	143	130	117	110									

续表

高合金钢锻件

在下列温度（℃）下的许用应力/MPa

钢号	钢锻件标准	公称厚度/mm	≤20	100	150	200	250	300	350	400	450	500	525	550	575	600	625	650	675	700	725	750	775	800
S11306	NB/T 47010	≤150	137	126	123	120	119	117	112	109														
S30408	NB/T 47010	≤300	①137	137	137	130	122	114	111	107	103	100	98	91	79	64	52	42	32	27				
			137	114	103	96	90	85	82	79	76	74	73	71	67	62	52	42	32	27				
S30403	NB/T 47010	≤300	①117	117	117	110	103	98	94	91	88													
			117	98	87	81	76	73	69	67	65													
S30409	NB/T 47010	≤300	①137	137	137	130	122	114	111	107	103	100	98	91	79	64	52	42	32	27				
			137	114	103	96	90	85	82	79	76	74	73	71	67	62	52	42	32	27				
S31008	NB/T 47010	≤300	①137	137	137	137	134	130	125	122	119	115	113	105	84	61	43	31	23	19	15	12	10	8
			137	121	111	105	99	96	93	90	88	85	84	83	81	61	43	31	23	19	15	12	10	8
S31608	NB/T 47010	≤300	①137	137	137	134	125	118	113	111	109	107	106	105	96	81	65	50	38	30				
			137	117	107	99	93	87	84	82	81	79	78	76	76	73	65	50	38	30				
S31603	NB/T 47010	≤300	①117	117	117	108	100	95	90	86	84													
			117	98	87	80	74	70	67	64	62													
S31668	NB/T 47010	≤300	①137	137	137	134	125	118	113	111	109	107												
			137	117	107	99	93	87	84	82	81	79												
S31703	NB/T 47010	≤300	①130	130	130	130	125	118	113	111	109													
			130	117	107	99	93	87	84	82	81													

注：①该行许用应力仅适用于允许产生微量永久变形之元件，对于法兰或其他有微量永久变形就引起泄漏或故障的场合不能适用。

附表2-4　螺柱许用应力

碳素钢螺柱 / 低合金钢螺柱

钢号	钢棒标准	使用状态	螺柱规格/mm	R_m/MPa	R_{eL}/MPa	≤20	100	150	200	250	300	350	400	425	450	475	500
													在下列温度（℃）下的许用应力/MPa				
20	GB/T 699	正火	≤M22	410	245	91	81	78	73	65	60	54					
			M24-M27	400	235	94	84	80	74	67	61	56					
35	GB/T 699	正火	≤M22	530	315	117	105	98	91	82	74	69					
			M24-M27	510	295	118	106	100	92	84	76	70					
40MnB	GB/T 3077	调质	≤M22	805	685	196	176	171	165	162	154	143	126				
			M24-M36	765	635	212	189	183	180	176	167	154	137				
40MnVB	GB/T 3077	调质	≤M22	835	735	210	190	185	179	176	168	157	140				
			M24-M36	805	685	228	206	199	196	193	183	170	154				
40Cr	GB/T 3077	调质	≤M22	805	685	196	176	171	165	162	157	148	134				
			M24-M36	765	635	212	189	183	180	176	170	160	147				
30CrMoA	GB/T 3077	调质	≤M22	700	550	157	141	137	134	131	129	124	116	111	107	103	79
			M24-M48	660	500	167	150	145	142	140	137	132	123	118	113	108	79
			M52-M56	660	500	185	167	161	157	156	152	146	137	131	126	111	79

高合金钢螺柱

钢号	钢棒标准	使用状态	螺柱规格/mm	R_m/MPa	$R_{p0.2}$/MPa	≤20	100	150	200	250	300	350	400	450	500	550	600	650	700	750	800
											在下列温度（℃）下的许用应力/MPa										
S42020(2Cr13)	GB/T 1220	调质	≤M22	640	440	126	117	111	106	103	100	97	91								
			M24-M27	640	440	147	137	130	123	120	117	113	107								
S30408	GB/T 1220	固溶	≤M22	520	205	128	107	97	90	84	79	77	74	71	66	58		42	27	12	8
			M24-M48	520	205	137	114	104	96	90	85	82	80	76	71	62					
S31008	GB/T 1220	固溶	≤M22	520	205	128	113	104	98	93	90	87	84	80	78	73	68	31	19	12	8
			M24-M48	520	205	137	121	111	105	99	96	93	90	85	83	75	71				
S31608	GB/T 1220	固溶	≤M22	520	205	128	109	101	93	87	82	79	77	73	69	44		50	30		
			M24-M48	520	205	137	117	107	99	93	87	84	82	76	73						
S32168	GB/T 1220	固溶	≤M22	520	205	128	107	97	90	84	79	77	75	69				25	13		
			M24-M48	520	205	137	114	103	96	90	85	82	80	76							

注：括号中为旧钢号。

附表 2-5　高合金钢钢板的钢号近似对照

| 序号 | GB 24511—2009 | | GB/T 4237—1992 | ASME(2007)SA240 | | 数字代号 | EN10028-7: 2007 |
	统一数字代号	新牌号	旧牌号	UNS 代号	型号		牌号
1	S11306	06Cr13	0Cr13	S41008	410S	—	
2	S11348	06Cr13Al	0Cr13Al	S40500	405	—	
3	S11972	019Cr19Mo2NbTi	00Cr18Mo2	S44400	444	1.4521	X2CrMoTi18-2
4	S30408	06Cr19Ni10	0Cr18Ni9	S30400	304	1.4301	X5CrNi18-10
5	S30403	022Cr19Ni10	00Cr19Ni10	S30403	304L	1.4306	X2CrNi19-11
6	S30409	07Cr19Ni10	—	S30409	304H	1.4948	X6CrNi18-10
7	S31008	06Cr25Ni20	0Cr25Ni20	S31008	310S	1.4951	X6CrNi25-20
8	S31608	06Cr17Ni12Mo2	0Cr17Ni12Mo2	S31600	316	1.4401	X5CrNiMo17-12-2
9	S31603	022Cr17Ni12Mo2	00Cr17Ni14Mo2	S31603	316L	1.4404	X2CrNiMo17-12-2
10	S31668	06Cr17Ni12Mo2Ti	0Cr18Ni12Mo2Ti	S31635	316Ti	1.4571	X6CrNiMoTi17-12-2
11	S31708	06Cr19Ni13Mo3	0Cr19Ni13Mo3	S31700	317	—	
12	S31703	022Cr19Ni13Mo3	00Cr19Ni13Mo3	S31703	317L	1.4438	X2CrNiMo18-15-4
13	S32168	06Cr18Ni11Ti	0Cr18Ni10Ti	S32100	321	1.4541	X6CrNiTi18-10
14	S39042	015Cr21Ni26Mo5Cu2	—	N08904	904L	1.4539	X1NiCrMoCu25-20-5
15	S21953	022Cr19Ni5Mo3Si2N	00Cr18Ni5Mo3Si2	—	—	—	
16	S22253	022Cr22Ni5Mo3N	—	S31803	—	1.4462	X2CrNiMoN22-5-3
17	S22053	022Cr23Ni5Mo3N	—	S32205	2205	—	

典型管壳式换热器主要参数

附录 3.1 浮头式换热器和冷凝器主要参数

浮头式换热和冷凝器可分内导流式和外导流式,按 JB/T 4714《浮头式换热器和冷凝器型式与基本参数》标准,内导流换热器和冷凝器的主要参数见附表 3-1,外导流换热器的主要参数见附表 3-2。

附表 3-1　内导流换热器和冷凝器的主要参数

公称直径 DN /mm	管程数 N	换热管排管数 n[①]		中心排管数		管程流通面积/m²			计算换热面积 A[②] /m²							
		d				$d \times \delta_t$			$L=3m$		$L=4.5m$		$L=6m$		$L=9m$	
		19	25	19	25	19×2	25×2	25×2.5	19	25	19	25	19	25	19	25
325	2	60	32	7	5	0.0053	0.0055	0.0050	10.5	7.4	15.8	11.1	—	—	—	—
	4	52	28	6	4	0.0023	0.0024	0.0022	9.1	6.4	13.7	9.7	—	—	—	—
426 400	2	120	74	8	7	0.0106	0.0126	0.0116	20.9	16.9	31.6	25.6	42.3	34.4	—	—
	4	108	68	9	6	0.0048	0.0059	0.0053	18.8	15.6	28.4	23.6	38.1	31.6	—	—
500	2	206	124	11	8	0.0182	0.0215	0.0194	35.7	28.3	54.1	42.8	72.5	57.4	—	—
	4	192	116	10	9	0.0085	0.0100	0.0091	33.2	26.4	50.4	40.1	67.6	53.7	—	—
600	2	324	198	14	11	0.0286	0.0343	0.0311	55.8	44.9	84.8	68.2	113.9	91.5	—	—
	4	308	188	14	10	0.0136	0.0163	0.0148	53.1	42.6	80.7	64.8	108.2	86.9	—	—
	6	284	158	14	10	0.0083	0.0091	0.0083	48.9	35.8	74.4	54.4	99.8	73.1	—	—
700	2	468	264	16	13	0.0414	0.0464	0.0421	80.4	60.6	122.2	92.1	164.1	123.7	—	—
	4	448	256	17	12	0.0198	0.0222	0.0201	76.9	57.8	117.0	87.9	157.1	118.1	—	—
	6	382	224	15	12	0.0112	0.0129	0.0116	65.6	50.6	99.8	76.9	133.9	103.4	—	—
800	2	610	366	19	15	0.0539	0.0634	0.0575	—	—	158.9	125.4	213.5	168.5	—	—
	4	588	352	18	14	0.0260	0.0305	0.0276	—	—	153.2	120.6	205.8	162.1	—	—
	6	518	316	16	14	0.0152	0.0182	0.0165	—	—	134.9	108.3	131.3	145.5	—	—
900	2	800	472	22	17	0.0707	0.0817	0.0741	—	—	207.6	161.2	279.2	216.8	—	—
	4	776	456	21	16	0.0343	0.0395	0.0353	—	—	201.4	155.7	270.8	209.4	—	—
	6	720	426	21	16	0.0212	0.0246	0.0223	—	—	180.9	145.5	251.3	195.6	—	—
1000	2	1006	606	24	19	0.0890	0.105	0.0952	—	—	260.6	206.6	350.6	277.9	—	—
	4	980	588	23	18	0.0433	0.0509	0.0462	—	—	253.9	200.4	341.6	269.7	—	—
	6	892	564	21	18	0.0262	0.0326	0.0295	—	—	231.1	192.2	311.0	258.7	—	—
1100	2	1240	736	27	21	0.1100	0.1270	0.1160	—	—	320.2	250.2	431.3	336.8	—	—
	4	1212	716	26	20	0.0536	0.0620	0.0562	—	—	313.1	243.4	421.6	327.7	—	—
	6	1120	692	24	20	0.0329	0.0399	0.0362	—	—	289.3	235.2	389.6	316.7	—	—

续表

公称直径 DN/mm	管程数 N	换热管排管数 n①		中心排管数		管程流通面积/m²			计算换热面积 A②/m²							
		d/mm				d×δ_t			L=3m		L=4.5m		L=6m		L=9m	
		19	25	19	25	19×2	25×2	25×2.5	19	25	19	25	19	25	19	25
1200	2	1452	880	28	22	0.1290	0.1520	0.1380	—	—	374.4	298.6	504.3	402.2	704.2	609.4
	4	1424	860	28	21	0.0629	0.0745	0.0675	—	—	367.2	291.8	494.6	393.1	749.5	595.6
	6	1348	828	27	21	0.0396	0.0478	0.0434	—	—	347.6	280.9	468.2	378.4	709.5	573.4
1300	4	1700	1024	31	24	0.0751	0.0887	0.0804	—	—	—	—	589.3	467.1	—	—
	6	1616	972	29	24	0.0476	0.0560	0.0509	—	—	—	—	560.2	443.3	—	—
1400	4	1972	1192	32	26	0.0871	0.1030	0.0936	—	—	—	—	682.6	542.9	1035.6	823.6
	6	1890	1130	30	24	0.0552	0.0652	0.0592	—	—	—	—	654.2	514.7	992.5	780.8
1500	4	2304	1400	34	29	0.1020	0.1210	0.1100	—	—	—	—	795.9	636.3	—	—
	6	2252	1332	34	28	0.0663	0.0769	0.0697	—	—	—	—	777.9	605.4	—	—
1600	4	2632	1592	37	30	0.1160	0.1380	0.1250	—	—	—	—	907.6	722.3	1378.7	1097.3
	6	2520	1518	37	29	0.0742	0.0876	0.0795	—	—	—	—	869.0	688.8	1320.0	1047.7
1700	4	3012	1856	40	32	0.1330	0.1610	0.1460	—	—	—	—	1036.1	840.1	—	—
	6	2834	1812	38	32	0.0835	0.0981	0.0949	—	—	—	—	974.9	820.2	—	—
1800	4	3384	2056	43	34	0.1490	0.1780	0.1610	—	—	—	—	1161.3	928.4	1766.9	1412.5
	6	3140	1986	37	30	0.0925	0.1150	0.1040	—	—	—	—	1077.5	896.7	1639.5	1364.4

注：①排管数按正方形旋转45°排列计算。
②换热面积按光管及公称压力2.5MPa的管板厚度计算确定。

附表3-2 外导流换热器的主要参数

公称直径 DN/mm	N	换热管排管数 n①		中心排管数		管程流通面积/m²			计算换热面积 A②/m²	
		d/mm				d×δ_t			L=6m	
		19	25	19	25	19×2	25×2	25×2.5	19	25
500	2	224	132	13	10	0.0198	0.0229	0.0207	78.8	61.1
	4	218	124	12	10	0.0092	0.0107	0.0161	73.2	57.4
600	2	338	206	16	12	0.0298	0.0357	0.0324	118.8	95.2
	4	320	196	15	12	0.0141	0.0170	0.0154	112.4	90.6
700	2	480	280	18	15	0.0425	0.0485	0.0440	168.3	129.2
	4	460	268	17	14	0.0203	0.0232	0.0210	161.3	123.6
800	2	636	378	21	16	0.0562	0.0655	0.0594	222.6	174.0
	4	612	364	20	16	0.0271	0.0315	0.0285	214.2	167.6
900	2	822	490	24	19	0.0726	0.0848	0.0769	286.9	225.1
	4	796	472	23	18	0.0357	0.0409	0.0365	277.8	216.7
	6	742	452	23	16	0.0217	0.0261	0.0237	259.0	207.5
1000	2	1050	628	26	21	0.0929	0.1090	0.0987	365.9	288.0
	4	1020	608	27	20	0.0451	0.0526	0.0478	355.5	278.9
	6	938	580	25	20	0.0276	0.0335	0.0301	327.0	266.0

注：①排管数按正方形旋转45°排列计算。
②换热面积按光管及公称压力2.5MPa的管板厚度计算确定。

附录 3.2　固定管板式换热器主要参数

按 JB/T 4715《固定管板式换热型式与基本参数》标准,换热管为 $\phi19mm$ 的换热器基本参数见附表 3-3,换热管为 $\phi25mm$ 的换热器基本参数见附表 3-4。

附表 3-3　换热管为 $\phi19mm$ 的换热器基本参数

公称直径 DN/mm	公称压力 PN/MPa	管程数 N	管子根数 n	中心排管数	管程流通面积 /m²	计算换热面积/m²					
						计算换热管长度 L/mm					
						1500	2000	3000	4500	6000	9000
159	1.60 2.50 4.00 6.40	1	15	5	0.0027	1.3	1.7	2.6	—	—	—
219		1	33	7	0.0058	2.8	3.7	5.7	—	—	—
273		1	65	9	0.0115	5.4	7.4	11.3	17.1	22.9	
		2	56	8	0.0049	4.7	6.4	9.7	14.7	19.7	—
325		1	99	11	0.0175	8.3	11.2	17.1	26.0	34.9	
		2	88	10	0.0078	7.4	10.0	15.2	23.1	31.0	
		4	68	11	0.0030	5.7	7.7	11.8	17.9	23.9	
400	0.60	1	174	14	0.0307	14.5	19.7	30.1	45.7	61.3	
		2	164	15	0.0145	13.7	18.6	28.4	43.1	57.8	
		4	146	14	0.0065	12.2	16.6	25.3	38.3	51.4	
450	1.00	1	237	17	0.0419	19.8	26.9	41.0	62.2	83.5	
		2	220	16	0.0194	18.4	25.0	38.1	57.8	77.5	
		4	200	16	0.0088	16.7	22.7	34.6	52.5	70.4	
500	1.60 2.50	1	275	19	0.0486	—	31.2	47.6	72.2	96.8	
		2	256	18	0.0226		29.0	44.3	67.2	90.2	
		4	222	18	0.0098		25.2	38.4	58.3	78.2	
600	4.00	1	430	22	0.0760	—	48.8	74.4	112.9	151.4	
		2	416	23	0.0368		47.2	72.0	109.3	146.5	
		4	370	22	0.0163		42.0	64.0	97.2	130.3	
		6	360	20	0.0106		40.8	62.3	94.5	126.8	
700	0.60	1	607	27	0.1073	—	—	105.1	159.4	213.8	
		2	574	27	0.0507			99.4	150.8	202.1	
		4	542	27	0.0239			93.8	142.3	190.9	
		6	518	24	0.0153			89.7	136.0	182.4	
800	1.00 1.60	1	797	31	0.1408	—	—	138.0	209.3	280.7	
		2	776	31	0.0686			134.3	203.8	273.3	
		4	722	31	0.0319			125.0	189.8	254.3	
		6	710	30	0.0209			122.9	186.5	250.0	
900	2.50	1	1009	35	0.1783	—	—	174.7	265.0	355.3	536.0
		2	988	35	0.0873			171.0	259.5	347.9	524.9
		4	938	35	0.0414			162.4	246.4	330.3	498.3
		6	914	34	0.0269			158.2	240.0	321.9	485.6
1000	4.00	1	1267	39	0.2239	—	—	219.3	332.8	446.2	673.1
		2	1234	39	0.1090			213.6	324.1	434.6	655.6
		4	1186	39	0.0524			205.3	311.5	417.7	630.1
		6	1148	38	0.0338			198.7	301.5	404.3	609.9
(1100)		1	1501	43	0.2652	—	—	—	394.2	528.6	797.4
		2	1470	43	0.1299				386.1	517.7	780.9
		4	1450	43	0.0641				380.8	510.6	770.3
		6	1380	42	0.0406				362.4	486.0	733.1

续表

公称直径 DN/mm	公称压力 PN/MPa	管程数 N	管子根数 n	中心排管数	管程流通面积 /m²	计算换热面积/m² 计算换热管长度 L/mm					
						1500	2000	3000	4500	6000	9000
1200		1	1837	47	0.3246	—	—	—	482.5	646.9	975.9
		2	1816	47	0.1605	—	—	—	476.9	639.5	964.7
		4	1732	47	0.0765	—	—	—	454.9	610.0	920.1
		6	1716	46	0.0505	—	—	—	450.7	604.3	911.6
(1300)	0.25 0.60 1.00 2.50	1	2123	51	0.3752	—	—	—	557.6	747.7	1127.8
		2	2080	51	0.1838	—	—	—	546.3	732.5	1105.0
		4	2074	50	0.0916	—	—	—	544.7	730.4	1101.8
		6	2028	48	0.0597	—	—	—	532.6	714.2	1077.4
1400	0.25 0.60 1.600 2.50	1	2557	55	0.4591	—	—	—	—	900.5	1358.4
		2	2502	54	0.2211	—	—	—	—	881.1	1329.2
		4	2404	55	0.1062	—	—	—	—	846.6	1277.1
		6	2378	54	0.0700	—	—	—	—	837.5	1263.3
(1500)		1	2929	59	0.5176	—	—	—	—	1031.5	7556.0
		2	2874	58	0.2539	—	—	—	—	1012.1	1526.8
		4	2768	58	0.1223	—	—	—	—	974.8	1470.5
		6	2692	56	0.0793	—	—	—	—	948.0	1430.1
1600		1	3339	61	0.5901	—	—	—	—	1175.9	1773.8
		2	3282	62	0.3382	—	—	—	—	1155.8	1743.5
		4	3176	62	0.1403	—	—	—	—	1118.5	1687.2
		6	3140	61	0.0925	—	—	—	—	1105.8	1668.1
(1700)		1	3721	65	0.6576	—	—	—	—	1310.4	1976.7
		2	3646	66	0.3131	—	—	—	—	1284.0	1936.9
		4	3544	66	0.1566	—	—	—	—	1248.1	1882.7
		6	3512	63	0.1034	—	—	—	—	1236.8	1869.7
1800		1	4247	71	0.7505	—	—	—	—	1495.7	2256.2
		2	4186	70	0.3699	—	—	—	—	1474.2	2223.8
		4	4070	69	0.1798	—	—	—	—	1433.3	2162.2
		6	4048	67	0.1192	—	—	—	—	1425.6	2150.5

附表 3-4　换热管为 $\phi25mm$ 的换热器基本参数

公称直径 DN/mm	公称压力 PN/MPa	管程数 N	管子根数 n	中心排管数	管程流通面积 /m²		计算换热面积/m²					
							计算换热管长度 L/mm					
					$\phi25\times2$	$\phi25\times2.5$	1500	2000	3000	4500	6000	9000
159	1.60	1	11	3	0.0038	0.0035	1.2	1.6	2.5	—	—	—
219			25	5	0.0087	0.0079	2.7	3.7	5.7	—	—	—
273	2.50	1	38	6	0.0132	0.0119	4.2	5.7	8.7	13.1	17.6	—
	4.00	2	32	7	0.0055	0.0050	3.5	4.8	7.3	11.1	14.8	—
325		1	57	9	0.0197	0.0179	6.3	8.5	13.0	19.7	26.4	—
	6.40	2	56	9	0.0097	0.0088	6.2	8.4	12.7	19.3	25.9	—
		4	40	9	0.0035	0.0031	4.4	6.0	9.1	13.8	18.5	—
400		1	98	12	0.0339	0.0308	10.8	14.6	22.3	33.8	45.4	—
	0.60	2	94	11	0.0163	0.0148	10.3	14.0	21.4	32.5	43.5	—
		4	76	11	0.0066	0.0060	8.4	11.3	17.3	26.3	35.2	—
450	1.00	1	135	13	0.0468	0.0424	14.8	20.1	30.7	46.6	62.5	—
		2	126	12	0.0218	0.0198	13.9	18.8	28.7	43.5	58.4	—
		4	106	13	0.0092	0.0083	11.7	15.8	24.1	36.6	49.1	—
500	1.60 2.50	1	174	14	0.0603	0.0546	—	26.0	39.6	60.1	80.6	—
		2	164	15	0.0284	0.0257	—	24.5	37.3	56.6	76.0	—
		4	144	15	0.0125	0.0113	—	21.4	32.8	49.7	66.7	—
600	4.00	1	245	17	0.0849	0.0769	—	36.5	55.8	84.6	113.5	—
		2	232	16	0.0402	0.0364	—	34.6	52.8	80.1	107.5	—
		4	222	17	0.0192	0.0174	—	33.1	50.5	76.7	102.8	—
		6	216	16	0.0125	0.0113	—	32.2	49.2	74.6	100.0	—
700		1	355	21	0.1230	01115	—	—	80.0	122.6	164.4	—
		2	342	21	0.0592	0.0537	—	—	77.9	118.1	158.4	—
	0.60	4	322	21	0.0279	0.0253	—	—	73.3	111.2	149.1	—
		6	304	20	0.0175	0.0159	—	—	69.2	105.0	140.8	—
800	1.00	1	467	23	0.1618	0.1466	—	—	106.3	161.3	216.3	—
		2	450	23	0.0779	0.0707	—	—	102.4	155.4	208.5	—
		4	442	23	0.0383	0.0347	—	—	100.6	152.7	204.7	—
	1.60	6	430	24	0.0248	0.0225	—	—	97.9	148.5	119.2	—
900	2.50	1	605	27	0.2095	0.1900	—	—	137.8	209.0	280.2	422.7
		2	588	27	0.1018	0.0923	—	—	133.9	203.1	272.3	410.8
		4	554	27	0.0480	0.0435	—	—	126.1	191.4	256.6	387.1
	4.00	6	538	26	0.0311	0.0282	—	—	122.5	185.8	249.2	375.9
1000		1	749	30	0.2594	0.2352	—	—	170.5	258.7	346.9	523.3
		2	742	29	0.1285	0.1165	—	—	168.9	256.3	343.7	518.4
		4	710	29	0.0615	0.0557	—	—	161.6	245.2	328.8	496.0
		6	698	30	0.0403	0.0365	—	—	158.9	241.1	323.3	487.7
(1100)		1	931	33	0.3225	0.2923	—	—	—	321.6	431.2	650.4
		2	894	33	0.1548	0.1404	—	—	—	308.8	414.1	624.6
		4	848	33	0.0734	0.0666	—	—	—	292.9	392.8	592.5
		6	830	32	0.0479	0.0434	—	—	—	286.7	384.4	579.9

续表

公称直径 DN/mm	公称压力 PN/MPa	管程数 N	管子根数 n	中心排管数	管程流通面积 m² φ25×2	φ25×2.5	计算换热面积/m² 计算换热管长度 L/mm 1500	2000	3000	4500	6000	9000
1200		1	1115	37	0.3862	0.3501	—	—	—	385.1	516.4	779.0
		2	1102	37	0.1908	0.1730	—	—	—	380.6	510.4	769.9
		4	1052	37	0.0911	0.0826	—	—	—	363.4	487.2	735.0
		6	1026	36	0.0592	0.0537	—	—	—	354.4	475.2	716.8
(1300)	0.25	1	1301	39	0.4506	0.4085	—	—	—	449.4	602.6	908.9
	0.60	2	1274	40	0.2206	0.2000	—	—	—	440.4	590.1	890.1
	1.00	4	1214	39	0.1051	0.0953	—	—	—	419.3	562.3	848.2
	1.60 2.50	6	1192	38	0.688	0.0624	—	—	—	411.7	552.1	832.8
1400		1	1547	43	0.5358	0.4858	—	—	—	—	716.5	1080.8
		2	1510	43	0.2615	0.2371	—	—	—	—	699.4	1055.0
	0.25	4	1454	43	0.1259	0.1141	—	—	—	—	673.4	1015.8
		6	1424	42	0.0822	0.0745	—	—	—	—	659.5	994.9
(1500)	0.60	1	1753	45	0.6072	0.5504	—	—	—	—	811.9	1224.7
		2	1700	45	0.2944	0.2669	—	—	—	—	787.4	1187.7
		4	1688	45	0.1462	0.1325	—	—	—	—	781.8	1179.3
		6	1590	44	0.0918	0.0832	—	—	—	—	736.4	1110.9
1600	1.00	1	2023	47	0.7007	0.6352	—	—	—	—	937.0	1413.4
		2	1982	48	0.3432	0.3112	—	—	—	—	918.0	1384.7
	1.60	4	1900	48	0.1645	0.1492	—	—	—	—	880.0	1327.4
		6	1884	47	0.1088	0.0986	—	—	—	—	872.6	1316.3
(1700)	2.50	1	2245	51	0.7776	0.7049	—	—	—	—	1039.8	1568.5
		2	2216	52	0.3838	0.3479	—	—	—	—	1026.3	1548.2
		4	2180	50	0.1888	0.1711	—	—	—	—	1009.7	1523.1
		6	2156	53	0.1245	0.1128	—	—	—	—	998.6	1506.3
1800		1	2559	55	0.8863	0.8035	—	—	—	—	1185.3	1787.7
		2	2512	55	0.4350	0.3944	—	—	—	—	1163.4	1755.1
		4	2424	54	0.2099	0.1903	—	—	—	—	1122.7	1693.2
		6	2404	53	0.1388	0.1258	—	—	—	—	1113.4	1679.6

注:附表 3-3 和 3-4 中的管程流通面积为各程平均值。括号内公称直径不推荐使用。

附录 3.3 U 形管式换热器主要参数

按 JB/T 4717《U 形管式换热器型式与基本参数》标准,U 形管式换热器基本参数见附表 3-5。

附表 3-5 U 形管式换热器基本参数

公称直径 DN/mm	管程数 N	管子根数 n[1] d/mm 19	25	中心排管数 19	25	管程流通面积/m² d×δ$_t$ 19×2	25×2	25×2.5	A[2]/m² L=3m 19	25	L=6m 19	25
325	2	38	13	11	6	0.0067	0.0045	0.0041	13.4	6.0	27.0	12.1
	4	30	12	5	5	0.0027	0.0021	0.0019	10.6	5.6	21.3	11.2
426	2	77	32	15	8	0.0136	0.0111	0.0100	26.9	14.7	54.5	29.8
400	4	68	28	8	7	0.0060	0.0048	0.0044	23.8	12.9	48.2	26.1

公称直径 DN/mm	管程数 N	管子根数 $n^①$		中心排管数		管程流通面积, /m²			$A^②$/m²			
		d/mm				$d \times \delta_t$			L=3m		L=6m	
		19	25	19	25	19×2	25×2	25×2.5	19	25	19	25
500	2	128	57	19	10	0.0227	0.0197	0.0179	44.6	26.1	90.5	53.0
	4	114	56	10	9	0.0101	0.0097	0.0088	39.7	25.7	80.5	52.1
600	2	199	94	23	13	0.0352	0.0326	0.0295	69.1	42.9	140.3	87.2
	4	184	90	12	11	0.0163	0.0155	0.0141	63.9	41.1	129.7	83.5
700	2	276	129	27	15	0.0492	0.0453	0.0411	—	—	194.1	119.4
	4	258	128	12	13	0.0228	0.0221	0.0201	—	—	181.4	118.4
800	2	367	182	31	17	0.0650	0.0630	0.0571	—	—	257.7	168.0
	4	346	176	16	15	0.0306	0.0304	0.0276	—	—	242.8	162.5
900	2	480	231	35	19	0.0850	0.0800	0.0725	—	—	336.2	212.8
	4	454	226	16	17	0.0402	0.0391	0.0355	—	—	317.8	208.2
1000	2	603	298	39	21	0.1067	0.1032	0.0936	—	—	421.5	273.9
	4	576	292	20	19	0.0510	0.0505	0.0458	—	—	402.4	268.4
1100	2	738	363	43	24	0.1306	0.1257	0.1140	—	—	514.6	332.9
	4	706	356	20	21	0.0625	0.0616	0.0559	—	—	492.2	326.5
1200	2	885	436	47	26	0.1566	0.1510	0.1369	—	—	615.8	399.0
	4	852	428	24	21	0.0754	0.0741	0.0672	—	—	592.6	391.7

注:①排管数是指 U 形管的数量,φ19 的换热管按正三角形排列,φ25 的换热管按正方形旋转 45°排列。
②换热面积是按光管及管、壳程公称压力 4.0MPa 的管板厚度计算确定的。

参考文献

[1] 喻健良,王立业,刁玉玮.化工设备机械基础.7版.大连:大连理工大学出版社,2013.

[2] 赵军,张有忱,段成红.化工设备机械基础.2版.北京:化学工业出版社,2007.

[3] 董大勤,高炳军,董俊华.化工设备机械基础.4版.北京:化学工业出版社,2012

[4] 刘鸿文.材料力学(第四版)(Ⅰ).北京:高等教育出版社,2004.

[5] 陈国恒.化工机械基础.2版.北京:化学工业出版社,2011.

[6] 刘天模,徐幸梓.工程材料.北京:机械工业出版社,2001.

[7] 崔占全,孙振国.工程材料.2版.北京:机械工业出版社,2007.

[8] 耿洪滨,吴宜勇.新编工程材料.哈尔滨:哈尔滨工业大学出版社,2000.

[9] 余国琮.化工机械工程手册(上卷).北京:化学工业出版社,2003.

[10] GB 150.1-GB 150.4—2011 压力容器.北京:中国标准出版社,2012.

[11] 国家质量监督检验检疫总局.固定式压力容器安全技术监察规程:TSG 21—2016.北京:
中国标准出版社,2016.

[12] 郑津洋,桑芝富.过程设备设计.4版.北京:化学工业出版社,2015.

[13] 王志文.化工容器设计.北京:化学工业出版社,1990.

[14] ASME Boiler & Pressure Vessel Code, Section Ⅷ, Rules for Construction of Pressure
Vessels, Division 1, 2004.

[15] 徐英,杨一凡,朱萍,等.化工设备设计全书——球罐和大型储罐.北京:化学工业出版
社,2005.

[16] 陈志平,章序文,林兴华,等.搅拌与混合设备设计选用手册.北京:化学工业出版
社,2004.

[17] 王凯,虞军,等.化工设备设计全书——搅拌设备.北京:化学工业出版社,2003.

[18] GB/T 151—2014 热交换器.北京:中国标准出版社,2015.

[19] 钱颂文.换热器设计手册.北京:化学工业出版社,2002.

[20] 秦叔经,叶文邦,等.化工设备设计全书——换热器.北京:化学工业出版社,2003.

[21] 路秀林,王者相.化工设备设计全书——塔设备.北京:化学工业出版社,2004.

[22] 王树楹.现代填料塔技术指南.北京:中国石化出版社,1998.